图4-11　目标颜色直方图

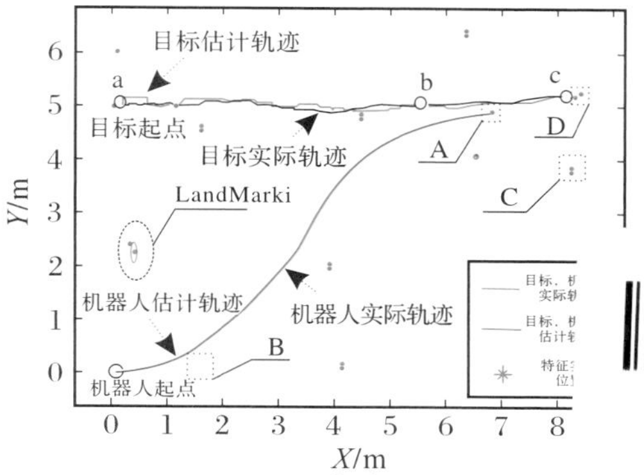


(a) 仿真总体图



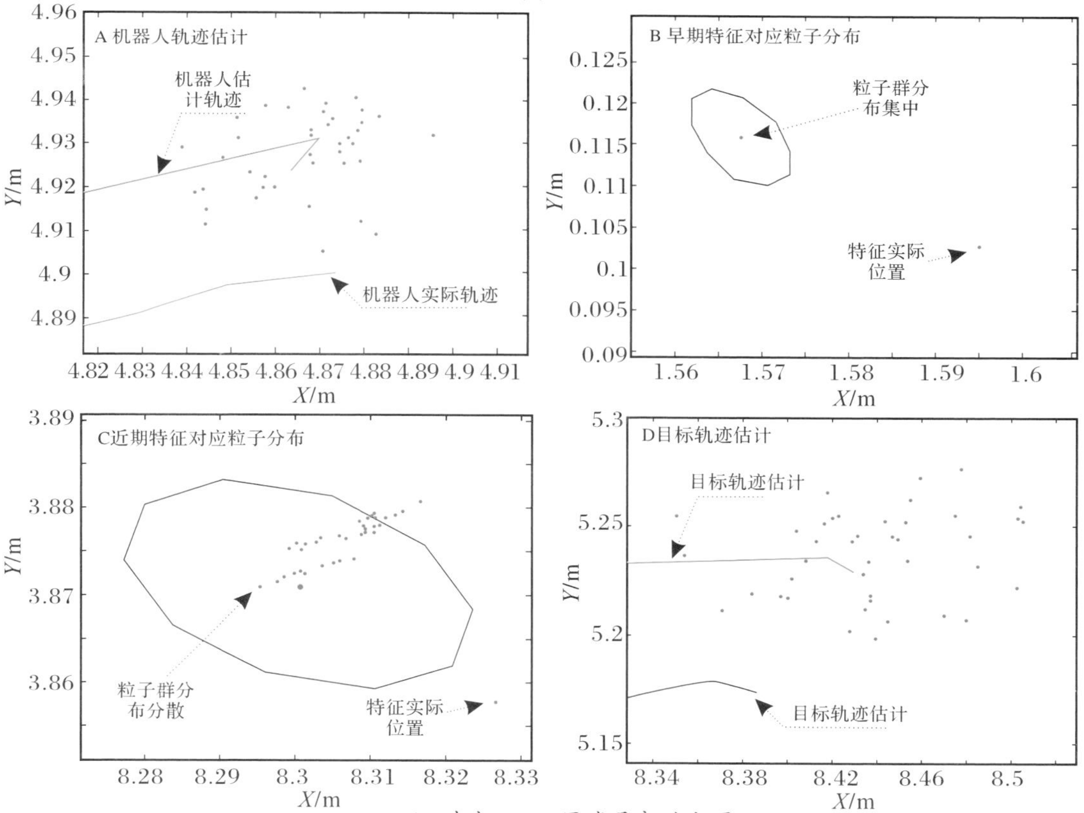


(b) 对应ABCD区域局部放大图

图6-3　PF_SLAMOT仿真结果图

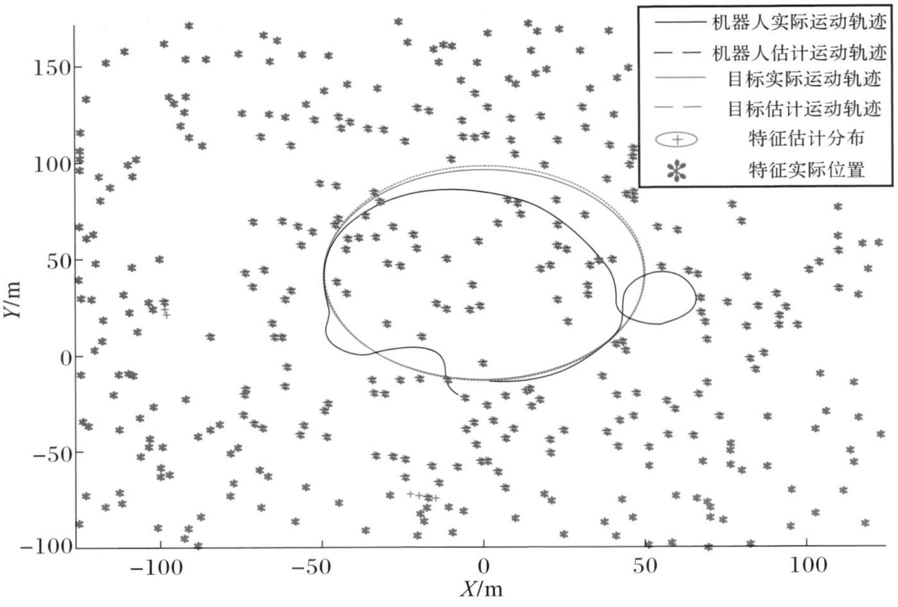


图7-3 仿真实验总体图

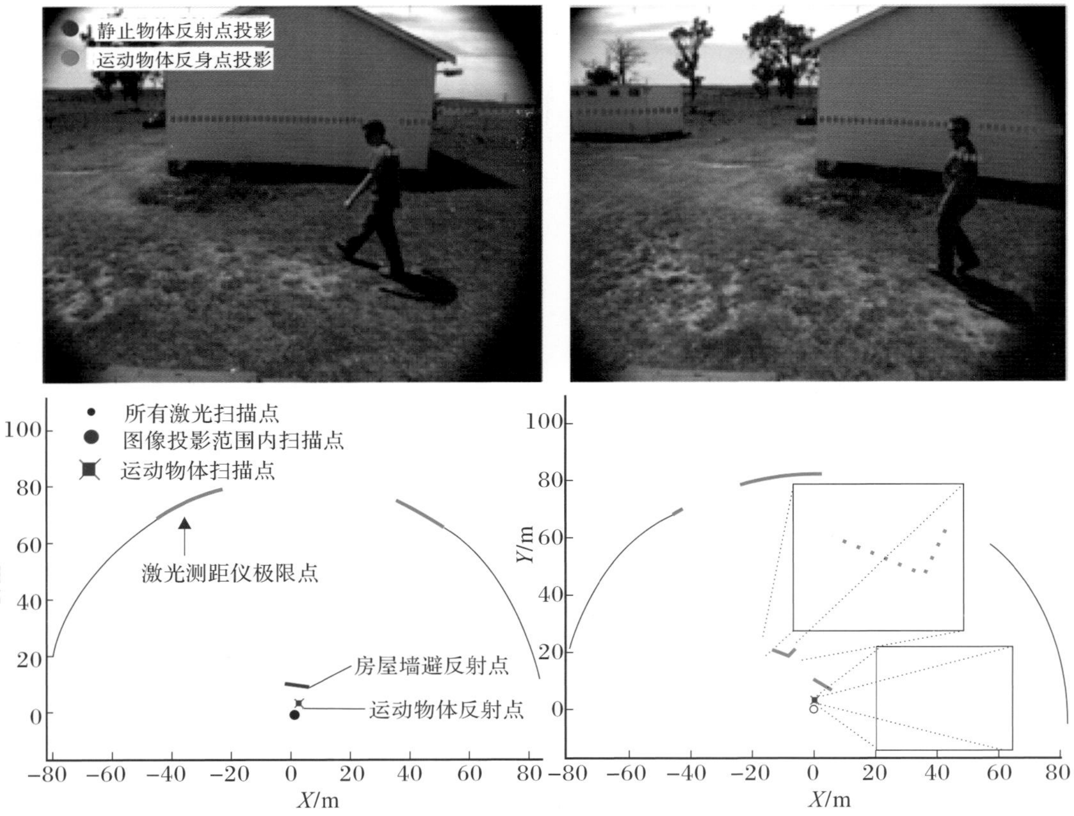


（a）第191帧结果图　　（b）第202帧结果图

图8-5 扫描点分布及图像平面投影图

图8-12
方向信息融合结果图

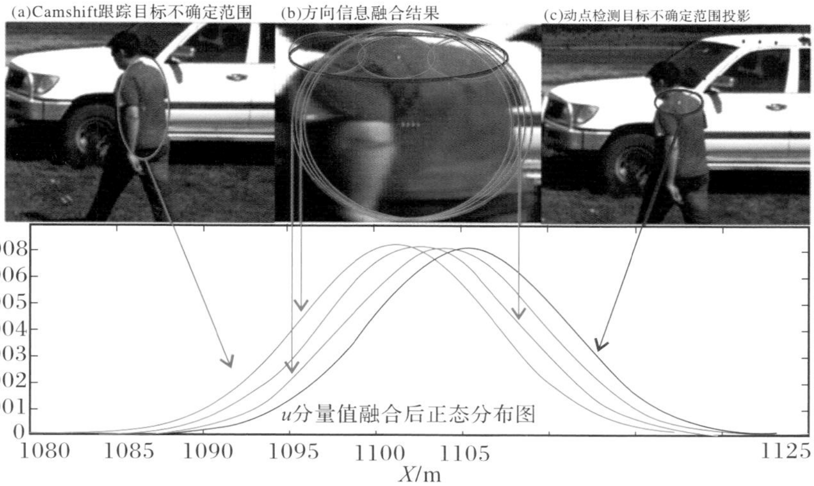


图8-14
数据融合跟踪效果图

(a)跟踪区域靠前及融合结果

(b)跟踪区域过大及融合结果

图8-15
移动物体反射点投影误差图

图8-16
CI数据融合结果图

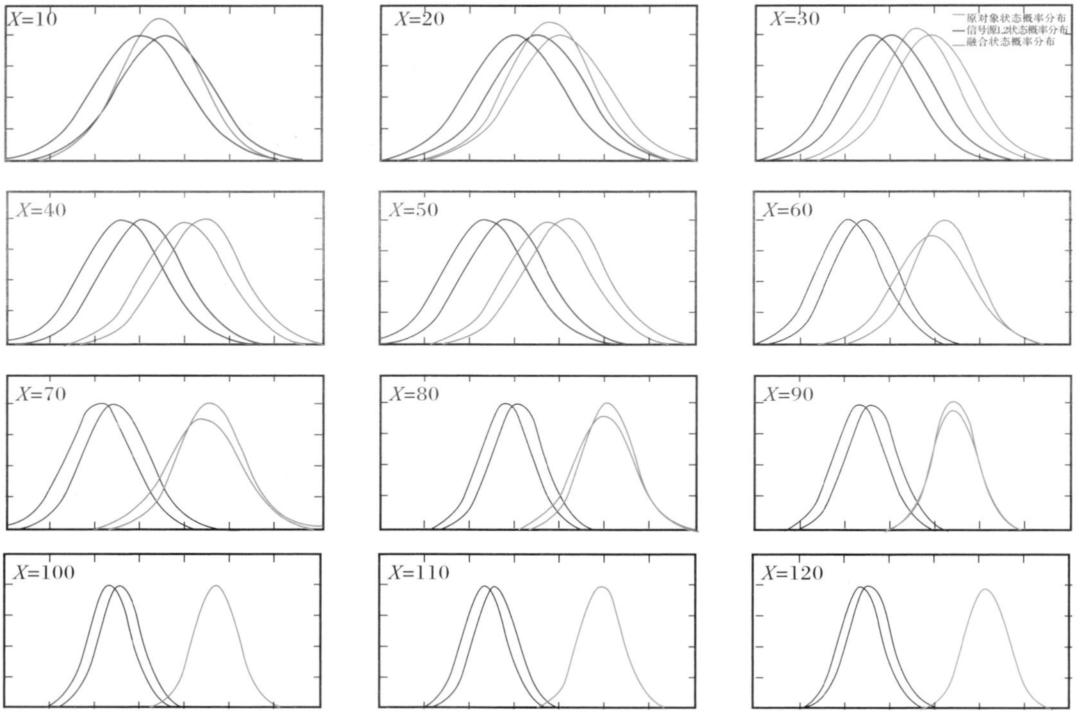


图8-21　信号源距离不同值的融合前后对象状态概率分布曲线图

图8-26　摄像机与激光测距仪联合标定优化结果对比图

WEIZHI HUANJINGXIA YIDONG JIQIREN MUBIAO GENZONG LILUN YU FANGFA

# 未知环境下移动机器人目标跟踪理论与方法

伍 明 著

西北工業大學出版社
西 安

**【内容简介】** 未知环境下移动机器人目标跟踪研究的是机器人同时定位、地图构建与目标跟踪的耦合课题。本书全面介绍作者对该课题的研究成果，针对研究对象数学建模、动态目标侦测与跟踪、多对象状态耦合估计、多信息源融合估计和多机器人协作目标状态估计等问题展开研究和论述，介绍基于全概率卡尔曼滤波、粒子滤波和协方差交集信息融合的解决方法，系统地阐述该课题相关的理论与应用技术，内容翔实，具有创新性和实用性。

全书可供高等院校有关专业本科生、研究生以及从事机器人导航和控制应用的科技工作者学习和参考。

**图书在版编目(CIP)数据**

未知环境下移动机器人目标跟踪理论与方法/伍明著.
—西安:西北工业大学出版社,2018.1
ISBN 978-7-5612-5279-6

Ⅰ.①未… Ⅱ.①伍… Ⅲ.①移动式机器人—目标跟踪—研究 Ⅳ.①TP242

中国版本图书馆CIP数据核字(2017)第061113号

**策划编辑:** 杨　军
**责任编辑:** 李阿盟

**出版发行:** 西北工业大学出版社
**通信地址:** 西安市友谊西路127号　　邮编:710072
**电　　话:** (029)88493844, 88491757
**网　　址:** www.nwpup.com
**印 刷 者:** 陕西金德佳印务有限公司
**开　　本:** 787 mm×1 092 mm　　1/16
**印　　张:** 14.25　彩插:4
**字　　数:** 346千字
**版　　次:** 2018年1月第1版　　2018年1月第1次印刷
**定　　价:** 68.00元

# 前　言

未知环境下移动机器人目标跟踪属于机器人感知领域课题，其主要研究的是机器人同时定位、地图构建和目标跟踪问题，即机器人在未建模环境中工作时，在线实现对自身状态、静态环境状态和动态目标状态的迭代估计。该问题是智能机器学中的同时定位与地图构建(Simultaneous Localization and Mapping, SLAM)问题和目标侦测跟踪(Object Detecting and Tracking, ODT)问题的耦合课题，在军事和民用领域有着广泛的应用前景。

本书介绍笔者对未知环境下移动机器人目标跟踪问题的相关研究成果，希望通过本书的出版能够梳理相关研究成果，促进相关研究领域的交流，启发后续研究灵感。本书具有较强的学术价值与较广阔的应用前景。

首先，学术价值体现在以下几点。

1. 研究问题新颖

通常来说，学者将机器人环境构建、自身定位以及目标跟踪作为独立问题进行研究，而随着智能系统平台、相关技术的发展，很多任务需要机器人完成自身状态、环境状态以及工作对象状态的同时估计。例如，机器人家政服务、机器人安保服务等。本书研究的内容正是该耦合问题，因此，从研究课题角度上来说，其学术价值表现在问题的新颖性上。

2. 解决方法创新

本书介绍了许多为解决自主移动机器人未知环境下目标跟踪相关问题而设计的创新性方法。例如，为解决机器人、目标和环境状态耦合估计问题而设计的全关联卡尔曼滤波方法；为解决伪观测值的概率数据关联方法；为解决目标变模式运动的多模滤波方法；等等。因此，从方法创新角度上说，其学术价值表现在解决特定问题的方法创新上。

3. 研究内容全面且系统性强

本书对自主移动机器人未知环境下目标跟踪的相关问题及其解决方法进行全面的介绍，其内容来源于笔者长期的研究发现和总结。从相关对象运动和观测模型建立，到环境动态和静态对象观测值的获取；从单目标、定运动模式跟踪，到多目标、未知运动模式跟踪；从单一传感器目标跟踪，到多传感器信息融合目标跟踪；从单机器人目标跟踪，到多机器人协作目标跟踪等，较完整地涵盖了移动机器人未知环境下目标跟踪的关键问题。因此，从研究内容全面和系统性来看具有较高的学术价值。

第二，应用价值主要体现在民用和军用价值上。

1. 民用价值

民用价值主要表现在智能车辆驾驶和可穿戴设备应用上。首先，未来智能交通系统的重要组成部分为自动驾驶车辆，本书介绍的相关技术能够直接应用于智能车辆的自身和环境认知任务，解决车辆在缺少GPS信号条件下，利用自身局部传感器实现自主定位、环境构建工作。其次，随着可穿戴设备的普及，本书介绍的相关技术，能够使穿戴设备具有环境和载体状态估计能力，扩展穿戴设备的应用范围。

2. 军用价值

在武器远程化、精确性和智能性日益提高的背景下，很多军事任务需要武器系统在GPS信号缺失的对抗条件下具备自主定位和目标跟踪能力，本书介绍的内容能够解决该问题，具有较广阔的军事应用前景。

本书包括七方面的内容：①未知环境下移动机器人目标跟踪相关概念与模型；②基于扫描点匹配的机器人位姿矫正和环境构建；③基于占用栅格地图的运动物体侦测；④多传感器环境特征提取和表示方法；⑤基于粒子滤波的机器人未知环境下目标跟踪算法研究；⑥基于扩展式卡尔曼滤波的机器人未知环境下目标跟踪算法研究；⑦基于信息融合的机器人未知环境下目标跟踪方法研究；⑧未知环境下多机器人协作目标跟踪算法研究。

在此感谢国家自然科学基金（No. 61503389）与陕西省自然科学基金（No. 2013JQ8030，No. 2016JM6061）的资助！

本书的读者对象包括信息系统工程、人工智能、机器智能、机器人感知学方向的本科生和研究生，以及相关院校和科研院所该领域的技术研究人员。

由于本书涉及的研究内容是智能移动机器人领域的热点和难点之一，加之水平有限，书中难免存在不妥之处，在此恳请各位专家和读者给予批评和指正，笔者对此表示衷心的感谢！

**伍明**

2017年7月

# 目 录

# 第1章 概　　述

移动机器人应用首先需要解决机器人感知问题，即机器人能够自主利用携带的传感器对工作环境、自身和工作对象的状态进行实时和准确的估计。本书所介绍的未知环境下移动机器人目标跟踪理论与方法正是总结了笔者为实现这一目标而开展的相关研究成果。

本章概述机器人在未知环境下目标跟踪的研究背景与意义，综述该研究方向的最新进展和成果。

## 1.1 研究背景

随着计算机技术、机械加工技术以及人工智能技术的飞速发展，自主移动机器人在人类的生产和生活中发挥着越来越重要的作用。所谓"自主移动机器人"是指那些能够在脱离人类控制条件下，自主完成任务的，带有某种运动能力的机器人系统。按照《自主机器人》(*Autonomous Robots Journal*)创刊号的说法，机器人技术的发展可分为三个阶段[1]：在第一阶段中自主机器人只存在于科幻小说中，这类幻想出来的机器人往往具有类人的外形和超越人类的体能和智力。机器人技术发展的第二阶段是在20世纪70—80年代，该阶段的机器人大多只是机械操作手臂，但也出现了能够自主导航的移动小车。这类机器人主要用于简单重复但却需要精确性的装配工作。它们大都缺乏对环境的认知和思考能力，只是根据人类预先编辑好的程序机械地完成工作。随着传感器和计算机技术的发展，机器人技术进入了第三个阶段，体积日益减小、性能日益增加的计算机和传感器为机器人提供了更强大的硬件支持，此时机器人具备了在不需要人类指导和监督条件下自主完成任务的能力。"服务机器人"就是该阶段机器人的代表，它们能够完成社区保安、火灾检测、管道疏通、建筑物表面清洁、水果采摘等任务。此类任务均需要机器人具备一定的自主运动和环境认知能力。从上面介绍可总结出自主移动机器人应该具备如下能力：第一，能够从环境获取足够的信息（需要先进的传感器技术）；第二，需要对获得的信息进行建模和认知，使原始传感器数据表征为能够被机器人理解和应用的信息；第三，需要有执行能力，机器人能够分析具体情况并得出问题解决方法，最终通过执行机构作用于环境。

本书主要研究未知环境下机器人目标跟踪问题，首先机器人需要对环境进行感知，这主要通过传感器观测完成，观测信息包括环境信息、目标信息和机器人自身运动信息。在此基础上机器人需要对环境进行认知，其目的是使机器人获得所处环境、机器人自身以及目标的状态。环境噪声、环境本身的不确定性以及目标运动的不确定性等原因，使得机器人对自身、环境以及目标的认知存在很多困难，如何克服这些困难是本书研究的重点。另外，在环境认知的基础上如何实现机器人对目标的追踪控制是机器人有效作用于环境的关键,同样是本书研究的重点。未知环境下机器人目标跟踪研究具有重要实际意义,尤其是在和人类相关的活动中,RoboCup 国际机器人公开赛家政组比赛已经设立了类似项目。本书研究的是机器人对环境、自身以及目标的认知问题,该课题是机器人真正服务于人类的前提,因为只有机器人对自身和服务环境以及对象有了正确认识后才能谈得上进一步的服务。

## 1.2 未知环境下机器人定位与环境构建研究进展

定位问题是移动机器人应用于现实的前提,传统的机器人定位是在已知环境信息(环境地图)基础上进行的。但在实际应用中,环境地图提前构建往往是困难甚至是不可能的(例如,灾难环境搜寻任务)。另外,尽管全球定位系统(GPS)已经得到了广泛应用,但自主机器人系统仍然需要在 GPS 信号无法获得或 GPS 信号受到干扰情况下对自身完成定位(例如,地外星球探索,水下机器人任务,都市楼宇环境下机器人任务,灾难环境下机器人任务以及战场高对抗环境下机器人任务)。鉴于以上原因,要求研究者设计出适应未知环境下的机器人定位方法,在机器人学界称之为机器人同时定位与地图构建(SLAM)。SLAM 是指移动机器人利用传感器信息和自身状态对环境进行建模的同时利用该环境模型进行自身状态估计的过程。它是一个"Egg-Chicken"问题,其难点在于如何控制机器人定位误差和环境地图误差以及不同对象状态估计间的相互影响。Chatila 和 Laumond[2] 首先对该问题进行了先驱性的研究工作,随后 Smith 等人[3-5] 正式提出该问题并最先设计了一种基于全协方差关联扩展卡尔曼滤波的解决算法。本节对 SLAM 主要问题、解决手段和发展方向三方面给予介绍。

### 1.2.1 机器人同时定位与地图构建主要问题

1. 数据关联问题

所谓"数据关联"是指如何确定观测值和估计对象的对应关系。以环境特征数据关联为例,每次机器人可能获得多个环境特征观测值,同时地图中已经包含若干环境特征,则数据关联的目的是确定环境特征观测值和已知环境特征间的对应关系。SLAM 数据关联的难点在于如何处理机器人和环境地图不确定性对匹配关系确定的影响。目前常用的数据关联方法包括近邻法[6-8]、联合兼容检验[9]、多假设检验[10] 和整数规划方法[11]。

2. 环境地图表达问题

精确定位以准确环境地图构建为基础,因此环境地图建模和维护是机器人自主导航中的一项重要内容。机器人利用传感器对现实世界进行感知并利用感知信息对环境进行建模,如何正确高效地表示环境是 SLAM 研究的关键,目前常采用的环境地图表示法包括概率特征地图[12]、栅格地图[13]、拓扑地图[14] 和混杂地图[15]。

3. 运动闭环问题

运动闭环问题(loop closing)是指机器人对曾经经过地点的判断识别[16]。问题难点在于对机器人状态不确定性的准确估计。首先,机器人状态不确定性不能被低估(机器人状态的实际误差大于估计误差),若该情况发生,机器人在进行闭环检测时,往往会减小搜索范围,从而造成检测失误。另外,机器人状态不确定性也不能被过分高估(机器人状态的实际误差低于估计误差),若该情况发生,会造成两方面影响:第一,估计误差范围过高会影响机器人定位质量;

第二，估计误差范围过高会增加搜索范围，从而影响算法实时性和准确性。运动闭环检测问题具有重要意义，正确的闭环检测能使机器人利用早先较为准确的环境特征来纠正当前系统的估计误差；相反，则不但不会提高状态估计准确性，反而会进一步加深系统估计误差。

4. 超多维问题

超多维问题指地图规模过大对算法实时性的影响。例如，在 EKF 算法中，预测和观测更新过程的时间复杂度为 $O(n^3)$，其中 $n$ 为估计向量维数，在 SLAM 问题中若考虑系统观测模型和系统运动模型的稀疏性，算法复杂度可降到 $O(n)$，但是对于包含巨大环境特征数量的大尺度环境，其复杂度仍会影响系统实时性。因此，如何合理高效地选择环境特征以及设计出更高效的 SLAM 估计算法是 SLAM 问题研究的重点。

5. 不确定性信息处理

不确定性信息处理重点是正确估计系统误差。正如上面“运动闭环问题”部分所介绍，准确的状态不确定性估计是解决 SLAM 问题的基础，其难点在于：首先，对于 EKF 方法，系统运动模型和观测模型线性化过程势必丢失一部分信息。另外，对于粒子滤波方法，由过度重采样带来的粒子群环境特征部分的单一性也会造成信息丢失[17]。相关信息的丢失会导致不确定性估计误差，如何在保留所有系统信息的同时满足运算的高效性要求也是研究重点。

6. 动态环境下应用

SLAM 研究最终必须应用于实际环境，该环境可能被各种因素干扰，例如：行人、室内陈设位置的临时改变等。相对于理想环境下的 SLAM 问题，学界称此类问题为动态环境下 SLAM 问题[18-19]。该问题主要涉及动态物体识别、动态物体扫描点滤除、动态环境地图建模等研究内容。学界一般采用地图同一性比较完成动态物体扫描点的侦测[20-23]。Mitsou[24] 等人采用最大化期望方法，以批处理的方式来区别动态和静态物体，最优化方法的采用有效去除了环境中动态物体扫描点对地图构建的干扰，但也带来运算量巨大的问题。Hahnel[18] 提出了一种基于联合数据关联滤波的多目标跟踪方法，首次将动态目标跟踪和机器人 SLAM 相结合，由于采用了滤波和概率数据关联技术，该方法能够有效提高目标跟踪的实用性和准确性，但该方法假设目标状态和机器人状态之间相互独立，因此机器人和目标状态估计实际上是独立完成的，通过后续介绍可知，该假设与实际情况不符。总之，已有的动态环境下 SLAM 方法大都是为了减少移动物体对 SLAM 的影响而设计的。

### 1.2.2　机器人同时定位与地图构建主要解决方法

自 20 世纪 80 年代以来，SLAM 问题已经取得了巨大进展，到目前为止主要有三种解决方法，即基于扫描点匹配的方法、基于 EKF 的方法和基于粒子滤波的方法。

1. 基于扫描点匹配的方法

基于扫描点匹配的方法起源于模式识别中的 3D 物体建构，其目的是利用激光扫描数据重构出 3D 物体表面。Besl 等人在文献[25]中提出了近邻点迭代(Iterative Closest Point，ICP)方法，该算法具有运算效率高的优点。在机器人学界 Feng Lu 等人[26]首先提出了迭代双对应(Iterative Dual Correspondence，IDC)方法，该方法在考虑位移因素的同时还考虑了旋转因素，因此提高了匹配的准确性。以上方法均存在扫描点匹配一致性问题，造成该问题的原因是算法利用前后相继的两次扫描点数据进行匹配计算，虽然理论上前后两次匹配是最优的，但在总体时间平均精确度上却存在误差，对应点获取误差和观测误差是造成该问题的原因。在机器人运行一段时间后，尤其是机器人轨迹出现回路时，机器人长时间运行的匹配累积误差对扫描点分布的影响就会表现出来。Feng Lu 等人在文献[27]中采用了一种批处理优化方法对累积误差进行矫正并得到了较好的一致性结果。

2. *基于 EKF 的解决方法*

由于能够充分发挥概率滤波的优势，基于概率滤波理论的 SLAM 方法目前是学界的研究重点。卡尔曼滤波是常用的迭代估计方法，其适于线性高斯系统。而对于 SLAM 问题来说，无论是系统运动模型还是观测模型均为非线性系统，因此学界一般采用线性化卡尔曼滤波方法来应对 SLAM 问题的非线性特点，例如，扩展式卡尔曼滤波（Extended Kalman Fiter，EKF）[5,28]和无迹卡尔曼滤波（Unscented Kalman Filter，UKF）[29-31]。Smith 等人最先提出了基于 EKF 的 SLAM 解决算法，由于该算法将机器人和环境特征状态作为整体来估计，因此被称为全关联协方差 SLAM 算法。该算法特点在于，随着迭代估计的进行，机器人状态和环境特征状态之间互相关性逐步增强，这种估计状态间耦合性的建立能够反映 SLAM 过程中机器人状态和地图状态估计间的依赖关系，因此提高了系统状态估计的准确性。该方法的主要问题是运算量巨大，另外，该方法中存在的线性化过程，使得在进行大尺度环境构建过程中估计一致性难以保证[32]。为了解决全关联协方差 EKF 方法的这些问题，不少学者进行了这方面的研究，Guivnat 等人在文献[33]和[34]中提出了一种基于压缩扩展式卡尔曼滤波（Compressed Extended Kalman Filter，CEKF）的 SLAM 解决算法。该算法在每次迭代过程中并不需要对整个协方差阵进行操作，而只对局部子阵进行操作。在经过一段时间运算后，算法通过一次迭代将局部子阵的作用传递给整个协方差阵。该算法的估计准确性与传统方法相同，但计算效率却明显优于后者。Whyte 等人[35]设计出了一种控制增广状态向量中环境特征数量的方法，该方法保持环境中较重要的部分特征，而忽略另一部分不重要特征，从而降低了算法的运算量。Uhlmann 等人在文献[36]中通过采用协方差交集方法避免了状态更新过程中对互相关阵的操作，从而降低了算法的运算量。另一类改进算法是基于“子图”的方法[37-39]，这类算法一般将大地图分成若干小子图，对每个子图进行全协方差估计，并通过描述各子图间的相关性来表示整个大地图。这类算法在系统状态更新过程中不用对整个地图进行操作而只考虑局部子图，因此提高了运算效率，另外，由于在每个子图中系统状态估计能够保持一致性，因此系统总体估计同样能保持一致性。最后一类改进算法是利用信息滤波器对系统状态进行估计[40]，该方法用空间信息矩阵来表示对象空间信息间的内在关联，并利用网状数据结构来维护相邻环境特征间的关系，该算法状态更新的运算量与环境特征无关，因此提高了算法的执行效率。

3. *基于粒子滤波的解决方法*

运用概率滤波理论的另一类 SLAM 解决方法是基于粒子滤波的估计算法。该算法被称为“FastSLAM”算法，由 Montemerlo 等人最先提出[41-42]，算法利用 Rao-Blackwellized 粒子滤波器对机器人和环境特征状态进行估计并且其运算复杂度为 $O(M \lg K)$，其中 $K$ 为环境特征个数，$M$ 为粒子数量。该算法具有运算效率高的特点，但粒子匮乏现象[17]使该算法同样存在一致性问题。郭剑辉等人[43]针对该问题设计了一种改进算法，提高了估计的一致性程度。

### 1.2.3 机器人同时定位与地图构建研究趋势

目前，大部分 SLAM 研究集中于利用简单机器人系统完成室内结构化环境中的机器人同时定位和地图构建，已经有学者较成功地开展了针对室外自然环境下的SLAM研究[44-47]。此处所说的室外自然环境包括陆上环境、空天环境、水下环境以及类似山洞隧道的地下环境。室外环境相对于室内环境来说主要特点在于其非结构性、大尺度性和不确定性，另外由于室外环境更为复杂，所以其对机器人系统的干扰也更大，因此目前学界研究的主要方向之一是对大尺度、非结构化复杂环境条件下SLAM问题的研究。

另外，基于便捷传感器的SLAM问题也是一个重要研究方向[1-3,48-50]，便捷传感器指的是那些体积小、质量轻、耗能低的传感器系统，例如：单目摄像头和磁力计等。此类传感器系统能够适应于更多搭载平台，随着个人便携式智能终端的普及给该方向的研究带来了更广阔的应用前景。

SLAM的另一研究方向是多机器人协作SLAM问题，多机器人系统可能是异构的，即机器人团队成员可能包括陆地机器人、空中机器人甚至水下机器人。多机器人协作SLAM能够充分发挥各种机器人传感器和运动装置的优势，更有利于提高SLAM技术在自然环境中的实用性。

随着SLAM技术的不断发展，其研究内容和传统领域出现了交叉，从而产生了新的研究方向。本书所研究的问题就是SLAM和目标跟踪的结合，对于这些问题的研究除了能够促进人们对传统SLAM问题的理解外，还能够扩展传统SLAM的应用范围，从而提高了SLAM的实际应用价值。

## 1.3 未知环境下机器人目标跟踪研究进展

### 1.3.1 未知环境下机器人目标跟踪问题描述

未知环境下机器人目标跟踪是指移动机器人在陌生环境中对运动目标的空间状态进行估计的过程。目标状态估计是以移动机器人自身状态估计为基础的，而在未知环境中实现移动机器人自身状态估计实际就是SLAM问题，因此，未知环境下机器人目标跟踪所研究的是“机器人同时定位、地图构建与目标跟踪问题(SLAMOT)”。SLAMOT实际上是SLAM和目标跟踪的结合，其难度至少为两者之和。定位解决的是机器人和静态物体相对位置关系建立问题，地图构建解决的是静态物体之间相对位置关系建立问题，而SLAMOT是解决目标与机器人、环境之间时空关系建立问题[51]，其难度主要来自环境和目标运动方式的未知性以及观测信息的模糊性上。如果说SLAM问题的解决为移动机器人实际应用奠定了基础[52-53]，那么SLAMOT问题的解决不仅能够进一步扩展SLAM应用范围，还使SLAM在与人类活动相关的任务中显示出更广泛的应用前景。

根据采用的传感器不同，SLAMOT可划分为基于主动式测距传感器的方法和基于被动式视觉传感器的方法。

### 1.3.2 基于主动式测距传感器的方法

2002年，卡内基梅隆大学的Wang等人在文献[54]中首次提出将SLAM和动态目标侦测和跟踪(Detection and Tracking of Moving Objects, DTMO)作为一个耦合问题来处理的思想，其方法仍然以栅格地图差异性比较为基础。具体来说，系统始终保持两种局部栅格地图：

静态物体栅格地图和动态物体栅格地图，并通过观测值和这两种地图的比较来区别当前动态和静态物体反射点，进而用动态和静态物体反射点分别更新两种地图。该方法以智能导航车 Naclab11 为平台，成功地进行了城市环境地图构建，结果验证了其有效性。另外，由于采用 ICP 对应点匹配算法进行位姿矫正，故该方法存在累积误差。为了纠正累积误差以达到地图的一致性要求，还需要利用回路检测和批优化算法对此方法进行误差纠正。此后，Wang 在文献[51,55－57]中系统地给出了该问题基于贝叶斯理论的解决框架。该方法基于两种假设条件：首先，假设系统能够成功区分环境特征和目标的观测值，其次，假设目标观测值只影响目标的状态更新而对机器人和环境特征状态没有影响。该假设实际上是将 SLAM 和 DTMO 问题作为两个独立过程来考虑的，并没有考虑机器人和目标间的相关性对系统状态估计的影响。Vu 等人在文献[58]中运用全局邻域法(Global Nearest Neighborhood, GNN)进行动态物体检测并用 EKF 跟踪运动物体，该方法假设物体运动模态唯一，因此不能解决机动目标跟踪问题。Wang 在文献[59]中介绍了一种基于交互模态的机动目标跟踪方法，使系统能够对动静(Move-Stop)模态运动的目标进行跟踪，但该方法依然假设机器人和目标的状态估计相互独立，由于采用 ICP 匹配算法进行机器人位姿矫正，因而使得系统无法对机器人和目标状态的不确定度进行准确描述。

SLAMOT 研究的另一分支来自于机器人协作围捕任务(Pursuit-Evasion Game, PEG)[60-62]。该问题假设机器人事先对围捕环境没有任何先验知识，在围捕过程中实时建立环境地图并利用该地图和博弈理论对入侵者进行围捕。Hespanha 等人在文献[60]中首次将围捕任务和地图构建当做一个整体问题来处理并成功设计出基于概率理论的解决办法。Vidal 等人在文献[61]中将未知环境条件下机器人围捕延伸到多个围捕者和多个入侵者的情况，并在文献[63]中解决了异构机器人协作围捕问题。以上方法实际将传统的围捕博弈问题[64-66]和地图构建问题相结合，其目的是为了解决围捕环境未知性问题和提高围捕效率，但此类方法假设系统已知机器人和目标的准确状态，因此，虽然解决了围捕环境实时建构问题，但实用性较差(即使利用 GPS 定位系统为机器人定位，目标的状态也无法获得)。

### 1.3.3 基于被动式视觉传感器的方法

基于被动式视觉传感器方法研究主要围绕机器人导航应用[67-69]和智能交通系统(Intelligent Transportation Systems, ITS)应用[70]展开。

基于光流场(Optical Flow)的方法是人们较早用来解决运动平台目标侦测的有效手段[71-73]，此类方法的主要问题是无法准确估计运动平台和目标的空间位置，因此更适用于目标检测，并非跟踪。另外，受光度恒定假设的影响，相关方法对光照条件、场景变化的敏感度较大。值得注意的是，光流场虽然不能得到完备的目标和运动平台空间状态值，但却能够提供它们的某些运动参数估计值[74-76](例如，运动速度和方向)，在进行纯视觉 SLAMOT 时这些运动参数能够帮助系统完成相关对象运动模型的估计。

基于视差图的方法[77-81]是解决运动平台目标和环境建模的另一可行手段，此类方法利用双目视觉图像的视差完成大地平面和障碍物的检测，通过匹配算法完成目标空间位置估计。V 视差图(V-Disparity Image)的应用，使原本的 3D 空间目标检验转换成了 2D 平面目标检验，从而提高了方法的处理速度。此类算法仅适于立体视觉传感器，除了需要对视觉传感器系统进行严格的标定外，同时要求摄像头之间保持固定的相对位置，当运动平台处于颠簸的工作环境时,该类方法的性能将有所下降。

为了解决临时滞留物体(例如,行人和汽车)对市区3D模型重构的影响,Leibe首先将目标侦测技术(Object Detection)引入基于运动的三维重建(SFM)过程中[82-83],实现了基于单目视觉的运动平台目标识别和定位。该方法以不同时刻静止汽车的观测值作为检验数据集,利用均值漂移算法(Mean-Shift Clustering)进行聚类进而产生多个静止汽车的位置假设,最后利用QBOP(Quadratic Boolean Optimization Problem)优化完成对汽车的位置估计。该方法只对静止汽车位置进行估计而对运动物体位置并不做估计,因此其实际解决的依然是SFM问题,目标跟踪的引入主要是为了提高方法的可靠性。在此基础上,Leibe等人进一步将SFM和目标跟踪技术相结合以实现运动平台的目标跟踪[84-85],该方法利用SFM技术完成摄像机状态的估计,并将地平面线索作为目标识别的依据,采用假设检验的方法完成多目标跟踪,根据当前观测值和已有估计结果,以及相关目标时空运动限制条件(两个目标不会同时占据同一个空间位置),将目标侦测和跟踪建模为联合二次布尔(Quadratic Boolean Problem,QBP)问题,并利用最优化方法求解。这种将目标侦测和跟踪作为耦合问题的处理方法将得到目标侦测和跟踪的联合优化估计,进而增强了算法的可靠性。由于目标轨迹产生于特定时间间隔内对多个假设轨迹批优化处理的结果,影响了方法的实时处理能力,限制了该方法在快速移动平台以及目标拥挤环境中的应用。另外,该方法虽然考虑了目标侦测和跟踪的耦合性问题,却并未考虑摄像机状态估计和目标跟踪的耦合性问题,而将摄像机状态估计和目标跟踪作为完全独立的单元进行处理,实际上,摄像机状态估计将直接影响目标跟踪的结果[86],因此,限制了其实际应用能力。

Ess在文献[87](采用立体视觉传感器)中提出了基于假设检验的运动平台移动目标视觉跟踪方法,该方法基于Tracking by Detection框架,将目标侦测结果反馈给视觉里程表算法以提高相关对象估计准确性。这种处理过程从某种程度上考虑了摄像机状态估计和目标跟踪的耦合性问题,但估计模块间的交互作用容易导致局部误差的扩大化,为了解决该问题,设计了相应的容错机制,利用不同时刻机器人状态估计的离差和同一时刻机器人状态的协方差为标准检测视觉里程表估计准确性,若检测不合格将抛弃估计结果,仅利用先验知识进行估计。在此基础上,Ess在文献[88]和[89]中提出了一种基于多模块交互的移动平台多目标跟踪方法,该方法利用贝叶斯网络、多重假设检验和视觉里程表技术分别解决地平面估计和目标侦测问题、目标跟踪和机器人状态估计问题,并利用反馈机制来优化各估计模块以提高估计准确性。由于以上方法采用了立体视觉系统,故环境深度信息较容易得到,因此目标估计和环境深度估计可以作为独立单元运行,简化了问题的复杂性,其成果无法直接用于纯单目视觉系统。另外,他们的研究对象是运动模型较为简单的轮式车辆,而运动空间近似于平面并非三维空间。

### 1.3.4 国内研究进展

近年来,国内学者已经针对SLAMOT问题展开了研究,但相比于国外研究情况,国内的研究成果还比较少。

中南大学蔡自兴教授带领的团队,针对动态环境下的SLAM问题展开研究[90],其研究目的是为了解决未知环境中移动机器人导航控制问题。陈白帆等人[91]提出了一种声呐和视觉传感器结合的动态环境地图构建方法,通过建立动、静两种地图成分区别目标和环境物体,该方法主要解决运动目标发现和识别问题,并未对目标状态进行估计。在其后的博士论文中[92]，他将数据关联技术应用到对动态目标的状态估计上，从而实现了 SLAMOT，方法主要基于主动式声呐传感器，摄像机仅作为目标发现和识别的辅助手段。浙江大学的王文斐等人[93]提出了基于栅格矢量特征的地图表示方法，并利用期望值最大化算法实现了动态目标的识别和静态环境的构建。西北工业大学弋英民等人[94]利用最近邻域数据关联方法将动态随机目标的预测轨迹关联入地图中，从而实现了 SLAMOT，该方法同样基于主动式传感器。中国海洋大学赵璇等人[95]提出了一种基于 Rao-Blackwellized 粒子滤波的 SLAMOT 算法，并且将 SLAM 和目标跟踪问题作为耦合问题来研究，算法采用粒子滤波层叠的方法，运算量较大。火箭军工程大学伍明等人对 SLAMOT 问题进行了系统的研究[86,96-100]，分别针对耦合估计问题[86]，目标发现和识别问题[99]，伪观测值处理问题[101]，目标运动模式未知性问题[96]，跟踪过程中的多机器人协作控制问题[100]，协作估计问题[97]，多传感器一致性观测问题[102]等提出了相应解决方法，这些成果主要基于激光传感器。

国内对于 SLAMOT 问题研究的另一个分支是智能车辆系统认知学研究，例如，西安交通大学人工智能与机器人研究所智能车辆课题组设计的 Springrobot[103]，清华大学计算机系智能技术与系统国家重点实验室设计的 THMR 系列智能车辆[104]，国防科技大学机电工程与自动化学院设计的 CITAVT 系列智能车辆[105]，重庆大学自动化学院导航制导研究所研制的智能辅助驾驶系统[106]，吉林大学智能车辆课题组设计的 JUTIV 系列智能车辆[107]等，这些智能车辆系统均装有视觉传感器并能够实现运动条件下环境动态物体的自动识别和分类。此类系统通常采用主动传感器和视觉传感器相结合的手段，并且研究重点在于环境目标的检测和识别上，并未对目标空间状态进行估计。

由上述内容可知，国内对于 SLAMOT 的研究主要目的是解决动态环境中的 SLAM 问题，目标状态估计并未放到与机器人状态估计和环境构建同等重要地位。

### 1.3.5 未知环境下机器人目标跟踪问题难点

1. 环境特征和目标的识别与侦测

对环境和目标状态估计的前提是能够快速、准确地进行环境特征和目标的识别与侦测。

首先，需要解决不同类型场景的识别问题，因为在不同场景下机器人能够有效利用的环境特征不同(例如，在室内走廊环境下，直线特征为较好的环境特征表示方法。在室内办公室环境下，直线特征和点特征为较好的环境特征表示方法。而在室外环境下，点特征和标志物特征为较好的环境特征表示方法)。

其次，SLAMOT 涉及的目标识别问题具有以下两方面特点：一方面，需要系统在变化背景条件下实现对目标的准确快速识别；另一方面，由于机器人平台的不断移动，导致环境条件(例如，光照和场景复杂度)不断发生变化，因此，如何解决变化背景条件下的移动平台运动目标识别问题，充分利用 SLAMOT 得到的机器人、环境和目标状态信息，研究运动目标快速识别方法，实现移动平台对运动目标和静止环境特征的高效、可靠图像分割和观测值提取是一个关键研究问题。

最后，SLAMOT 过程中运动物体检测目的是为系统提供观测值，即确定哪些观测值属于环境特征，哪些观测值属于运动目标。该问题是 SLAMOT 的基础，因为若系统无法获得环境和目标观测值，那么预测状态将无法得到更新。实际上，运动物体检测和传统的动态环境下 SLAM 问题相近，所采用的方法也基本相同。不同之处在于，动态环境下 SLAM 问题的动态物体扫描点检测目的是为了减少动态物体扫描点对 SLAM 的干扰，而 SLAMOT 的运动物体检测除了该目的外，还需利用动态和静态物体扫描点产生对目标和环境特征的观测值。

2. 数据关联和检验

数据关联研究的是如何确定观测值和系统对象的对应关系问题，在基于贝叶斯理论的滤波过程中，系统状态更新是利用实际观测值和预测观测值的差异来完成的，因此就必须首先正确确定实际观测值和预测观测值之间的对应关系，否则肯定会对估计准确性造成不利影响[108]。单纯 SLAM 的数据关联对象只，涉及环境特征，其难点主要集中在计算量大上。而 SLAMOT 的数据关联还需进一步考虑目标伪观测值的处理问题。一般来说，在机器人对目标追踪过程中，由于环境噪声和运动物体检测方法不完善等原因会造成目标伪观测值，也就是说，某一时刻对单一目标可能出现多个观测值，这些观测值中可能包括真值甚至根本不包含真值。另外，机器人可能对多个目标进行跟踪，由于目标运动的随意性（例如，两个目标可能出现交叉运动）就进一步增加了数据关联的难度。可见，如何减少目标伪观测值以及目标之间观测值对跟踪的影响是 SLAMOT 的另一项研究重点。对于单目标跟踪最早采用的是 $\chi^2$ 检验方法[109]，该方法首先计算候选观测值和预测观测值间的马氏距离并通过查 $\chi^2$ 表来确定检验门限。如果伪观测值距离真值较远则该方法是有效的，但若伪观测值和真值距离较近则该方法性能将明显下降。1975 年，Shalom 等人[110]首先提出概率数据关联方法来处理目标观测真值附近存在多个伪观测值的数据关联问题，该方法首先对所有观测值进行检验，从而排除那些根本不可能是观测真值的候选目标观测值，并用所有通过检验的候选目标观测值对系统状态进行更新。更新的原则为，越可能为真值的候选目标观测值对系统更新的贡献越大。该方法并没有考虑目标是否存在的问题，因此 Musicki 等人在文献[111]中提出了综合概率数据关联方法(Integrated Probabilistic Data Association，IPDA)。该方法将目标是否存在当成一个独立马尔可夫链来处理，并在每一时刻对目标存在概率进行估计，当目标存在概率小于某值时就认为目标已经消失。2004 年，为了解决多目标跟踪问题，Musicki 等人[112]提出了联合完整概率数据关联方法。该方法对每个目标产生一个跟踪滤波器，每次迭代时考虑所有的观测值和跟踪滤波器组合，并用所有目标观测值对每个跟踪滤波器进行更新。此方法的问题在于随着观测值和目标个数的增长，算法复杂度将以指数级提高。由上述内容可知，SLAMOT 数据关联不仅需要解决环境特征匹配问题，还需解决目标干扰观测值问题（这里的目标干扰观测值包括伪值和由其他目标引起的观测值）。

3. 机器人和目标关联性以及不确定性估计

SLAMOT 不确定性来源主要有两个方面：观测不确定性以及状态更新不确定性。观测不确定性是由环境因素、传感器因素引入的。环境因素是指环境本身条件对感知的影响，例如，强光对激光传感器的影响，天气对视觉传感器的影响。传感器因素是指传感器性能条件对感知的影响，例如，由于制造水平的限制，激光传感器的距离测量并非完全准确，又如，由于里程表传感器采用的是非反馈感知模式，当机器人运动中出现打滑和颠簸时将产生测量误差。状态更新不确定性是由运行状况因素、机器人自身因素引入的。运行状况因素是指机器人在运行过程中发生的环境干扰，例如，风速对无人飞行器运行的影响，水流对水下机器人运行的影响。机器人自身因素是指机器人本身制造和维护状态对准确性的影响，例如，轮式机器人轮胎打气是否充足等。

以上描述的不确定性能被准确建模，例如，用高斯白噪声来表示观测不确定性，用蒙特卡罗撒点表示状态不确定性。事实证明这些建模方法是有效准确的[5,113]，难点在于如何准确对这些不确定性进行估计，对于不确定性估计 Shalom 有如下标准[114]：

$$\boldsymbol{E}[\boldsymbol{X}_k-\hat{\boldsymbol{X}}_k]=0 \tag{1-1}$$

$$\boldsymbol{E}[(\boldsymbol{X}_k-\hat{\boldsymbol{X}}_k)(\boldsymbol{X}_k-\hat{\boldsymbol{X}}_k)']=\boldsymbol{P}_k \tag{1-2}$$

其中，$X_k$ 为实际状态值；$X_k$ 为估计状态值；$\boldsymbol{X}_k-\hat{\boldsymbol{X}}_k$ 为 $k$ 时刻的估计误差，若满足以上条件则说明该估计为一致性估计。式(1－1)和式(1－2)说明如果估计是无偏的并且实际的均方误差与估计的均方误差相同，那么该估计满足一致性条件。一致性条件是估计问题的基本条件，对于现有 SLAM 方法的一致性问题已经存在一定数量的研究[32,115-116]。Castellanos 等人[117]首先发现由于基于扩展式全关联卡尔曼滤波 SLAM 方法在观测模型和状态更新处理中存在线性化操作，在进行大尺度地图构建过程中系统状态估计将很快变得非一致。其在后来的工作中[118]设计出名为 Robocentric Map Joining 的方法，有效改善了估计的一致性水平，该方法通过建立一系列以机器人为中心的相互独立的局部子地图来表示全局地图。由于每一个子地图的实际不确定性都较小，因此这些子地图均满足一致性要求，该方法是目前解决 SLAM 一致性问题较有效手段之一[32,119]。Bailey 等人[17]对基于粒子滤波的 SLAM 方法进行了研究，结果发现粒子滤波存在的重采样过程使得地图的早期信息逐渐消失，从而导致在 SLAM 进行一段时间后系统状态估计不再满足一致性要求。笔者进一步指出运用重采样控制技术，例如，局部拒绝控制重采样方法(Partial Rejection Control)[120]，能够减轻重采样对估计一致性的影响。虽然一致性研究已经取得了一定进展，但如何使 SLAM 满足大尺度环境、长时间运行条件下一致性估计要求仍然是一个需要进一步深入研究的课题。

对于 SLAMOT 还有一个重要问题需要考虑，就是机器人状态和目标状态的关联性估计。系统中存在两个运动对象，即机器人和目标。机器人是估计主体，其需要对环境、目标以及自身状态进行估计，传统的方法[18,55]均假设机器人和目标状态是独立的，这就使得机器人 SLAM 和目标跟踪成为了两个独立过程，即首先进行 SLAM，在此基础上进行目标跟踪。这种方法存在以下问题：首先，没有正确反映机器人状态和目标状态的相互关系。机器人根据目标状态估计值计算控制量并控制自身运动，即机器人和目标状态具有相关性。其次，独立性假设会影响系统状态估计的准确性，滤波实际上就是数据融合的过程[121-123]，随机变量之间的相关性会影响融合结果，以系统状态符合高斯分布为例，则最大似然意义下两个随机变量的融合公式为[124]

$$\boldsymbol{X}^{\text{fuse}}=\boldsymbol{X}_1+(\boldsymbol{P}_1-\boldsymbol{P}_{12})(\boldsymbol{P}_1+\boldsymbol{P}_2-\boldsymbol{P}_{12}-\boldsymbol{P}_{21})^{-1}(\boldsymbol{X}_2-\boldsymbol{X}_1) \tag{1-3}$$

$$\boldsymbol{P}^{\text{fuse}}=\boldsymbol{P}_1-(\boldsymbol{P}_1-\boldsymbol{P}_{12})(\boldsymbol{P}_1+\boldsymbol{P}_2-\boldsymbol{P}_{12}-\boldsymbol{P}_{21})^{-1}(\boldsymbol{P}_1-\boldsymbol{P}_{12}) \tag{1-4}$$

其中，$\boldsymbol{X}_1$ 和 $\boldsymbol{X}_2$，$\boldsymbol{P}_1$ 和 $\boldsymbol{P}_2$ 分别表示两个服从高斯分布的随机变量的均值和方差；$\boldsymbol{P}_{12}$ 和 $\boldsymbol{P}_{21}$ 表示两个随机变量的协方差阵。从式(1－3)和式(1－4)可见，如果忽略两随机变量的协方差 $\boldsymbol{P}_{12}$，那么融合的结果将受到影响。具体来说，若 $\boldsymbol{P}_{12}$ 为正，则融合后的 $\boldsymbol{P}^{\text{fuse}}$ 将比正确值小；反之，如果 $\boldsymbol{P}_{12}$ 为负，则融合后的 $\boldsymbol{P}^{\text{fuse}}$ 将比正确值大。前者出现过估计现象，后者出现欠估计现象[125]。可见，机器人和目标互相关性的正确估计会影响系统状态估计的准确性。

4. 目标运动模式未知性和状态初始化问题

SLAMOT 的另一个难点为目标运动模式未知性问题。机器人作为估计主体，其对自身的状态转移方式有明确认识，但其对目标的运动模式却并不明确。目标运动方式可能具有较高的机动性,这就要求设计出适合机动性目标追踪的 SLAMOT 方法。传统目标跟踪方法主要采用交互多模态滤波(IMM)[126-129]完成可变运动模式目标跟踪任务。IMM 方法假设目标存在一系列可能的运动模式并以一定转移概率在不同运动模态间转换,系统的先验状态概率密度和后验概率密度均根据各模式概率大小表示为混合高斯形式,并利用目标观测值对各模式概率值进行更新。由此可见,设计出符合 SLAMOT 框架的机动目标跟踪方法是其实际应用的前提。

同时,在利用类似单目摄像头这种纯方位传感器进行 SLAMOT 时,由于每次观测只能提供目标方向信息而缺少深度信息,故系统无法直接确定新发现目标的状态,需要进行目标状态的初始化处理,已有的单目视觉 SLAM 环境特征初始化方法主要针对静止物体,无法解决对运动目标的状态初始化问题,因此,解决系统对新发现目标状态的扩充,设计确保目标跟踪准确性和可靠性的初始化方法是 SLAMOT 又一个难点问题。

5. 机器人追踪运动控制

SLAMOT 不但涉及目标跟踪问题,还涉及目标追踪问题。跟踪的目的是估计目标的状态,而追踪的目的是对目标进行追随,前者是估计问题,后者是运动控制问题。对于移动自主机器人来说,移动性和自主性是其基本特点,在 SLAMOT 过程中,如果机器人只是跟踪目标,那么 SLAMOT 就退变成了传统的目标跟踪问题,而由于机器人的感知范围是有限的,因此很快目标就会逃脱跟踪。学术界称机器人对目标的捕捉为“机器人目标围捕控制”(Robots Target Hunting)[130-133]。该课题实际是机器人队形控制问题和机器人协调决策问题的结合。Yamaguchi 等人[130,134]首次提出并研究了该问题,并设计了基于人工势场的多机器人协作围捕控制算法,该控制算法适用于符合完整性和非完整性约束的轮式机器人控制。受狼群捕猎的启发,文献[131]提出了一种利用有限状态自动机的多机器人协作围捕算法,该算法将机器人围捕分解为若干行为,例如巡游、跟随、躲避等,在围捕过程中系统依据特定条件激活相应行为,可见该方法有基于行为控制的特点[135]。Gulec[132]提出了一种可变参数的多机器人围捕算法,机器人会根据具体情况连续改变控制函数的相关参数进而完成平滑的围捕行为过渡。总之,机器人围捕控制正朝着智能化、协作化、分布式的方向发展。

## 参考文献


[1] Bekey G A. Another journal is born[J]. Autonomous Robots, 1994(1):5-6.

[2] Chatila R, Laumond J P. Position referencing and consistent world modeling for mobile robots[C]// Proceedings of IEEE International Conference on Robotics and Automation (ICRA). Piscataway, NJ, USA: IEEE, 1985:138-145.

[3] Smith R, Cheeseman P. On the representation and estimation of spatial uncertainty[J]. The International Journal of Robotice Research, 1986, 5(4):56-68.

[4] Smith R, Self M, Cheeseman P. A stochastic map for uncertain spatial relationships [C]// Proceedings of the International Symposium of Robotics Research. Berlin Heidelberg, Germany: Springer-Verlag, 1987:467-474.

[5] Smith R, Self M, Chesseman P. Estimating uncertain spatial relationships in robotics [C]// Proceedings of the Second Conference Annual Conference on Uncertainty in Artificial Intelligence. New York, NY, USA: Elsevier Science, 1988:435-461.

[6] Leonard J J, Whyte H F D. Dynamic map building for an autonomous mobile robot[J]. International Journal of Robotics Research, 1992, 11(4):286 - 298.

[7] Guivant J, Nebot E M, Whyte H F D. Simultaneous localization and map building using natural features in outdoor environments[C]// Proceedings of the IEEE International Conference on Intelligent Autonomous Systems(IROS). Piscataway, NJ, USA: IEEE, 2000:581 - 588.

[8] Adams M D, Zhang S, Xie L. Particle filter based outdoor robot localization using natural features extracted from laser scanner[C]//. Proceedings of the IEEE International Conference on Robotics and Automation(ICRA). Piscataway, NJ, USA: IEEE, 2004:854 - 859.

[9] Neira J, Tardós J D. Data association in stochastic mapping using the joint compatibility test[J] . IEEE Transactions on Robotics and Automation, 2001, 17(6):890 - 897.

[10] Nieto J, Guivant J, Nebot E, et al. Realtime data association for fastslam[C]// Proceedings of the IEEE International Conference on Robotics and Automation (ICRA). Piscataway, NJ, USA: IEEE, 2003:2512 - 2517.

[11] Zhang S, Xie L H, Adams M. An efficient data association approach to simultaneous localization and map building[J]. International Journal of Robotics Research, 2005, 24 (1):49 - 60.

[12] Austin D J, Mccarragher B J. Geometric constraint identification and mapping for mobile robots[J]. Robotics and Autonomous Systems, 2001, 35 (2):59 - 76.

[13] Makarenko A A, Williams S B, Durrant W H. Decentralized certainty grid maps[C]// Proceedings of the IEEE/RSJ International Conference on Intelligent Robots and Systems. Piscataway, NJ, USA: IEEE, 2003:3258 - 3263.

[14] Fabrizi E, Saffiotti A. Augmenting topology-based maps with geometric information [J]. Robotics and Autonomous Systems, 2002, 40 (2 - 3):91 - 97.

[15] 石朝侠，洪炳镕，周彤. 大规模环境下的拓扑地图创建与导航[J]. 机器人，2007,29 (5): 433 - 438.

[16] Newman P, Ho K. SLAM-Loop closing with visually salient features[C]// Proceedings of the IEEE International Conference on Robotics and Automation (ICRA). Barcelona, Spain: IEEE, 2005:635 - 642.

[17] Bailey T, Nieto J, Nebot E. Consistency of the Fast SLAM algorithm[C]. Proceedings of the IEEE International Conference on Robotics and Automation(ICRA). Piscataway, NJ, USA: IEEE, 2006:424 - 430.

[18] Hahnel D, Schulz D, Bugard W. Map building with mobile robots in populated environments[C]// Proceedings of the IEEE/RSJ International Conferenice on Intelligent Robots and Systems EPFL. Piscataway, NJ, USA: IEEE, 2002:496 - 501.

[19] Bengtsson O, Baerveldt A J. Localization in changing environments by matching laser range scans[C]// Proceedings of the Third European Workshop on Advanced Mobile Robots. Piscataway, NJ, USA: IEEE, 1999:169 - 176.

[20] Hahnel D, Triebel R, Burgard W. Map building with mobile robots in dynamic environments[C]//Proceedings of the IEEE International Conference on Robotics and Automation(ICRA). Piscataway, NJ, USA: IEEE, 2003:1557 - 1563.

[21] Montesano L, Minguez J, Montano L. Modeling the static and the dynamic parts of the environment to improve sensor-based navigation[C]// Proceedings of the IEEE International Conference on Robotics and Automation (ICRA). Piscataway, NJ, USA: IEEE, 2005: 4556 - 4562.

[22] Wolf D F, Sukhatme G S. Mobile robot simultaneous localization and mapping in dynamic environments[J]. Autonomous Robots, 2005,19(1):53 - 65.

[23] Biswas R, Limketkai B, Sanner S, et al. Towards object mapping in dynamic environments with mobile robots[C]// Proceedings of the IEEE/RSJ International Conference on Intelligent Robots and Systems(IROS). Piscataway, NJ, USA: IEEE, 2002:1014 - 1019.

[24]Mitsou N, Tzafestas C. Maximum likelihood SLAM in dynamic environments[C]// Proceedings of the IEEE International Conference on Tools with Artificial Intelligence. Piscataway, NJ, USA: IEEE, 2007:152 - 156.

[25] Besl P J, Mckay N D. A method for registration of 3-D shapes[J]. IEEE Transactions on Pattern Analysis and Maching Intelligence, 1992, 14(2):238 - 256.

[26] Lu F, Milios E. Robot pose estimation in unknown environments by matching 2D range scans[J]. Journal of Intelligent and Robotic Systems, 1997, 18(3):249 - 275.

[27] Lu F, Milios E. Globally consistent range scan alignment for environment mapping[J]. Autonomous Robots, 1997, 4(4):333 - 349.

[28] Dissanayake M W, Newman P, Clark S. A solution to the simultaneous localization and map building (SLAM) problem[J]. IEEE Transactions on Robotics and Automation, 2001, 17 (3): 229 - 241.

[29] Seongsoo L, Sukhan L, Kim D. Recursive unscented kalman filtering based SLAM using a large number of noisy observations[J]. International Journal of Control, Automation and Systems, 2006, 4(6):736 - 747.

[30] Suinderhauf N, Lange S, Protzel P. Using the unscented kalman filter in Mono-SLAM with inverse depth parametrization for autonomous airship control[C]// Proceedings of the IEEE International Workshop on Safety, Security and Rescue Robotics. Piscataway, NJ, USA: IEEE, 2007:1 - 6.

[31] Holmes S A, Klein G, Murray D W. An O(N2) square root unscented kalman filter for visual simultaneous localization and mapping[J]. IEEE Transactions on Pattern Analysis and Machine Intelligence, 2009, 31(7):1251 - 1263.

[32]Bailey T, Nieto J, Guivant J, et al. Consistency of the EKF-SLAM algorithm[C]// Proceedings of the IEEE/RSJ International Conference on Intelligent Robots and Systems(IROS). Piscataway, NJ, USA: IEEE, 2006:3562 - 3568.

[33] Guivant J E, Eduardo M N. Optimization of the simultaneous localization and map-building algorithm for real-time implementation[J]. IEEE Transactions on

Robotics and Automation, 2001, 17(3):242 - 257.

[34] Guivant J E, Nebot E M. Solving computational and memory requirements of feature-based simultaneous localization and mapping algorithms[J]. IEEE Transactions on Robotics and Automation, 2003, 19(4):749 - 755.

[35] Whyte H F D, Dissanayake G, Gibbens P W. Toward deployment of large-scale simultaneous localization and map building (SLAM) systems[C]// Proceedings of the International SymPosium in Robotics Research. Berlin Heidelberg, Germany: Springer-Verlag, 2000:161 - 168.

[36] Uhlmann J, Julier S, Csorba M. Non-divergent simultaneous map building and localization using covariance intersection[C]// Proceedings of the SPIE on Navigation and Control Technologies for Unmanned Systems. Bellingham, Wash, USA: SPIE, 1997:2 - 11.

[37] Leonard J J, Feder H J S. Decoupled stochastic mapping[J]. IEEE Jounral of Oceanic Engineering, 2001, 12(3):561 - 571.

[38] Williams S B, Dissanayake G, Whyte H F D. An efficient approach to the simultaneous localisation and mapping problem[C]// Proceedings of the IEEE International Conference on Robotics and Automation. Piscataway, NJ, USA: IEEE, 2002:406 - 411.

[39] Csobra M, Whyte H F D. New approach to map building using relative position estimates[C]// Proceedings of the SPIE on Navigation and Control Technologies for Unmanned Systems. Bellingham, Wash, USA: SPIE, 1997:115 - 125.

[40] Thrun S, Koller D, Ghahramani Z, et al. Simultaneous mapping and localization with sparse extended information filters[J]. International Journal of Robotics Research, 2004, 23(7):693 - 716.

[41] Montemerlo M, Thrun S, Koller D, et al. Fast SLAM: a factored solution to the simultaneous localization and mapping problem[C]// Proceedings of the National Conference on Artificial Intelligence (AAAI). Chicago, Illinois, USA: AAAI, 2002: 593 - 598.

[42] Montemerlo M, Thrun S, Koller D. Fast SLAM 2.0: an improved particle filtering algorithm for simultaneous localization and mapping that provably converges[C]// Proceedings of the Sixteenth International Joint Conferences on Artificial Intelligence Houston, Texas, USA: Elsevier, 2003:1151 - 1156.

[43] 郭剑辉，赵春霞，陆建峰，等. Rao-Blackwellised 粒子滤波 SLAM 的一致性研究[J]. 系统仿真学报，2008，20(23):6401 - 6405.

[44] Scaramuzza D, Siegwart R. Appearance-guided monocular omnidirectional visual odometry for outdoor ground vehicles[J]. IEEE Transactions on Robotics, 2008, 24 (5):1015 - 1026.

[45] Artieda J, Sebastian J M, Campoy P. Visual 3-D SLAM from UAVs[J]. Journal of Intelligent and Robotic System, 2009, 55(4):299 - 321.

[46] Cummins M, Newman P. FAB-MAP: probabilistic localization and mapping in the

space of appearance[J]. International Journal of Robotics Research, 2008, 27(6): 647－655.

[47] Pinies P, Tardos J D. Large-Sscale SLAM building conditionally independent local maps: application to monocular vision[J]. IEEE Transactions on Robotics, 2008, 24(5):168－181.

[48] Davison A J. Real-time simultaneous localization and mapping with a single camera [C]// Proceedings of the IEEE International Conference on Computer Vision. Nice France:IEEE,2003:1403－1410.

[49] Davison A J, Reid I, Molton N. Mono SLAM: Real-time single camera SLAM[J], IEEE Transactions on Pattern Analysis and Machine Intelligence, 2007, 29(6): 1052－1067.

[50] Civera J, Davison A J, Montiel J. Inverse depth parametrization for monocular SLAM [J],IEEE Transactions on Robotics,24(5):932－945.

[51] Wang C C, Thorpe C. Simultaneous localization and mapping with detection and tracking of moving objects[J]. International Journal of Robotics Research, 2007, 16(9):889－916.

[52] Thorpe C, Durrant W H. Field robots[C]// Proceedings of the 10th International Symposium of Robotics Research. Berlin Heidelberg, Germany: Springer-Verlag, 2001:4087－4097.

[53] Christensen H I. Lecture notes: SLAM summer school[M]. Australia:Srvlas University,2002.

[54] Wang C C. Thorpe C, Simultaneous localization and mapping with detection and tracking of moving objects[C]// Proceedings of the IEEE International Conference on Robotics and Automation. Washington,DC,USA:IEEE,2002, 2918－2924.

[55] Wan K W, Wang C C, Ton T T. Weakly interacting object tracking in indoor environments, Proceedings of the IEEE International Conference on Advanced Robotics and Its Social Impacts,Taipei,Taiwan:TEEE,2008:1－6.

[56] Wang C C, Thorpe C, Thrun S. Online simultaneous localization and mapping with detection and tracking of moving objects: theory and results from a ground vehicle in crowded urban areas[C]// Proceedings of the IEEE International Conference on Robotics and Automation,Taipei,Taiwan:TEEE,2003:842－849.

[57] Wang C C. Simultaneous localization, mapping and moving objects tracking[M], USA: Carnegie Mellon University, 2004.

[58] Vu T D, Aycard O, Appenrodt N. Online localization and mapping with moving object tracking in dynamic outdoor environments[C]// Proceedings of the IEEE Intelligent Vehicles Symposium,Cluj-Napoca,Romania:IEEE,2007:190－196.

[59] Wang C C, Lo T C, Yang S W. Interacting object tracking in crowded urban areas [C]// Proceedings of the IEEE International Conference on Robotics and Automation, Roma,Ital:IEEE,2007:4626－4632.

[60] Hespanha J, Kim H, Sastry S. Multiple-agent probabilistic pursuit-evasion games, Proceedings of the 38th IEEE Conference on Decision and Control, Phoenix, AZ, USA: IEEE, 1999:2432 - 2437.

[61] Vidal R, Rashid S, Sharp C. Pursuit-evasion games with unmanned ground and aerial vehicles[C]// Proceedings of the IEEE International Conference on Robotics and Automation, Seoul, South Korea, South Korea: IEEE, 2001, 2948 - 2955.

[62] Kim J, Vidal R, Shim H. A hierarchical approach to probabilistic pursuit-evasion games with unmanned ground and aerial vehicles[C]// Proceedings of the 40th IEEE Conference on Decision and Control, Orlando, USA: IEEE, 2001, 634 - 639.

[63] Vidaly R, Shakernia O, Kim H J. Probabilistic pursuit-evasion games: theory, implementation and experimental evaluation[J]. IEEE Transactions on Robotics and Automation, 2002, 18(5): 100 - 107.

[64] Isaacs R. Differential games[M]. USA: John Wiley & Sons, 1965.

[65] Basar T, Olsder G. Dynamic non-cooperative game theory[M]. USA: Elsevier, 1999.

[66] Lavalle S, Lin D, Guibas L. Finding an unpredictable target in a workspace with obstacles [C]// Proceedings of the IEEE International Conference on Robotics and Automation, Albuquerque, NM, USA: IEEE, 1997, 732 - 742.

[67] Liu Y, Huang T, Determination of camera location from 2-D to 3-D line and point correspondences[J]. IEEE Transactions on Pattern Analysis and Machine Intelligence, 1990, 12(1): 28 - 27.

[68] Shi F H, Zhang X Y, Liu Y C. A new method of camera pose estimation using 2D-3D corner correspondence[J]. Patterm Recognition Letter , 2004, 25(10): 1155 - 1163.

[69] Qin L J, Zhu F. A new method for pose estimation from line correspondences[J]. Acta Automatic Sinica, 2008, 34(2): 130 - 134.

[70] Hartley R I, Zisserman A. Multiple view geometry in computer vision[M]. Cambridge: Cambridge University Press, 2000.

[71] Coombs D, Herman M, Hong T H. Real-time obstacle avoidance using central flow divergence and peripheral flow[J]. IEEE Transactions on Robotics and Automation, 1998, 14(1): 45 - 89.

[72] 梁冰，洪炳熔，曙光，一种基于光流计算的机器人视觉与行为模型[J]. 宇航学报, 2003, 24(5): 463 - 467.

[73] Sandini G, Victod J S, Curotto F. Robotic bees [C]// Proceedings of IEEE/RSJ International Conference on Intelligent Robots and Systems. Yokohama, Japan: IEEE, 1993, 629 - 636.

[74] 刘小东. 基于光流法的机器人视觉导航[D]. 上海:同济大学, 2008.

[75] Srinivasan M V. An image-interpolation technique for the computation of OF and egomotion[J]. Biological Cybernetics, 1994, 71(5): 401 - 415.

[76] Pan C, Deng H, Yin X F. An optical flow-based integrated navigation system inspired by insect vision[J]. Biological Cybernetics, 2011, 105(3): 239 - 252.

[77] Cong Y, Peng J J, Sun J. V-disparity based UGV obstacle detection in rough outdoor terrain[J]. Acta Automatic Sinica, 2010, 36(5): 667 - 673.

[78] Kang Y S, Yamaguchi K, Naito T. Multi-band image segmentation and object recognition for understanding road scenes[J]. IEEE Transactions on Intelligent Transportation System, 2011, 12(4): 1923 - 1933.

[79] Broggi A, Cara C, Fedriga R I. Obstacle detection with stereo vision for off-road vehicle navigation[C]// Proceedings of IEEE/RSJ International Conference on Computer Vision and Pattern Recognition, San Diego, CA, USA: IEEE, 2005, 65 - 72.

[80] Broggi A, Cara C, Porta P P. The single frame stereo vision system for reliable obstacle detection used during the 2005 DARPA grand challenge on terramax[C]// Proceedings of IEEE International Conference on Intelligent Transportation Systems. Toronto, Ont, Canada: TEEE, 2006, 745 - 752.

[81] Caraffi C, Cattani S, Grisleri P. Off-road path and obstacle detection using decision networks and stereo vision[J]. IEEE Transactions on Intelligent Transportation Systems, 2007, 8(4): 607 - 618.

[82] Leibe B, Cornelis N, Cornelis K. Dynamic 3D scene analysis from a moving vehicle [C]// Proceedings of IEEE International Conference on Computer Vision and Pattern Recognition. Minneapolis, MN, USA: TEEE. 2007, 1 - 8.

[83] Cornelis N, Leibe B, Cornelis K. 3D urban scene modeling integrating recognition and reconstruction[J]. International Journal of Computer Vision, 2008, 78(2 - 3): 121 -141.

[84] Leibe B, Schindler K, Cornelis N. Coupled object detection and tracking from static cameras and moving vehicles[J]. IEEE Transactions on Pattern Analysis and Machine Intelligence, 2008, 30(10): 1683 - 1698.

[85] Leibe B, Zurich E T H, Schindler K. Coupled detection and trajectory eEstimation for multi-object tracking[C]// Proceedings of IEEE International Conference on Computer Vision. Rio de Janeiro, Brazil: IEEE, 2007, 1 - 8.

[86] 伍明，孙继银. 基于扩展式卡尔曼滤波的机器人未知环境下动态目标跟踪[J]. 机器人，2010(3): 339 - 393.

[87] Ess A, Leibe B, Schindler K, et al. A mobile vision system for robust multi-person tracking[C]// Proceedings of the IEEE International Conference on Computer Vision and Pattern Recognition. Anchorage, AK, USA: IEEE, 2008, 1 - 8.

[88] Ess A, Schindler K. Robust multi-person tracking from a mobile platform[J]. IEEE Transactions on Pattern Analysis and Machine Intelligence, 2009, 31(10): 1831 - 1846.

[89] Ess A, Leibe B, Schindler K. Moving obstacle detection in highly dynamic scenes[C]. Proceedings of the IEEE International Conference on Robotics and Automation. Kobe, Japan: IEEE, 2009, 56 - 63.

[90] 蔡自兴，肖正，于金霞. 动态环境中移动机器人地图构建的研究进展[J]. 控制工程，2007, 14(3): 231 - 235.

[91] 陈白帆，蔡自兴，潘薇. 基于声呐和摄像头的动态环境地图构建方法[J]. 高科技通信，

2009,19(4):410 - 414.

[92] 陈白帆. 动态环境下移动机器人同时定位与建图研究[D]. 长沙:中南大学,2009.

[93] Wang W F,Xiong R, Chu J. Map building for dynamic environment using grid-vector. Journal of ZHEJIANG University Science C,2011,12(7):574 - 588.

[94] 弋英民，刘丁. 动态环境下基于路径规划的机器人同时定位与地图构建[J]. 机器人，2010,32(1):80 - 90.

[95] 赵璇，何波，吉德志. 基于粒子滤波的机器人定位及动态目标跟踪[J]. 系统仿真学报，2008,20(23):6490 - 6497.

[96] 伍明，孙继银. 一种机器人未知环境下动态目标跟踪交互多模滤波算法[J]. 智能系统学报,2010,5(5):127 - 138.

[97] 伍明，李琳琳，李承剑. 基于协方差交集的多机器人协作目标跟踪算法[J]. 智能系统学报,2013,8(1):66 - 73.

[98] 伍明，孙继银. 基于粒子滤波的未知环境下机器人同时定位、地图构建与目标跟踪[J]. 智能系统学报,2012,6(2):32 - 40.

[99] 伍明，李琳琳，尹宗润. 未知环境下机器人定位与运动目标侦测[J]. 山东科技大学学报,2012,31(3):66 - 73.

[100] Wu M,Huang F F,Wang L. A distributed multi-robot cooperative hunting algorithm based on limit-cycle[C]. Proceedings of the International Asia Conference on Informatics in Control, Automation and Robotics. Singapore:IEEE:2009, 156 - 160.

[101] 伍明，李琳琳，孙继银. 基于概率数据关联交互多模滤波的移动机器人未知环境下动态目标跟踪[J]. 机器人,2012,34(6):668 - 679.

[102] 伍明，李琳琳，魏振华，等. 移动机器人动态环境下目标跟踪异构传感器一致性观测方法[J]. 光学学报, 2015,36(6):194 - 202.

[103] Li Q,Zheng N N,Cheng H. Springrobot: a prototype autonomous vehicle and its algorithm for lane detection[J]. IEEE Transaction on Intelligent Transportation System, 2004,5(4):300 - 308.

[104] 张朋飞，何克忠，欧阳正柱. 多功能室外智能移动机器人实验平台-THMR-Ⅴ[J]. 机器人,2002,24(2):97 - 101.

[105] 孙振平，安向东，贺汉根. CITAVT-Ⅳ-视觉导航的自主车[J]. 机器人. 2002,24(2):115 -121.

[106] 沈志熙. 基于视觉导航的智能车辆在城区复杂场景中的目标检测技术研究[D]. 重庆:重庆大学,2008.

[107] 顾柏园. 基于单目视觉的安全车距预警系统研究[D]. 长春:吉林大学,2006.

[108] Rao B S Y, Whyte H F D, Sheen J A. A fully decentralized multi-sensor system for tracking and surveillance [J]. International Journal of Robotics Research, 1993, 20(12):20 - 44.

[109] Rao B S Y, Whyte H F D, Sheen J A. A fully decentralized multi-sensor system for tracking and surveillance [J]. International Journal of Robotics Research, 1993, 20(12):20 - 44.

[110] Shalom B Y, Tse E. Tracking in a cluttered environment with probabilistic data association[J]. Automatica, 1975, 11(5):451-460.

[111] Musicki D, Evans R, Stankovic S. Integrated probabilistic data association (IPDA) [J]. IEEE Transactions on Automatic Control, 1994, 39(6):1237-1241.

[112] Musicki D, Evans R. Joint integrated probabilistic data association-JIPDA[J]. IEEE Transactions on Aerospace and Electronic Systems, 2004, 40(3):1093-1099.

[113] Kim C, Sakthivel R, Chung W K. Unscented Fast SLAM: A robust algorithm for the simultaneous localization and mapping problem. Proceedings of the IEEE International Conference on Robotics and Automation[C]// Piscataway, NJ, USA: IEEE, 2007: 2439-2445.

[114] Shalom B Y, Li X R, Kirubarajan T. Estimation with applications to tracking and navigation [M] . USA: Wiley InterScience, 2001.

[115] Leonard J, Newman P. Consistent, convergent, and constant-time SLAM[C]// Proceedings of the International Joint Conference on Artificial Intelligence. Acapulco, Mexico: LEA, 2003: 1143-1150.

[116] Huang S D, Dissanayake G. Convergence and consistency analysis for extended kalman filter based SLAM [J]. IEEE Transactions on Robotics, 2007, 23 (5): 1036-1049.

[117] Castellanos J A, Neira J, Tard J D. Limits to the consistency of EKF-based SLAM [C]//. Proceedings of the IFAC Symposium on Intelligent Autonomous Vehicles. Houston, Texas, USA:Elsevier, 2004:1244-1249.

[118] Castellanosa J A, Cantina R M, Tardósa J D, et al. Robocentric map joining: improving the consistency of EKF-SLAM[J]. Robotics and Autonomous Systems, 2007, 55(1):21-29.

[119] Frese U. A discussion of simultaneous localization and mapping[J]. Autonomous Robots, 2006, 20(1):25-42.

[120] Liu J S, Chen R, Logvinenko T. A theoretical framework for sequential importance sampling and resampling [R]. USA: Stanford University, Department of Statistics, 2000.

[121] Meditch J S. Stochastic optimal linear estimation and control[M] . McGraw-Hill, 1969.

[122] Kalman R E, Bucy R S. New results in linear filtering and prediction theory[J]. Journal of Basic Engineering, 1961, 83(2):95-107.

[123] Kalman R E. A new approach to linear filtering and prediction problem[J]. ASME Journal of Basic Engineering, 1960, 82(2):35-45.

[124] Anderson T W, Duffin J R. Series and parallel addition of matrices[J]. Journal of Mathematical Analysis Applications, 1969, 26(3):576-594.

[125] Ludeman L C. Random processes: filtering, estimation, and detection[M] . USA: Wiley InterScience, 2003.

[126] Blom H, Shalom B Y. The interacting multiple model algorithm for systems with

markovian switching coefficients[J]. IEEE Transactions on Automatic Control, 1988, 33(8):780 - 783.

[127] Mazor E, Averbuch A, Shalom B Y, et al. Interacting multiple model methods in target tracking: A survey[J]. IEEE Transactions on Aerospace and Electronic Systems, 1998, 34(1): 103 - 123.

[128] Lerro D, Shalom B Y. Interacting multiple model tracking with target amplitude feature[J]. IEEE Transactions on Aerospace and Electronic Systems, 1993, 29(2):494 - 509.

[129] Munir A, Atherton D P. Adaptive interacting multiple model algorithm for tracking a maneuvring target[J]. IEE Proceedings Radar Sonar and Navigation, 1995, 142(1): 11 - 17.

[130] Yamaguchi H. A cooperative hunting behavior by mobile robot troops[J]. International Journal of Robotics Research, 1999, 18(9):931 - 940.

[131] Weitzenfeld A, Vallesa A, Flores H. A biologically inspired wolf pack multiple robot hunting model[C]// Proceedings of the IEEE Latin American Robotics Symposium. Piscataway, NJ, USA: IEEE, 2006:120 - 127.

[132] Gulec N, Unel M. A novel algorithm for the coordination of multiple mobile robots [C]// Lecture notes in computer science, Berlin, Heidelberg: Springer-verlag, 2005: 422 - 431.

[133] Cao Z, Tan M, Li L, et al. Cooperative hunting by distributed mobile robots based on local interaction[J]. IEEE Transactions on Robotics, 2006, 22(2):402 - 406.

[134] Yamaguchi H. A cooperative hunting behavior by multiple nonholonomic mobile robots [C]//Proceedings of the IEEE International Conference on Systems, Man, and Cybernetics. Piscataway, NJ, USA: IEEE, 1998:3347 - 3352.

[135] Arkin R C. Behavior-based robotics[M]. Cambridge, Massachusetts London, England: MIT Press, 1998.

# 第 2 章　未知环境下移动机器人目标跟踪相关概念与模型

本章介绍 SLAMOT 问题所涉及的相关对象运动模型和观测模型，运动模型完成对象状态转移的预测，观测模型用于系统状态的矫正。对非线性系统的不确定性及其传播方式进行建模并分析和比较两种不确定传播描述方法(线性近似化方法和蒙特卡罗方法)的特点，进而总结两者的优、缺点，并描述后续实验涉及实体机器人硬件和软件体系结构。

## 2.1　机器人运动模型

研究实验平台为差动驱动轮式机器人，该机器人通过左、右两轮转动速度差控制机器人的运动，其运动模式符合非完整性约束条件，即机器人的可控制自由度小于机器人的全部自由度[1]。以下介绍两种轮式机器人运动学模型：轮式非完整性约束模型以及里程表模型。

### 2.1.1　轮式非完整性约束模型

设机器人状态为 $\boldsymbol{X}_k^{\mathrm{R}}=[x_k^{\mathrm{R}}\quad y_k^{\mathrm{R}}\quad \theta_k^{\mathrm{R}}]'$，其中 $x_k^{\mathrm{R}},y_k^{\mathrm{R}},\theta_k^{\mathrm{R}}$ 分别为 $k$ 时刻机器人在全局坐标系下的平面笛卡儿坐标，其相对于 $X$ 轴的转角，$\boldsymbol{u}_{k|k-1}^{\mathrm{R}}=[v_{k-1}\quad \gamma_{k-1}]'$ 为 $k-1$ 时刻机器人的速度和角度控制量，$\boldsymbol{u}_{k|k-1}^{\mathrm{R}}$ 受均值为 $\mathbf{0}$，方差为 $\boldsymbol{Q}^u$ 的加性高斯白噪声干扰，则机器人轮式非完整性约束模型状态转换函数为[2]

$$\boldsymbol{X}_k^{\mathrm{R}}=\boldsymbol{f}^{\mathrm{R,W}}(\boldsymbol{X}_{k-1}^{\mathrm{R}},\boldsymbol{u}_{k|k-1}^{\mathrm{R}},\Delta t)=\begin{bmatrix} x_{k-1}^{\mathrm{R}}+v_{k-1}\Delta t\cos(\theta_{k-1}^{\mathrm{R}}+\gamma_{k-1}) \\ y_{k-1}^{\mathrm{R}}+v_{k-1}\Delta t\sin(\theta_{k-1}^{\mathrm{R}}+\gamma_{k-1}) \\ \theta_{k-1}^{\mathrm{R}}+(v_{k-1}\Delta t/B)\sin(\gamma_{k-1}) \end{bmatrix} \tag{2-1}$$

其中，$\Delta t$ 为状态更新间隔时间；$B$ 为机器人前后轴距长度。该模型可以看成是一个主动控制模型，由控制量直接推导下一步机器人的状态，此间并没有用到任何传感器信息。该机器人状态转换过程如图 2-1 所示。

### 2.1.2　里程表模型

里程表模型依据机器人轮盘编码器反馈的位姿变化信息进行状态转换，设 $k$ 时刻里程表得到的机器人状态转移量为

$$\Delta\boldsymbol{u}_k^{\mathrm{R}}=[\Delta x_k^{\mathrm{R}}\quad \Delta y_k^{\mathrm{R}}\quad \Delta\theta_k^{\mathrm{R}}]'$$

$\Delta\boldsymbol{u}_k^{\mathrm{R}}$ 是在机器人 $k-1$ 时刻局部坐标系下的量度，$\Delta\boldsymbol{u}_k^{\mathrm{R}}$ 存在均值为 0，方差为 $\boldsymbol{Q}^{\Delta u}$ 的加性高斯白噪声干扰，则机器人里程表运动模型状态转换函数为

$$\boldsymbol{X}_k^{\mathrm{R}}=\boldsymbol{f}^{\mathrm{R,O}}(\boldsymbol{X}_{k-1}^{\mathrm{R}},\Delta\boldsymbol{u}_k^{\mathrm{R}})=\begin{bmatrix}x_{k-1}^{\mathrm{R}}\\y_{k-1}^{\mathrm{R}}\\\theta_{k-1}^{\mathrm{R}}\end{bmatrix}+\begin{bmatrix}\cos(\theta_{k-1}^{\mathrm{R}}) & -\sin(\theta_{k-1}^{\mathrm{R}}) & 0\\\sin(\theta_{k-1}^{\mathrm{R}}) & \cos(\theta_{k-1}^{\mathrm{R}}) & 0\\0 & 0 & 1\end{bmatrix}\begin{bmatrix}\Delta x_k^{\mathrm{R}}\\\Delta y_k^{\mathrm{R}}\\\Delta\theta_k^{\mathrm{R}}\end{bmatrix} \quad (2-2)$$

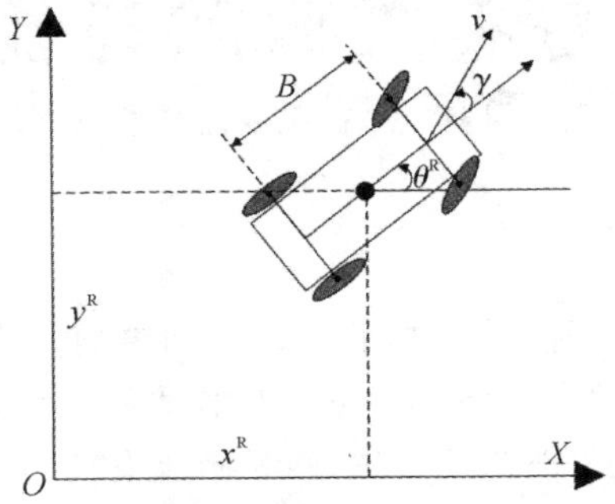


图 2－1　全局参考坐标系下差动驱动机器人运动控制

基于里程表的机器人状态转换过程如图 2－2 所示。

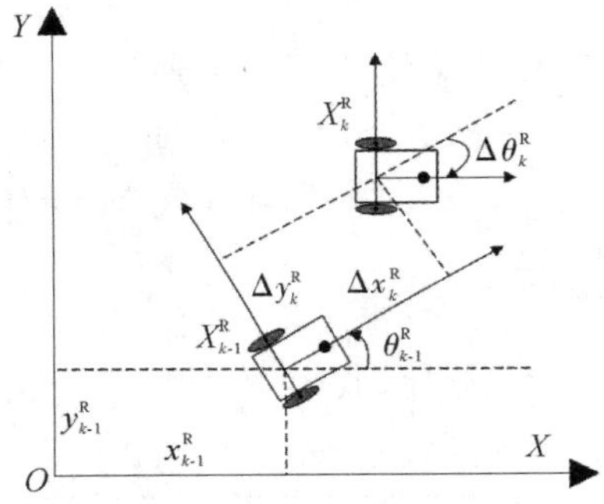


图 2－2　基于里程表的机器人状态转换过程

图 2－2 中两个机器人分别代表机器人在 $k-1$ 和 $k$ 时刻的状态，从图可见，里程表记录的机器人 $k$ 时刻的状态转移量 $\Delta\boldsymbol{X}^{\mathrm{R}}=[\Delta x_k^{\mathrm{R}} \quad \Delta y_k^{\mathrm{R}} \quad \Delta\theta_k^{\mathrm{R}}]'$ 是在机器人 $k-1$ 时刻状态表示的直角坐标系下的量度。因此需要将该值转换到全局坐标系下才能够正确反映机器人的状态转移。需要说明的是轮盘编码器是开环传感器，因此，其值是存在误差的，这里用方差阵为 $\boldsymbol{Q}^{\Delta u}$ 的高斯白噪声来描述该误差，具体大小由机器人特定运动环境决定，例如，机器人如果在平坦、粗糙的表面运行，那么里程表误差较小，如果在光滑、不平坦的路面运行，那么里程表误差较大。

## 2.2　目标运动模型

相比于机器人运动模型，机动目标运动更具不确定性。机动目标运动可以被简单定义为一个马尔可夫切换系统[3]，该系统以一定概率在不同运动模态之间转换，假设目标具有两种运动模式，其分别为定速度模型（The Constant Velocity Model，CVM）和定加速度模型（The Constant Acceleration Model，CAM）。这两种目标运动模态均符合 Wiener 模型，并且均能正确描述目标运动过程[4]。在具体应用中，为了准确表示目标不同的运动方式，CVM 取较小运动噪声量的维纳速度模型(Wiener Process Velocity Model)来反映目标运动,而 CAM 取较大运动噪声量的维纳加速度模型(Wiener Process Acceleration Model)来反映目标运动。可见,CVM 描述的是运动不确定性较小的目标对象,而 CAM 描述的是运动不确定性较大的目标对象。

首先介绍目标 CVM 模型。CVM 假设目标在时刻 $k$ 的状态由平面笛卡儿坐标 $x_k^{\mathrm{TCVM}}$ 和 $y_k^{\mathrm{TCVM}}$ 以及在 $X$,$Y$ 轴方向上的分速度 $\dot{x}_k^{\mathrm{TCVM}}$ 和 $\dot{y}_k^{\mathrm{TCVM}}$ 组成,即 $\boldsymbol{X}_k^{\mathrm{TCVM}}=[x_k^{\mathrm{TCVM}}\quad y_k^{\mathrm{TCVM}}\quad \dot{x}_k^{\mathrm{TCVM}}\quad \dot{y}_k^{\mathrm{TCVM}}]'$,则 CVM 模型的连续形式可表示成 Wiener Velocity 模型为

$$\frac{\mathrm{d}\boldsymbol{X}^{\mathrm{TCVM}}(t)}{\mathrm{d}t}=\underbrace{\begin{bmatrix}0&0&1&0\\0&0&0&1\\0&0&0&0\\0&0&0&0\end{bmatrix}}_{\boldsymbol{F}}\boldsymbol{X}^{\mathrm{TCVM}}(t)+\underbrace{\begin{bmatrix}0&0\\0&0\\1&0\\0&1\end{bmatrix}}_{\boldsymbol{L}}\boldsymbol{w}^{\mathrm{TCVM}}(t) \tag{2-3}$$

其中,$\boldsymbol{X}^{\mathrm{TCVM}}(t)$为目标在时间 $t$ 的状态;$\boldsymbol{w}^{\mathrm{TCVM}}(t)$是均值为 0,方差为 $\boldsymbol{Q}^{\mathrm{TCVM}}$的高斯白噪声。

为了得到线性离散情况下的目标运动状态转移函数,根据文献[5]介绍的方法,有

$$\boldsymbol{X}_k^{\mathrm{TCVM}}=\boldsymbol{f}^{\mathrm{TCVM}}(\boldsymbol{X}_{k-1}^{\mathrm{TCVM}},\boldsymbol{A}_{k|k-1}^{\mathrm{TCVM}},\boldsymbol{q}_{k|k-1}^{\mathrm{TCVM}})=\boldsymbol{A}_{k|k-1}^{\mathrm{TCVM}}\boldsymbol{X}_{k-1}^{\mathrm{TCVM}}+\boldsymbol{q}_{k|k-1}^{\mathrm{TCVM}} \tag{2-4}$$

其中,

$$\boldsymbol{A}_{k|k-1}^{\mathrm{TCVM}}=\exp(\boldsymbol{F}\Delta t)=\begin{bmatrix}1&0&\Delta t&0\\0&1&0&\Delta t\\0&0&1&0\\0&0&0&1\end{bmatrix} \tag{2-5}$$

$\Delta t$ 为采样间隔时间,而 $\boldsymbol{q}_{k|k-1}^{\mathrm{TCVM}}$是均值为 $\mathbf{0}$, 协方差阵为

$$\begin{aligned}\boldsymbol{Q}_{k|k-1}^{\mathrm{TCVM}}&=\int_0^{\Delta t}\exp(\boldsymbol{F}(\Delta t-\tau))\boldsymbol{L}\,\boldsymbol{Q}^{\mathrm{TCVM}}\,(\boldsymbol{L})'\,(\exp(\boldsymbol{F}(\Delta t-\tau)))'\mathrm{d}\tau\\&=\begin{bmatrix}(1/3)\Delta t^3&0&(1/2)\Delta t^2&0\\0&(1/3)\Delta t^3&0&(1/2)\Delta t^2\\(1/2)\Delta t^2&0&\Delta t&0\\0&(1/2)\Delta t^2&0&\Delta t\end{bmatrix}q^{\mathrm{TCVM}}\end{aligned} \tag{2-6}$$

的运动不确定向量,其中 $q^{\mathrm{TCVM}}$为运动不确定系数。

对于 CAM 来说,目标状态表示为 $\boldsymbol{X}_k^{\mathrm{TCAM}}=[x_k^{\mathrm{TCAM}}\ y_k^{\mathrm{TCAM}}\ \dot{x}_k^{\mathrm{TCAM}}\ \dot{y}_k^{\mathrm{TCAM}}\ \ddot{x}_k^{\mathrm{TCAM}}\ \ddot{y}_k^{\mathrm{TCAM}}]'$,该目标状态比 CVM 模型多出了两个反映目标运动加速度的状态量 $\ddot{x}_k^{\mathrm{TCAM}}$ 和 $\ddot{y}_k^{\mathrm{TCAM}}$,其值分别表示目标在 $X$ 轴和 $Y$ 轴方向上的加速度,则 CAM 目标状态转移函数表示为

$$\boldsymbol{X}_k^{\mathrm{TCAM}}=\boldsymbol{f}^{\mathrm{TCAM}}(\boldsymbol{X}_{k-1}^{\mathrm{TCAM}},\boldsymbol{A}_{k|k-1}^{\mathrm{TCAM}},\boldsymbol{q}_{k|k-1}^{\mathrm{TCAM}})=\boldsymbol{A}_{k|k-1}^{\mathrm{TCAM}}\boldsymbol{X}_{k-1}^{\mathrm{TCAM}}+\boldsymbol{q}_{k|k-1}^{\mathrm{TCAM}} \tag{2-7}$$

其中

$$\boldsymbol{A}_{k|k-1}^{\mathrm{TCAM}}=\begin{bmatrix}1&0&\Delta t&0&(1/2)\Delta t^2&0\\0&1&0&\Delta t&0&(1/2)\Delta t^2\\0&0&1&0&\Delta t&0\\0&0&0&1&0&\Delta t\\0&0&0&0&1&0\\0&0&0&0&0&1\end{bmatrix} \tag{2-8}$$

$\boldsymbol{q}_{k|k-1}^{\mathrm{TCAM}}$是均值为$\mathbf{0}$,协方差阵为

$$\boldsymbol{Q}_{k|k-1}^{\mathrm{TCAM}}=\begin{bmatrix}(1/20)\Delta t^5 & 0 & (1/8)\Delta t^4 & 0 & (1/6)\Delta t^3 & 0\\ 0 & (1/20)\Delta t^5 & 0 & (1/8)\Delta t^4 & 0 & (1/6)\Delta t^3\\ (1/8)\Delta t^4 & 0 & (1/6)\Delta t^3 & 0 & (1/2)\Delta t^2 & 0\\ 0 & (1/8)\Delta t^4 & 0 & (1/6)\Delta t^3 & 0 & (1/2)\Delta t^2\\ (1/6)\Delta t^3 & 0 & (1/2)\Delta t^2 & 0 & \Delta t & 0\\ 0 & (1/6)\Delta t^3 & 0 & (1/2)\Delta t^2 & 0 & \Delta t\end{bmatrix}q^{\mathrm{TCAM}} \tag{2-9}$$

的运动不确定向量,其中$q^{\mathrm{TCAM}}$为运动不确定系数。

为了更清晰地认识 CVM 和 CAM 描述的目标不同运动方式,下面给出利用这两种模型得到的目标运行轨迹和对应不确定性范围,如图 2-3 所示。图 2-3(a)代表目标以 CVM 模式运动的轨迹和不确定性传播范围,图 2-3(b)代表目标以 CAM 模式运动的轨迹和不确定性传播范围,两者运动时间相同,运动不确定参数均为 0.1,其中圆点代表目标位置,虚线椭圆代表对应目标位置的不确定范围。从图中可见,CAM 模式运动目标的实际运行距离和每一步态的不确定性分布均大于 CVM 模式运动目标,由此可见,以 CAM 模式运动的目标更具不确定性。

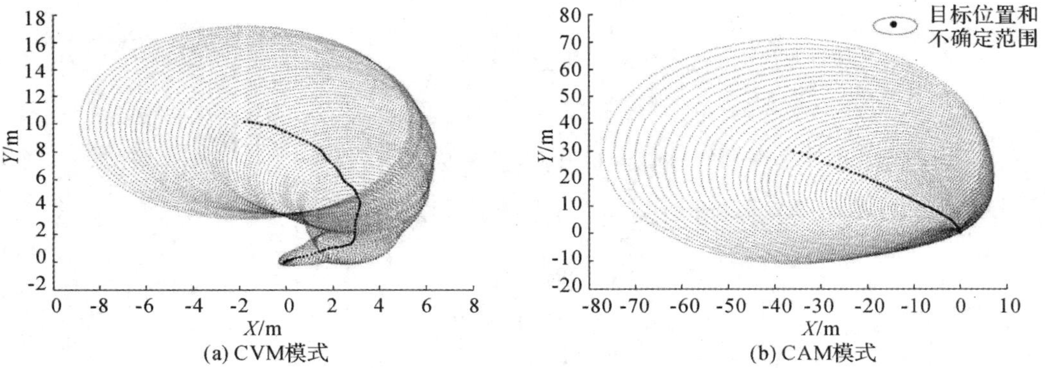


图 2-3　CVM 和 CAM 目标运动轨迹和不确定性分布

## 2.3　系统观测模型

系统观测模型是反映系统状态到观测值的映射函数,其在滤波过程中的数据关联环节和系统状态更新环节均起到重要作用。SLAMOT 主要涉及两方面的观测建模问题,分别是对环境信息的观测和对目标的观测。

### 2.3.1　环境特征观测模型

不同的环境特征具有不同的观测函数,主要涉及两种环境特征,即环境标志柱特征和环境直线特征。标志柱特征指那些能够描述成为二维点分布的环境特征,例如,环境角点、树木等。直线特征指那些能够表示成为直线的环境特征,例如,墙壁等。

对于标志柱特征 $\mathrm{lm}_i$ 来说,其状态为笛卡儿坐标,即 $\boldsymbol{X}_k^{\mathrm{lm}_i}=[x_k^{\mathrm{lm}_i}\ y_k^{\mathrm{lm}_i}]'$。观测量为距离和

方向信息，即 $\boldsymbol{z}_k^{\mathrm{lm}_i}=[d_k^{\mathrm{lm}_i}\ \gamma_k^{\mathrm{lm}_i}]'$，则标志柱观测模型为

$$\boldsymbol{z}_k^{\mathrm{lm}_i}=\begin{bmatrix}d_k^{\mathrm{lm}_i}\\ \gamma_k^{\mathrm{lm}_i}\end{bmatrix}=\boldsymbol{h}^{\mathrm{LM,Post}}(\boldsymbol{X}_k^{\mathrm{R}},\boldsymbol{X}_k^{\mathrm{lm}_i})+\boldsymbol{w}^{\mathrm{lm}}=\begin{bmatrix}\sqrt{(x_k^{\mathrm{lm}_i}-x_k^{\mathrm{R}})^2+(y_k^{\mathrm{lm}_i}-y_k^{\mathrm{R}})^2}\\ \arctan\left(\dfrac{y_k^{\mathrm{lm}_i}-y_k^{\mathrm{R}}}{x_k^{\mathrm{lm}_i}-x_k^{\mathrm{R}}}\right)-\theta_k^{\mathrm{R}}\end{bmatrix}+\boldsymbol{w}^{\mathrm{lm}} \quad (2-10)$$

其中，$\boldsymbol{w}^{\mathrm{lm}}$ 为观测噪声向量，其符合误差阵为 $\boldsymbol{R}$ 的高斯白噪声，该观测过程示意图如图2-4所示。

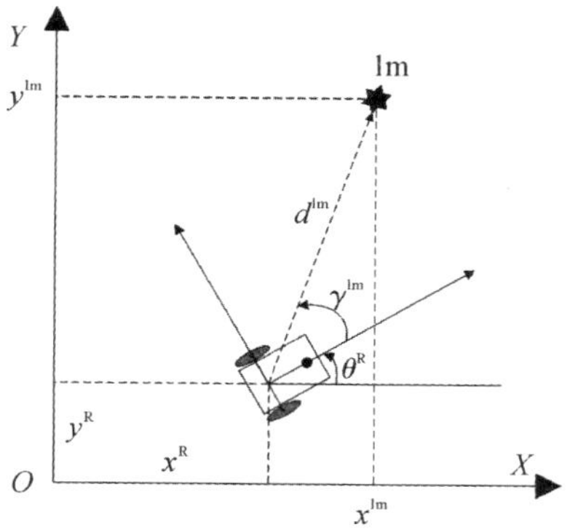


图2-4　标志柱观测模型示意图

环境直线特征相对较为复杂，主要涉及直线特征提取和系统直线特征观测模型建立两方面。

结构化环境中（室内环境）往往存在大量平坦表面（例如，墙），因此可以利用这些特征作为环境特征在SLAM中加以利用。最直观的反映就是利用直线来表示这些环境特征。在平面直角坐标系中，直线特征表示如下：

$$x\cos\alpha+y\sin\alpha-r=0 \quad (2-11)$$

其中，$x$，$y$ 表示直线上各点坐标；$\alpha$ 表示过原点与直线垂直的线段同 $X$ 轴的角度；$r$ 表示该线段的长度，如图2-5所示。

若表示成为极坐标形式，则直线特征模型为

$$\rho\cos(\theta-\alpha)-r=0 \quad (2-12)$$

其中，$(\rho,\theta)$ 为该直线上所有点的极坐标，称该模型为“Hessian直线模型”。参数 $r$ 始终为正数，利用 $\alpha$ 和 $r$ 能够确定二维平面空间中的唯一直线，定义直线特征状态为

$$l=(\alpha,r) \quad (2-13)$$

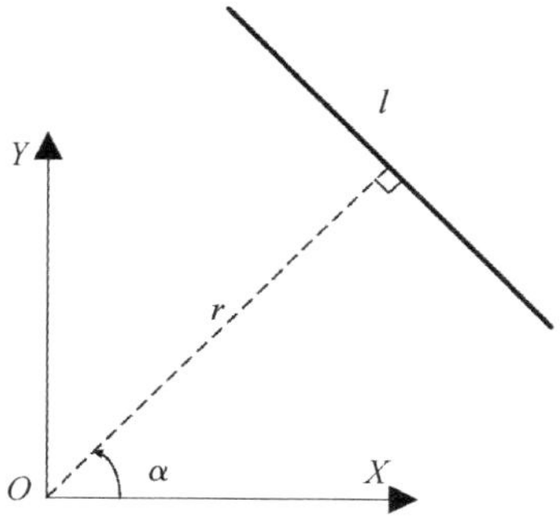


图2-5　直线特征表示示意图

需要注意的是，在进行参数 $r$ 的计算时，有时会出现 $r<0$ 的情况，此时直线特征状态需要进行如下变化以满足 $r>0$ 的要求，即

$$l=(\alpha,r)=(\alpha+\pi,-r),\quad r<0 \tag{2-14}$$

可以采用文献[5]设计的方法进行直线特征的提取，这里不再详细介绍。

图 2-6 显示了激光传感器对环境进行一次扫描后得到的环境直线特征分布。

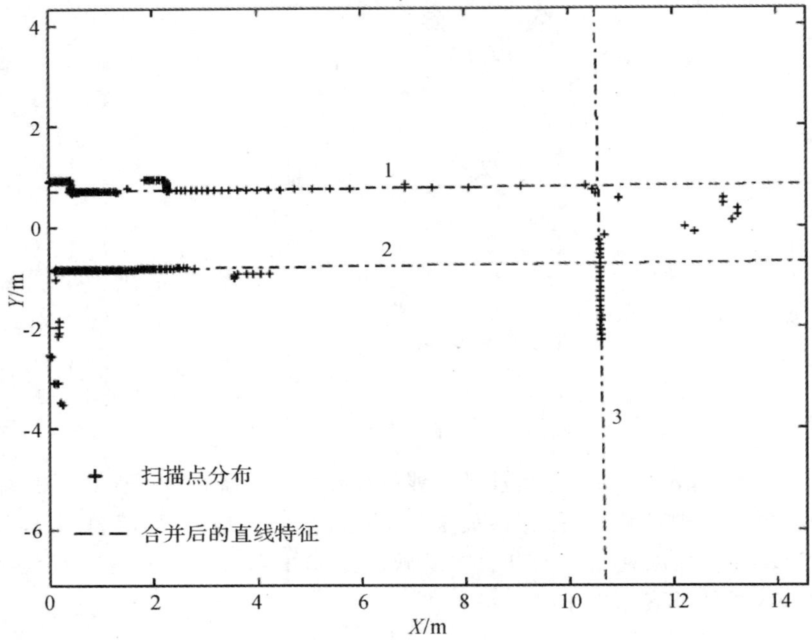


图 2-6　一次扫描获得的直线特征分布图

其中十字点代表传感器得到的扫描点群，虚线代表最终获得的环境直线，可以发现此刻一共获得 3 条环境直线特征。

另外，此处假设用来得到直线特征的扫描点均由静态物体反射产生（也就是说，环境中不存在运动物体）。但是，对于机器人同时定位、地图构建和目标跟踪问题来说，环境中至少会存在需要跟踪的运动目标，因此原始扫描点群不仅包含由静止物体引起的反射点，还包含由运动目标引起的扫描点，两种不同物体引发扫描点的区分方法将在第 4 章介绍。

完成环境直线特征提取后，下面介绍系统的直线特征观测模型。设直线特征观测值为 $\boldsymbol{z}^{\mathrm{lm}}=[z\alpha\ zr]'$，其值由直线提取方法确定（注意该观测值是在机器人局部坐标系下得到的），设直线特征 $\mathrm{lm}_i$ 的状态为 $\boldsymbol{X}_k^{\mathrm{lm}_i}=[\alpha_k^{\mathrm{lm}_i}\ r_k^{\mathrm{lm}_i}]'$，则直线观测模型为

$$\boldsymbol{z}_k^{\mathrm{lm}_i}=[z\alpha_k^{\mathrm{lm}_i}\ zr_k^{\mathrm{lm}_i}]'=\boldsymbol{h}^{\mathrm{LM,Line}}(\boldsymbol{X}_k^{\mathrm{R}},\boldsymbol{X}_k^{\mathrm{lm}_i})$$

$$\overset{(1)}{=}\begin{bmatrix}\alpha_k^{\mathrm{lm}_i}-\theta_k^{\mathrm{R}}\\ r_k^{\mathrm{lm}_i}-x_k^{\mathrm{R}}\cos(\alpha_k^{\mathrm{lm}_i})-y_k^{\mathrm{R}}\sin(\alpha_k^{\mathrm{lm}_i})\end{bmatrix} \tag{2-15(1)}$$

$$\overset{(2)}{=}\begin{bmatrix}\alpha_k^{\mathrm{lm}_i}-\theta_k^{\mathrm{R}}+\pi\\ r_k^{\mathrm{lm}_i}-x_k^{\mathrm{R}}\cos(\alpha_k^{\mathrm{lm}_i})-y_k^{\mathrm{R}}\sin(\alpha_k^{\mathrm{lm}_i})\end{bmatrix} \tag{2-15(2)}$$

式(2－15)分(1),(2)两种情况讨论,当全局坐标系原点和机器人处于直线特征同一侧时,应用(1)表示的观测模型,当全局坐标系原点和机器人不处于直线特征同一侧时,应用(2)表示的观测模型,如图 2－7 所示。

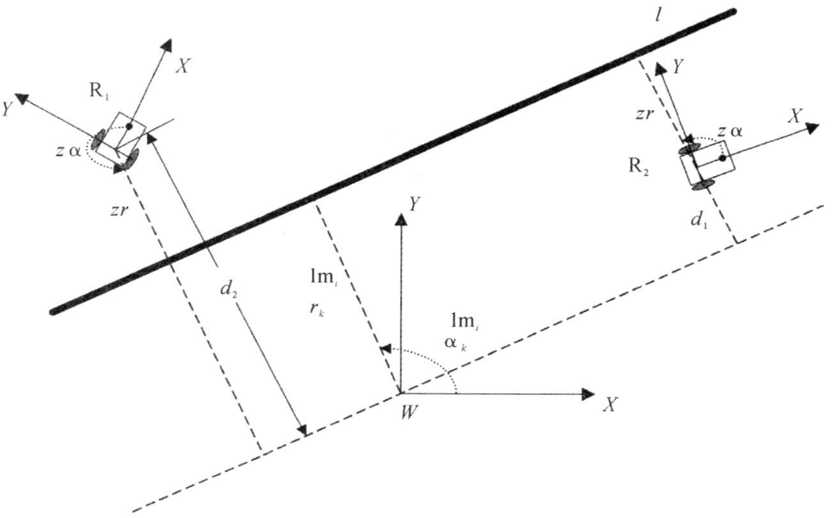


图 2－7　系统直线特征观测模型示意图

其中,$d_{1,2}=x_k^{\mathrm{R}_{1,2}}\cos(\alpha_k^{\mathrm{lm}_i})+y_k^{\mathrm{R}_{1,2}}\sin(\alpha_k^{\mathrm{lm}_i})$。从式(2－15)可见,当机器人和全局坐标系原点处于直线的同一侧时,得到的 $z\alpha_k^{\mathrm{lm}_i}>0$,当机器人和全局坐标系原点处于直线的两侧时,得到的 $z\alpha_k^{\mathrm{lm}_i}<0$,为了简化该模型,需要利用式(2－14)对拟合得到的直线参数进行处理,此时,系统对直线的观测模型为式(2－15(1))唯一形式。

### 2.3.2　目标观测模型

对于目标的观测函数分为两种,其一是基于角度和距离观测值,记为 $\boldsymbol{z}^{\mathrm{T}}=[d^{\mathrm{T}}\ \gamma^{\mathrm{T}}]'$,其二是基于动态物体检验观测值,记为 $\boldsymbol{z}^{\mathrm{T}}=[zx^{\mathrm{T}}\ zy^{\mathrm{T}}]'$,上标 T 表示目标对象。需要说明的是,第一种观测值可以通过在目标上添加可识别标志来获得,例如:色块、高反射条。第二种观测值可以通过运动物体检测获得(具体方法在第 4 章介绍)。

角度和距离观测值对应的观测函数和环境标志柱观测函数类似,可表示为

$$\boldsymbol{z}_k^{\mathrm{T}}=\begin{bmatrix} d_k^{\mathrm{T}} \\ \gamma_k^{\mathrm{T}} \end{bmatrix}=\boldsymbol{h}^{\mathrm{T,DA}}(\boldsymbol{X}_k^{\mathrm{R}},\boldsymbol{X}_k^{\mathrm{T}})+\boldsymbol{w}^{\mathrm{T}}=\begin{bmatrix} \sqrt{(x_k^{\mathrm{T}}-x_k^{\mathrm{R}})^2+(y_k^{\mathrm{T}}-y_k^{\mathrm{R}})^2} \\ \arctan\left(\dfrac{y_k^{\mathrm{T}}-y_k^{\mathrm{R}}}{x_k^{\mathrm{T}}-x_k^{\mathrm{R}}}\right)-\theta_k^{\mathrm{R}} \end{bmatrix}+\boldsymbol{w}^{\mathrm{T}} \qquad (2-16)$$

其中,$\boldsymbol{X}_k^{\mathrm{R}},\boldsymbol{X}_k^{\mathrm{T}}$ 分别代表机器人和目标的状态;$\boldsymbol{w}^{\mathrm{T}}$ 为目标观测高斯白噪声向量。

基于动态物体检验的目标观测函数为

$$\boldsymbol{z}_k^{\mathrm{T}}=\begin{bmatrix} zx_k^{\mathrm{T}} \\ zy_k^{\mathrm{T}} \end{bmatrix}=\boldsymbol{h}^{\mathrm{T,MD}}(\boldsymbol{X}_k^{\mathrm{R}},\boldsymbol{X}_k^{\mathrm{T}})+\boldsymbol{w}^{\mathrm{T}}=\begin{bmatrix} \cos(\theta_k^{\mathrm{R}}) & \sin(\theta_k^{\mathrm{R}}) \\ -\sin(\theta_k^{\mathrm{R}}) & \cos(\theta_k^{\mathrm{R}}) \end{bmatrix}\begin{bmatrix} x_k^{\mathrm{T}}-x_k^{\mathrm{R}} \\ y_k^{\mathrm{T}}-y_k^{\mathrm{R}} \end{bmatrix}+\boldsymbol{w}^{\mathrm{T}} \qquad (2-17)$$

其中,$\boldsymbol{z}_k^{\mathrm{T}}=[zx_k^{\mathrm{T}}\ zy_k^{\mathrm{T}}]'$ 为利用动态物体检测得到的目标观测值,该值反映此刻目标在机器人局

部坐标系下的位置坐标量，该观测过程如图 2-8 所示。

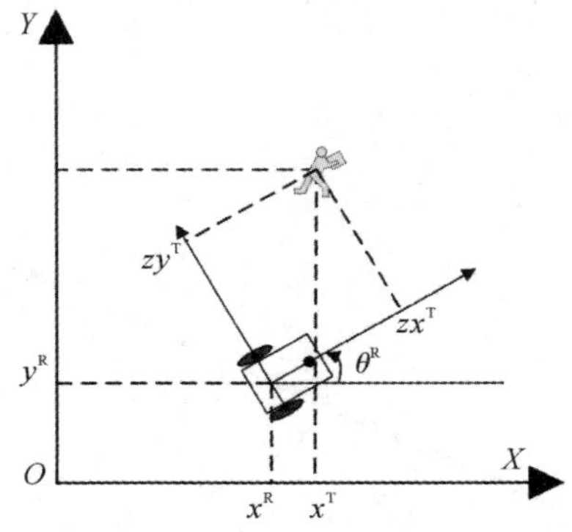


图 2-8　动态物体检测目标观测模型示意图

## 2.4　状态不确定性传播关系

不确定性传播指随机变量进行函数变换后其对应不确定度的演变过程[7]。假设系统包含的各种状态变量符合高斯分布，状态变量的概率分布可以用均值和协方差来表示，对于如下非线性函数：

$$\boldsymbol{y}=\boldsymbol{f}(\boldsymbol{x})=[f_1\ f_2\cdots\ f_n]' \tag{2-18}$$

在已知随机变量 $\boldsymbol{x}=[x_1\ x_2\cdots\ x_n]'$ 的均值和方差的基础上，要想准确得到随机变量 $\boldsymbol{y}$ 的均值和方差，一般需要对整个 $\boldsymbol{x}$ 的概率分布进行操作，但在实际应用中是不可行的，通常的做法是将非线性函数在变量 $\boldsymbol{x}$ 的均值 $\hat{\boldsymbol{x}}$ 处进行泰勒展开得

$$\boldsymbol{y}=\boldsymbol{f}(\hat{\boldsymbol{x}})+\boldsymbol{F}_x(\boldsymbol{x}-\hat{\boldsymbol{x}})+\cdots \tag{2-19}$$

其中，$\boldsymbol{F}_x$ 为 $\boldsymbol{f}$ 在 $\hat{\boldsymbol{x}}$ 处的雅可比阵，即

$$\boldsymbol{F}_x\overset{\text{def}}{=}\frac{\partial \boldsymbol{f}(\boldsymbol{x})}{\partial \boldsymbol{x}}\bigg|_{x=\hat{x}}\overset{\text{def}}{=}\begin{bmatrix}\frac{\partial f_1}{\partial x_1} & \frac{\partial f_1}{\partial x_2} & \cdots & \frac{\partial f_1}{\partial x_n}\\ \frac{\partial f_2}{\partial x_1} & \frac{\partial f_2}{\partial x_2} & \cdots & \frac{\partial f_2}{\partial x_n}\\ \cdots & \cdots & & \cdots\\ \frac{\partial f_n}{\partial x_1} & \frac{\partial f_n}{\partial x_2} & \cdots & \frac{\partial f_n}{\partial x_n}\end{bmatrix}_{x=\hat{x}} \tag{2-20}$$

则可近似得到随机变量 $\boldsymbol{y}$ 的均值为

$$\hat{\boldsymbol{y}}\approx\boldsymbol{f}(\hat{\boldsymbol{x}}) \tag{2-21}$$

同样，此时有如下协方差近似关系：

$$\boldsymbol{C}(\boldsymbol{y},\boldsymbol{y})\approx\boldsymbol{F}_x\boldsymbol{C}(\boldsymbol{x},\boldsymbol{x})(\boldsymbol{F}_x)' \tag{2-22}$$

$$\boldsymbol{C}(\boldsymbol{y},\boldsymbol{z})\approx\boldsymbol{F}_x\boldsymbol{C}(\boldsymbol{x},\boldsymbol{z}) \tag{2-23}$$

$$\boldsymbol{C}(\boldsymbol{z},\boldsymbol{y})\approx\boldsymbol{C}(\boldsymbol{z},\boldsymbol{x})(\boldsymbol{F}_x)' \tag{2-24}$$

其中，$\boldsymbol{C}(\boldsymbol{a},\boldsymbol{b})$ 表示随机变量 $\boldsymbol{a}$，$\boldsymbol{b}$ 的协方差阵，以上三式可以理解为误差传播过程，例如，$\boldsymbol{F}_x$ 代

表从变量 $\boldsymbol{x}$ 到变量 $\boldsymbol{y}$ 的一种转换关系，那么在已知变量 $\boldsymbol{x}$ 的协方差 $\boldsymbol{C}(\boldsymbol{x},\boldsymbol{x})$ 时就可以利用式(2-22)得到变量 $\boldsymbol{y}$ 的协方差 $\boldsymbol{C}(\boldsymbol{y},\boldsymbol{y})$。由此可见，以上表示的误差传播方式是将一个非线性系统用另一个线性系统来近似描述，这种线性化过程会产生信息丢失，这也是造成基于 EKF 的 SLAM 方法不满足一致性要求的主要原因。为了说明该问题，下面分别给出利用线性近似化方法和蒙特卡罗方法描述的机器人位置不确定性随运动的传播情况图。蒙特卡罗方法能够准确描述非线性模型[8-11]，因此被用来进行比较说明，总体情况如图 2-9 所示。

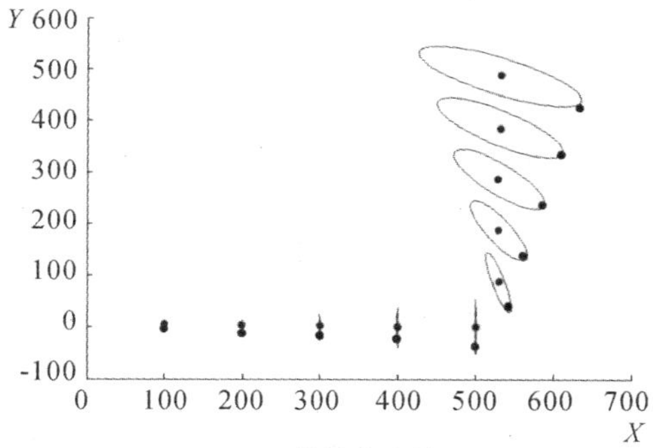


(a) 线性化方法

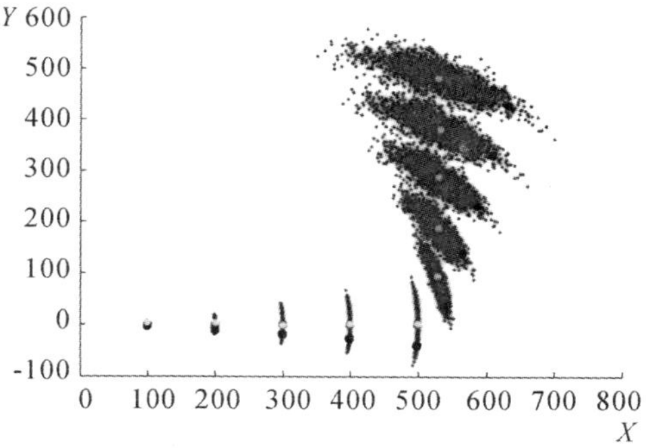


(b) 蒙特卡罗方法

图 2-9　线性化方法和蒙特卡罗方法表示状态不确定性传播范围

该图采用式(2-1)作为机器人运动模型，并假设控制噪声方差阵为 $\boldsymbol{Q}^u=\mathrm{diag}(0.3^2\ 0.02^2)$。图 2-9(a)表示利用线性近似化方法得到的机器人误差传播情况，其中带圆点椭圆代表机器人位置不确定估计范围，圆点代表机器人的实际位置，从该图可见，估计后期圆点已经不在椭圆包含的范围之内了，这说明出现过估计现象(即系统过高估计了状态准确性)。图 2-9 (b)表示利用蒙特卡罗方法得到的机器人误差传播情况，其中点群代表不同时刻机器人位置不确定估计范围，圆点代表机器人的实际位置，粒子群规模为2 000个。从该图可见，圆点始终在点群包含的范围内，由此可见，基于蒙特卡罗方法的不确定性传播描述更为准确。在实际应用中，这两种方法各有优点，例如，当系统状态误差较小时，线性近似化方法能够在准确性基础上保持高效性，而蒙特卡罗方法存在计算量巨大的问题。

## 2.5　实体机器人体系结构

本节介绍实验所用实体机器人硬件和软件体系结构。研究采用的实体机器人平台为 PIONEER3DX差动驱动轮式机器人，该型机器人是由移动机器人公司(MobileRobots INC)研制的系列室内轮式机器人平台，其外形如图 2-10 所示。作为一款成熟的轮式机器人平台，PIONEER 为实验研究提供了稳定的传感器和通信设备平台。该型机器人主要的传感器包含置于顶部的单目摄像头、前向 180°激光传感器、环形布局的声呐传感器、碰撞感知器以及内部的轮盘编码器(也称里程表)。它能够借助 WIFI 无线网络与其他机器人和终端设备建立通信。对于这些设备的具体描述请参考文献[12]。

研究采用移动机器人公司为 ActivMedia 系列机器人开发的 ActivMedia 机器人应用程序接口(ActivMedia Robotics Interface for Application, ARIA)作为实体机器人控制程序开发工具。ARIA 是一款 C++面向对象的机器人应用程序开发接口，能够为应用程序提供包括机器人控制、传感器数据获得、数据通信等多方面封装良好的程序模块。

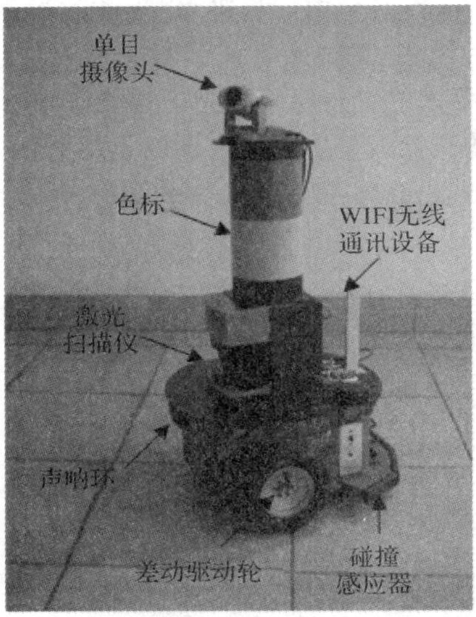


图 2-10 PIONEER3DX 轮式机器人外形

ARIA 采用客户-服务端形式的系统处理框架，无论是对机器人以及相关附件的控制执行还是对传感器的信息获取均通过指令和反馈方式完成，因此提高了应用程序的有效性和实时性。ARIA 的基本组成如图 2-11 所示[13]。ARIA 的核心类为 ArRobot，其负责不同模块间的协调以及控制感知循环的执行。其他模块包括机器人连接模块（ArRobot Device Connect），该模块负责与相关硬件、软件对象建立连接；数据包接收（ArRobot Packet Receiver）和发送模块（ArRobot Packet Sender），该模块完成机器人控制和反馈指令的发送和接收；机器人行为处理模块（ArActions），该模块负责具体行为的执行；行为选择模块（ArResolver），该模块负责不同行为之间的协调；传感器控制和信息获取模块（ArRange Devices），该模块负责传感器的控制和相关信息的接收；机器人运动直接控制模块（Direct Motion Commands），该模块完成对机器人简单运动的直接控制（例如：前进 10 m，右转 10°）。

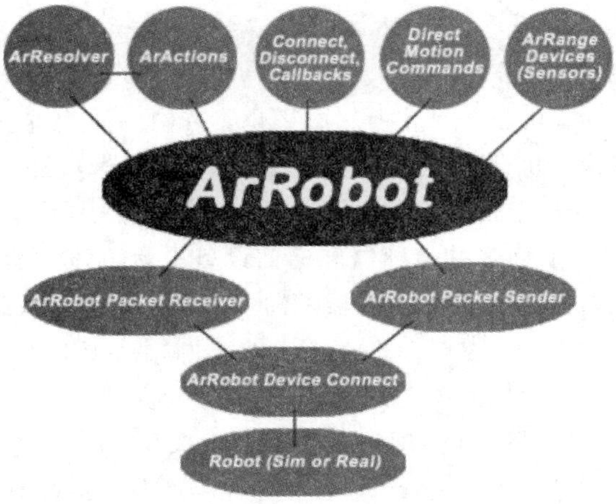


图 2-11 ARIA 基本组成示意图

下面介绍机器人的控制感知循环流程，该流程反映机器人每次循环的处理过程，一次循环过程如图 2-12 所示。机器人控制循环主要包含六部分，其分别是，数据包处理环节、感应信息激发处理环节、机器人行为执行环节、行为决策环节、机器人状态反馈环节、客户定义处理环节。任务执行循环一般由服务信息数据包(Server Information Packets，SIP)到达而激发，SIP 是机器人定时(100 ms)向上层程序发送的数据流，其包含机器人和传感器的状态和感知信息。系统首先锁定机器人以确保相关变量在后续处理过程中的一致性，并在数据包处理环节对得到的 SIP 数据流进行解析。如果系统设置了传感器信息回调程序，那么在感应信息激发处理环节系统将根据具体传感器信息调用这些处理函数，例如，若用户设置了激光感知信息回调程序，当系统发现本次循环存在激光感应信息时，将调用该回调程序以完成对激光感应信息的处理。接下来在行为执行环节系统根据状态反馈环节和行为决策环节的处理结果计算本次循环机器人的具体控制量，此处采用的是基于行为的机器人控制技术，具体方法请参见文献[14]～[16]。该控制量结合直接控制指令一起发送给系统底层执行单元以实现对机器人的控制。最后若客户设置了自定义程序，系统任务循环将执行该单元，该环节完成客户定义的显示、通信和错误处理任务。在完成以上步骤后系统解锁机器人完成最终的指令执行。

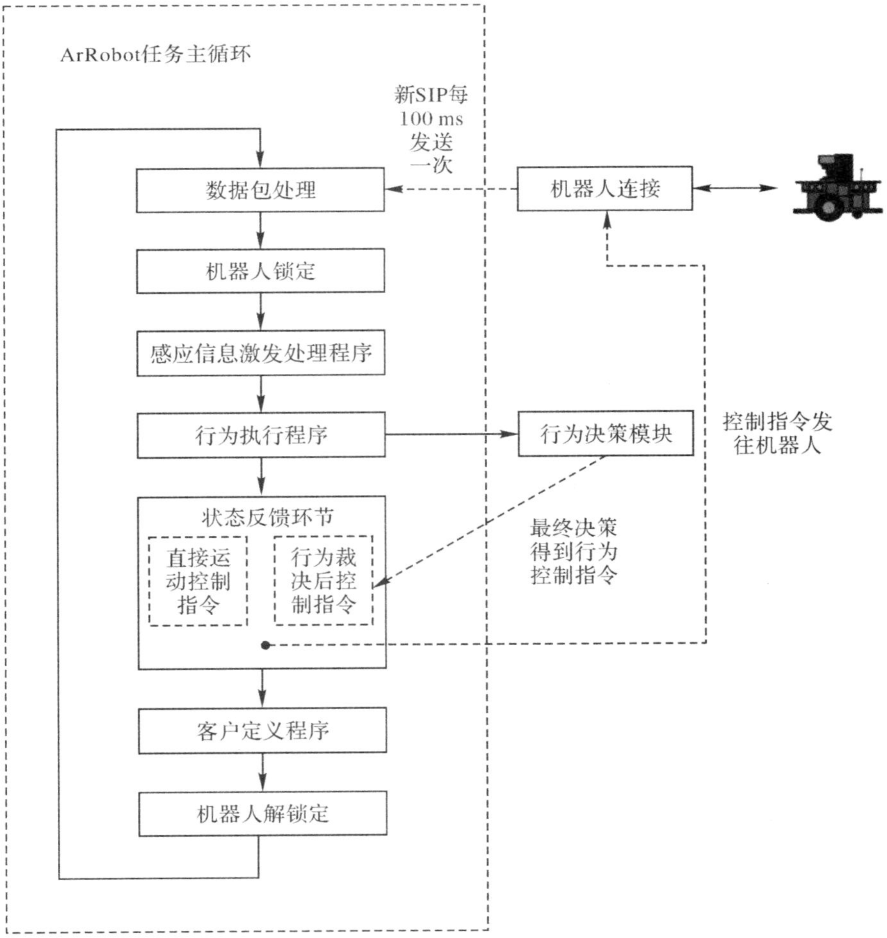


图 2-12　机器人控制感知循环流程图

## 参考文献

[1] Lavalle S M, Kuffner J J. Randomized kinodynamic planning[J]. International Journal of Robotics Research,2001, 20(5):378-400.

[2] Cameron S, Proberdt P. Advanced guided vehicles: aspects of the Oxford AGV project [M]. Hackensack, New Jersey, USA: World Scientific, 1994.

[3] Shalom B Y, Li X R, Kirubarajan T. Estimation with applications to tracking and navigation [M]. USA: Wiley InterScience, 2001.

[4] Shalom B Y. Tracking and data association[M]. Boston USA: TE Fortmann Academic Press, 1988.

[5] Shalom B Y, Li X R. Multitarget-multisensor tracking: principles and techniques[M]. USA: YBS Publishing, 1995.

[6] 黄菲菲. 地图构建与多机器人协作追捕策略的研究[D]. 北京: 北京大学,2009.

[7] Siegwart R, Nourbakhsh I R. Introduction to autonomous mobile robots[M]. Cambridge, Massachusetts London, England: MIT Press,2004.

[8] Gordon N J, Salmond D J, Smith A F M. Novel approach to nonlinear non-Gaussian bayesian state estimation[J]. IEE Proceedings in Radar and Signal Processing, 2002, 140(2):107-113.

[9] Liu J S, Chen R. Sequential monte carlo methods for dynamic systems[J]. Journal of the American Statistical Association, 1998, 443(93):1032-1044.

[10] Doucet A, Godsill S, Andrieu C. On sequential monte carlo sampling methods for bayesian filtering[J]. Statistics and Computing, 2000, 10:197-208.

[11] Arulampalam M S, Maskell S, Gordon N, et al. A tutorial on particle filters for online nonlinear non-Gaussian Bayesian tracking[J]. IEEE Transations on Signal Processing, 2002, 50(2):174-188.

[12] Pioneer P3-DX[EB/OL]. [2003,2] http://www. activrobots. com, 2003.

[13] ARIA reference manual[EB/OL]. [2003,2] http://www. activrobots. com, 2003.

[14] Arkin R C. Behavior-based robotics[M]. Cambridge, Massachusetts London, England: MIT Press, 1998.

[15] Mataric M J. Behavior-based systems: main properties and implications[C]// Proceedings of the IEEE International Conference on Robotics and Automation(ICRA). Piscataway, NJ, USA: IEEE, 1992:46-54.

[16] Suh H, Lee S, Kim B O, et al. Design and implementation of a behavior-based control and learning architecture for mobile robots[C]// Proceedings of the IEEE International Conference on Robotics and Automation(ICRA). Piscataway, NJ, USA: IEEE, 2003: 4142-4147.

# 第 3 章　基于扫描点匹配的机器人位姿矫正和环境构建

SLAMOT 首先要解决机器人位姿矫正和环境构建问题。机器人位姿矫正是指纠正开环状态传感器(例如,轮盘编码器)对机器人位姿估计的误差。环境构建是指正确标定那些机器人运行空间中固定不动物体(例如,家具和墙壁)的位置。环境构建和机器人位姿矫正是一个耦合问题,因为准确的环境构建应该是在准确的机器人位姿估计基础上完成的,而准确的机器人位姿估计又需要准确的环境地图作为参考。解决该问题的手段之一是基于扫描点匹配的方法[1-4],此类方法利用机器人不同时刻对同一环境对象产生的扫描点群之间的匹配关系来完成机器人的位姿矫正。算法通常采用迭代形式,也就是说,采用相邻时刻对环境的扫描点群作为匹配对象,因此在运行一段时间后,由于观测误差等因素,机器人位姿矫正不可避免地会产生累积误差,表现为“扫描点一致性分布问题”[5-7],该问题是指当机器人运行路线存在回路时,由于机器人定位累积误差的影响,对同一环境布局的先后不同扫描点群之间不能完全重合的现象。本章对上述问题展开研究。

本章在分析 ICP 匹配算法精确性的基础上,提出了基于柱状图匹配的 ICP 改进算法,该算法首先利用 ICP 算法对机器人位姿进行初矫正,之后利用柱状图匹配算法进行机器人位姿的二次矫正,该算法的优点在于:首先能够有效克服 ICP 算法对于初始机器人位姿估计准确度要求较高的问题,其次由于该算法首先利用 ICP 算法进行了机器人位姿初矫正,从而减小了柱状图匹配算法的搜索空间,提高了算法的实时性能,实验结果验证了该算法的精确性。另外,为了解决扫描点分布一致性问题,设计了基于拓扑局部地图的机器人位姿优化算法,该算法通过建立机器人运行路径上各位姿节点的拓扑关系,并利用全局优化方法对所有的位姿节点进行矫正,提高了各时刻机器人位姿估计的准确性,实验证明该方法能够有效提高扫描点分布的一致性水平。

## 3.1　基于扫描点匹配的机器人 SLAM 算法

### 3.1.1　问题描述

假设机器人在二维平面中运动且运行环境具有良好的结构特征(如,室内环境),激光传感器每隔一定时间对环境进行一次扫描,设时刻 $k$ 的扫描点集合为 $S_k=\{p_1,p_2,p_3,\ldots,p_n\}$,其中 $p_i$ 代表第 $i$ 个扫描点,$n$ 为扫描点个数,设 $\boldsymbol{p}_i=[x^{p_i}\ y^{p_i}]'$表示扫描点 $p_i$ 此刻在机器人局部坐标系下的位置坐标,如图 3-1 所示。

由图可见,环境和设备噪声影响,使得反射点并不能绝对精确地反映障碍物相对于机器人的位置。

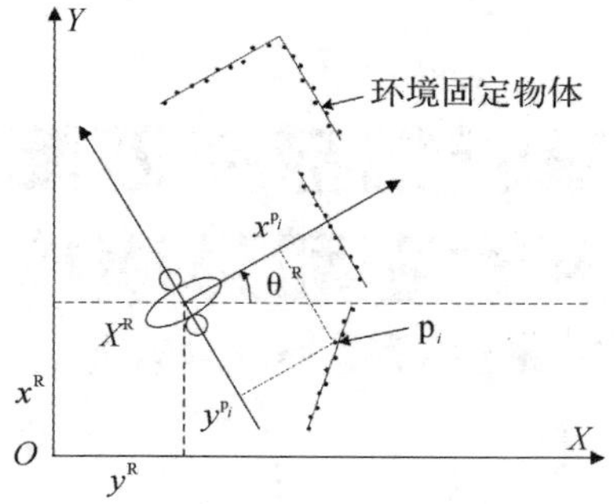


图 3-1 激光扫描点分布示意图

假设机器人 $k+1$ 时刻的状态为 $\boldsymbol{X}_{k+1}^{\mathrm{R}}$，轮盘编码器返回的 $k+1$ 时刻机器人的状态转移量为 $\Delta\boldsymbol{u}_{k+1}^{\mathrm{R}}$，若轮盘编码器不存在误差，则由式(2-2)可得 $k+1$ 时刻机器人的状态为 $\boldsymbol{X}_{k+1}^{\mathrm{R}}=\boldsymbol{f}^{\mathrm{R,O}}(\boldsymbol{X}_{k}^{\mathrm{R}},\Delta\boldsymbol{u}_{k+1}^{\mathrm{R}})$，但在实际中，由于存在各种环境和人为噪声干扰，轮盘编码器返回的值一定存在误差，因此机器人实际的状态更新应为 $\boldsymbol{X}_{k+1}^{\mathrm{R}}=\boldsymbol{f}^{\mathrm{R,O}}(\boldsymbol{X}_{k}^{\mathrm{R}},\Delta\boldsymbol{u}_{k+1}^{\mathrm{R}})+\Delta\boldsymbol{v}_{k+1}$，其中 $\Delta\boldsymbol{v}_{k+1}$ 为偏差补偿量。机器人状态误差矫正的目的就是通过扫描点匹配来求出该补偿量。具体来说，根据机器人在时刻 $k$ 和时刻 $k+1$ 的两次扫描点群 $S_k$ 和 $S_{k+1}$，以及 $\Delta\boldsymbol{u}_{k+1}^{\mathrm{R}}$ 求状态矫正量 $\Delta\boldsymbol{v}_{k+1}$。

### 3.1.2 坐标转换公式

求解过程中主要涉及不同坐标系之间的还原转换，将该转换关系表示为"$\boldsymbol{RG}$"，则位姿状态转换和位置状态转换分别如下：

(1)当欲转换位姿状态为 $\boldsymbol{X}^{\mathrm{old}}=[x^{\mathrm{old}}\ \ y^{\mathrm{old}}\ \ \theta^{\mathrm{old}}]'$，转换偏量为 $\boldsymbol{v}=[x^{v}\ y^{v}\ \theta^{v}]'$时，有

$$\boldsymbol{X}^{\mathrm{new}}=\boldsymbol{RG}(\boldsymbol{X}^{\mathrm{old}},\boldsymbol{v})=\begin{bmatrix}\cos(\theta^{v}) & -\sin(\theta^{v}) & 0\\ \sin(\theta^{v}) & \cos(\theta^{v}) & 0\\ 0 & 0 & 1\end{bmatrix}\begin{bmatrix}x^{\mathrm{old}}\\ y^{\mathrm{old}}\\ \theta^{\mathrm{old}}\end{bmatrix}+\begin{bmatrix}x^{v}\\ y^{v}\\ \theta^{v}\end{bmatrix} \tag{3-1}$$

其中，$\boldsymbol{X}^{\mathrm{new}}=[x^{\mathrm{new}}\ \ y^{\mathrm{new}}\ \ \theta^{\mathrm{new}}]'$为转换后的新位姿状态向量。

(2)当欲转换位置状态为 $\boldsymbol{X}^{\mathrm{old}}=[x^{\mathrm{old}}\ \ y^{\mathrm{old}}]'$，转换偏量为 $\boldsymbol{v}=[x^{v}\ y^{v}\ \theta^{v}]'$时，有

$$\boldsymbol{X}^{\mathrm{new}}=\boldsymbol{RG}(\boldsymbol{X}^{\mathrm{old}},\boldsymbol{v})=\begin{bmatrix}\cos(\theta^{v}) & -\sin(\theta^{v})\\ \sin(\theta^{v}) & \cos(\theta^{v})\end{bmatrix}\begin{bmatrix}x^{\mathrm{old}}\\ y^{\mathrm{old}}\end{bmatrix}+\begin{bmatrix}x^{v}\\ y^{v}\end{bmatrix} \tag{3-2}$$

其中，$\boldsymbol{X}^{\mathrm{new}}=[x^{\mathrm{new}}\ \ y^{\mathrm{new}}]'$为转换后的新位置状态向量。

以上转换相当于图像处理中的坐标逆变换[8]，其作用是找出对象在原坐标系中的表示，因为扫描点匹配是在局部坐标系下完成的，得到的偏移量也是在局部坐标系下的，最终只有将其转换到全局坐标系下才有意义。

### 3.1.3 ICP 匹配方法介绍

首先仅采用近邻点迭代(ICP)算法解决机器人状态配置问题。ICP 是一种迭代求解过程，其目的是求解转换关系以完成数据集和模式集的标定(Alignment)。在机器人扫描点匹配中，设机器人 $k$ 时刻的扫描点集 $S_k$ 为模式集，$k+1$ 时刻的扫描点集 $S_{k+1}$ 为数据集，此处通过

ICP 求解相对转换关系 $\Delta \boldsymbol{v}_{k+1}=[\Delta x_{k+1}^{v}\ \Delta y_{k+1}^{v}\ \Delta\theta_{k+1}^{v}]'$，使 $S_{k+1}$ 和 $S_k$ 匹配。为了方便说明，以下将 $S_k$ 记为 $S^{\text{ref}}$，其中每个扫描点坐标为 $\boldsymbol{p}_i^{\text{ref}}$，$S_{k+1}$ 记为 $S^{\text{dat}}$，其中每个扫描点坐标为 $\boldsymbol{p}_i^{\text{dat}}$。

ICP 算法主要分为对应点生成(correspondent)和转换关系产生(displacement)两部分，处理流程如下：其中对应点生成部分完成数据集和模式集之间对应点关系寻找，转换关系产生部分完成机器人位姿关系的生成。为了清晰起见，该算法以伪码形式表述，其中双斜杠后内容为注释。文献[9]证明了该算法的收敛性，在实际应用中可以设置一个固定迭代次数，当迭代次数达到时就得出 $\Delta\boldsymbol{v}$。此处采用文献[1]介绍的方法完成对应点生成和转换关系产生两项工作，即，对应点获得采用 K-Nearest-Neighbor 方法解决，转换关系生成利用对应点距离最优化方法解决，此处不再赘述。

**算法 3-1**　ICP 算法流程。

ICP 算法：

$\Delta v=\text{ICP}(S^{\text{ref}},S^{\text{dat}})$

(1) $i=0$，$S_i^{\text{dat}}=S^{\text{dat}}$，$\boldsymbol{v}_i=[0\ 0\ 0]'$；\\初始化相关变量

(2)WHILE

(3)对应点生成：$S_i^{\text{ref}}=\text{Correspondent}(S_i^{\text{dat}},\ S^{\text{ref}})$；

　\\利用 $k$ 邻域法对于 $S_i^{\text{dat}}$ 中的每一个点找到 $S^{\text{ref}}$ 中与之对应的点，最终形成本

　\\次迭代所需的模式集对应点集 $S_i^{\text{ref}}$。

(4)转换关系产生：$\boldsymbol{v}_i=\text{Displacement}(S_i^{\text{ref}},\ S^{\text{dat}})$；

　\\利用最优化方法，根据对应点集 $S_i^{\text{ref}}$ 和数据点集 $S^{\text{dat}}$ 间总距离函数求解本次

　\\迭代的位置角度转换关系 $\boldsymbol{v}_i$。

(5) $S_i^{\text{dat}}$ 更新：$S_{i+1}^{\text{dat}}=\text{RG}(S^{\text{dat}},\boldsymbol{v}_i)$；

　\\对数据点集 $S^{\text{dat}}$ 中的每一个点 $p_j^{\text{dat}}$ 利用式(3-2)得到本次迭代后的更新数据点，

　\\即，$\boldsymbol{p}_{j,\,i+1}^{\text{dat}}=\boldsymbol{RG}(\boldsymbol{p}_j^{\text{dat}},\boldsymbol{v}_i)$，最终生成更新数据点集 $S_{i+1}^{\text{dat}}$。

(6)IF (convergence condition is satisfy)

(7)结束 WHILE 循环，执行步骤(12)；

(8)ELSE

(9) $i=i+1$；\\进行下一轮迭代。

(10)END IF

(11)END WHILE

(12) $\Delta\boldsymbol{v}=\boldsymbol{v}_i$；\\将最终得到的位置角度转换关系 $\boldsymbol{v}_i$ 输出。

(13)END ICP

### 3.1.4　单次 ICP 匹配结果

实验数据来自运动中 PIONEER 上的 SICK2000 激光传感器对室内的连续两次扫描，设 $k$ 时刻的扫描点为模式集，$k+1$ 时刻的扫描点为数据集。对应点获取邻域门限分别设为 0.5 m 和 1 m，得到的对应点关系如图 3-2 所示。

其中圆圈代表模式集中的扫描点分布，叉号代表数据集中的扫描点分布，圆点代表与数据集各扫描点对应的模式集扫描点，直线代表对应关系。从该图可见，数据集和模式集扫描点之

间的对应关系正确，并且当门限选择较大时匹配的点对较多。

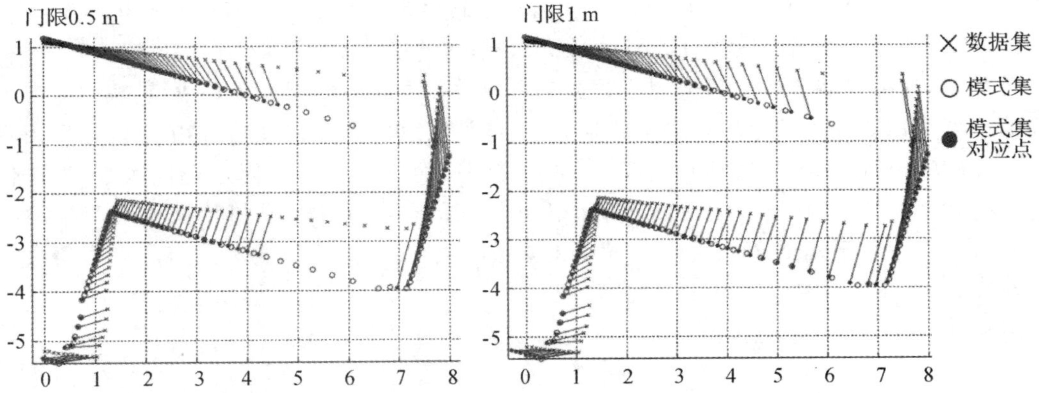


图 3-2　两次扫描由 ICP 得出的对应点关系

在此基础上，图 3-3 显示了利用最优化方法得到的位姿修正量对数据集扫描点群进行转换的结果，其中粗体叉号代表转换后的数据集扫描点分布。

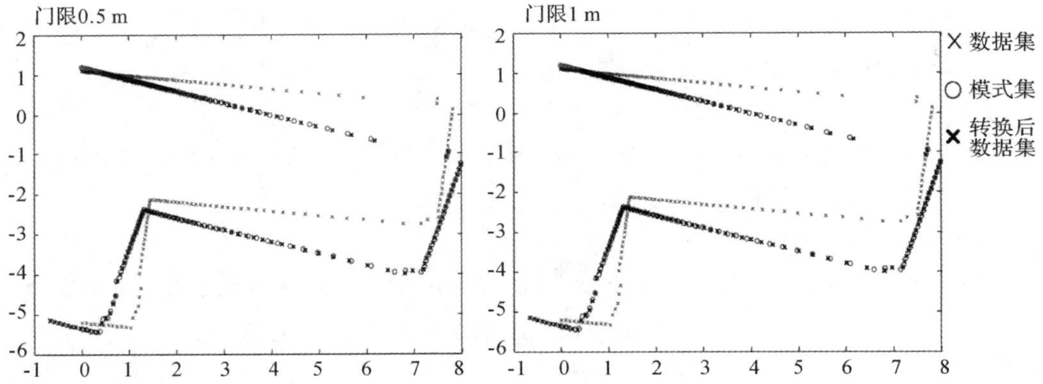


图 3-3　数据集和模式集转换结果图

由该图可见，转换后的数据集和模式集扫描点群能够较好地重合。当门限值为 0.5 m 时，该转换关系为$[\Delta x^v\ \Delta y^v\ \Delta\theta^v]'[0.265\,2\quad -0.026\,2\quad -0.179\,0]'$。当门限值为 1 m 时，该转换关系为$[\Delta x^v\ \Delta y^v\ \Delta\theta^v]=[0.263\,4\quad -0.026\,8\quad -0.177\,9]'$，二者差别较小。

### 3.1.5　基于扫描点匹配的机器人 SLAM 算法

以下提出基于 ICP 的机器人位姿矫正与地图构建算法。设机器人在 $k$ 时刻得到的扫描点群位置坐标集合为 $S_k^{R_k}=\{\boldsymbol{p}_{1,k}^{R_k},\cdots,\boldsymbol{p}_{n,k}^{R_k}\}$，$k+1$ 时刻得到的扫描点群位置坐标集合为 $S_{k+1}^{R_{k+1}}=\{\boldsymbol{p}_{1,k+1}^{R_{k+1}},\cdots,\boldsymbol{p}_{n,k+1}^{R_{k+1}}\}$（上标 $R_k$ 表示该扫描点状态是在 $k$ 时刻机器人状态局部坐标系下的量度），将扫描点群状态在全局坐标系下的集合记为 $S_k^G$ 和 $S_{k+1}^G$。设此次迭代轮盘编码器检测到机器人状态更新为 $\Delta\boldsymbol{u}_{k+1}^R=[\Delta x_{k+1}^R\ \Delta y_{k+1}^R\ \Delta\theta_{k+1}^R]'$，机器人在 $k$ 时刻的状态为 $\boldsymbol{X}_k^{G,R}=[x_k^{G,R}\ y_k^{G,R}\ \theta_k^{G,R}]'$，则基于扫描点匹配的机器人位姿矫正与地图构建算法（ICP Scan Matching Algorithm，ICP_SMA）见算法 3-2。该过程在每一次轮盘编码器输入更新后进行。步骤(1)

根据轮盘编码器得到的相对位置 $\Delta\boldsymbol{u}_{k+1}^{\mathrm{R}}$，将数据集 $S_{k+1}^{\mathrm{R}_{k+1}}$ 转换到模式集局部坐标系中得到 $S_{k+1}^{\mathrm{R}_k}$，步骤(2)应用如下算法：

**算法 3-2**　ICP_SMA 处理流程。

Algorithm ICP_SMA：

$S_{k+1}^{\mathrm{G}}=\mathrm{ICP\_SMA}(\boldsymbol{X}_k^{\mathrm{G,R}},\ S_k^{\mathrm{R}_k},\ S_{k+1}^{\mathrm{R}_{k+1}},\ \Delta\boldsymbol{u}_{k+1}^{\mathrm{R}})$

(1)数据点集 $S_{k+1}^{\mathrm{R}_{k+1}}$ 转换：$S_{k+1}^{\mathrm{R}_k}=\mathrm{RG}(S_{k+1}^{\mathrm{R}_{k+1}},\Delta\boldsymbol{u}_{k+1}^{\mathrm{R}})$；

\\对 $S_{k+1}^{\mathrm{R}_{k+1}}$ 中的每一点 $\boldsymbol{p}_{i,k+1}^{\mathrm{R}_{k+1}}$ 利用式(3-2)得到其在 $k$ 时刻机器人状态 $\boldsymbol{X}_k^{\mathrm{G,R}}$ 局部坐标系下的位置状态 $\boldsymbol{p}_{i,k+1}^{\mathrm{R}_k}$，即 $\boldsymbol{p}_{i,k+1}^{\mathrm{R}_k}=\boldsymbol{RG}(\boldsymbol{p}_{i,k+1}^{\mathrm{R}_{k+1}},\Delta\boldsymbol{u}_{k+1}^{\mathrm{R}})$。将转换后的所有点集记为 $S_{k+1}^{\mathrm{R}_k}$。

(2)$S_k^{\mathrm{R}_k}$ 和 $S_{k+1}^{\mathrm{R}_k}$ 转换关系产生：$\boldsymbol{v}^{\mathrm{R}_k}=[\Delta x^v\ \ \Delta y^v\ \ \Delta\theta^v]'=\boldsymbol{ICP}(S_k^{\mathrm{R}_k},S_{k+1}^{\mathrm{R}_k})$；

\\由 ICP 得到在 $k$ 时刻机器人状态 $\boldsymbol{X}_k^{\mathrm{G,R}}$ 局部坐标系下的位置和旋转矫正量 $v^{\mathrm{R}_k}$。

(3)机器人 $k+1$ 时刻状态更新：$\boldsymbol{X}_{k+1}^{\mathrm{G,R}}=\boldsymbol{RG}(\mathrm{offsize}^{\mathrm{R}_k},\boldsymbol{X}_k^{\mathrm{G,R}})$，其中 $\mathrm{offsize}^{\mathrm{R}_k}=\boldsymbol{RG}(\Delta\boldsymbol{u}_{k+1}^{\mathrm{R}},\boldsymbol{v}^{\mathrm{R}_k})$；

\\利用式(3-1)得到 $k+1$ 时刻机器人状态的更新值 $\boldsymbol{X}_{k+1}^{\mathrm{G,R}}$。

(4)利用 $\boldsymbol{X}_{k+1}^{\mathrm{G,R}}$ 将 $S_{k+1}^{\mathrm{R}_{k+1}}$ 转换到全局坐标系下：$S_{k+1}^{\mathrm{G}}=\mathrm{RG}(S_{k+1}^{\mathrm{R}_{k+1}},\boldsymbol{X}_{k+1}^{\mathrm{G,R}})$；

\\对 $S_{k+1}^{\mathrm{R}_{k+1}}$ 中的每一点 $\boldsymbol{p}_{i,k+1}^{\mathrm{R}_{k+1}}$ 利用式(3-2)得到其在全局坐标系下的位置状态 $\boldsymbol{p}_{i,k+1}^{\mathrm{G}}$，

\\即 $\boldsymbol{p}_{i,k+1}^{\mathrm{G}}=\boldsymbol{RG}(\boldsymbol{p}_{i,k+1}^{\mathrm{R}_{k+1}},\boldsymbol{X}_{k+1}^{\mathrm{G,R}})$。将转换后的所有点集记为 $S_{k+1}^{\mathrm{G}}$。

END ICP_SMA

ICP 对 $S_k^{\mathrm{R}_k}$ 和 $S_{k+1}^{\mathrm{R}_k}$ 进行操作从而得到状态位姿矫正量 $\boldsymbol{v}^{\mathrm{R}_k}$，并得到本次迭代的机器人状态更新量 $\mathrm{offsize}^{\mathrm{R}_k}=\boldsymbol{RG}(\Delta\boldsymbol{u}_{k+1}^{\mathrm{R}},\boldsymbol{v}^{\mathrm{R}_k})$，该量是在 $k$ 时刻机器人状态 $\boldsymbol{X}_k^{\mathrm{G,R}}$ 局部坐标系中的量度，因此需要通过步骤(3)将其转换到全局坐标系中得到当前机器人的更新状态 $\boldsymbol{X}_{k+1}^{\mathrm{G,R}}$。最后步骤(4)利用更新后的机器人状态量将当前的所有扫描点转换到全局坐标系中。另外，为了使数据扫描点 $S_{k+1}^{\mathrm{R}_{k+1}}$($k+1$ 时刻的扫描点)更好地与模式扫描点 $S_k^{\mathrm{R}_k}$($k$ 时刻扫描点)匹配，算法进一步对模式扫描点群进行过滤，以滤除 $S_k^{\mathrm{R}_k}$ 中那些从 $\boldsymbol{X}_{k+1}^{\mathrm{G,R}}$ 位姿不可能观测到的点，假设过滤后的参考扫描点为 $SF_k^{\mathrm{R}_k}$，过滤流程见算法 3-3。

**算法 3-3**　模式扫描点群过滤流程。

Algorithm SFA：

$SF_k^{\mathrm{R}_k}=\mathrm{FILTER}(S_k^{\mathrm{R}_k},\Delta\boldsymbol{u}_{k+1}^{\mathrm{R}})$

(1)$\Delta\boldsymbol{u}_{k+1}^{'\mathrm{R}}=-\Delta\boldsymbol{u}_{k+1}^{\mathrm{R}}$；\\计算 $\Delta\boldsymbol{u}_{k+1}^{\mathrm{R}}$ 在 $\boldsymbol{X}_{k+1}^{\mathrm{G,R}}$ 局部坐标系下位姿。

(2)对 $\forall\, i, i=1,\cdots,n$，$\boldsymbol{p}_{i,k}^{\mathrm{R}_{k+1}}=\boldsymbol{RG}(\boldsymbol{p}_{i,k}^{\mathrm{R}_k},\Delta\boldsymbol{u}_{k+1}^{'\mathrm{R}})$，从而得到 $S_k^{\mathrm{R}_{k+1}}$；\\将 $k$ 时刻扫描点 $S_k^{\mathrm{R}_k}$ 转换到 $\boldsymbol{X}_{k+1}^{\mathrm{G,R}}$ 局部坐标系。

(3)剔除掉 $S_k^{\mathrm{R}_{k+1}}$ 中横坐标小于 0 的点，得到新的 $S_k^{\mathrm{R}_{k+1}}$。

(4)在 $S_k^{\mathrm{R}_k}$ 中找到与 $S_k^{\mathrm{R}_{k+1}}$ 对应的点，即为 $SF_k^{\mathrm{R}_k}$。

END SFA

该过程首先根据 $\Delta\boldsymbol{u}_{k+1}^{\mathrm{R}}$ 将 $S_k^{\mathrm{R}_k}$ 扫描点群转换到 $\boldsymbol{X}_{k+1}^{\mathrm{G,R}}$ 局部坐标系下，之后剔除那些横坐标值小于 0 的点(这些被剔除的扫描点就是预计在 $k+1$ 时刻机器人位姿观测不到的物体对应在 $k$ 时刻产生的反射点)，此时 $S_k^{\mathrm{R}_k}$ 中与剩余点对应的扫描点就是过滤后的点群 $SF_k^{\mathrm{R}_k}$，该点群 $SF_k^{\mathrm{R}_k}$ 将代入算法 ICP_SMA 步骤(2)计算机器人位姿状态矫正偏量 $\boldsymbol{v}^{\mathrm{R}_k}$。

### 3.1.6 ICP_SMA 实验结果

本节利用实体机器人对 ICP_SMA 进行验证，实验环境为室内办公室环境，其平面图如图 3-4 所示。

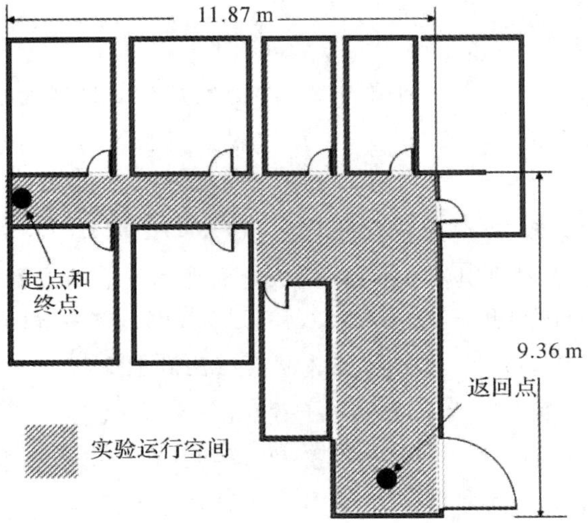


图 3-4 实验环境示意图

实验目的是验证算法对里程表误差的矫正能力。机器人在遥控器控制下从起点出发最终到达终点。对环境的扫描周期为 1 s。为了证明算法的有效性，在机器人运行期间人为地对机器人进行干扰。具体来说，在机器人运行过程中人为地把机器人搬起并来回旋转一定角度。没有经过矫正的扫描点分布情况如图 3-5 所示。

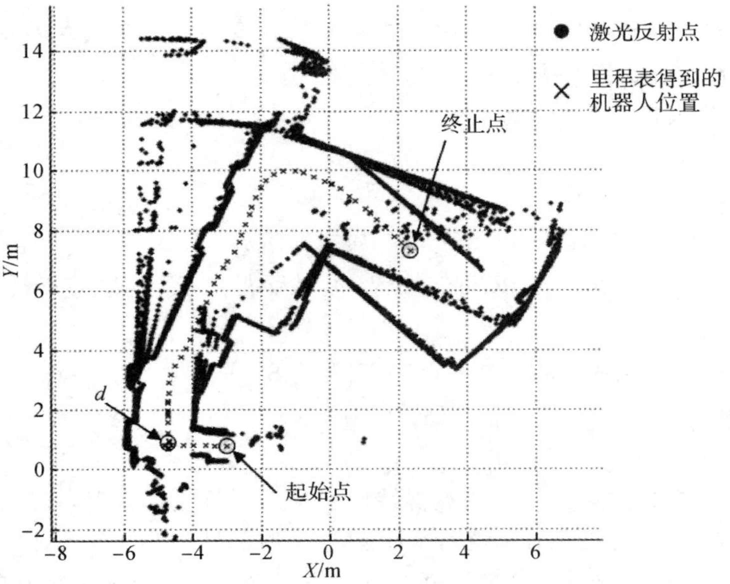


图 3-5 只用轮盘编码器信息对扫描点进行转化结果图

当机器人运行到坐标(−5,2)($d$ 点)附近时,将机器人抬起并左右转动一定角度,图中圆点代表转换到全局坐标系后不同时刻得到的扫描点分布,叉号代表不同时刻轮盘编码器感知的机器人位置状态值,机器人运行期间受到了人为较大干扰,使得机器人经过 $d$ 点附近后轮盘编码器对机器人位置测量产生了较大误差,因此机器人的扫描点在此之后无法和之前的扫描点匹配,这说明了由轮盘编码器得到的机器人位姿状态与真实值偏差较大。应用 ICP_SMA 对机器人位姿进行矫正后得到的扫描点分布如图 3-6 所示。

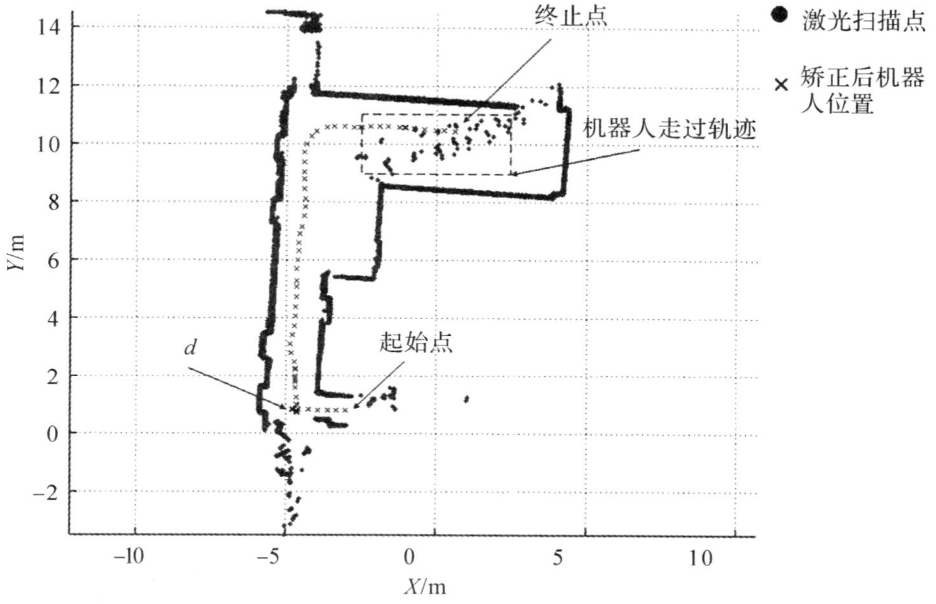


图 3-6　经 ICP_SMA 矫正后的扫描点分布结果图

此时 ICP_SMA 的门限为 0.2 m。从图 3-6 可见,前后时间序列扫描点的一致性较好,说明图中叉号代表的机器人轨迹与机器人实际运行轨迹相符,证明了该算法对于机器人位姿矫正的有效性。另外,机器人运行过程中除存在人为干扰外,环境也并非静止,图中虚线包含区域的扫描点就是有人从机器人前方经过所留下的轨迹,从后续研究可知,这些移动物体将对机器人位姿矫正产生负面影响,此处运动物体并未对匹配构成太大影响,其原因在于运动物体出现在机器人感知范围内的时间较短且机器人环境扫描频率较快。

## 3.2　基于柱状图匹配的改进 ICP_SMA 算法

由 3.1 节内容可知,ICP 算法是基于对应点寻找和匹配点群最小距离优化的一种迭代过程,当该过程满足某一条件时(例如,两扫描点间的误差距离小于某一门限)算法即认为找到了最佳匹配。本节采用 K-Nearest-Neighbor 方法来确定两次扫描之间的对应点并用欧氏距离进行量度,这种方法在某些情况下会造成误差,因为那些距离激光传感器较远的点,当传感器存在旋转时,它们将和正确的对应点相差较大距离,使得对应点寻找出现差错,最终影响 ICP 匹配的结果,该现象如图 3-7 所示。

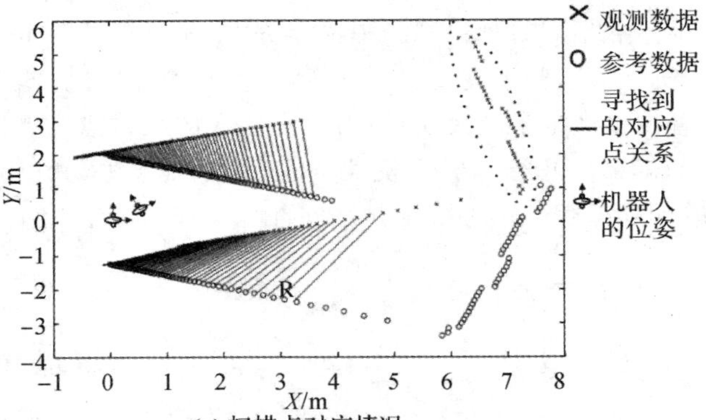


(a) 扫描点对应情况

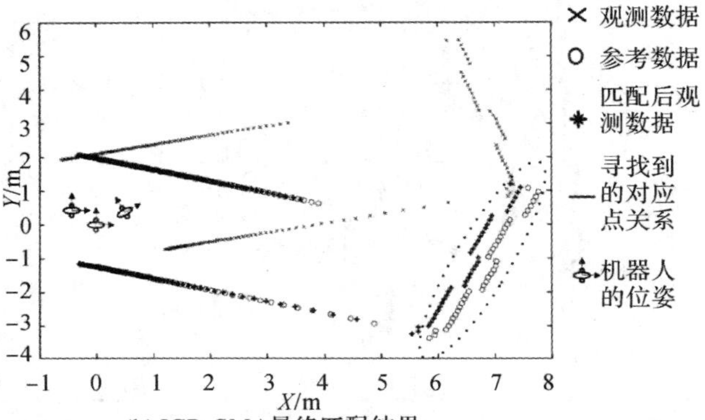


(b) ICP_SMA最终匹配结果

图 3-7　初始位姿偏差对 ICP_SMA 算法影响

图 3-7(a)显示了两次扫描对应点情况，机器人第一次扫描时的位姿为[0 0 0]′，第二次扫描时的位姿为[0.5 m　0.3 m　0.035 rad]′，其中线段代表观测点集和参考点集间的对应关系，由于机器人旋转原因，虚线椭圆包围的观测扫描点并没有和参考扫描点建立正确对应关系。图 3-7(b)所示为按照这种存在误差的对应点关系利用 ICP_ SMA 得到的匹配结果，虚线包含的扫描点明显存在匹配误差，匹配后的第二次扫描机器人位姿还原为[−0.3 m　0.43 m　0.004 rad]′，并没有和第一次扫描时的位姿[0 0 0]′重合，这说明存在机器人位姿矫正误差。

为了进一步分析 ICP_SMA 算法的误差分布情况，采用蒙特卡罗模拟(Monte Carlo Simulation)方法对其进行误差分布研究。设 $k$ 时刻机器人的位姿为 $\boldsymbol{X}_k^R=[0\ 0\ 0]'$，并得到扫描点集合 $S_1$，如图 3-7 所示，圆圈标记的所有扫描点，$k+1$ 时刻机器人位姿为 $\boldsymbol{X}_{k+1}^{\mathrm{R}}=[x_{k+1}^{\mathrm{R}}\ y_{k+1}^{\mathrm{R}}\ \theta_{k+1}^{\mathrm{R}}]'$，其满足均值为 $\boldsymbol{\mu}_{k+1}=[0\ 0\ 0]'$，方差阵为 $\boldsymbol{\Sigma}_{k+1}=\mathrm{diag}[\delta_x{}^2,\delta_y{}^2,\delta_\theta{}^2]$的高斯分布，利用该均值和方差分别产生 $k+1$ 时刻机器人位姿的 $N$ 个采样，记为 $\boldsymbol{X}_{k+1}^{i,\mathrm{R}}$，$i=1,2,\cdots,N$，并用式(3-2)得到其对应的 $N$ 个扫描点群 $S_2^i$，$i=1,2,\cdots,N$。对 $S_1$ 和 $S_2^i$，$i=1,2,\cdots,N$，利用 ICP_SMA 算法分别进行 $N$ 次匹配，机器人状态矫正结果如图 3-8 所示。图 3-8(b)左子图表示机器人角度样点的初始分布，图 3-8(b)右子图表示机器人角度样点经 ICP_ SMA 匹配矫正后的分布。从图 3-8(a)右子图可知，矫正后的机器人位置主要分布在虚线包围的区

域，其均值为[0.015 6 m—0.006 3 m]′，方差为 diag(0.164 $2^2$ m，0.189 $7^2$ m)。从图 3-8(b)右子图可知，矫正后的机器人角度分布均值为0.003 2 rad，方差为0.$034^2$ rad。由以上分析可知，ICP_ SMA 矫正对于机器人位置状态来说存在较大误差（位置矫正结果均值离真值较远且方差较大），而对于机器人角度状态来说估计较为准确（均值更接近真值，方差较小）。由此可见，单纯 ICP_SMA 算法可能得到误差较大的机器人状态估计，为了进一步提高 ICP_ SMA 算法的精确度，下面采用柱状图匹配对ICP_SMA算法进行改进，首先用 ICP_ SMA 对两次扫描进行匹配之后再用柱状图匹配对生成的新扫描点做进一步优化。

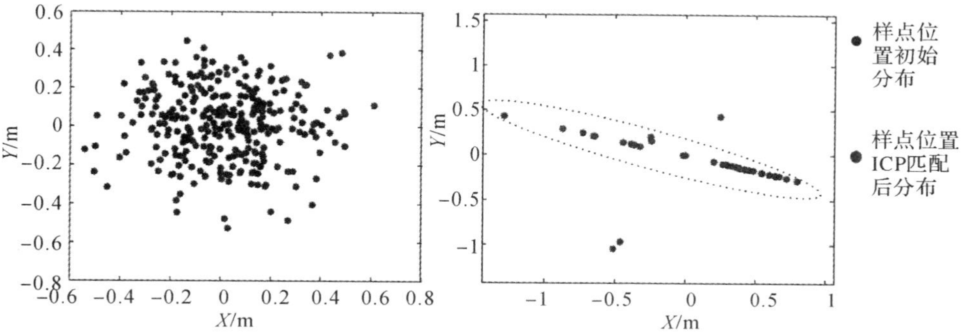


(a) ICP_ SMA算法位置矫正误差分布

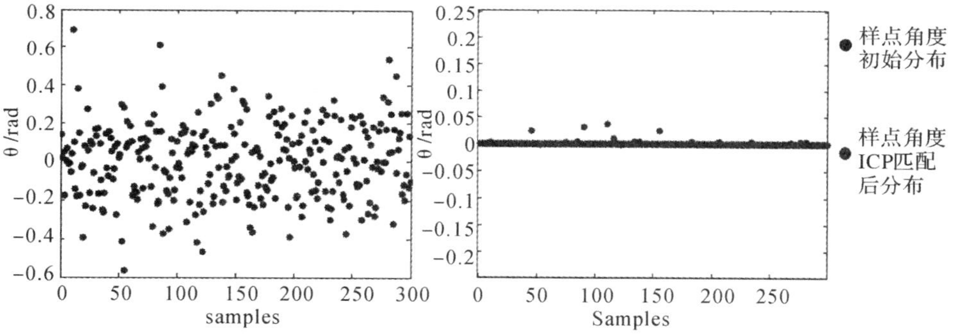


(b) ICP_ SMA算法角度矫正误差分布

图 3-8　基于蒙特卡罗模拟的 ICP_ SMA 算法误差分析

### 3.2.1　柱状图匹配算法

柱状图匹配目的是找出两次扫描时传感器的相对位姿以使两次扫描准确重合，其分为两个阶段，首先是方向柱状图匹配，之后是位置柱状图匹配，方向柱状图匹配和位置柱状图匹配目的分别是找到两次扫描时传感器的方向($\Delta\theta$)和位置偏差($\Delta x$，$\Delta y$)，需要注意的是，方向柱状图匹配是位置柱状图匹配的前提，原因在于只有当两次扫描方向一致时对于位置偏量 $\Delta x$，$\Delta y$ 的计算才会准确。

1. 方向柱状图匹配

方向柱状图是用来描述扫描点方向特性的表示法，假设扫描点集合为 $S_k=\{\boldsymbol{p}_1,\boldsymbol{p}_2,\boldsymbol{p}_3,\cdots,\boldsymbol{p}_N\}$，其中 $\boldsymbol{p}_i=[x_i\ y_i]'$。扫描点角度分布集中为 $L=\{l_1,l_2,l_3,\cdots,l_{N-1}\}$，其中，$l_i=$

$\arctan(\boldsymbol{p}_{i+1}-\boldsymbol{p}_i)$，$l_i\in[-90°, 90°]$，$l_i$ 为连续两个扫描点构成直线的角度，角度取值范围为 $-90°\sim90°$，例如，$L$ 中有 5 个元素值为 15°，那么柱状图 $x=15°$的值就是 5。根据 $L$ 生成角度柱状图，如图 3-9 所示。

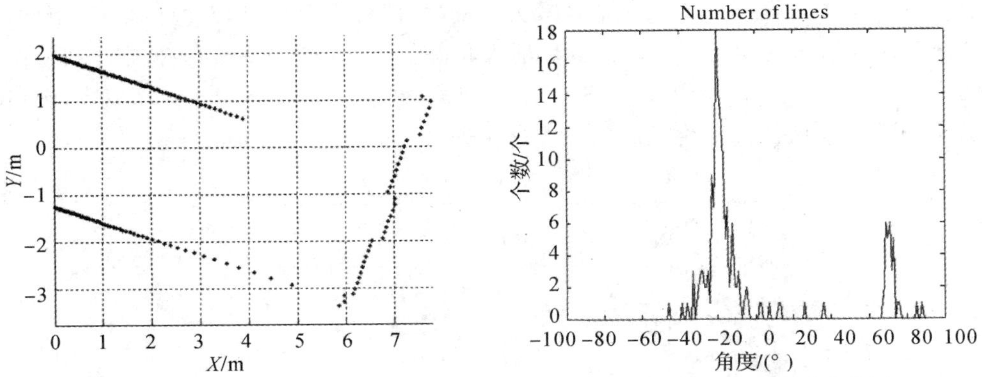

(a) 扫描点空间分布　　(b) 扫描点对应的角度柱状图

图 3-9　扫描点对应的角度柱状图

图 3-9(a)所示为扫描点的空间分布，图 3-9(b)所示为其对应的角度柱状图，从图中可见，该扫描点主要存在两个方向的点群，分别是 $-20°$和 $-73°$。

在得到两次扫描点群的角度柱状图后，需要经过互关联(Crosscorrelation)得到两者的相对角度关系，互关联函数定义如下：

$$w(y)=\lim_{X\to\infty}\frac{1}{2X}\int_{-X}^{X}h_1(x)h_2(x+y)\mathrm{d}x \tag{3-3}$$

该式用来计算两个存在一定相位差的函数 $h_1(x)$和 $h_2(x)$之间的相似程度，若 $y=s$ 时，使得 $h_1(x)=h_2(x+s)$，那么互关联函数 $w(y)$将会有最大值。互关联函数 $w(y)$的离散形式为

$$w(j)=\sum_{i=1}^{n}h_1(i)h_2(i+j) \tag{3-4}$$

通常，传感器从不同位姿对同一个场景得到的不同数据的角度柱状图只相差一定的相位，那么利用互关联函数进行局部搜索得到的最大值应该是两次扫描的相对角度 $\Delta\theta$，如图 3-10 所示。

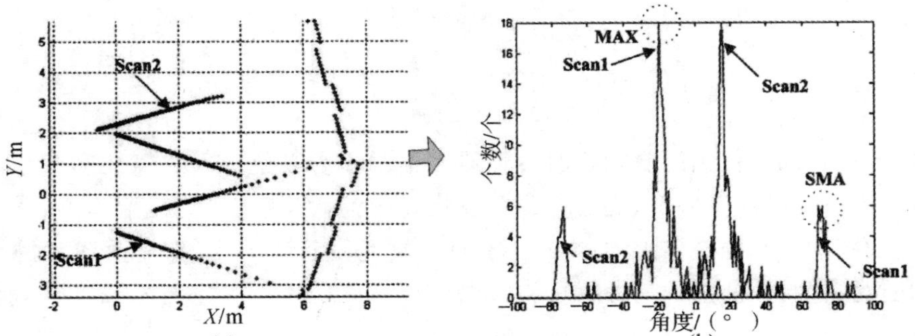

(a)　　(b)

图 3-10　两次扫描点群角度偏移量求解

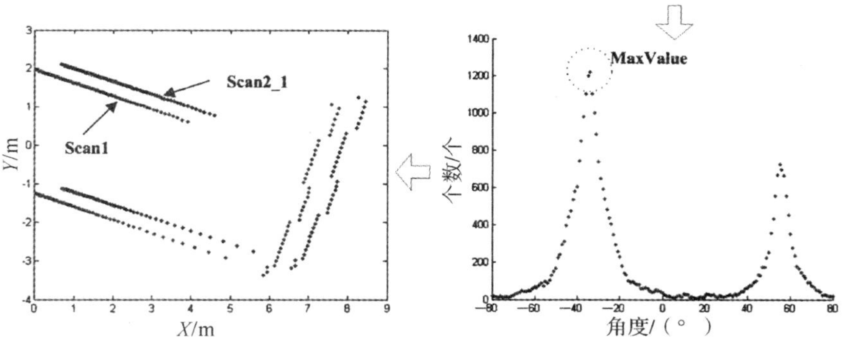


(c)　　　　(d)

续图 3-10　两次扫描点群角度偏移量求解

图 3-10(a)所示为两次扫描点的分布(分别记作 Scan1 和 Scan2),图 3-10(b)所示为对应两次扫描的角度柱状图,图 3-10(c)所示是在区间−80°～80°搜索得到的互关联函数值,图 3-10(d)所示为根据最优值对 Scan2 进行转动的结果。从图 3-10(c)可见,当角度为−34°时,互关联函数值最大,由此可值 Scan1 和 Scan2 的相对角度相差 $\Delta\theta=-34°$。图 3-10(d)显示了 Scan2 旋转后的结果,将旋转后的 Scan2 记为 Scan2_1,此时 Scan1 和 Scan2_1 方向一致。由于ICP_ SMA算法对于角度的误差较小,因此在实际应用中搜索的范围设在−10°～10°。

2. 位置柱状图匹配

将 Scan2 的方向进行修正后,此时可以认为两个扫描点群只相差位移 $\Delta x^R$ 和 $\Delta y^R$,上标 R 代表该偏移值所在的坐标系,这里认为 Scan1 所在坐标系为参考坐标系,记为 R。为了得到位移差值,需要分别在主角度($M$)和次角度($S$)方向上进行两次位置优化。经过角度校正后的两个扫描点群方向相同,分别找到角度柱状图中最大值和次大值对应的角度,它们就是主角度和次角度,由于扫描的是室内环境,因此假设主角度和次角度相差一定值,这里设为 50°,从图 3-10可见主角度 $M=-37°$,次角度 $S=79°$。在确定主角度和次角度后,首先对 Scan1 和 Scan2_1 旋转 $M$,此时得到主角度平行于 $X$ 轴的 Scan1_M 和 Scan2_1_M 并生成它们的 $y$ 柱状图,$y$ 柱状图的间隔由具体精度而定,此处设为 0.01 m。$y$ 柱状图的范围视激光传感器扫描距离而定,此处设为−5～5 m。$y$ 柱状图生成后,类似于角度柱状图的处理方法,利用互关联函数寻找局部最优值,设搜寻区域为−2～2 m,该过程如图 3-11 所示。

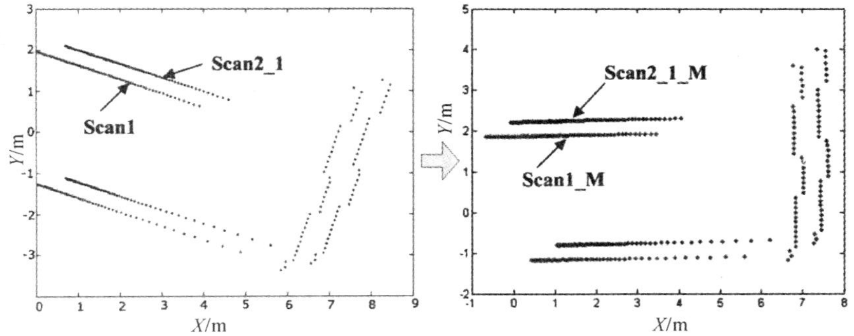


(a)　　　　(b)

图 3-11　两次扫描点群主角度 $y$ 偏移量求解

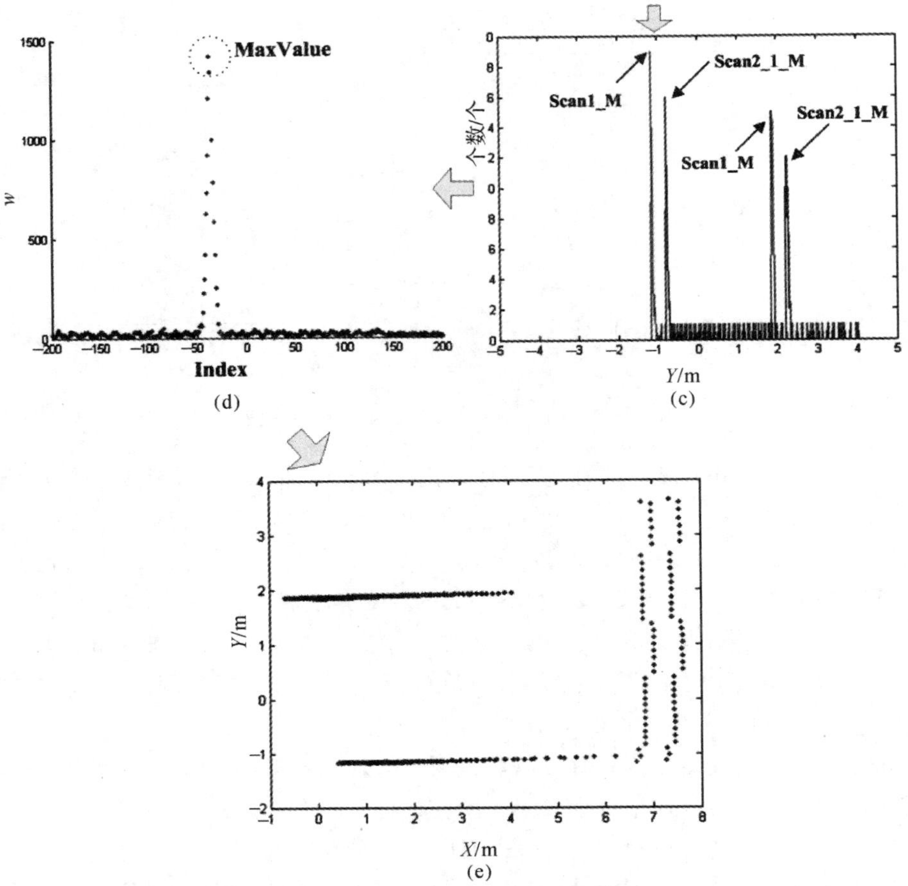


续图 3-11　两次扫描点群主角度 $y$ 偏移量求解

从图 3-11(d)可知，当 Index＝－37 时，互关联函数值最大，其对应的值为 $\Delta y^M = -0.37$ m。将 Scan2_1_M 在 $Y$ 轴上平移 $\Delta y^M$，如图 3-11(e)所示，可见此时 Scan1_M 和 Scan2_1_M 在 $Y$ 轴方向上已经重合。

在得到主角度方向上的偏移量 $\Delta y^M$ 后，还需用相同方法求出次角度方向上的偏移量 $\Delta y^S$，该过程如图 3-12 所示。

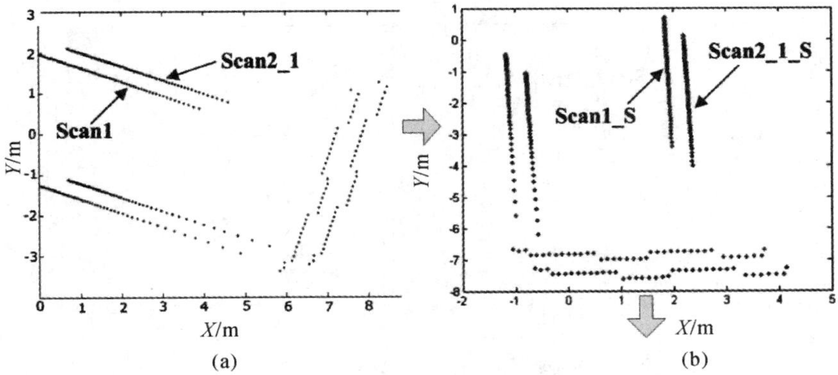


图 3-12　两次扫描点群次角度 $y$ 偏移量求解

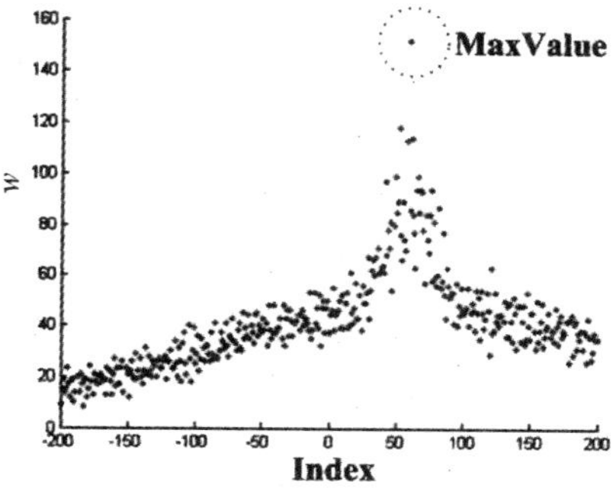


(c)

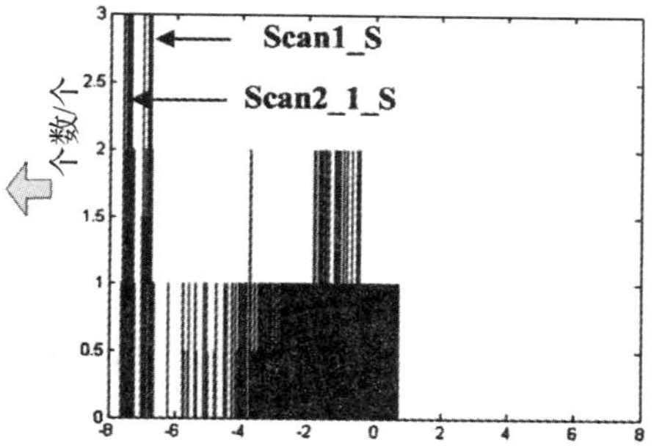


(d)

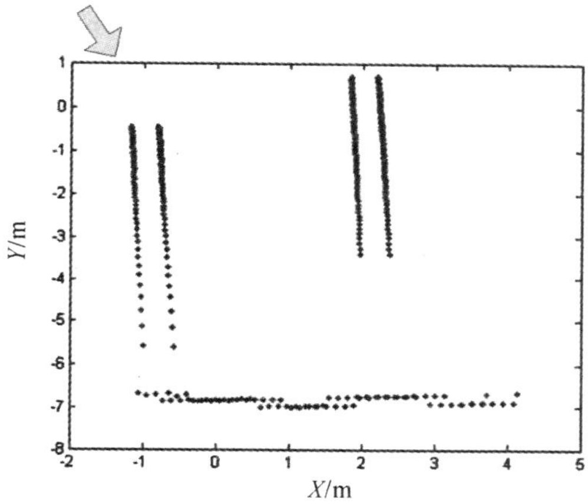


(e)

图 3-12　两次扫描点群次角度 $y$ 偏移量求解(续)

从图 3-12(d)可知，当 Index=59 时，互关联函数值最大，其对应的值为 $\Delta y^S=0.59$ m。将 Scan2_1_S 在 $y$ 上平移 $\Delta y^S$，如图 3-12(e)所示，可见此时 Scan1_S 和 Scan2_1_S 在 $y$ 上已经重合。

通过以上三步分别得到在主角度和次角度方向上的矫正值 $\Delta y^M$ 和 $\Delta y^S$，以及方向矫正值 $\Delta\theta$，接下来需要计算最终的位姿偏移量 ***dela_his***=$[\Delta x^R\ \Delta y^R\ \Delta\theta^R]'$，转换关系如下：

$$\boldsymbol{dela\_his}=\begin{bmatrix}\Delta x^R\\ \Delta y^R\\ \Delta\theta^R\end{bmatrix}=\begin{bmatrix}-\sin(M) & -\sin(S) & 0\\ \cos(M) & \cos(S) & 0\\ 0 & 0 & 1\end{bmatrix}\begin{bmatrix}\Delta y^M\\ \Delta y^S\\ \Delta\theta\end{bmatrix} \tag{3-5}$$

其中，$M$，$S$ 分别为主角度和次角度值。

### 3.2.2　基于柱状图匹配的 ICP_SMA 改进算法(ICP_HIS)

将 ICP_SMA 算法和柱状图匹配算法相结合，可得最终 ICP_HIS 算法处理过程如下。

**算法 3-4**　ICP_HIS 算法流程。

Algorithm ICP_HIS：

***dela_icp_his***=***ICP_HIS***(S1，S2)

(1)***dela_icp***=***ICP***(S1，S2)；

(2)$S1'=FILTER(S1,$ ***dela_icp***);

(3)对 $\forall p\in S2$,进行 $p'=$ ***RG***(***p***,***dela_icp***)得到转换集 $S2'$);

(4)***dela_his*** = ***HIS***($S1'$,$S2'$);

(5)***dela_icp_his*** = ***RG***(***dela_icp***,***dela_his***);

END ICP_HIS

该算法目的是求出扫描点 $S2$ 和 $S1$ 的相对位姿关系,$S1$ 和 $S2$ 分别代表相继的两次扫描,***dela_icp*** 代表由 ICP 匹配算法得到的相对位姿关系,***dela_his*** 表示由柱状图匹配算法得到的相对位姿关系,***dela_icp_his*** 表示最终的相对位姿关系。步骤(1)首先利用 ICP 算法得到相对位姿初步估计 ***dela_icp***。步骤(2)利用扫描点过滤算法 3-3 以及 ***dela_icp*** 对 $S1$ 进行修正,步骤(3)利用 ***dela_icp*** 以及式(3-2)将 $S2$ 转换到 $S1$ 的坐标系中,步骤(4)利用柱状图匹配算法得到精确化的位置估计 ***dela_his***,步骤(5)利用式(3-1)得到 $S2$ 和 $S1$ 在 $S1$ 坐标系中最终的相对位姿关系。该算法能够发挥 ICP 扫描点匹配算法和柱状图匹配算法两者的优点。首先,利用 ICP 算法得到机器人位姿的初步矫正量,虽然该矫正量可能存在误差,但减少了接下来柱状图匹配算法的搜索空间,进而在提高算法准确性的同时保证了算法的实时性。

### 3.2.3 ICP_HIS 算法实验结果

第一组实验利用 ICP_HIS 算法匹配如图 3-13 所示的两组扫描点群。

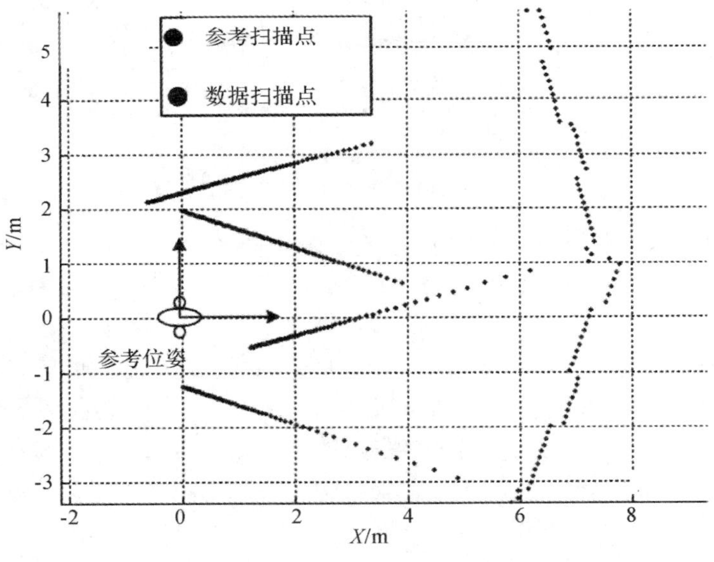


图 3-13 待匹配的两次扫描点群空间分布

图 3-13 中,下方点集代表参考扫描点,并且知道对应的机器人实际位姿为 ***Groundtruth*** $=[0\ 0\ 0]'$,类似于上一节 ICP 算法误差分析过程,在真值 ***Groundtruth*** 上引入均值为 0,方差为 $\mathrm{diag}[0.2^2\ 0.2^2\ 0.4^2]$的高斯白噪声,并由此产生不同的数据扫描点集(图中上方点集),之后运用 ICP 匹配算法和 ICP_HID 匹配算法分别进行真值 ***Groundtruth*** 的估计,该过程共进行 300 次,所得机器人状态矫正误差结果如图 3-14 所示。该图中圆圈代表真值位置,叉号代表得到的机器人状态估计分布。图 3-14(a)所示为运用 ICP_HIS 算法得到的状态真值估计量

在 x，y，θ 空间中的分布，图 3－14(b)所示为其在 $x$，$y$ 平面上的投影。同样，图 3－14(c)，(d)所示为运用 ICP 算法得到的结果。由图可见，ICP_HIS 算法得到的估计值分布更加靠近真值并且分布更加集中，这说明了改进算法在机器人位姿矫正精度上较原算法的提高。

ICP_HIS 算法和 ICP 算法误差精度比较见表 3－1。

**表 3－1　ICP_HIS 与 ICP 矫正精确度比较表**

| | $x$ 误差 | | $y$ 误差 | | $\theta$ 误差 | |
|---|---|---|---|---|---|---|
| | $\mu$ | $\sigma$ | $\mu$ | $\sigma$ | $\mu$ | $\sigma$ |
| ICP_HIS | 0.005 6 | 0.010 4 | 0.001 3 | 0.000 155 | −0.008 2 | 0.034 5 |
| ICP | 0.056 | 0.218 | −0.036 1 | 0.446 5 | −0.011 | 0.044 |

从表 3－1 可见，在 $x$，$y$，$\theta$ 上 ICP_HIS 的误差均值和方差均小于 ICP 的误差均值和方差，因此证明了 ICP_HIS 算法的精确度高于单纯的 ICP 算法。

最后用 ICP_HIS 算法对机器人运行过程的扫描点进行迭代匹配。该实验目的是检测 ICP_HIS 的实用性，机器人运行环境如图 3－4 所示。

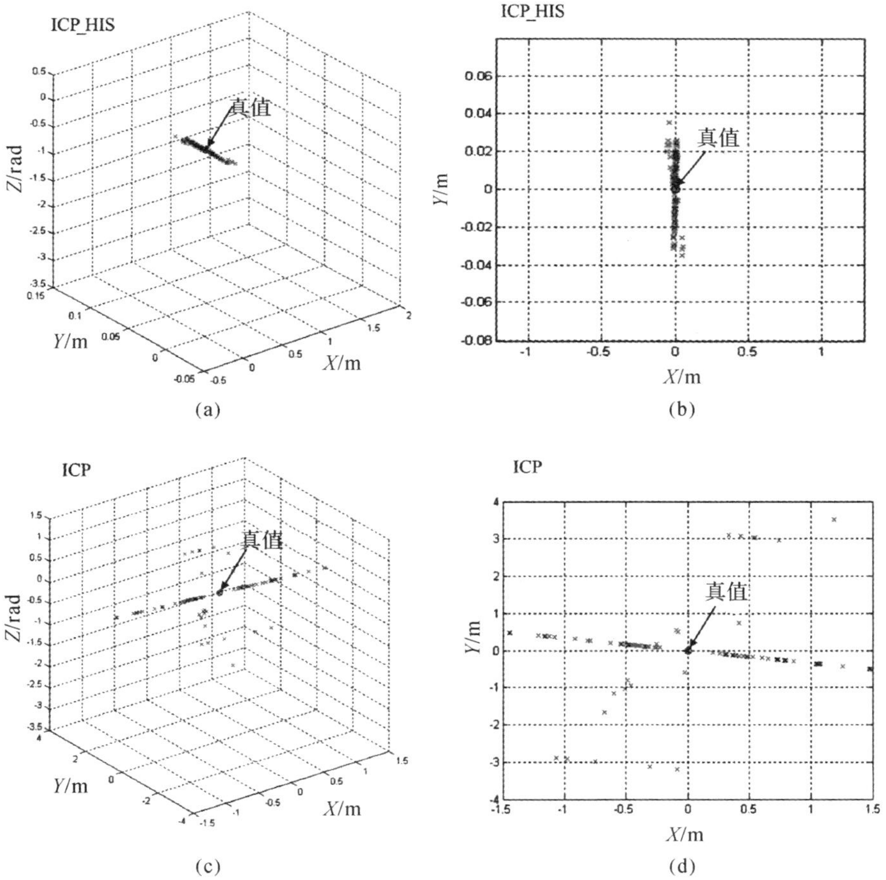


图 3－14　300 次实验分别利用 ICP_HIS 算法和 ICP 算法得到偏移量结果图

机器人从走廊尽头出发环游该环境后回到出发点，为了引入误差，在机器人运动过程中人为地对其进行微小搬动。分别利用 ICP 和 ICP_HIS 算法对环境及机器人位姿进行构建和矫正，结果如图 3－15 所示。实验中机器人对环境的扫描频率为 3.1.6 节实验频率的一半(扫描周期 2 s)，从而引入了更大的累积误差。图 3－15(a)所示为只利用里程表数据进行环境重构的结果，由于定位误差的原因重构后的扫描点分布偏差很大。图 3－15(b)所示为利用 ICP 算法(门限为 1 m)进行匹配后的结果，由于累积误差的影响扫描点一致性较差，表现为，机器人去和回得到的扫描点并没有很好重合。图 3－15(c)所示为利用 ICP_HIS 算法得到的扫描点分布，从该图可见，所有扫描点分布一致性有了较大提高，表现在机器人去和回得到的扫描点重合度较好，这证明了 ICP_HIS 算法对机器人位姿矫正具有较高精度。

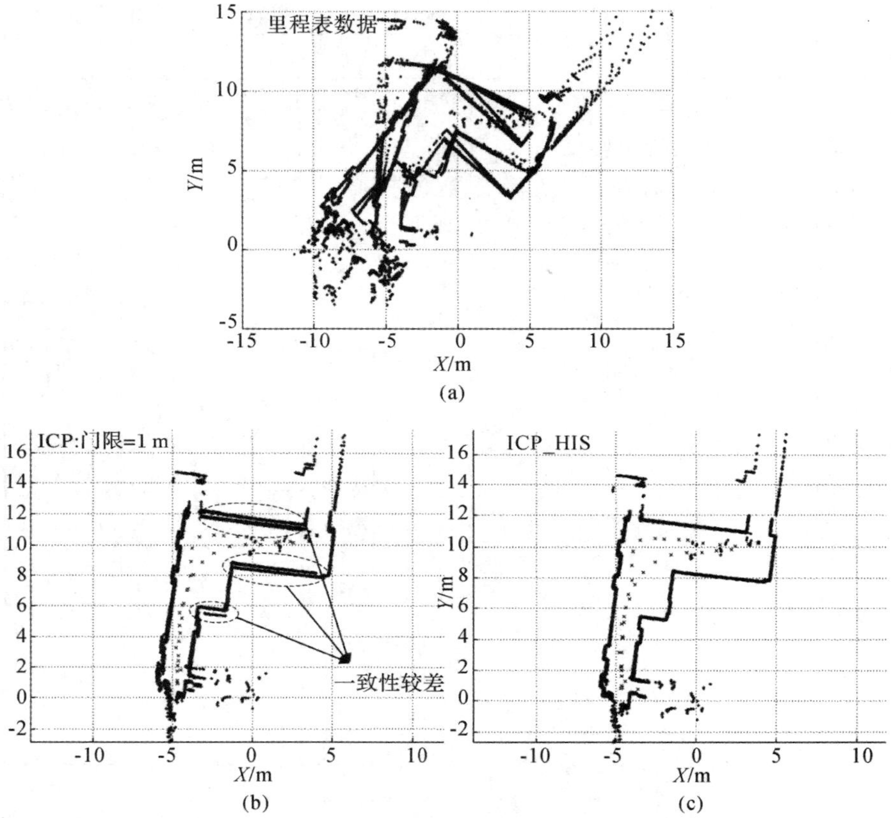


图 3－15　ICP_HIS 和 ICP 算法实体机器人实验结果比较

## 3.3　基于拓扑局部地图的扫描点一致性分布研究

机器人对环境建构时，若运行轨迹存在回路，那么运用基于迭代的扫描点匹配方法就可能出现对同一场景的不一致表述问题，如图 3－16 所示。该图中机器人首先从出发点运行到返回点，在此过程中运用 ICP_SMA 方法得到匹配扫描点群 S1，之后再从返回点运行到出发点，同样运用 ICP_SMA 方法得到匹配扫描点群 S2，此时算法门限为0.1 m。从图中可见，S1 和 S2 并没有很好重合，直观来看 S1 和 S2 不一致，由此称该问题为扫描点一致性问题。造成该现象的原因在于扫描匹配方法只是对时序上相邻的扫描点群进行匹配，那么当机器人运行轨迹存在环路时，机器人将会时隔较长时间后对同一场景进行扫描，那么由于机器人定位累积误差的原因就会使这两次扫描之间出现较大差别。本节研究如何对该误差进行校正。

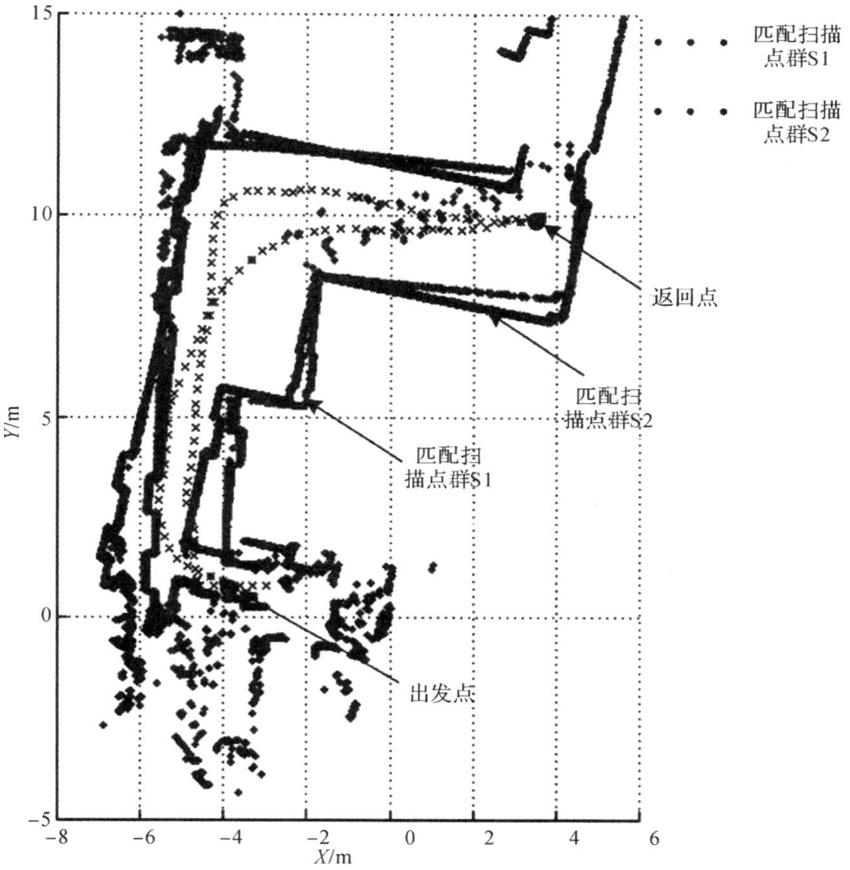


图 3－16　扫描点分布一致性问题

### 3.3.1　拓扑局部地图的表示

首先运用基于拓扑结构的扫描点地图来表示环境。其中节点表示某一时刻机器人的位姿，连线表示位姿之间的相互关系，并且每个节点对应着机器人在此位姿扫描到的所有数据，如图 3－17 所示。

对于该拓扑地图需要说明以下几点：

(1)地图是由 $N$ 个位姿节点$\{\boldsymbol{P}_1,\cdots,\boldsymbol{P}_N\}$以及连接这些位姿节点的边($\boldsymbol{l}_{ij}$)构成的。

(2)每一个位姿节点由一个笛卡儿坐标和角度的三元组 $\boldsymbol{P}_i=[x_i \quad y_i \quad \theta_i]'$表示，该笛卡儿坐标是在全局坐标系下的量度，这些位姿的初始值可以是粗略值，如用码盘器得到的机器人位姿。

(3)连接各节点的边由 $\boldsymbol{l}_{ij}=[x_{ij} \quad y_{ij} \quad \theta_{ij}]'$构成，它表示节点 $\boldsymbol{P}_i$ 和 $\boldsymbol{P}_j$ 间的相对关系，此处 $\boldsymbol{l}_{ij}$ 是在 $\boldsymbol{P}_i$ 局部坐标系下对 $\boldsymbol{P}_j$ 的观测值，该值可以由 ICP_SMA 等匹配算法得到。

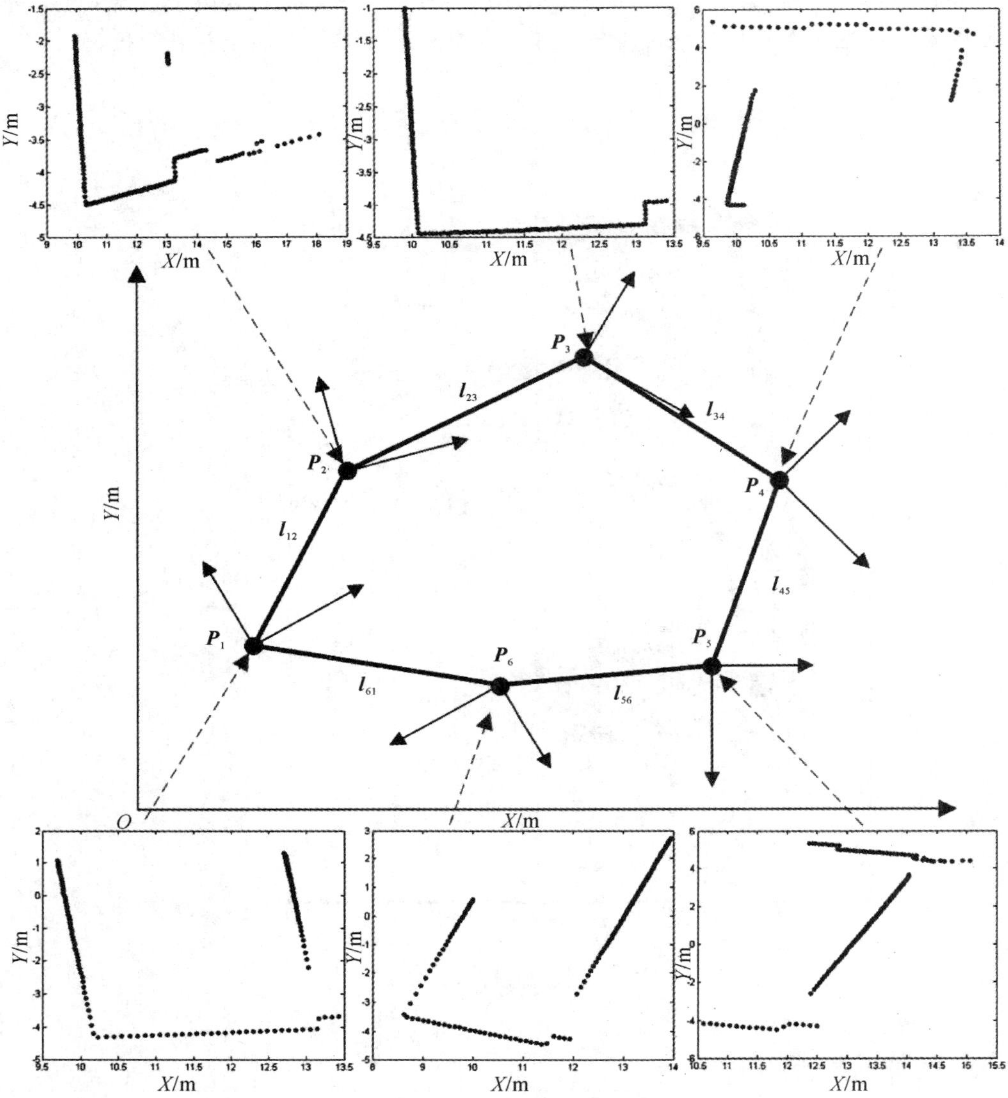


图 3-17 拓扑局部地图示意图

### 3.3.2 拓扑关系图的动态产生

拓扑图是各节点关系的反映，这种关系产生的原则为，两个位姿节点所对应的扫描点越接近于环境中的同一场景，那么它们的关系越强，传统 ICP_SMA 方法的拓扑关系结构如图 3-18所示。图 3-18 中，实心圆点代表地图中的位姿节点，线段代表这些节点的连接关系，箭头虚线代表机器人的运动方向。由图可见，传统的 ICP_SMA 方法只有相邻节点之间才存在关系，而图中圆圈标记的 $\boldsymbol{P}_1$ 和 $\boldsymbol{P}_2$ 节点尽管扫描的几乎是环境中的同一场景，但相互之间却没有存在关联，即，它们之间并没有用 ICP_SMA 算法进行匹配，因此从 $\boldsymbol{P}_1$ 运行到 $\boldsymbol{P}_2$ 期间的累积误差没有得到矫正，这就造成了扫描点分布的不一致现象。

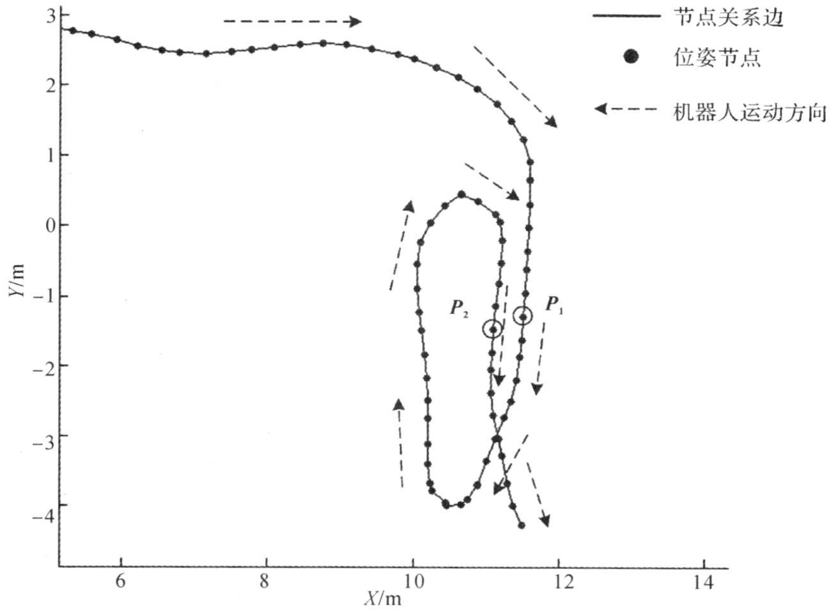


图 3-18　ICP_SMA 方法拓扑节点关系图

此处采用 K-Neighbor 方法产生更具关联性的拓扑关系。由于 SICK2000 激光传感器扫描的范围并非 360°而只是前向的 180°，因此在选择邻接节点时还需考虑机器人的方向，也就是说在确定邻域时不光要考虑节点之间的距离，还需考虑它们之间的朝向，只有朝向相差不大的节点才有可能观测到同一场景。假设机器人的大致位姿已经由上节介绍的 ICP_SMA 扫描点匹配方法得到，拓扑图节点关系产生流程如算法 3-5 所示。其中 *icpstate* 为由 ICP_SMA 得到的机器人运行过程中的一系列位姿。*win* 为设定的搜索范围门限，其目的是在和当前状态较远的状态集中搜索邻接节点，这样处理的原因在于此处假设与当前状态较近的其他状态误差累积较少，因此无须产生关联。*numberofneighbors* 为状态邻接节点的个数。dis_angthreshold 为在寻找邻域时的距离和角度门限。输出 ***toporelation*** 是一个 2×*numberofrelation* 的矩阵，每一列表示一对节点对应关系。例如，当存在邻接关系 $l_{12}$，$l_{16}$，$l_{23}$，$l_{24}$ 时，***toporelation*** = $\begin{bmatrix} 1 & 1 & 2 & 6 \\ 2 & 2 & 3 & 4 \end{bmatrix}$。该算法依次对由 ICP_SMA 得到的每一个位姿寻找其邻接节点，并将寻找到的邻接节点对应关系加入关系矩阵 ***toporelation*** 中，步骤(2)～(5)对应着那些搜索门限外还存在状态集的情况，此时步骤(3)在该状态集中寻找由 *dis_angthreshold* 限定的至多 *numberofneighbors* 个邻接节点，并将对应关系储存在关系矩阵 ***relationofneighbors*** 中，

**算法 3-5**　拓扑图节点关系产生算法。

*Algorithm TOPO_RELATION*：

***toporelation*** = ***TOPO_RELATION***(*icpstate*, *win*, *numberofneighbors*, ***dis_angthreshold***)

(1) FOR *i* = 1 : *numberoficpstate*

(2) IF (*i* + *win*) <= *numberoficpstate*

(3) ***relationofneighbors*** = ***K_NEIGHBOURS***(*icpstate*(*i* + *win* : *end*), *icpstate*(*i*), *numberofneighbors*, ***dis_angthreshold***);

(4)***relationofneighbors***=[***relationofneighbors*** [$i$ $i$+1]′];

(5)***toporelation***=[***toporelation relationofneighbors***];

(6)ELSE IF $i$<*numberoficpstate*;

(7)***relationofneighbors***=[$i$ $i$+1]′;

(8)***toporelation***=[***toporelation relationofneighbors***];

(9)END;

(10)END。

END TOPO_RELATION。

***relationofneighbors*** 的第一行值均相同,即,为当前节点状态引索值,第二行值为寻找到的该状态邻接节点引索值。由于步骤(3)将紧邻状态节点也排除到关系矩阵外,因此步骤(4)将紧邻当前状态的下一个状态添加到关系矩阵中。步骤(6)～(9)处理当寻找进入最后 *win* 个位姿状态时的情况,此时这些状态只可能与其相邻状态产生关联。运用该算法得到的状态拓扑关系图如图 3-19 所示。

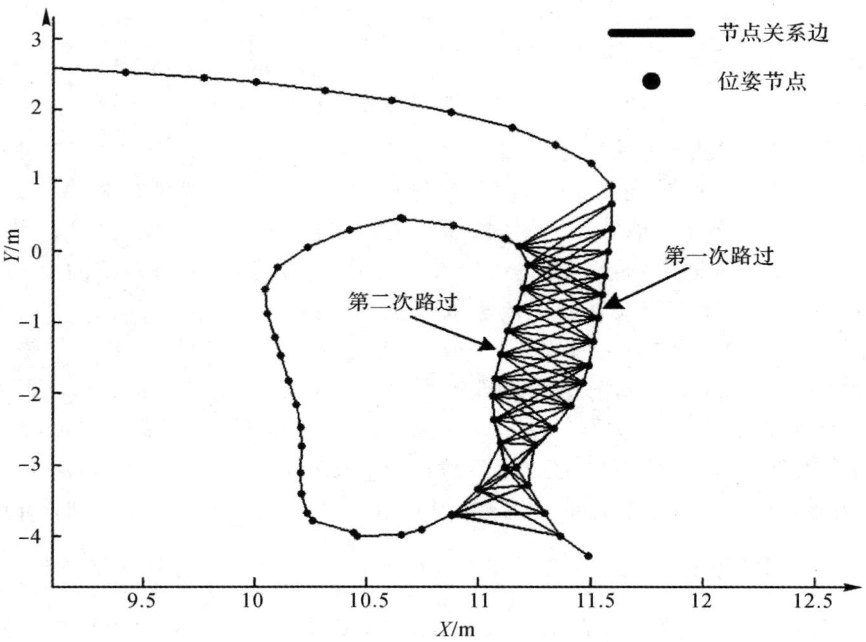


图 3-19　运用近邻法得到的位姿节点拓扑关系图

此时,*win*=6,*numberofneighbors*=5,***dis_angthreshold***=[1 m　0.6°]′。图中实心圆点表示由 ICP_SMA 得到的机器人位姿状态,线段代表位姿状态节点之间的关系,从图中可见,当机器人两次经过相似场景时,其所有位姿状态节点均产生了关联。

### 3.3.3　优化目标函数描述

扫描点一致性问题可以当作一个优化问题,下面描述该优化目标函数。文献[5]提出了解决该优化问题的基本目标函数,如下式:

$$\begin{aligned} W &= \sum_{0\leqslant i\leqslant j\leqslant n} (\boldsymbol{Z}_{ij} - \bar{\boldsymbol{Z}}_{ij})' \boldsymbol{C}_{ij}^{-1} (\boldsymbol{Z}_{ij} - \bar{\boldsymbol{Z}}_{ij}) \\ &= \sum_{0\leqslant i\leqslant j\leqslant n} (\boldsymbol{P}_i - \boldsymbol{P}_j - \bar{\boldsymbol{Z}}_{ij})' \boldsymbol{C}_{ij}^{-1} (\boldsymbol{P}_i - \boldsymbol{P}_j - \bar{\boldsymbol{Z}}_{ij}) \end{aligned} \tag{3-6}$$

其中，$W$ 为要优化的能量函数，其表示所有关联状态节点之间的预测观测值和实际观测值之差的马氏距离和。$\boldsymbol{P}_i$，$\boldsymbol{P}_j$ 分别表示机器人在全局坐标系中 $i$ 时刻和 $j$ 时刻状态，$\boldsymbol{C}_{ij}$ 表示这两个状态的协方差。$\boldsymbol{Z}_{ij}$ 表示两个状态的差值，$\bar{\boldsymbol{Z}}_{ij}$ 表示观测到的两状态差值，该值可由匹配算法得到。文献[5]假设目标函数的观测模型为线性模型，即 $\boldsymbol{Z}_{ij}=\boldsymbol{P}_i-\boldsymbol{P}_j$，而在实际应用中由于匹配算法均是在局部坐标系下完成的，而要估计的状态变量又是在全局坐标系下的量度，因此从状态变量到观测值的转换并非是简单的线性变换关系，下面描述本书所设计的目标函数：

$$\begin{aligned} W &= \sum_{0\leqslant i\leqslant j\leqslant n} (\boldsymbol{Z}_{ij} - \bar{\boldsymbol{Z}}_{ij})' \boldsymbol{C}_{ij}^{-1} (\boldsymbol{Z}_{ij} - \bar{\boldsymbol{Z}}_{ij}) \\ &= \sum_{0\leqslant i\leqslant j\leqslant n} (\boldsymbol{f}(\boldsymbol{P}_i,\boldsymbol{P}_j) - \bar{\boldsymbol{Z}}_{ij})' \boldsymbol{C}_{ij}^{-1} (\boldsymbol{f}(\boldsymbol{P}_i,\boldsymbol{P}_j) - \bar{\boldsymbol{Z}}_{ij}) \end{aligned} \tag{3-7}$$

其中，

$$\boldsymbol{f}(\boldsymbol{P}_i,\boldsymbol{P}_j)=\begin{bmatrix} \cos(\theta_i) & \sin(\theta_i) & 0 \\ -\sin(\theta_i) & \cos(\theta_i) & 0 \\ 0 & 0 & 1 \end{bmatrix}\begin{bmatrix} x_j-x_i \\ y_j-y_i \\ \theta_j-\theta_i \end{bmatrix} \tag{3-8}$$

为系统观测模型，即从全局坐标系到局部坐标系的转换关系。$\bar{\boldsymbol{Z}}_{ij}$ 是由 ICP_SMA 匹配算法得到的在 $\boldsymbol{P}_i$ 局部坐标系下的 $\boldsymbol{P}_i$ 和 $\boldsymbol{P}_j$ 相对位姿关系。

### 3.3.4　优化问题求解

首先将非线性目标函数式(3-7)近似成为线性形式，再利用传统解决线性优化问题的方法来解决该问题。

将 $\boldsymbol{P}_i$ 记为 $\boldsymbol{P}_i=\bar{\boldsymbol{P}}_i+\Delta\boldsymbol{P}_i$，其中 $\bar{\boldsymbol{P}}_i$ 是 $i$ 时刻机器人位姿的估计值，$\Delta\boldsymbol{P}_i$ 是估计值和真值之间的误差，对 $\boldsymbol{f}(\boldsymbol{P}_i,\boldsymbol{P}_j)$ 在 $\bar{\boldsymbol{P}}_i$ 点进行一级泰勒展开可得

$$\boldsymbol{f}(\boldsymbol{P}_i,\boldsymbol{P}_j)=\boldsymbol{f}(\bar{\boldsymbol{P}}_i+\Delta\boldsymbol{P}_i,\bar{\boldsymbol{P}}_j+\Delta\boldsymbol{P}_j)\approx\boldsymbol{F}|_{\bar{\boldsymbol{P}}_i,\bar{\boldsymbol{P}}_j}+\boldsymbol{J}|_{\bar{\boldsymbol{P}}_i,\bar{\boldsymbol{P}}_j}[\Delta\boldsymbol{P}_i \quad \Delta\boldsymbol{P}_j]' \tag{3-9}$$

其中，

$$\boldsymbol{F}|_{\bar{\boldsymbol{P}}_i,\bar{\boldsymbol{P}}_j}=\begin{bmatrix} \cos(\bar{\theta}_i) & \sin(\bar{\theta}_i) & 0 \\ -\sin(\bar{\theta}_i) & \cos(\bar{\theta}_i) & 0 \\ 0 & 0 & 1 \end{bmatrix}\begin{bmatrix} \bar{x}_j-\bar{x}_i \\ \bar{y}_j-\bar{y}_i \\ \bar{\theta}_j-\bar{\theta}_i \end{bmatrix} \tag{3-10}$$

$$\boldsymbol{J}|_{\bar{\boldsymbol{P}}_i,\bar{\boldsymbol{P}}_j}=[\boldsymbol{H}_i \quad \boldsymbol{H}_j]=\left[\frac{\partial \boldsymbol{f}}{\partial \boldsymbol{P}_i}\Big|_{\boldsymbol{P}_i=\bar{\boldsymbol{P}}_i} \quad \frac{\partial \boldsymbol{f}}{\partial \boldsymbol{P}_j}\Big|_{\boldsymbol{P}_j=\bar{\boldsymbol{P}}_j}\right] \tag{3-11}$$

将式(3-9)代入式(3-7)，并设 $\boldsymbol{V}_{ij}=\bar{\boldsymbol{Z}}_{ij}-\boldsymbol{F}|_{\bar{\boldsymbol{P}}_i,\bar{\boldsymbol{P}}_j}$ 可得

$$W=\sum_{0\leqslant i\leqslant j\leqslant n}(\boldsymbol{J}\mid_{\bar{\boldsymbol{P}}_i,\bar{\boldsymbol{P}}_j}[\Delta\boldsymbol{P}_i\quad\Delta\boldsymbol{P}_j]'-\boldsymbol{V}_{ij})'\boldsymbol{C}_{ij}^{-1}(\boldsymbol{J}\mid_{\bar{\boldsymbol{P}}_i,\bar{\boldsymbol{P}}_j}[\Delta\boldsymbol{P}_i\quad\Delta\boldsymbol{P}_j]'\boldsymbol{V}_{ij})\tag{3-12}$$

为了计算最优化值，需要将式(3-12)表示成矩阵形式，拓扑地图的每一个边代表一个观测值，由 $\boldsymbol{toporelation}_{2\times m}$ 矩阵可得观测值向量为 $\boldsymbol{V}_{3m\times 1}=[\boldsymbol{V}'_{i_1j_1}\ \boldsymbol{V}'_{i_2j_2}\ \boldsymbol{V}'_{i_3j_3}\cdots\boldsymbol{V}'_{i_mj_m}]'$，其中 $\boldsymbol{V}_{i_kj_k}$ 为 3×1 向量，其值是由 ICP_SMA 匹配算法得到的时刻 $i_k$ 和时刻 $j_k$ 机器人状态的相对关系，$i_kj_k$ 由关系矩阵 $\boldsymbol{toporelation}$ 决定，例如，当 $\boldsymbol{toporelation}=\begin{bmatrix}1&2&3&3&3\\2&3&4&5&6\end{bmatrix}$时，则 $\boldsymbol{V}_{15\times 1}=[\boldsymbol{V}'_{12}\ \boldsymbol{V}'_{13}\ \boldsymbol{V}'_{14}\ \boldsymbol{V}'_{15}\ \boldsymbol{V}_{16}]'$。设 $\Delta\boldsymbol{P}_{3n\times 1}=[\Delta\boldsymbol{P}'_1\quad\boldsymbol{P}'_2\quad\cdots\quad\Delta\boldsymbol{P}'_n]'$，其中 $\Delta\boldsymbol{P}_k$ 为 3×1 向量，$\Delta\boldsymbol{P}_{3n\times 1}$就是待解的机器人位姿矫正值，式(3-12)可表示如下：

$$W=(\boldsymbol{H}\Delta\boldsymbol{P}-\boldsymbol{V})'\boldsymbol{\Sigma}^{-1}(\boldsymbol{H}\Delta\boldsymbol{P}-\boldsymbol{V})\tag{3-13}$$

其中，$\boldsymbol{\Sigma}^{-1}$ 为位姿节点间的协方差矩阵(实际应用中可以设为恒定值)，$\boldsymbol{H}$ 为由 $\boldsymbol{V}$ 对应的雅可比阵组成，其形式如下：

$$\begin{bmatrix}V_{i_1j_1}\\\vdots\\V_{j_kj_k}\\\vdots\\V_{i_mj_j}\end{bmatrix}\rightarrow\boldsymbol{H}=\begin{bmatrix}\vdots&\vdots&\vdots&\vdots&\vdots\\\vdots&\vdots&\vdots&\vdots&\vdots\\\vdots&H_{i_k}&\vdots&H_{j_k}&\vdots\\\vdots&\vdots&\vdots&\vdots&\vdots\\\vdots&\vdots&\vdots&\vdots&\vdots\end{bmatrix}_{3m\times n}\tag{3-14}$$

（其中 $H_{i_k}$ 列起始位置标注为 $3\times(i_k-1)$，$H_{j_k}$ 列起始位置标注为 $3\times(j_k-1)$）

式中，$\boldsymbol{H}_{i.}$ 为 3×3 矩阵，其在 $\boldsymbol{H}$ 中的行起始位置与 $\boldsymbol{V}_{i.j.}$ 相同，列起始位置为 $3\times(i.-1)$。

将式(3-13)展开可得

$$\begin{aligned}W&=(\boldsymbol{H}\cdot\Delta\boldsymbol{P}-\boldsymbol{V})'\boldsymbol{\Sigma}^{-1}(\boldsymbol{H}\Delta\boldsymbol{P}-\boldsymbol{V})\\&=\Delta\boldsymbol{P}'\boldsymbol{H}'\boldsymbol{\Sigma}^{-1}\boldsymbol{H}\cdot\Delta\boldsymbol{P}-2\Delta\boldsymbol{P}'\boldsymbol{H}'\boldsymbol{\Sigma}^{-1}\boldsymbol{V}+\boldsymbol{V}'\boldsymbol{\Sigma}^{-1}\boldsymbol{V}\end{aligned}\tag{3-15}$$

对式(3-15)求导并令导数式为 0，有

$$(\boldsymbol{H}'\boldsymbol{\Sigma}^{-1}\boldsymbol{H})\Delta\boldsymbol{P}=\boldsymbol{H}'\boldsymbol{\Sigma}^{-1}\boldsymbol{V}\tag{3-16}$$

由于拓扑图是全连通的，因此 $\boldsymbol{H}$ 一定是行满秩的，那么$(\boldsymbol{H}'\boldsymbol{\Sigma}^{-1}\boldsymbol{H})$的逆必定存在，由此可得最优解为

$$\Delta\boldsymbol{P}=\boldsymbol{H}'\boldsymbol{\Sigma}^{-1}\boldsymbol{V}(\boldsymbol{H}'\boldsymbol{\Sigma}^{-1}\boldsymbol{H})^{-1}\tag{3-17}$$

### 3.3.5 扫描点一致性分布优化方法实验结果

为了验证本节设计方法的有效性，PIONEER 机器人将以环形轨迹在实验室环境中运行，期间对环境进行扫描，系统首先运用 ICP_SMA 匹配算法对机器人状态位姿进行初步估计，在机器人运行完毕后再用本节设计方法产生一致性较强的地图。

运用 ICP_SMA 算法对机器人状态位姿进行估计和环境构建结果如图 3-20 所示。

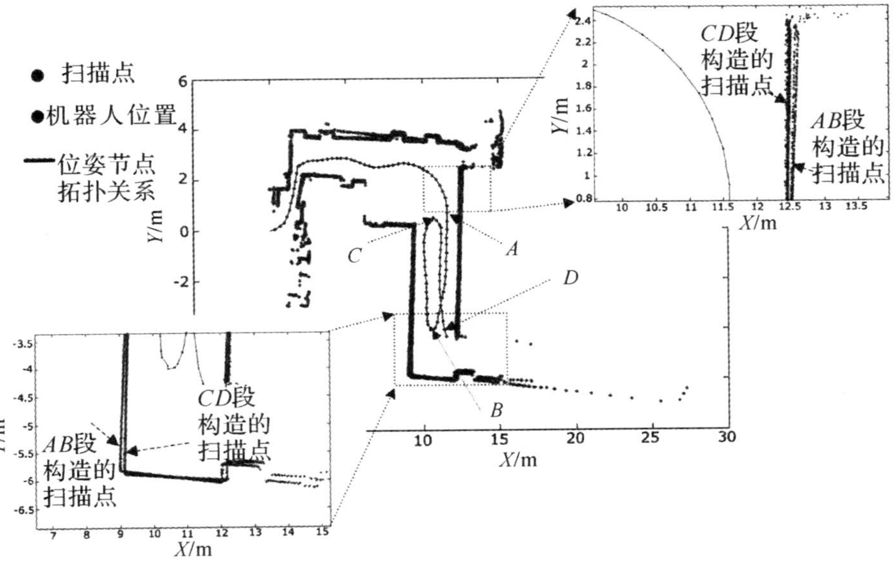


图 3-20　利用 ICP_SMA 算法得到的扫描点分布情况

该图中左下和右上两幅子图是对应区域的放大。从图可见，机器人从 $A$ 点运行到 $B$ 点和从 $C$ 点运行到 $D$ 点期间得到的扫描点分布准确性均较好，但这两段时间得到的扫描点分布之间的一致性却较差（来回两次得到的扫描点群分布重合度较低），该问题在两幅子图中表现得比较明显，$AB$ 段构造的扫描点和 $CD$ 段构造的扫描点并没有很好地重合。

运用本节的设计方法对机器人进行状态估计和环境构建，结果如图 3-21 所示。

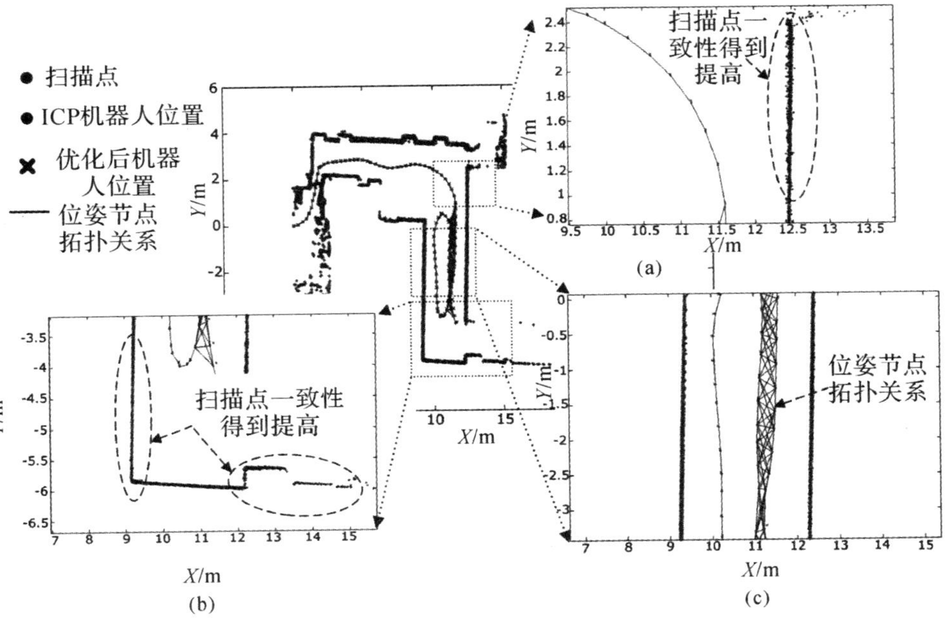


图 3-21　经优化后得到的扫描点分布情况

其中图 3 - 21(c)显示了机器人位姿节点之间的拓扑关系，图 3 - 21(a)(b)为对应区域的放大图。从图 3 - 21(c)可见，可能观测到同一场景的不同位姿节点均产生了关联。另外，从图3 - 21(a)(b)可见，此时虚线包含区域的扫描点一致性分布较好(扫描点群重合度较好)。

## 参考文献

[1] Besl P J, Mckay N D. A method for registration of 3-D shapes[J]. IEEE Transactions on Pattern Analysis and Maching Intelligence, 1992, 14(2):238 - 256.

[2] Lu F, Milios E. Robot pose estimation in unknown environments by matching 2D range scans[J]. Journal of Intelligent and Robotic Systems, 1997, 18(3):249 - 275.

[3] Weiss G, Wetzler C, Puttkamer E V. Keeping track of position and orientation of moving indoor systems by correlation of range-finder scans[C]// Proceeding of the International Conference on Intelligent Robots and Systems(IROS). Piscataway, NJ, USA: IEEE, 1994: 595 - 601.

[4] Rofer T. Using histogram correlation to create consistent laser scan maps[C]// Proceeding of the IEEE International Conference on Robots and Systems(IROS). Piscataway, NJ, USA: IEEE, 2002:625 - 630.

[5] Duckett T. Fast, on-line learning of globally consistent maps[J]. Autonomous Robots, 2002, 12(3):287 - 300.

[6] Frese U, Larsson P, Duckett T. A multilevel relaxation algorithm for simultaneous localization and mapping[J]. IEEE Transactions on Robotics, 2005, 21(2):196 - 209.

[7] Duckett T, Marsland S. Learning globally consistent maps by relaxation[C]// Proceedings of the IEEE International Conference on Robotics and Automation (ICRA). Piscataway, NJ, USA: IEEE, 2000:3841 - 3846.

[8] Anil K J. Fundamentals of digital image processing[M]. USA: Prentice Hall,1989.

[9] Tomasi C, Kanade T. Detection and tracking of point features[R], USA: Carnegie Mellon University, 1991.

# 第 4 章　移动机器人目标侦测

SLAMOT 首先需解决目标观测值获取问题。在很多研究中，为了完成机器人对目标对象的识别，往往采用人为标定的方法[1-3]，此类方法有的靠色块来标记目标，有的靠激光高反射条来标记目标，显然此类方法的实际应用性较差。

本章主要介绍利用激光扫描仪以及单目摄像头进行目标侦测的方法，提出基于占用栅格地图的运动物体侦测方法，该方法无须对目标进行任何人为标记，系统将通过对栅格地图的同一性检验来完成目标的识别。不同于以往方法，这里考虑了机器人状态误差和观测误差因素，使运动目标检测更为可靠。另外，在 CamShift 跟踪算法基础上，设计了基于空间转化的多传感器的目标观测值检验方法，该方法能够发挥不同传感器观测优势，减少伪观测值的产生概率。

## 4.1　基于占用栅格地图的运动物体侦测

### 4.1.1　占用栅格地图构建方法研究

1. 栅格地图定义

前面章节介绍的机器人环境表示方法可以理解为扫描点云分布地图，也就是说，用所有时刻机器人得到的扫描点在全局坐标系中的分布来表示环境布局，这种方法的主要问题是环境信息表述性不强。因此，若想让机器人在实际应用中顺利开展工作就必须对环境进行准确、高效的描述，栅格地图(Grid Map)就是一种有效的环境描述方法。

栅格地图是描述空间环境的方法，其基本思想是将环境划分为若干个栅格，每个栅格包含一个概率值 $p_{\text{occup}}$，此值代表的是该栅格被物体占据的可能性。一般来说，将 0～1 的概率范围划分为 3 个区间，分别表示栅格的 3 种状态，即占据状态、空闲状态和未知状态，如图 4-1 所示。图中显示了利用一次扫描数据构建的栅格地图，其中黑色方格代表该栅格被物体占据($p_{\text{occup}}>0.8$)，灰色方格代表该栅格的状态未知($0.2<p_{\text{occup}}<0.8$)，白色方格代表该栅格处于空闲状态($p_{\text{occup}}<0.2$)。

2. 栅格地图的迭代更新

在给出栅格地图更新方法前，首先介绍对数差异比，当 $x$ 为二值变量时，概率 $p(x)$ 在靠近 0 和 1 时可能出现不稳定问题，此处用对数差异比来代替概率，即

$$\text{lnit}(p(x))=\ln\left(\frac{p(x)}{1-p(x)}\right) \tag{4-1}$$

由该式可得

$$p(x)=1-\frac{1}{1+e^{\mathrm{logit}(p(x))}} \tag{4-2}$$

lnit 随 $p(x)$ 的变化曲线如图 4-2 所示。

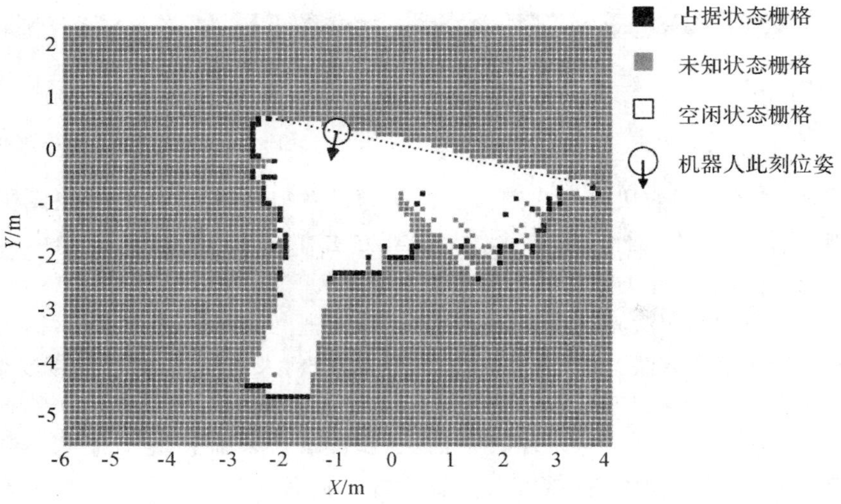


图 4-1 栅格地图示意图

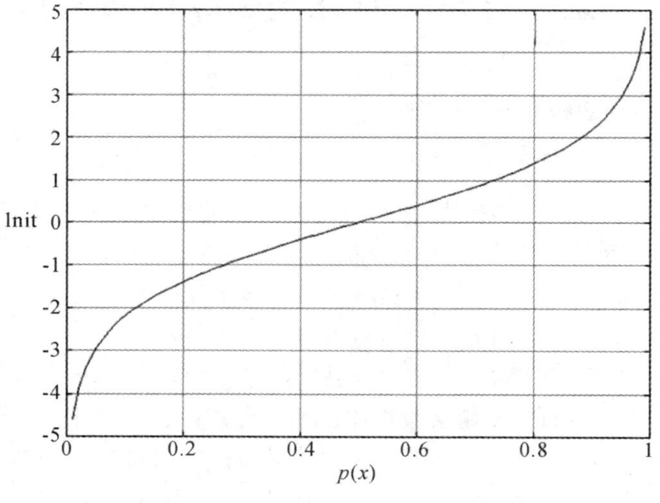


图 4-2 logit 随 $p(x)$ 变化曲线

从该图可见，当概率 $p(x)$ 靠近 0 和 1 时，lnit 的减少和增长速度将逐步提高，也就是说，当 $p(x)$ 靠近 0 或 1 时，概率 $p(x)$ 对 lnit 的灵敏度将逐步降低。因此利用对数差异比代替 $p(x)$ 进行估计运算，再由式(4-2)反推得到 $p(x)$，将消除取值边界的不稳定现象，使影响 $p(x)$ 的主要区域集中在 $-5\sim5$ 之间。

下面介绍如何运用每次观测到的扫描点对栅格地图进行迭代更新。设欲构建的栅格地图为

$$M=\sum_i m_i \tag{4-3}$$

其中，$m_i$ 为栅格地图第 $i$ 个栅格的状态，该状态只存在 0 和 1 两个值，分别表示空闲和被占据状态，时刻 $k$ 所得到的扫描点集为 $S_k$，则栅格地图更新问题可以描述为估计如下概率分布密度：

$$p(M^k|S_1,S_2,\cdots,S_k) \tag{4-4}$$

式中，$M^k$ 表示截至 $k$ 时刻为止的栅格地图状态。假设 $m_1,m_2,\cdots,m_l$ 相互独立，则有

$$p(M^k \mid S_1,S_2,\cdots,S_k)=\sum_i p(m_i^k \mid S_1,S_2,\cdots,S_k) \tag{4-5}$$

因此，只要求出每个栅格对应的概率分布密度即可。

由贝叶斯公式可得

$$p(m_i^k|S_1,S_2,\cdots,S_k)=\frac{p(S_k|m_i^k,S_1,S_2,\cdots,S_{k-1})p(m_i^k|S_1,S_2,\cdots,S_{k-1})}{p(S_k|S_1,S_2,\cdots,S_{k-1})} \tag{4-6}$$

假设 $S_k$ 与 $S_1,S_2,\cdots,S_{k-1}$ 不相关，则由式(4－6)可得

$$p(m_i^k|S_1,S_2,\cdots,S_k)=\frac{p(S_k|m_i^k)p(m_i^k|S_1,S_2,\cdots,S_{k-1})}{p(S_k|S_1,S_2,\cdots,S_{k-1})} \tag{4-7}$$

对 $p(S_k|m_i^k)$ 再次应用贝叶斯公式可得

$$p(S_k|m_i^k)=\frac{p(m_i^k|S_k)p(S_k)}{p(m_i^k)} \tag{4-8}$$

将式(4－8)代入式(4－7)可得

$$p(m_i^k|S_1,S_2,\cdots,S_k)=\frac{p(m_i^k|S_k)p(m_i^k|S_1,S_2,\cdots,S_{k-1})}{p(m_i^k)p(S_k|S_1,S_2,\cdots,S_{k-1})} \tag{4-9}$$

由于 $m_i^k$ 为布尔型变量，类似于以上方法可得栅格 $m_i$ 未被占用的概率密度为

$$p(\bar{m}_i^k|S_1,S_2,\cdots,S_k)=\frac{p(\bar{m}_i^k|S_k)p(\bar{m}_i^k|S_1,S_2,\cdots,S_{k-1})}{p(\bar{m}_i^k)p(S_k|S_1,S_2,\cdots,S_{k-1})} \tag{4-10}$$

为了得到 log-odds 形式，用式(4－9)比式(4－10)可得

$$\begin{aligned}\frac{p(m_i^k|S_1,S_2,\cdots,S_k)}{p(\bar{m}_i^k|S_1,S_2,\cdots,S_k)}&=\frac{p(m_i^k|S_1,S_2,\cdots,S_k)}{1-p(m_i^k|S_1,S_2,\cdots,S_k)}\\&=\frac{p(m_i^k|S_k)p(m_i^k|S_1,S_2,\cdots,S_{k-1})p(\bar{m}_i^k)}{p(\bar{m}_i^k|S_k)p(\bar{m}_i^k|S_1,S_2,\cdots,S_{k-1})p(m_i^k)}\\&=\frac{p(m_i^k|S_k)}{1-p(m_i^k|S_k)}\frac{p(m_i^k|S_1,S_2,\cdots,S_{k-1})}{1-p(m_i^k|S_1,S_2,\cdots,S_{k-1})}\frac{1-p(m_i^k)}{p(m_i^k)}\end{aligned} \tag{4-11}$$

对式(4－11)两边取对数得

$$\begin{aligned}&\ln\left(\frac{p(m_i^k|S_1,S_2,\cdots,S_k)}{1-p(m_i^k|S_1,S_2,\cdots,S_k)}\right)\\&=\ln\left(\frac{p(m_i^k|S_k)}{1-p(m_i^k|S_k)}\right)+\ln\left(\frac{p(m_i^{k-1}|S_1,S_2,\cdots,S_{k-1})}{1-p(m_i^{k-1}|S_1,S_2,\cdots,S_{k-1})}\right)+\ln\left(\frac{1-p(m_i^k)}{p(m_i^k)}\right)\end{aligned} \tag{4-12}$$

式(4－12)可表示为 ln-odds 迭代形式：

$$l_{k,i}=\text{inverse\_sensor\_model}(m_i^k,S_k)+l_{k-1,i}+l_0 \tag{4-13}$$

其中，inverse_sensor_model$(m_i^k,S_k)$为由观测值得到的栅格状态量，该值将根据观测值确定，例如：当观测值表示该栅格不存在物体时此值为负数，当观测值表示该栅格存在物体时此值为正数。$l_{k-1,i}$ 为上一时刻得到的栅格地图状态。$l_0$ 为起始时刻栅格地图状态，一般来说，认为

起始时刻所有栅格为未知状态，即 $p(m_i^0)=0.5$，对应 $l_0=0$。

栅格地图用栅格状态来表示环境，以长为 20 m、宽为 20 m、栅格长度为 0.1 m 的地图为例，该地图将存在 4 000 个栅格块，若用遍历的方法更新栅格，那么对于包含 180 个点的观测扫描，每次栅格地图的更新需要进行 $7.2\times10^5$ 次运算，这对于实时运算来说是不可能的，因此，此处采用射线法对栅格进行更新，如图 4－3 所示。图中带箭头直线代表一条激光束，箭头代表激光束的终点，该终点可能由两种原因造成，其一是激光遇到障碍，其二是激光达到作用的极限值。射线法的思想是根据栅格长度将该射线分成若干段，图中实心圆点代表了这种分割，那么在更新过程中只对包含实心点的栅格进行更新(图中斜线栅格(1～6))，更新原则为，终点之前的栅格(图中斜线栅格(1～5))的 ln-odds 值减少，对于终点分两种情况更新，其一如果终点是障碍引起的，那么终点对应的栅格(图中斜线栅格(6))的 ln-odds 值增加，其二如果终点是激光达到作用极限而引起的，那么其对应栅格 ln-odds 值减少。

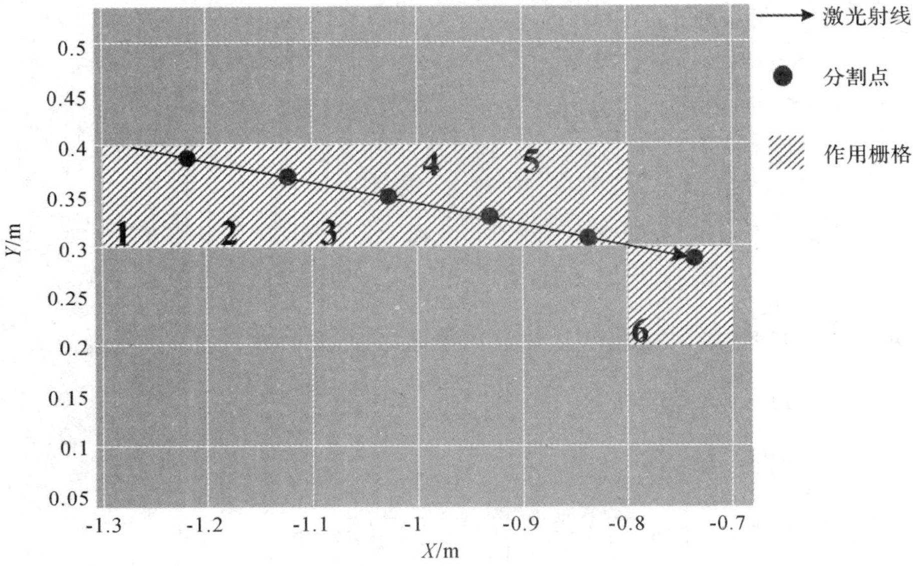


图 4－3　射线法更新栅格示意图

根据以上叙述，下面给出栅格地图更新算法 4－1。

**算法 4－1**　栅格地图更新过程算法。

Algorithm GRIDMAP_UPDATE：

$l_{k,1,\cdots,m}$＝GRIDMAP_UPDATE($l_{k-1,1,\cdots,m}$，$\boldsymbol{X}$，$S$)\\ $l_{k-1,1,\cdots,m}$为各栅格的 ln-odds 值，

\\$\boldsymbol{X}$ 为机器人全局坐标系下位姿

\\$S=[b_1,b_2,\cdots,b_{180}]$为一系列扫描点

(1)FOR each laser beam $b_i$

(2)*covering_ceils*$_{1,\cdots,n}$＝find_covering_ceils($b_i$，$\boldsymbol{X}$，*gridmap*)；\\寻找光束经过的栅格

(3)FOR each covering ceils *covering_ceils*$_j$\\对每个经过的栅格值更新

(4)IF *covering_ceils*$_j$ is not the end of beam $b_i$\\对于非终点栅格处理

(5)$l_{k,j}=l_{k-1,j}-UPDATEVALUE$；\\减少该栅格 ln-odds 值

(6)ENDIF

(7)IF $covering\_ceils_j$ is the end of beam $b_i$ \\对于终点栅格进行处理
(8)IF $covering\_ceils_j$ caused by $MAX\_RANGE$ \\超过激光最大范围
(9)$l_{k,j}=l_{k-1,j}-UPDATEVALUE$；\\减少该栅格 ln-odds 值
(10)ELSE \\由障碍引起
(11)$l_{k,j}=l_{k-1,j}+UPDATEVALUE$；\\增加该栅格 ln-odds 值
(12)ENDIF
(13)ENDIF
(14)IF $l_{k,j}<LOWERBOUND$ $l_{k,j}=LOWERBOUND$ ENDIF \\ln-odds 是否超过了定义范围
(15)IF $l_{k,j}>UPBOUND$ $l_{k,j}=UPBOUND$ ENDIF
(16)$p(m_j^k)=1-\frac{1}{1+e^{l_{k,j}}}$；\\转换成为概率值
(17)END IF
(18)END FOR
END GRIDMAP_UPDATE

算法根据每条扫描光束分别进行计算，步骤(2)首先找出该条光束所经过的所有栅格 $covering\_ceils_{1,\cdots,n}$。步骤(3)～(17)对每一个 $covering\_ceils_{1,\cdots,n}$ 更新，其中步骤(4)～(6)如果 $covering\_ceils_j$ 并不在光束终点则表明此次观测该栅格并不存在障碍物，因此其对应的 ln-odds 值减小。步骤(7)～(13)对光束终点对应的栅格进行更新，如果光束终点是由于激光达到了最大作用范围而引起的，则表明终点对应的栅格并不存在障碍物，因此 ln-odds 值减小；相反，则说明终点对应的栅格存在障碍，其 ln-odds 值增加。步骤(14)～(15)检验 ln-odds 值是否超出了规定范围，若超出了则将其设置为边界值。最后步骤(16)将 ln-odds 值转换成为更新后的概率值。

3. 环境栅格地图构建实验结果

为了验证该方法的有效性，用装备 SICK 2000 激光扫描仪的 PIONEER 对如图 3 - 4 所示的实验室环境进行栅格地图构建。算法首先用第 3 章设计的 ICP_HIS 算法进行机器人位姿校正，再由校正后的位姿结合扫描点对栅格地图进行更新。栅格地图的长度、宽度和栅格的边长分别为 15 m，25 m，0.1 m。栅格地图 $X$,$Y$ 轴的起始坐标分别为 −10 m 和 −20 m。每一个栅格起始 ln-odds 值为 0。当 $0.2<p(m_j^k)<0.8$ 时，认为该栅格处于未知状态，此时对应的栅格显示灰色；当 $p(m_j^k)\geqslant 0.8$ 时，认为该栅格处于占据状态，此时对应的栅格显示黑色；当 $p(m_j^k)\leqslant 0.2$ 时，认为该栅格处于空闲状态，此时对应的栅格显示白色。算法中设 $UPDATEVALUE=2$，$LOWERBOUND=10$，$UPBOUND=10$。不同时刻构造的栅格地图和对应的扫描点分布如图 4 - 4 所示。图中分别显示了第 10，30，40，80，100，130 时刻系统构造的栅格地图(左子图)和对应的扫描点分布(右子图)。栅格地图对扫描点起到了一定过滤作用，比如在图 4 - 4(d)(e)(f)中，右子图中虚线圆环包围的区域存在临时出现的障碍物，而对应栅格地图中这些点已经得到滤除。另外，栅格地图对局部特征显示更加清晰，例如，对于墙角的显示。更重要的是栅格地图实际上是对不同时刻激光传感器所得数据的融合，在实际应用中栅格地图能够帮助机器人对环境信息进行有效分析，进而完成相应任务(例如，路径规划、环境探索、入侵者检测等)。

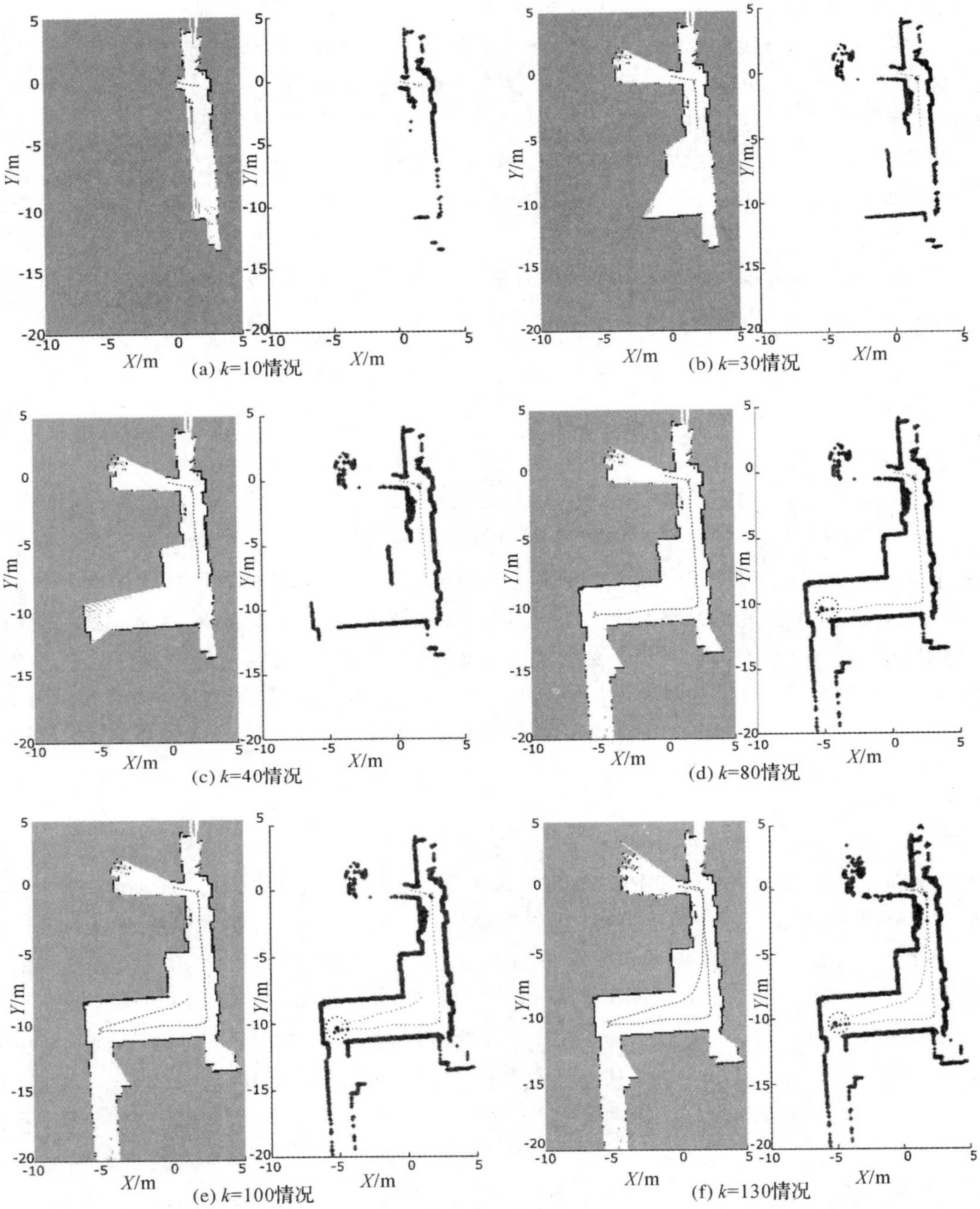


(a) $k$=10情况 (b) $k$=30情况 (c) $k$=40情况 (d) $k$=80情况 (e) $k$=100情况 (f) $k$=130情况

图 4－4　不同时刻栅格地图构造情况和扫描点分布

### 4.1.2　运动目标侦测方法研究

1. 运动目标侦测问题

正如本章开始所介绍的，运动目标侦测是解决 SLAMOT 问题的前提，其重要性体现在两方面：首先它可以减少运动物体反射点对 SLAM 的干扰，其次，它能够为目标跟踪提供目标观测值。

机器人进行 SLAM 时，如果环境中存在运动物体并且该运动物体的运动空间持续出现在机器人感知范围内，那么由运动物体所产生的扫描点会影响机器人的定位，如图 4-5 所示。

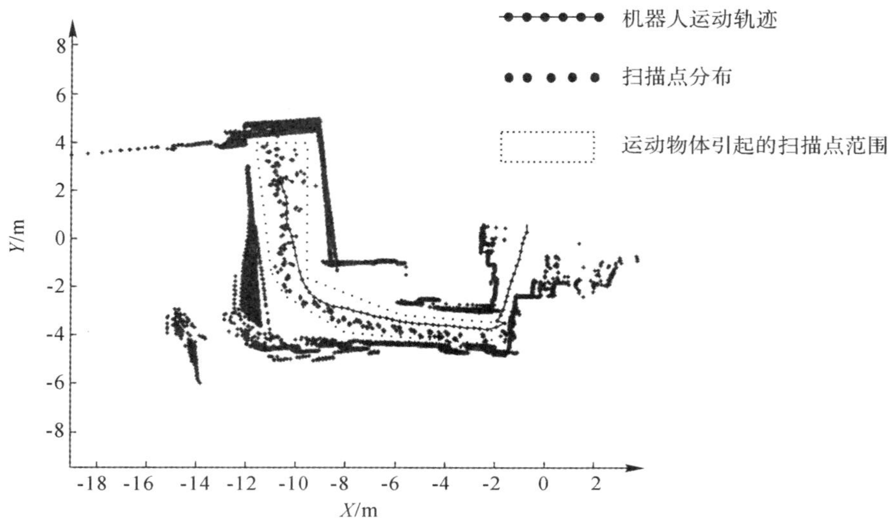


图 4-5　运动物体反射点对基于扫描点匹配 SLAM 的影响

图 4-5 显示了利用 ICP_HIS 算法得到的扫描点分布，其中点群代表扫描点分布，连线实心点代表由匹配算法得到的机器人运行校正轨迹，虚线多边形框包含区域的扫描点代表由运动物体引起的扫描点。可以看出扫描点分布的一致性很差，这就说明机器人定位出现了较大偏差。造成这种现象的原因在于：匹配算法假设用来匹配的前后两次扫描点群均由静态障碍物产生，若扫描点群包含由运动物体引起的扫描点，那么这些扫描点将对匹配算法产生负面影响。因此，必须设计方法去除这些干扰扫描点。

另外，在实际应用中（例如，入侵物体检测、机器人围捕等任务），若希望对目标状态进行估计，那么就必须首先获得对目标的观测值，以卡尔曼滤波为例，系统状态转移函数能够完成对目标状态的预测，而只有获得目标的观测值后才能对预测目标状态进行矫正。

2. 基于栅格地图同一性检验的运动物体侦测方法

假设机器人 $k$ 时刻得到的扫描点群坐标集合为 $S_k=\{\boldsymbol{p}_1,\boldsymbol{p}_2,\cdots,\boldsymbol{p}_{180}\}$，$k$ 时刻已知的环境栅格地图为 $M^k$，此时，机器人的估计位姿为$\hat{\boldsymbol{X}}_k^{\mathrm{R}}$，由运动物体引起的扫描点群坐标集合为 $S_k^{\mathrm{m}}=\{\boldsymbol{p}_1^{\mathrm{m}},\boldsymbol{p}_2^{\mathrm{m}},\cdots,\boldsymbol{p}_n^{\mathrm{m}}\}\subset S_k$，则问题可表示为解如下函数：

$$S_k^{\mathrm{m}}=f(S_k,\hat{\boldsymbol{X}}_k^{\mathrm{R}},M^{k-1}) \tag{4-14}$$

需要注意的是，因为此时并没有利用匹配算法对机器人状态进行矫正，所以 $\hat{\boldsymbol{X}}_k^{\mathrm{R}}$ 存在误差，该值可以通过轮盘编码器得到。

利用同一性原则来检验扫描点是否由移动物体产生，具体来说，栅格地图 $M^k$ 表示的是环境中静止障碍物的分布，若原先空闲的栅格引起了反射扫描点，则说明该扫描点是由移动物体产生的。但若原先处于未知状态的栅格引起了反射扫描点，却不能说明该反射点由运动物体产生，判断过程如图 4-6 所示。

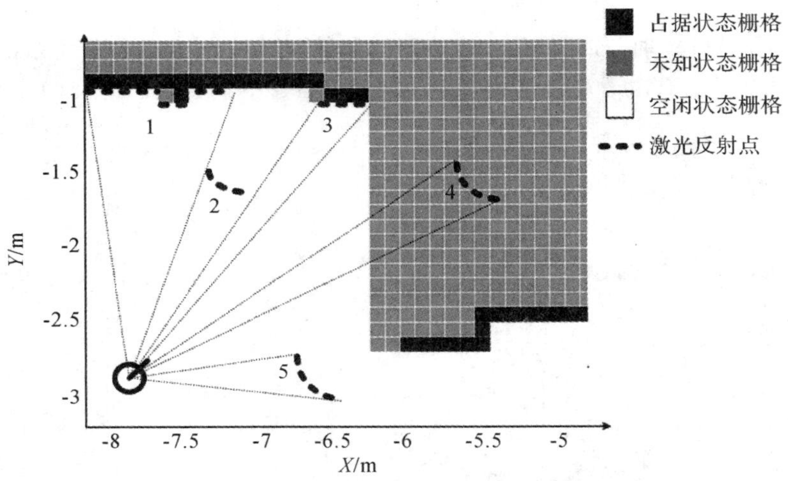


图 4－6　基于栅格地图同一性运动物体检验示意图

图 4－6 中用虚线表示激光传感器产生的 5 个反射点群(标记 1～5)。由以上原则可以判断,反射点群 1,3 由静态障碍物产生,反射点群 2,5 由运动物体产生,而目前为止不能判断反射点群 4 是由何种物体产生的,因此该点群仍可以用来更新相应栅格的 ln-odds 值。

$S_k^m$ 的存在使得基于匹配算法的 SLAM 精度降低,因此在进行 $S_k^m$ 检测时,机器人的位姿并没有利用匹配算法进行校正,此时的机器人位姿将由轮盘编码器提供,而由于打滑等现象使得由轮盘编码器提供的机器人位姿存在一定误差,所以必须考虑这种误差才能够有效地用上述同一性原则来侦测 $S_k^m$。

假设机器人在全局坐标系下的状态为 $\boldsymbol{X}^{G,R}=[x^{G,R}\ y^{G,R}\ \theta^{G,R}]'$,激光传感器扫描一次所得的所有射线为 $SB_k=\{\boldsymbol{b}_1,\boldsymbol{b}_2,\cdots,\boldsymbol{b}_{181}\}$,其中 $\boldsymbol{b}_i=[r_i\quad\theta_i]'$,$r_i\in[0\ MAXRANGE]$,$\theta_i\in[0\quad180°]$,表示在机器人坐标系下覆盖 0°～180°的 181 条射线的返回值和其对应的角度。$\boldsymbol{b}_i$ 和 $\boldsymbol{p}_i^R$ 的转换关系为

$$\boldsymbol{p}_i^R=[x_p^R\ y_p^R]'=g(\boldsymbol{b}_i)=\begin{bmatrix} r_i\cos(\theta_i) \\ r_i\sin(\theta_i) \end{bmatrix} \tag{4-15}$$

此处的 $\boldsymbol{p}_i^R$ 是扫描点在机器人局部坐标系中的位置坐标向量,因此具有上标 R。

假设点 $p_i$ 在全局坐标系下的坐标为 $\boldsymbol{p}_i^G$,则有以下转换关系存在:

$$\boldsymbol{p}_i^G=\begin{bmatrix} x_p^G \\ y_p^G \end{bmatrix}=\boldsymbol{LTG}(\boldsymbol{X}^{G,R},\boldsymbol{b}_i)=\begin{bmatrix} \cos(\theta^{G,R}) & -\sin(\theta^{G,R}) \\ \sin(\theta^{G,R}) & \cos(\theta^{G,R}) \end{bmatrix}\begin{bmatrix} r_i\cos(\theta_i) \\ r_i\sin(\theta_i) \end{bmatrix}+\begin{bmatrix} x^{G,R} \\ y^{G,R} \end{bmatrix}$$

$$=\begin{bmatrix} \cos(\theta^{G,R}) & -\sin(\theta^{G,R}) \\ \sin(\theta^{G,R}) & \cos(\theta^{G,R}) \end{bmatrix}\begin{bmatrix} x_p^R \\ y_p^R \end{bmatrix}+\begin{bmatrix} x^{G,R} \\ y^{G,R} \end{bmatrix} \tag{4-16}$$

式(4－16)将扫描光束状态 $\boldsymbol{b}_i$ 所代表的扫描点 $\boldsymbol{p}_i$ 从机器人局部坐标系中的坐标状态 $\boldsymbol{p}_i^R$ 转换到全局坐标系中的坐标状态 $\boldsymbol{p}_i^G$。假设由轮盘编码器引入的误差为协方差阵为 $\boldsymbol{R}^W$ 的高斯白噪声,由激光传感器引入的误差为协方差阵为 $\boldsymbol{R}^L$ 的高斯白噪声,则由误差传播公式可得 $\boldsymbol{p}_i^G$ 的误差阵为

$$\boldsymbol{R}^{p^G}=\boldsymbol{H}_w\boldsymbol{R}^w(\boldsymbol{H}_w)'+\boldsymbol{H}_L\boldsymbol{R}^L(\boldsymbol{H}_L)' \tag{4-17}$$

其中,$\boldsymbol{H}_w$ 和 $\boldsymbol{H}_L$ 分别为式(4－16)对 $\boldsymbol{X}^{G,R}$ 和 $\boldsymbol{b}_i$ 的雅可比阵,即

$$H_w=\frac{\partial LTG}{\partial X^{G,R}}=\begin{bmatrix}1 & 0 & -r_i\sin(\theta^{G,R}+\theta_i)\\0 & 1 & r_i\cos(\theta^{G,R}+\theta_i)\end{bmatrix} \tag{4-18}$$

$$H_L=\frac{\partial LTG}{\partial b_i}=\begin{bmatrix}\cos(\theta^{G,R}+\theta_i) & -r_i\sin(\theta^{G,R}+\theta_i)\\ \sin(\theta^{G,R}+\theta_i) & r_i\cos(\theta^{G,R}+\theta_i)\end{bmatrix} \tag{4-19}$$

利用式(4-17)计算出扫描点 $p_i^G$ 在全局坐标系下的误差阵 $R^{p^G}$ 后，就可以利用它来确定扫描点可能存在的范围，如图 4-7 所示。此时假设 $R^w=\text{diag}(0.1^2\text{ m}\quad 0.1^2\text{ m}\quad 0.05^2\text{ rad})$，$R^L=\text{diag}(0.01^2\text{ m}\ 0.005^2\text{ rad})$。图 4-7 中包含圆点的椭圆代表每一个反射扫描点的分布可能性，圆点代表分布的均值，椭圆代表分布的范围(由 $R^{p^G}$ 决定)。图中的黑色、灰色和白色区域分别代表当前栅格地图的不同状态。

根据上述方法确定每个扫描点的可能性分布后，就可以利用同一性原则判断扫描点是否由运动物体产生，即，如果在该扫描点的不确定性椭圆范围内包含的所有栅格均为空闲状态，那么就认为该扫描点是由运动物体产生的，判断过程如图 4-8 所示。

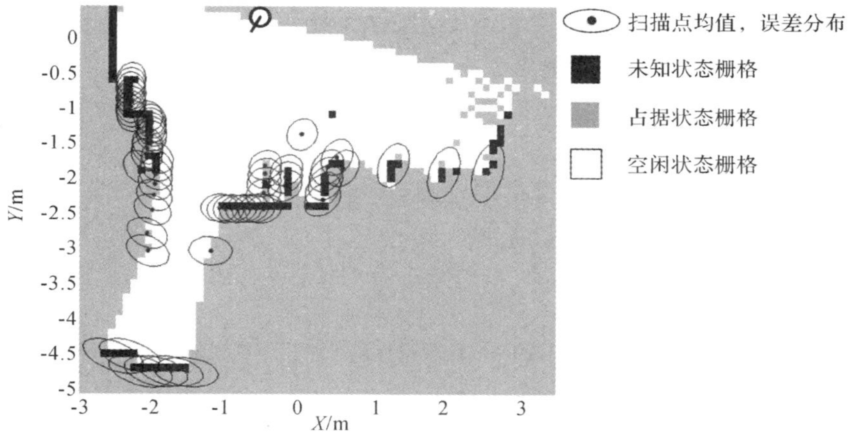


图 4-7　扫描点不确定性分布示意图

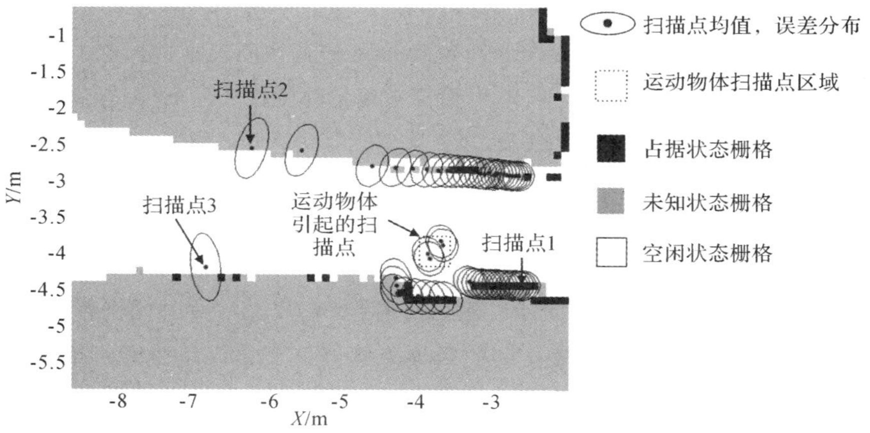


图 4-8　运动物体反射点检测示意图

该图中的虚线方框区域包含的点为运动物体引起的扫描点，可以看出在这些扫描点的不确定椭圆内所有栅格均为白色（表示原先这些栅格处于空闲状态），这说明原先不存在障碍的栅格现在存在了障碍，因此可以判定这些扫描点为运动物体引起的。相反在其他扫描点的不确定椭圆中不是存在黑色栅格（例如图中扫描点1）就是存在灰色栅格（例如图中扫描点2）或者黑色、灰色栅格均存在（例如图中扫描点3），说明这些栅格原先就存在障碍或状态未知，因此这些扫描点可能是由静止物体引起的或是传感器发现的未知区域物体（暂时还无法确定是否是运动物体）引起的。

确定了运动物体引起的扫描点 $S_k^{\mathrm{m}}$ 后，还需要对这些扫描点进行筛选以确定目标观测值，筛选过程如下：

（1）对 $S_k^{\mathrm{m}}$ 进行分割，将距离较近的扫描点归为一类，记作：$s_1^{\mathrm{m}},s_2^{\mathrm{m}},\cdots,s_n^{\mathrm{m}}$（为了简洁省去了下标 $k$）并且 $S_k^{\mathrm{m}}=s_1^{\mathrm{m}}\cup s_2^{\mathrm{m}}\cup\cdots\cup s_n^{\mathrm{m}}$，如果 $s_i^{\mathrm{m}}$ 包含的扫描点数量小于门限 *MINNUMBER* 则将 $s_i^{\mathrm{m}}$ 剔除，认为其为噪声点集；

（2）对经过步骤（1）后余下所有扫描点集中的每一个点集 $s_i^{\mathrm{m}}$ 计算点和点之间的最大 $x$，$y$ 间距，记为 *maxx* 和 *maxy*。若 *maxx* 大于门限 *MAXXRANGE* 或 *maxy* 大于门限 *MAXYRANGE*，则认为该点集 $s_i^{\mathrm{m}}$ 尺寸过大，其不可能是由人产生的，并将其剔除。

经过以上两步骤得到的扫描点集 $s_1^{\mathrm{m}},s_2^{\mathrm{m}},\cdots,s_n^{\mathrm{m}}$ 认为是由运动物体引起的点集，即式（4-14）中的 $S_k^{\mathrm{m}}$。

根据上述运动物体侦测方法改进后的动态点移除 ICP_HIS（Dynamic Points Filter Out ICP_HIS）算法 DPFO_ICP_HIS 如下。

**算法 4-2** 动态点移除 ICP 算法。

Algorithm DPFO_ICP_HIS：

$(S_{k+1}^{R_{k+1},\mathrm{m}},S_{k+1}^{R_{k+1},\mathrm{o}},M_{k+1},\boldsymbol{X}_{k+1}^{G,R})=\mathrm{DPFO\_ICP\_HIS}(S_{k+1}^{R_{k+1}},S_k^{R_k,\mathrm{o}},\boldsymbol{X}_k^{G,R},\boldsymbol{u}_k^{R},M_k)$

（1）$\hat{\boldsymbol{X}}_{k+1}^{G,R}=\boldsymbol{RG}(\boldsymbol{X}_k^{G,R},\boldsymbol{u}_k^{R})$；\\由轮盘器得到 $k+1$ 时刻机器人状态值

（2）$S_{k+1}^{R_{k+1},\mathrm{m}}=f(S_{k+1}^{R_{k+1}},\hat{\boldsymbol{X}}_{k+1}^{G,R},M_k)$；\\由式（4-14）得到 $k+1$ 时刻由运动物体产生的扫描点

（3）$S_{k+1}^{R_{k+1},\mathrm{o}}=S_{k+1}^{R_{k+1}}-S_{k+1}^{R_{k+1},\mathrm{m}}$；\\得到静止物体引发的扫描点

（4）对 $\forall\,\boldsymbol{p}\in S_{k+1}^{R_{k+1},\mathrm{o}}$，进行 $\boldsymbol{p}'=\boldsymbol{RG}(\boldsymbol{p},\boldsymbol{u}_k^{R})$ 得到转换集 $S_{k+1}^{R_k,\mathrm{o}}$；\\$S_{k+1}^{R_k,\mathrm{o}}$ 转换到 $\boldsymbol{X}_k^{G,R}$ 的局部坐标系下

（5）$\boldsymbol{v}^{R_k}=\boldsymbol{ICP\_HIS}(S_k^{R_k,\mathrm{o}},S_{k+1}^{R_k,\mathrm{o}})$；\\运用 ICP_HIS 进行位姿校正，得到校正偏量

（6）$\boldsymbol{X}_{k+1}^{G,R}=\boldsymbol{RG}(\boldsymbol{X}_k^{G,R},\boldsymbol{RG}(u_k^{R},\boldsymbol{v}^{R_k}))$；\\根据校正偏量得到校正后 $t+1$ 时刻机器人状态值

（7）$M_{k+1}=\mathrm{GRIDMAP\_UPDATE}(M_k,\boldsymbol{X}_{k+1}^{G,R},\boldsymbol{S}_{k+1}^{R_{k+1},\mathrm{o}})$；\\根据栅格地图更新算法，更新栅格地图

END DPFO_ICP_HIS

算法中输入值 $S_{k+1}^{R_{k+1}}$ 表示 $k+1$ 时刻在机器人局部坐标系下得到的扫描点，$S_k^{R_k,\mathrm{o}}$ 表示上一次迭代得到的机器人坐标系下静止物体引起的扫描点，$\boldsymbol{X}_k^{G,R}$ 表示 $k$ 时刻机器人在全局坐标系下的状态值，$\boldsymbol{u}_k^{R}$ 为 $k$ 时刻轮盘编码器得到的机器人状态值变化，$M_k$ 为 $k$ 时刻栅格地图状态。输出值 $S_{k+1}^{R_{k+1},\mathrm{m}}$ 表示 $k+1$ 时刻移动物体（上标 m）引起的扫描点在机器人局部坐标系下（上标 $R_{k+1}$）的分布，$s_{k+1}^{R_{k+1},\mathrm{o}}$ 表示 $k+1$ 时刻静止物体（上标 o）引起的扫描点在机器人局部坐标系下（上标 $R_{k+1}$）的分布。$M_{k+1}$，$X_{k+1}^{G,R}$ 分别表示更新后的栅格地图和机器人状态值。步骤（1）根据

轮盘编码器得到机器人状态更新值 $u_k^{\mathrm{R}}$，计算 $k+1$ 时刻机器人状态 $\hat{\boldsymbol{X}}_{k+1}^{\mathrm{G:R}}$（该状态存在误差）。步骤(2)由式(4-14)计算当前扫描点中由运动物体引起的扫描点 $S_{k+1}^{\mathrm{R}_{k+1},\mathrm{m}}$（上标 m 代表运动物体，$\mathrm{R}_{k+1}$ 代表参考系）。步骤(3)～(6)利用静态物体产生的扫描点对机器人状态进行校正，其中步骤(3)得到当前扫描点中由静止物体产生的扫描点 $S_{k+1}^{\mathrm{R}_{k+1},\mathrm{o}}$（上标 o 代表静止物体，$\mathrm{R}_{k+1}$ 代表参考系）。步骤(7)利用栅格地图更新算法对地图进行更新。

3. 运动物体侦测方法实验结果

本节通过实验验证运动物体侦测方法的有效性。PIONEER 机器人的运行环境仍然是实验室环境，机器人从实验室的一端运动到另一端，在此期间利用 SICK 2000 激光传感器得到的数据对机器人进行定位和环境建构。实验考察设计方法的抗干扰能力以及对于运动物体的侦测能力。

在机器人运动过程中，运动物体（这里该物体是人）始终保持在机器人前方运动，实验从扫描点匹配、动态扫描点提取和目标观测值获取三方面考察该方法。原始 ICP_HIS 匹配算法得到的扫描点分布如图 4-5 所示，可以看出由于运动物体产生扫描点的干扰，匹配后的扫描点分布一致性较差。下面给出运用本节设计方法得到的静态和动态扫描点分布和栅格地图情况，如图 4-9 所示。图 4-9(a)(b)(c)分别显示了经过算法 DPFO_ICP_HIS 处理后的静止物体扫描点分布图、运动物体扫描点分布图，以及整体扫描点分布图。从图中可见，静止物体（见图 4-9(a)）和运动物体（见图 4-9(b)）所产生的不同反射点能够被准确地区分，如图 4-9(c)所示，算法 DPFO_ICP_HIS 得到的扫描点匹配结果一致性良好。图 4-9(d)显示了整个 SLAM 结束后对应的栅格地图和运动物体轨迹图，其中带连线圆点代表机器人运行轨迹，带连线叉号代表不同时刻目标观测值在全局坐标系下的位置分布。需要特别指出的是，图 4-9(d)中虚线圆圈包含的区域存在对运动目标的伪观测值，造成该问题的原因是由于系统是在每个扫描点的不确定范围内进行同一性检测，因此当机器人状态估计累积误差较大时，再靠近固定物体附近就可能产生虚假的运动物体检测。对于该问题的解决办法将在后续章节给出。由于本章只考虑侦测问题，并没有涉及跟踪问题，即没有考虑目标本身运动模型，因此只能得到运动物体的观测值位置分布，并不能确定物体的运动轨迹，在后续章节中将引入物体运动模型并利用滤波算法完成对目标状态的估计。

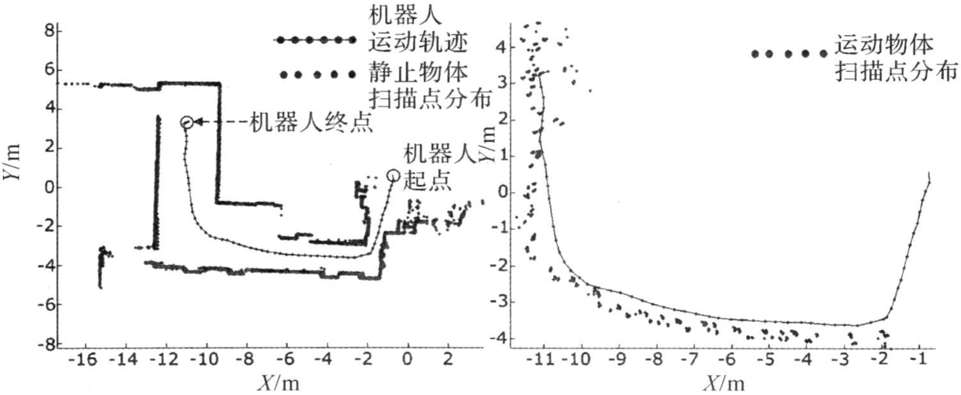


(a) 静止物体反射点分布　　(b) 运动物体反射点分布

图 4-9　DPFO_ICP_HIS 对单个运动物体环境处理效果图

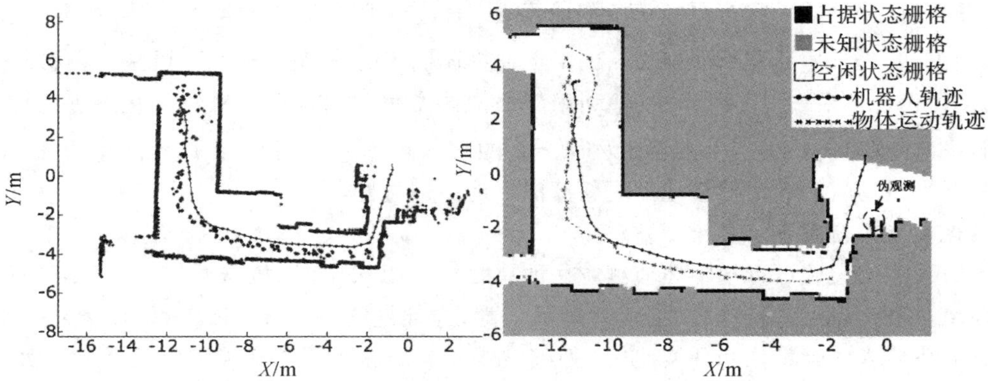


(c) 整体扫描点分布　　(d) 栅格地图，机器人和运动物体轨迹图

续图 4-9　DPFO_ICP_HIS 对单个运动物体环境处理效果图

## 4.2　基于摄像机的 CamShift 目标识别方法

CamShift 算法[4]的基本思想源于 MeanShift 算法[5]，其利用目标的颜色特征作为跟踪线索，处理流程如图 4-10 所示。

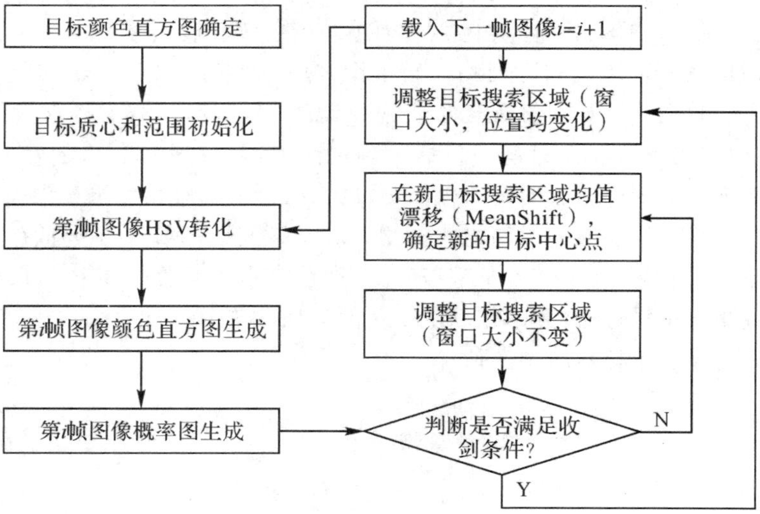


图 4-10　CamShift 算法流程

### 4.2.1　方法流程

1. 目标颜色直方图确定

需要对目标颜色进行提取，首先将目标图像转化为 HSV 形式，即颜色、饱和度和亮度形式，提取目标图像不同点颜色值 $C_{i,j} \in [0\ 1]$ 值并将其转换到区间 0～255 上，即该值范围为 $C_{i,j} = C_{i,j} \times 255$，最后对结果取整。在此基础上生成目标图像的颜色直方图 $H$，生成过程如下。

假设目标图像 $\boldsymbol{M}$ 大小为 $I_1^t \times I_2^t$，每个颜色分量值为 $r_k(r_k=1,2,\cdots,255)$。定义统计量 $h(1),h(2),\cdots,h(r_{255})$：

$$h(r_k)=\sum_{i=1}^{I_1}\sum_{j=1}^{I_2}d_{i,j},\quad d_{i,j}=\begin{cases}1, & C_{i,j}=r_k\\0, & \text{其他}\end{cases} \tag{4-20}$$

图 4－11 显示了提取结果，其中图 4－11(a)为图 4－11(b)方块区域对应的目标颜色直方图。从该图可见由于目标身着红色上衣，因此直方图的大部分元素靠近红色频段。

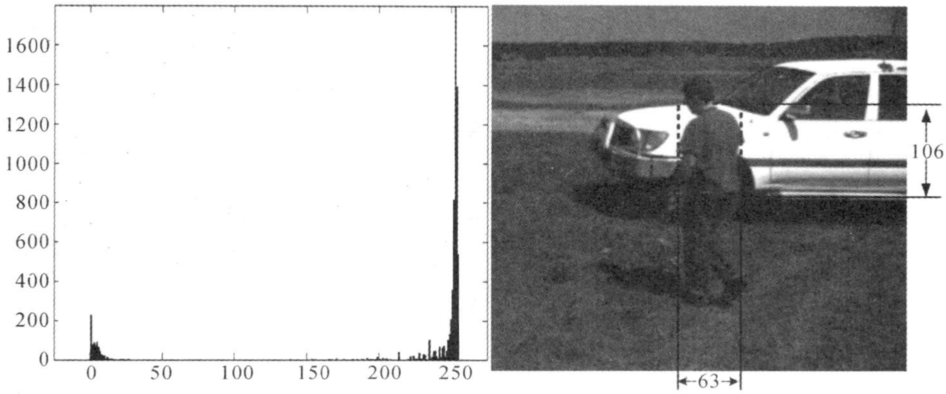

(a)　(b)

图 4－11　目标颜色直方图

2. 目标区域初始化

该部分由后续介绍的基于激光传感器的运动物体检测方法或颜色信息检索方法确定。

3. 图像的 HSV 转换

RGB 颜色模型和 HSV 颜色模型是同一物理量的不同表示法，因此它们之间存在转换关系。CamShift 算法是基于颜色信息的目标跟踪算法，而 HSV 颜色模型中的 $H$ 分量代表物体颜色，因此对目标的 $H$ 分量进行跟踪就可以实现对目标的跟踪。一般从摄像机采集的图像是 RGB 颜色图，为了使用 CamShift 算法，需要进行 RGB 颜色模型和 HSV 颜色模型的转换，转换公式如下：

$$V=\max(R,G,B)$$

$$S=(V-\min(R,G,B))/V\ (V=0,\ S=0) \tag{4-21}$$

$$H=\begin{cases}60(G-B)/S & (V=R)\\120+60(G-B)/S & (V=G)\\240+60(G-B)/S & (V=B)\end{cases} \tag{4-21}$$

其中，$R,G,B$ 的取值范围为 0～1，如果计算中 $H<0$，则取 $H=H+360$。在实际应用中，为了避免浮点运算，同时符合人们对像素范围使用习惯，将 $V$ 和 $S$ 范围量化至[0,255]。

4. 图像概率图生成

图像概率图生成的目的在于依据目标颜色特征对图像进行处理，使得和目标颜色特征相似的像素点区域凸显出来，为下一步的 MeanShift 算法提供处理底板。

假设图像大小为 $I_1 \times I_2$，其对应的颜色单值图为 $\boldsymbol{H}_{I_1\times I_2}$，该图像的概率图 $\boldsymbol{P}_{I_1\times I_2}$ 为

$$\forall_{i,j}\ p_{i,j}=h(H_{i,j}) \tag{4-22}$$

$$\forall_{i,j}\ P_{i,j}=\frac{p_{i,j}}{\underset{i,j}{\mathrm{Max}}(p_{i,j})}\times 255 \tag{4-23}$$

式(4-22)中的 $h(\cdot)$ 由式(4-20)确定。原始图像和对应的概率图像对比如图 4-12 所示。

从该图可见,目标对应的区域相对凸显于周围背景,另外左上角区域也有类似凸显,主要由于该区域与目标颜色直方图相近。

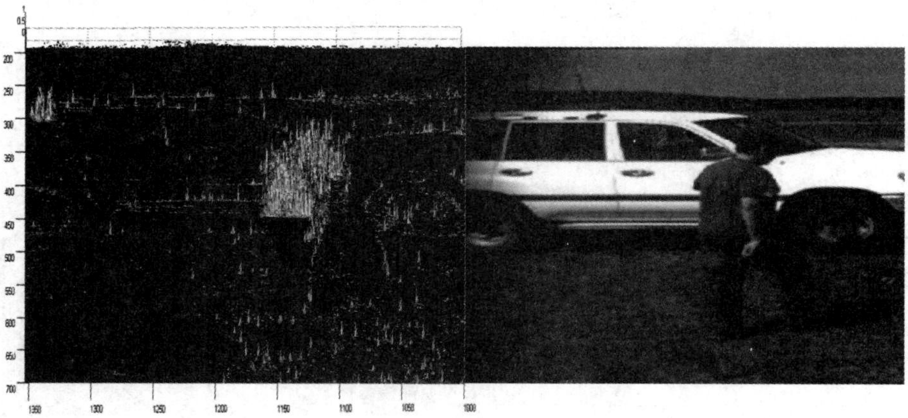

(a) (b)

图 4-12 概率图像和原始图像

*5. 判断本轮迭代是否收敛*

可以设置一个固定迭代次数,当迭代次数等于该固定值时停止搜索完成本轮跟踪,或者当本次迭代的目标质心和上次迭代的目标质心距离小于固定阈值时完成本轮跟踪。

*6. 本轮内调整目标搜索区域*

根据本轮上一次 MeanShift 得到的质心位置移动目标搜索区域,为本次 MeanShift 确定计算区域。

*7. 单次均值漂移 Meanshift 算法*

单次均值偏移过程主要有五步:

(1)计算搜索窗口零阶矩:

$$M_{00}=\sum_i\sum_j P_{i,j} \tag{4-24}$$

(2)计算 $i,j$ 的一阶矩:

$$M_{10}=\sum_i\sum_j iP_{i,j},\ M_{01}=\sum_i\sum_j jP_{i,j} \tag{4-25}$$

(3)计算 $i,j$ 的二阶矩:

$$\left.\begin{aligned} M_{11}&=\sum_i\sum_j ijP_{i,j}\\ M_{20}&=\sum_i\sum_j i^2P_{i,j}\\ M_{02}&=\sum_i\sum_j j^2P_{i,j}\end{aligned}\right\} \tag{4-26}$$

其中,$i,j$ 的计算范围由本次 MeanShift 搜索窗口决定;$P_{i,j}$ 由式(4-23)确定。

(4)计算目标质心：

$$\left.\begin{aligned} x&=\frac{M_{10}}{M_{00}} \\ y&=\frac{M_{01}}{M_{00}} \end{aligned}\right\} \tag{4-27}$$

(5)计算目标长短轴和向角：

$$\left.\begin{aligned} l&=4\sqrt{\frac{(a+c)+\sqrt{b+(a-c)^2}}{2}} \\ w&=4\sqrt{\frac{(a+c)-\sqrt{b+(a-c)^2}}{2}} \\ \theta&=\frac{1}{2}\arctan\left(\frac{2b}{a-c}\right) \end{aligned}\right\} \tag{4-28}$$

其中

$$\left.\begin{aligned} a&=\frac{M_{20}}{M_{00}}-i^2 \\ b&=2\left(\frac{M_{11}}{M_{00}}-ij\right) \\ c&=\frac{M_{02}}{M_{00}}-j^2 \end{aligned}\right\} \tag{4-29}$$

8. 调整搜索区域

在本轮搜索达到收敛条件后，随即产生对第 $i$ 帧图像的目标跟踪结果，接下来还需根据本轮最后一次 MeanShift 得到的目标位置和长短轴来调整第 $i+1$ 帧图像跟踪的初始搜索窗口。

设下一帧初始化搜索窗口的行范围为 $r_{\min}\sim r_{\max}$，列范围为 $c_{\min}\sim c_{\max}$，则有

$$\left.\begin{aligned} r_{\min}&=(y-l)/2\ ,\ r_{\max}=(y+l)/2 \\ c_{\min}&=(x-w)/2\ ,\ c_{\max}=(x+w)/2 \end{aligned}\right\} \tag{4-30}$$

其中，$(x,y)$为第 $i$ 帧图像的目标位置；$l,w$ 由式(4-28)确定。

图 4-13 显示了对第 $i$ 帧图像进行跟踪的结果，实验在室外进行，目标为穿着红色衬衫的行人，目标的直方图和初始分布由手工确定。

图 4-13　第 $i$ 帧图像跟踪结果

其中紫色区域为目标起始范围,红色区域为本轮最终目标跟踪区域,从该图可见,本轮共经过了 3 次迭代最终确定目标状态。

### 4.2.2 实验结果与分析

下面利用数据集[6]中的图像信息完成基于 CamShift 的目标跟踪,跟踪对象为穿着红色上衣的行人,跟踪区域初始化过程由手工标记完成。结果如图 4-14 所示。

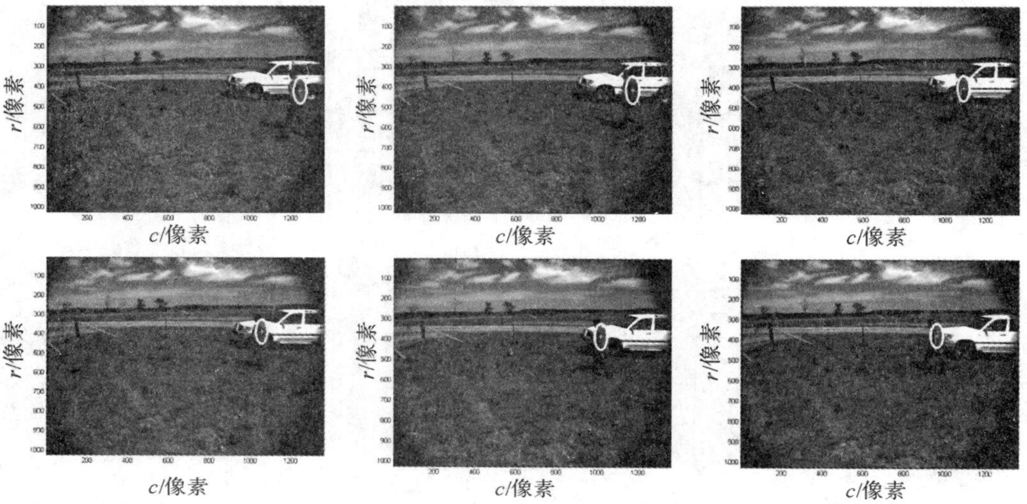


图 4-14 连续帧图像跟踪结果

图 4-14 显示了连续 6 帧图像的跟踪效果,从该图可见,CamShift 能够较准确地跟踪目标颜色区域。

## 4.3 摄像机激光扫描仪联合目标识别与侦测方法

摄像机与激光扫描仪联合目标识别和侦测方法流程如图 4-15 所示。

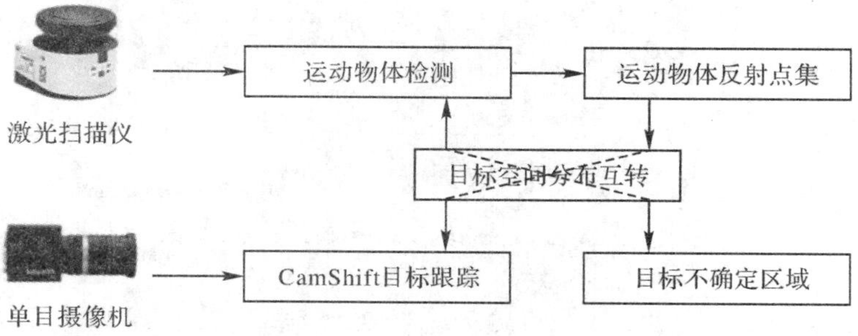


图 4-15 摄像机与激光扫描仪联合目标识别和侦测方法流程图

首先,利用激光扫描仪动点检测方法得到运动物体扫描点并计算其不确定范围;之后利用 8.1.4 节介绍的误差传播方法确定动点在图像平面坐标系中的不确定分布,动点图像平面不确定分布将用于初始化 CamShift 目标跟踪的区域；在 CamShift 过程中对得到的目标不确定范围利用 8.1.3 节方法逆过程确定目标在激光传感器坐标系中的角度分布范围，并利用该范围剔除动点检测中的伪观测值。

图 4－16 显示了利用激光动点检测方法初始化 CamShift 的过程图。

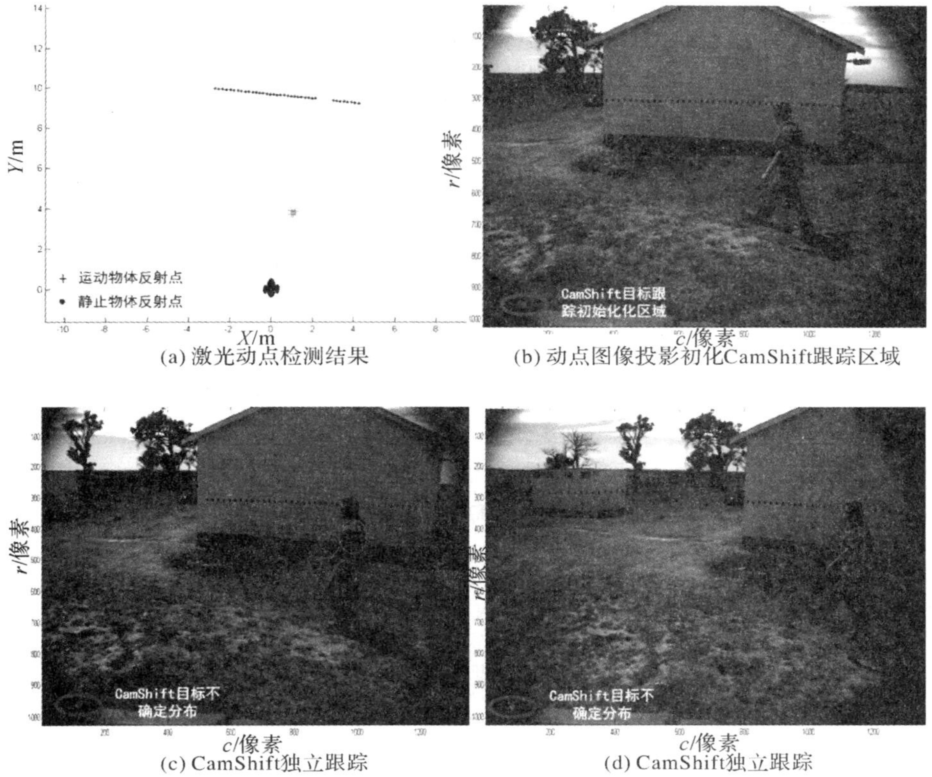


(a) 激光动点检测结果　(b) 动点图像投影初化CamShift跟踪区域

(c) CamShift独立跟踪　(d) CamShift独立跟踪

图 4－16　动点投影初始化 CamShift 跟踪区域过程图

图 4－16(a)所示为激光扫描仪动点检测结果，其中圆点为静止物体扫描点，十字为运动物体扫描点；图 4－16(b)所示为利用误差转换方法得到的动点群在图像平面上的不确定范围(椭圆)，该范围作为 CamShift 的初始跟踪区域；图 4－16(c)和(d)所示为后续阶段仅利用 CamShift 实现目标跟踪的结果。从该图可见，动点投影能够较好地实现 CamShift 跟踪区域初始化任务。

图 4－17 显示了利用 CamShift 实现动点检测伪值剔除结果。图 4－17(a)中椭圆区域是利用 CamShift 得到的目标分布，运用误差转换方法可以得到目标在激光扫描仪坐标系下的分布扇区，如图 4－17(b)中的虚线区域。图 4－17(b)中椭圆包含区域内存在较多动点检测伪值(篱笆，有时激光能够照射到该物体，有时不能照射到，因此产生虚假动点检测值)，此时，只有在分布扇形区中的动点才被认为由实际运动物体产生，从而能够剔除动点检测伪值。

通过以上实验分析可知，采用多传感器联合目标识别和侦测的优点在于能够将不同传感器的侦测优势相互补充，有效处理伪观测值，从而提高目标检测准确度。

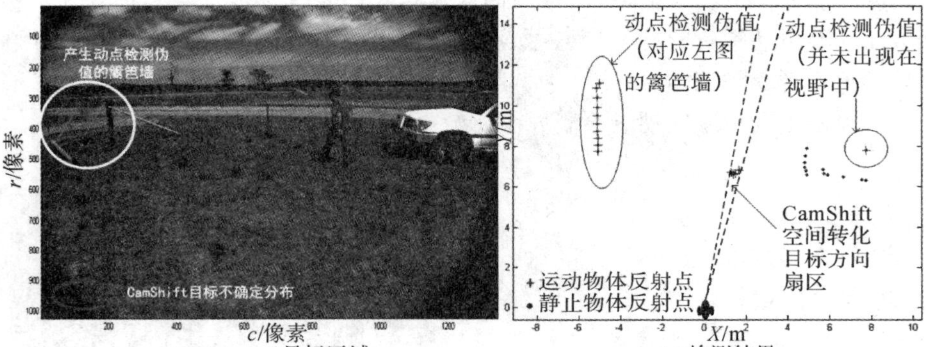


(a) Camshift目标区域　　(b) 检测结果

图 4－17　CamShift 跟踪区域协助剔除动点检测伪值结果图

## 参考文献


[1] Huang F, Wang L, Wang Q, et al. Coordinated control of multiple mobile robots in pursuit-evasion games[C]// Droceedings of American Control Conference. st. Louis, Mo,USA:IEEE, 2009: 2861－2866.

[2] Chiem S, Cervera E. Vision-based robot formations with Bezier trajectories. Intelligent Autonomous Systems[M]. Washington DC, USA: IOS Press, 2004.

[3] Everett H R. Controlling multiple security robots in a warehouse environment[C]// Proceedings of the AIAA/NASA Conference on Intelligent Robots. Houston, TX, USA: AIAA, 1994:93－102.

[4] Kassir M M, Palhang M. A region based Camshift tracking with a moving camera[C]// Proceedings of the RSI/ISM International Conference on Robotics and Mechatronics. Tehran, IRAN: IEEE, 2014, 451－455.

[5] Comaniciu D, Ramesh V, Meer P. Kernel-based object tracking[J]. IEEE Transaction on Pattern Analysis Machine Intelligence, 2003, 25(5): 564－577.

[6] Peynot T, Scheding S, Terho S. The marulan data sets: multi-sensor perception in natural environment with challenging conditions [J]. International Journal of Robotics Research, 2010, 29(13): 1602－1607.

# 第 5 章　多传感器环境特征提取和表示方法

未知环境下的目标跟踪是建立在移动机器人 SLAM 基础之上的，而环境特征是构建环境地图的要素，可见，环境特征的准确、快速识别与提取是 SLAMOT 的关键。

本章首先介绍利用激光传感器对环境角点、直线特征的提取和表示方法，之后介绍利用摄像机传感器对垂直直线特征的提取及表示方法，并给出相关方法的验证和分析结果。

## 5.1　基于激光扫描仪的环境角点特征提取和表示方法

该部分的处理目的是获取激光扫描点群中对应环境角点特征的扫描点。传统方法通过计算某个扫描点相对前后两个邻近扫描点的深度梯度值，当梯度值大于某个门限时就认为该扫描点对应环境角点特征，某点的深度梯度值计算如下：

$$G_i = -0.5r_{i-1} + 0.5r_{i+1}$$

其中，$G_i$ 为第 $i$ 个扫描点的深度梯度值；$r_{i-1}$ 和 $r_{i+1}$ 为第 $i$ 个扫描点前后相邻扫描点的深度值。

这样处理存在的问题是，当第 $i$ 个扫描点为单一突出扫描点时，该方法无法完成判定，如图 5-1 所示。

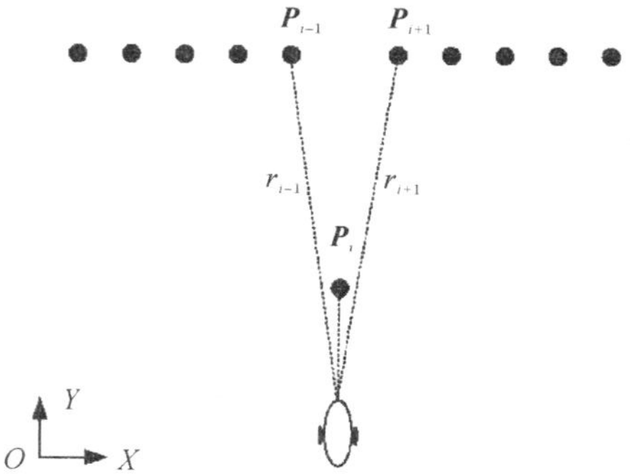


图 5-1　单一突出扫描点判定示意图

从该图可见，当扫描点 $\boldsymbol{P}_i$ 为单一突出点时，深度梯度计算结果为 0，此时无法有效判定 $\boldsymbol{P}_i$ 为角点。为了克服该问题，将扫描点 $\boldsymbol{P}_i$ 深度梯度值计算表示为

$$G_i = |0.5r_i - 0.5r_{i-1}| + |0.5r_{i+1} - 0.5r_i|$$

也就是将深度梯度表示为 $\boldsymbol{P}_i$ 与前点和后点的梯度绝对值之和。利用该式进行角点判断时，对应深度边界的连续两个扫描点都会被认定为角点，而在融合过程中系统只保留相对靠前的角

点作为融合角点。另外，若角点中包含运动物体扫描点则需将它们滤除。经过以上处理得到的角点分布如图 5－2 所示。

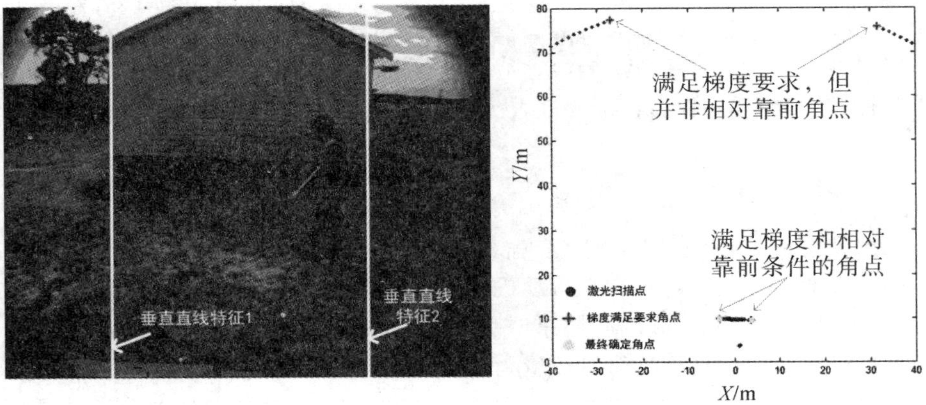


图 5－2　角点提取结果图

图中圆点为扫描点空间分布，十字为满足梯度值条件的扫描点，标注圆点为同时满足梯度值条件和相对靠前条件的扫描点，这些扫描点将作为后续与垂线融合的环境角点特征。最终得到的角点 1 和角点 2 与图像中垂线 1 和垂线 2 相对应。

## 5.2　基于激光扫描仪的环境直线特征提取和表示方法

第 2 章已经介绍了可以利用下式表示环境直线特征：

$$l=(\alpha,r) \tag{5-1}$$

$$l=(\alpha,r)=(\alpha+\pi,-r),r<0 \tag{5-2}$$

机器人在运行过程中通过激光传感器对环境进行扫描并利用得到的连续扫描点来构造可能存在的直线特征。设机器人得到的扫描点为 $S=(p_1,p_2,\cdots,p_n)$，其中 $p_i=(x_i,y_i)$ 为扫描点 $i$ 在机器人局部坐标系中的坐标，则直线特征提取的目的是由这 $n$ 个扫描点得到满足一定要求的 $m$ 条直线 $L=(l_1,l_2,\cdots,l_m)$，其中 $l_i=(\alpha_i,r_i)$ 为直线 $i$ 在机器人局部坐标系中由式(5－1)表示的状态，下面首先介绍由 $n$ 个扫描点如何拟合得到直线。

参考文献[1]方法，可将扫描点表示为 $p_i=(x_i,y_i,\omega_i)$，其中 $\omega_i$ 为该扫描点的权值，则基于均方根最小化的拟合直线可表示为

$$\tan(2\alpha)=\frac{-2\sum_{i=1}^{n}\omega_i(\bar{y}_\omega-y_i)(\bar{x}_\omega-x_i)}{\sum_{i=1}^{n}\omega_i[(\bar{y}_\omega-y_i)^2-(\bar{x}_\omega-x_i)^2]} \tag{5-3}$$

$$r=\bar{x}_\omega\cos(\alpha)+\bar{y}_\omega\sin(\alpha) \tag{5-4}$$

其中，$\bar{x}_\omega=\frac{1}{\sum_{i=1}^{n}\omega_i}\sum_{i=1}^{n}\omega_i x_i$，$\bar{y}_\omega=\frac{1}{\sum_{i=1}^{n}\omega_i}\sum_{i=1}^{n}\omega_i y_i$ 为加权后点群的坐标均值。

在应用中还需得到直线状态 $(\alpha,r)$ 的误差阵，即得到 $C(\alpha,\alpha)$，$C(r,r)$ 以及 $C(\alpha,r)$，这里将

扫描点表示为极坐标形式：$p_i=(\rho_i,\theta_i,\omega_i)$，由于激光传感器的角度误差很小，因此对于每一个扫描点 $p_i$ 来说，假设只存在深度状态分量的误差，记为 $\sigma_{\rho_i}$，为了得到由 $n$ 个扫描点到拟合直线的误差传播，将直角坐标系下的拟合式(5－3)和式(5－4)改写成极坐标系下的表示，即

$$\alpha=\frac{1}{2}\arctan\left(\frac{\left(\frac{2}{\sum\omega_i}\right)\sum_{i<j}\sum(\omega_i\omega_j\rho_i\rho_j\sin(\theta_i+\theta_j))+\left(\frac{1}{\sum\omega_i}\right)\sum((\omega_i-\sum\omega_j)\omega_i\rho_i{}^2\sin(2\theta_i))}{\left(\frac{2}{\sum\omega_i}\right)\sum_{i<j}\sum(\omega_i\omega_j\rho_i\rho_j\cos(\theta_i+\theta_j))+\left(\frac{1}{\sum\omega_i}\right)\sum((\omega_i-\sum\omega_j)\omega_i\rho_i{}^2\cos(2\theta_i))}\right) \tag{5-5}$$

$$r=\frac{\sum\omega_i\rho_i\cos(\theta_i-\alpha)}{\sum\omega_i} \tag{5-6}$$

设由 $n$ 个扫描点深度分量组成的向量为 $\boldsymbol{\rho}=[\rho_1\ \rho_1\cdots\ \rho_n]'$，对应的误差阵为

$$\boldsymbol{R}^\rho=\mathrm{diag}(\sigma_{\rho_1}^2,\sigma_{\rho_2}^2,\cdots\sigma_{\rho_n}^2)$$

则由误差传播公式可得直线角度分量 $\alpha$ 自相关阵为

$$\boldsymbol{C}(\alpha,\alpha)=\frac{\partial\alpha}{\partial\rho}\boldsymbol{R}^\rho\left(\frac{\partial\alpha}{\partial\rho}\right)' \tag{5-7}$$

其中$\frac{\partial\alpha}{\partial\rho}$为式(5－5)对 $\rho$ 的雅可比阵。类似地，可得直线距离分量 $r$ 自相关阵为

$$\boldsymbol{C}(r,r)=\frac{\partial r}{\partial\rho}\boldsymbol{R}^\rho\left(\frac{\partial r}{\partial\rho}\right)' \tag{5-8}$$

其中，$\frac{\partial r}{\partial\rho}$为式(5－6)对 $\rho$ 的雅克比阵，直线角度分量 $\alpha$ 和距离分量 $r$ 的互相关阵为

$$\boldsymbol{C}(\alpha,r)=\frac{\partial\alpha}{\partial\rho}\boldsymbol{R}^\rho\left(\frac{\partial r}{\partial\rho}\right)' \tag{5-9}$$

接下来研究如何确定属于同一条线段的点群，该问题是一个聚类问题，即，将所有扫描点分成若干类子点群，每一个子点群属于同一条线段。邻域法是解决聚类问题常用方法之一，设计主要思路为，如果相邻两点属于同一条线段，那么以该两点为中心，用特定长度的窗口覆盖的点群所拟合得到的线段状态之间的马氏距离应该足够接近。下面用示意图方式来说明该过程。设滑动窗口的长度为 $K=9$，同线段点群的获取过程如图 5－3 所示。

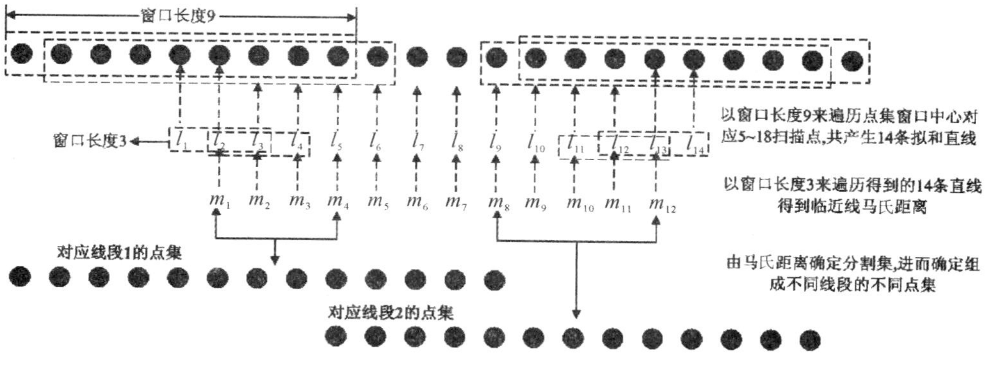


图 5－3　共线段点群分割示意图

从该图可见，该过程主要包含三个阶段：

(1)直线模式集产生。通过该过程可以得到由扫描点群可能产生的所有直线集。具体做法如图 5－3 所示，分别以点 5 至点 18 为中心点，用长度为 9 的滑动窗口包含的扫描点集拟合直线，共得到 14 条直线 $l_1, \cdots, l_{14}$，该直线集就是所有扫描点可能产生的直线集。

(2)相邻直线子集马氏距离计算。该步的目的是为分割集产生做准备，正如上面所述，如果相邻两点属于同一线段，那么由这两点构成的线段状态的马氏距离应该足够近，这种情况同样适合相邻多点集上。也就是说，如果相邻 3 点属于同一线段，那么这 3 个点对应的线段集状态和这 3 个点集对应的线段集融合状态的马氏距离和应该足够小。如图 5－3 所示，分别以 $l_2$ 至 $l_{13}$ 为中心线段，3 个相邻线段为集合，计算 12 个集合马氏距离和 $m_1, \cdots, m_{12}$，计算方法如下：

$$d_i = \sum_j (l_j - l_\omega)' (C_j + C_\omega)^{-1} (l_j - l_\omega) \tag{5-10}$$

其中，

$$l_\omega = C_\omega \sum C_i^{-1} l_i, C_\omega^{-1} = \sum C_i^{-1}$$

$j$ 分别取 $i-1, i, i+1$。

(3)分割集的产生。在得到马氏距离和 $m_1, \cdots, m_{12}$ 基础上，此时若满足：

$$m_i < m_{\text{threshold}} \tag{5-11}$$

则说明 $m_i$ 对应的 3 个点集属于同一条线段。需要说明的是，由于空间中直线特征的连续性，以及点集的相邻性，因此往往存在多个连续满足条件式(5－11)的 $m_i$，例如，图中 $m_1 \sim m_4$ 和 $m_8 \sim m_{12}$ 均满足条件。接下来将这些连续 $m_i$ 对应的点组成最终分割后的点群并检测点群的最小包含点个数是否满足条件，若满足则这些点群就对应着不同的线段，如图 5－4 中对应线段 1 的点集和对应线段 2 的点集。另外，从图中 5－4 可见，不同线段对应的点群可能存在重合部分。在得到了不同点群后，利用这些点群拟合出不同的直线，图 5－4 显示了利用上述方法得到的线段提取结果。

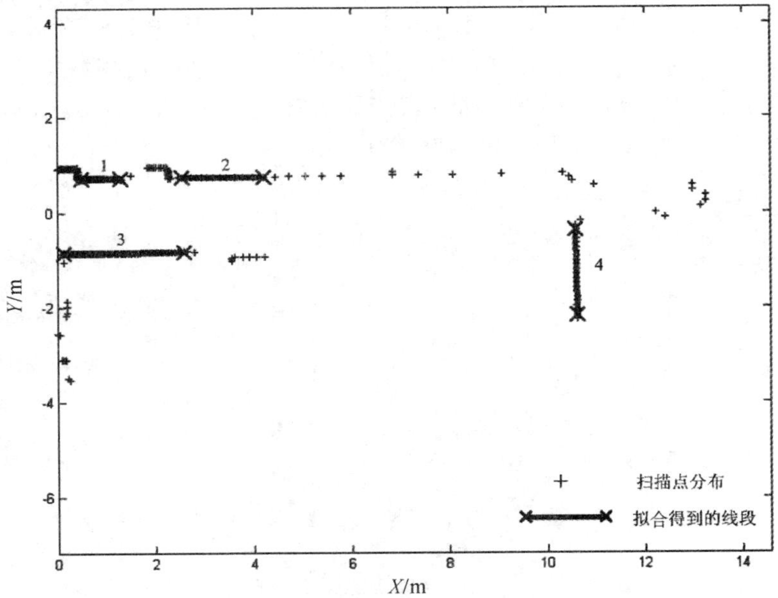


图 5－4　线段提取结果示意图

其中十字标号代表扫描点分布，带叉号线段代表得到的环境线段。由图 5－4 可见，该环境存在 4 条线段，另外，需要注意的是线段 1 和线段 2 实际上属于同一环境特征（门廊左墙壁），也可以说属于同一直线，而在 SLAM 过程中利用的是直线特征，因此需要对那些属于同一条直线的线段进行合并，最终形成可用的直线特征，下面就来介绍具体方法。

这里采用 $\chi^2$ 检验的方法来检测两条线段是否属于同一条直线，假设线段 1 的状态为 $l_1=[\alpha_1,r_1]'$，协方差阵为 $\boldsymbol{C}_1$，假设线段 2 的状态为 $l_2=[\alpha_2,r_2]'$，协方差阵为 $\boldsymbol{C}_2$，则若满足以下条件：

$$(l_1-l_2)'(\boldsymbol{C}_1+\boldsymbol{C}_2)(l_1-l_2)\leqslant\gamma \tag{5-12}$$

则认为两条线段属于同一条直线，其中 $\gamma$ 由 $\chi^2$ 表得到，之后利用这两条线段对应的扫描点重新生成新的直线 $l_n$。在实际应用中可以采用文献[2]所介绍的算法来减少运算量，针对图 5－4 线段合并后的结果如图 5－5 所示。

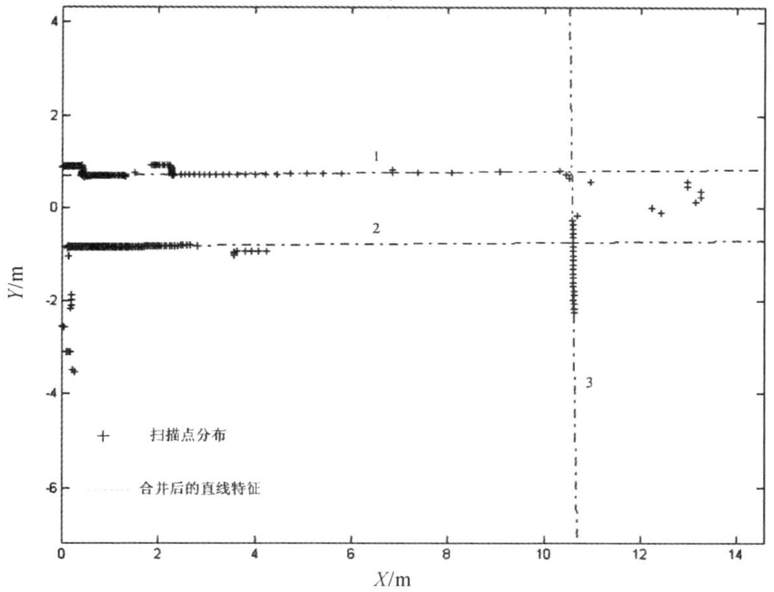


图 5－5　线段合并后最终直线特征分布

## 5.3　基于摄像机的环境直线特征提取和表示方法

系统利用图像数据提取线段特征的总体流程如图 5－6 所示。

图 5－6　基于摄像机的环境直线特征表示和识别方法总流程

首先，利用图像边缘检测方法得到图像边缘二值图；其次，利用边缘像素点聚类方法确定边缘像素与所属连续边缘曲线的对应关系；最后，利用线段边界生成确定边缘点中的边界点，这些边界点的连线将组成边缘曲线的不同直线段。

### 5.3.1 方法流程

1. Canny 边缘检测方法[3]

Canny 边缘检测方法通过高斯滤波平滑图像、计算梯度幅值和方向、幅值非极大值抑制、双域值处理、边缘连接共 5 个步骤实现图像的边缘检测。其处理结果如图 5-7 所示。

图 5-7　Canny 边缘检测效果图

2. 边缘像素点聚类方法

边缘像素点聚类的目的是将边缘二值图像中的不同边缘进行划分，并确定不同边缘和边缘像素的对应关系（聚类关系），其处理过程如图 5-8 所示。

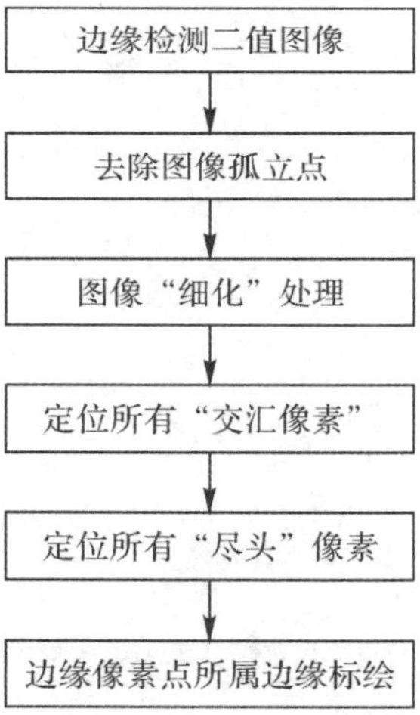


图 5-8　边缘像素点聚类方法流程

第一，对 Canny 边缘二值图像进行去除孤立点操作。第二，利用图像“细化”方法去除图像中不必要的像素，在保证像素连接状态的同时使边缘细至一个像素的宽度。第三，利用“交汇”像素模板群对图像进行 3×3 邻域卷积运算，从而确定图像中的“交汇”点像素。第四，类似的，利用“尽头”像素模板对图像进行 3×3 邻域卷积运算，以确定图像中的“尽头”点像素。第五，以“交汇”和“尽头”像素点群为线索标绘边缘像素与边缘的对应关系。

(1)图像“细化”处理。图像细化(thinning)处理是为了减除图像中不必要的部分，细化过程中一般不能将一个目标断裂为两个部分或几个部分，要求始终保持目标的连接状态，最后使边缘成为细至一个像素宽的线条。

集合 $X$ 被结构元素 $B$ 的细化用 $X \otimes B$ 表示，细化就是从 $X$ 中去掉 $B$ 中击中的结果，而 $B$ 被认为是图像中不重要的部分。在实际应用中很难一次就准确地选定 $B$，因此通常是利用一系列的结构元素对目标图像进行迭代细化操作的，可以定义被一个结构元素序列的细化为

$$Y = (\cdots((X \otimes B_1) \otimes B_2) \cdots \otimes B_n) \tag{5-13}$$

设置图像中某一点 $P$ 的 3×3 邻域结构，如图 5－9 所示。

| | | |
|---|---|---|
| $x_4$ | $x_3$ | $x_2$ |
| $x_5$ | $P$ | $x_1$ |
| $x_6$ | $x_7$ | $x_8$ |

图 5－9　像素 $P$ 邻域构成图 $N(p)$

定义：

$$X_H(p) = \sum_{i=1}^{4} b_i$$

$$b_i = \begin{cases} 1, x_{2i-1} = 0, (x_{2i} = 1, x_{2i+1} = 1) \\ 0, 其他 \end{cases} \tag{5-14}$$

其中，$x_1, x_2, \cdots, x_8$ 为各像素值(取 0 或 1)。采用文献[4]提供的算法，该算法通过两次迭代实现对轮廓二值图像的细化操作。

首先，第一次迭代满足以下三个条件的像素点删除：

■条件 1：式(5－14)表示的 $X_H(p) = 1$。

■条件 2：

$$2 \leqslant \min\{n_1(p), n_2(p)\} \leqslant 3,$$

$$n_1(p) = \sum_{i=1}^{4} x_{2k-1} \vee x_{2k}$$

$$n_2(p) = \sum_{i=1}^{4} x_{2k} \vee x_{2k+1}$$

其中，$n_1(p)$ 和 $n_2(p)$ 表示 $N(p)$ 的四邻域对中满足含有 1 个或 2 个值为 1 像素的总个数。

■条件 3：

$$(x_2 \vee x_3 \vee \bar{x}_8) \wedge x_1$$

之后，将经过上述处理的图像进行第二次迭代，并删除满足以下三个条件的像素点：

■条件 1：同上。

■条件 2：同上。

■条件 3：

$$(x_6 \vee x_7 \vee \bar{x}_4) \wedge x_5 = 0$$

对图像中的所有边缘像素反复进行以上两次操作，直到图像不再发生变化为止。从以上处理方法可知，该过程的主要思想是去除图像边缘像素中的外轮廓像素点(也就是说删除 $P$ 不会改变周围像素的连通性关系)，同时，对图像进行消减以得到 8 连通骨架，并保持对角连通

模式和 2×2 大小的边界点。

图 5-10 显示了两次迭代中保留像素的所有结构元素。从该图可见，两次迭代的查找表中相同结构元素较多，而不同结构元素主要是由两次迭代的判断条件 3 决定的。

(2)定位“交汇”和“尽头”像素点产生。对原始二值边缘图像进行细化处理后，图像边缘像素被裁剪为单个像点并且边缘点的连通关系保持不变。下面需要对细化图像进行处理以找到所有“交汇”和“尽头”像素点(所谓“交汇”像素点表示有大于两个的邻域像素点在该处交汇，所谓“尽头”像素点表示该像素点为边缘线的边界点)。

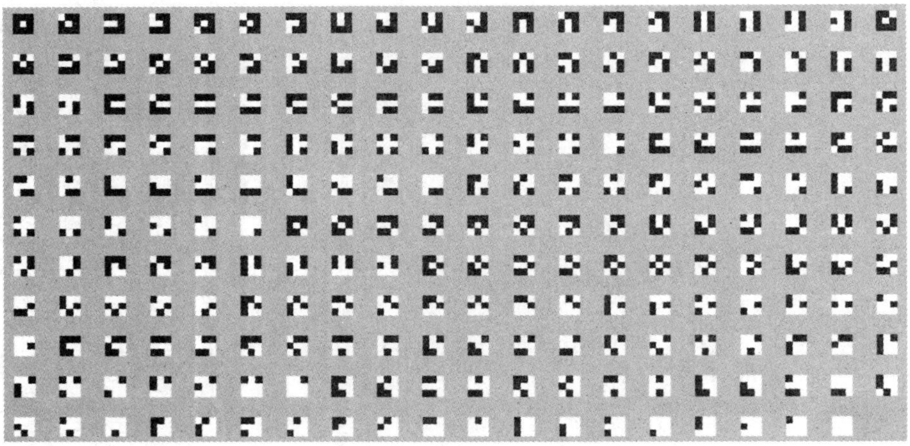

(a) 第一次迭代中轮廓点保留结构元素

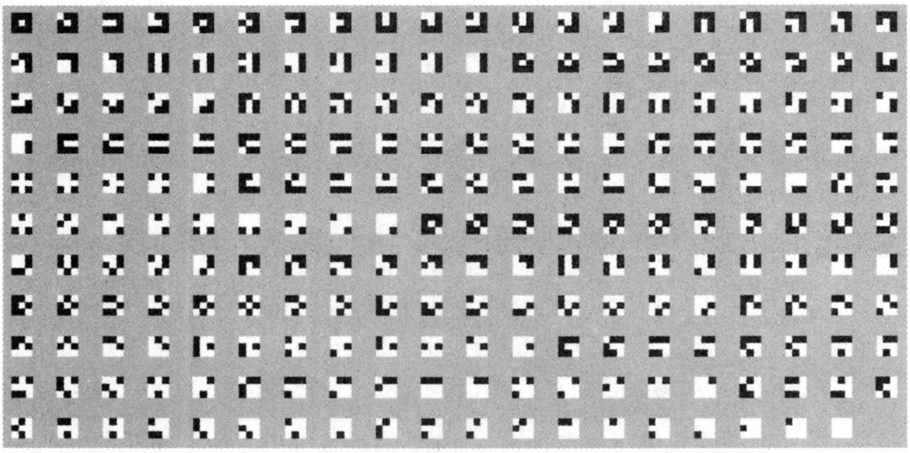

(b) 第二次迭代中轮廓点保留结构元素

图 5-10 两次迭代中轮廓点保留结构元素群

该处理过程与“细化”方法相似，首先确定“交汇”和“尽头”像素点目标结构元素集合，之后利用目标结构元素集合对所有边界像素点进行击中处理，如果某一个边缘像素点被特定目标结构元素击中，那么表示该像素点就是所需判断的特定像素点。

1)“交汇”像素点目标结构元素确定。假设像素 $P$ 的邻域关系符合图 5-11 所示，则“交汇”像素点目标结构元素判定条件为

$$\left.\begin{aligned} &M \geqslant 6 \\ &M=\sum_{i=1}^{8}\left|x_i-x_{\bmod((i+1)/8)}\right| \end{aligned}\right\} \tag{5-15}$$

并且 $P$ 点像素为 1。满足以上条件的所有“交汇”像素点目标结构元素集合如图 5-11 所示。

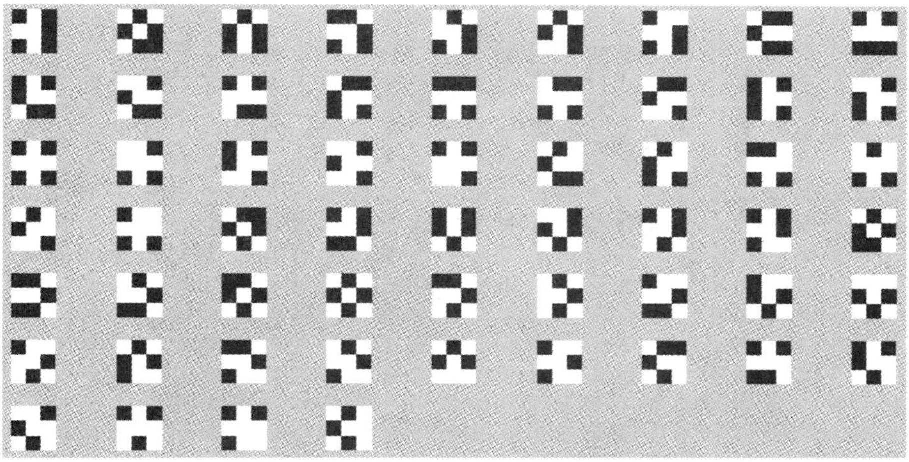

图 5-11　“交汇”像素点目标结构元素集合

对于图 5-11 中 3×3 邻域元素组合来说，满足条件的目标结构元素共有 58 个。利用该目标结构元素集合对边缘图像进行处理后得到的“交汇”像素点位置判断结果如图 5-12 所示。

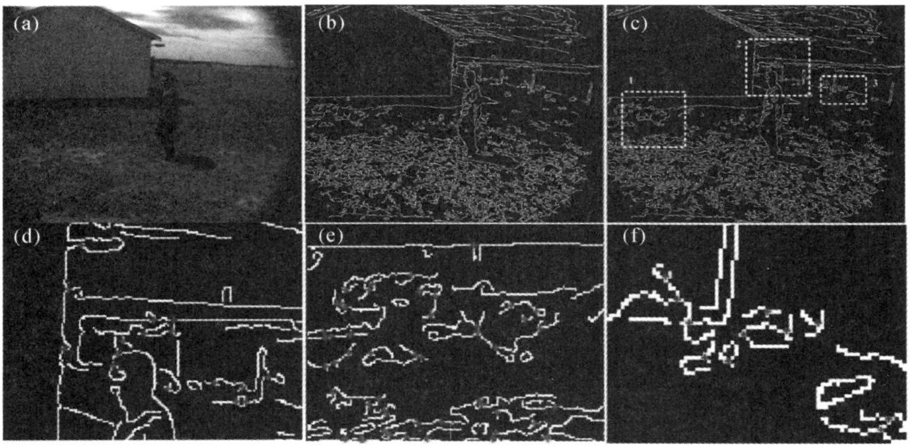


图 5-12　“交汇”像素点位置判断结果

图 5-12(a)为原始图片，图 5-12(b)为利用“细化”方法得到的图像边缘二值图像，图 5-12(c)为利用“交汇”像素点目标结构元素集合提取的边缘“交汇”像素点位置，图 5-12(d)(e)(f)分别代表相应区域的放大图。从图中可见，处于三条线段交汇点的像素均被准确地定位。

2)“尽头”像素点目标结构元素确定。“尽头”像素点的确定与“交汇”像素点相似，其目标

结构元素判定条件为

$$\left.\begin{aligned} M &= 2 \\ M &= \sum_{i=1}^{8} \left| x_i - x_{\mathrm{mod}((i+1)/8)} \right| \end{aligned}\right\} \tag{5-16}$$

并且 $P$ 点像素为 1。满足以上条件的所有“尽头”像素点目标结构元素集合如图 5-13 所示。

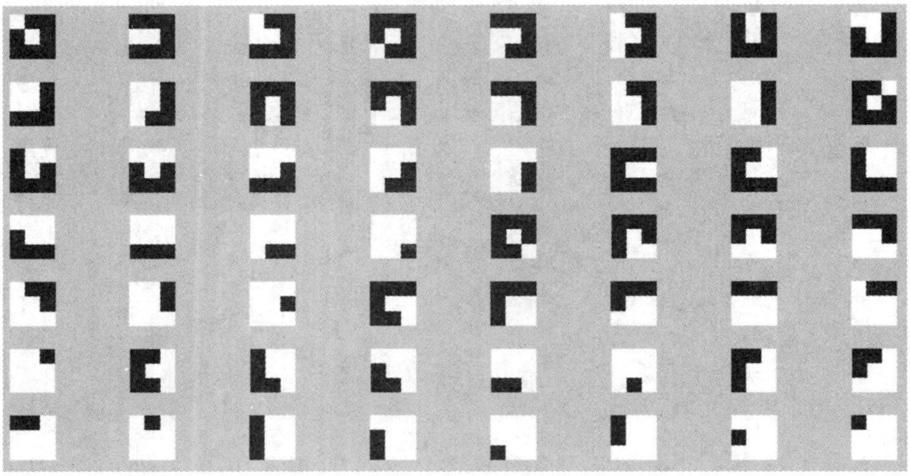

图 5-13 “尽头”像素点目标结构元素集合

对于图 5-12 中 3×3 邻域元素组合来说，满足条件的目标结构元素共有 56 个。利用该目标结构元素集合对边缘图像进行处理后得到的“尽头”像素点位置判断结果如图 5-14 所示。

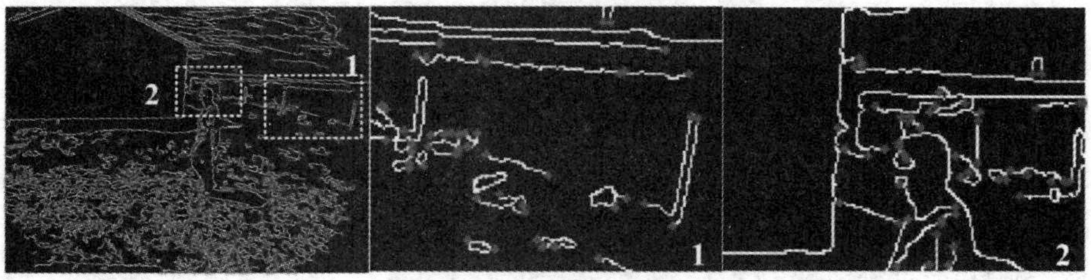


(a) (b) (c)

图 5-14 “尽头”像素点位置判断结果

图为所有“尽头”像素点位置分布，其余两个子图为相应区域(标识 1,2)放大图，从图中可见，所有边缘的“尽头”像素点被较好地定位。

(3)边缘像素所属边缘标记。该部分的目的是利用边缘图像中的所有“交汇”和“尽头”点群，确定图像中的独立边缘个数并且找到不同边缘与边缘像素的对应关系。

系统采用以下步骤完成该项工作。

1)从不同“尽头”点出发，开始沿边缘跟踪直到遇到另一个“尽头”点或“交汇”点后停止，期间标记所有历经的边缘像素点属于同一条边缘；

2)从剩余未进行标记的不同“交汇”点出发，开始沿边缘跟踪直到遇到另一个 “交汇”点后停止，期间标记所有历经的边缘像素点属于同一条边缘；

3)从剩余未标记的边缘点出发，开始沿边缘跟踪直到回到起点，期间标记所有历经的边缘像素点属于同一条边缘(该步实际上是为了对环状边缘进行标记)。

经过以上三步后，系统就能够确定图像所包含的所有独立边缘段，并且确定不同线段对应的像素点群。总体处理结果如图 5－15 所示。

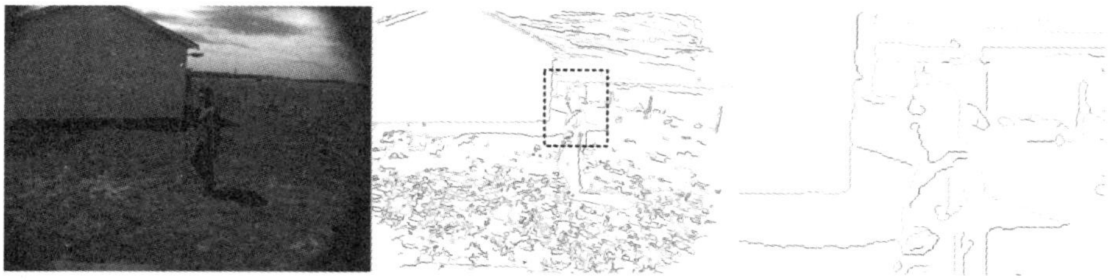

(a)　(b)　(c)

图 5－15　边缘像素所属直线标记结果

图 5－15(a)为原始图片。图 5－15(b)为利用上述方法得到的不同线段对应点分布，其中不同颜色代表不同线段对应点。图 5－15(c)为相应区域的放大图，从图 5－15(c)可知，不同颜色的曲线实际上是由所经过的边缘像素点连接构成的。下一步将利用聚类和拟合方法由不同边缘像素点群得到具体线段特征。

3. 线段边界点生成

文献[5]对最常用的 6 种线段提取方法进行了比较并得到结论：从运行速度和正确率两个因素来看，分裂与合并法(Split－and－Merge)和直线跟踪法(Line－Tracking)适用于实时性要求强的任务。此处将选用一种基于分裂与合并法的改进方法——迭代终点拟合法(Iterative－End－Point－Fit，IEPF)来实现扫描数据的聚类到线段的初步提取过程[6-7]，如图 5－16 所示。

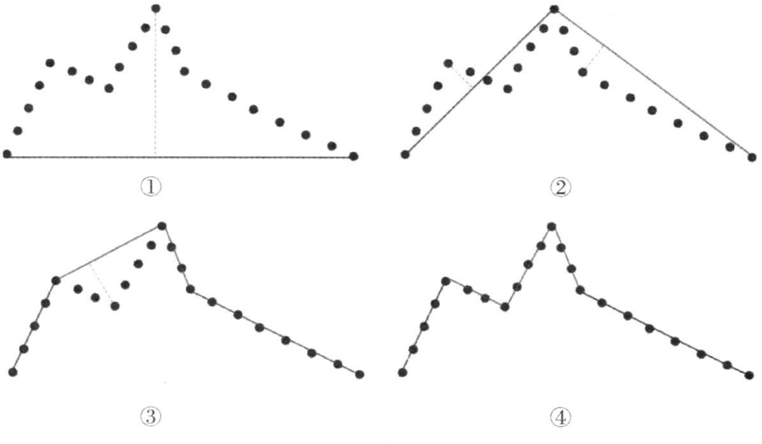

①　②　③　④

(a) 分裂与合并递归算法处理示意图

图 5－16　分裂与合并算法过程示意图

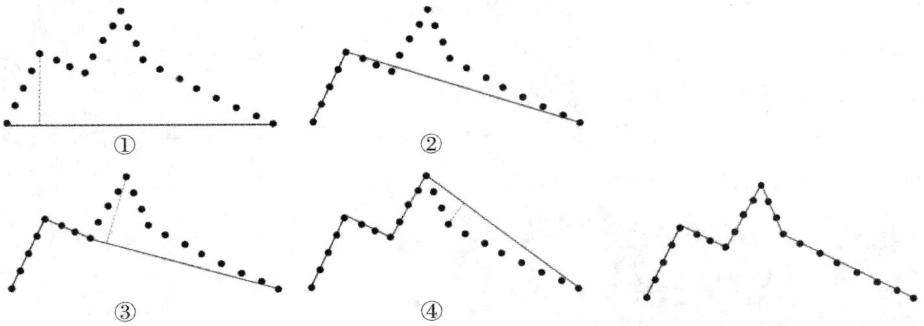

(b) 分裂与合并顺序算法处理示意图

图 5-16　分裂与合并算法过程示意图(续)

IEPF 算法可以表示为递归过程和顺序过程，分别总结为以下步骤。

**算法 5-1　IEPF 迭代算法步骤**

Algorithm IEPF($\Sigma_i$)迭代算法步骤：

1. 初始化：将扫描数据分为 $M$ 个集合，每个集合 $\Sigma_i$ 包含 $N$ 个点；
2. for $i=1:M$ do；
3. 连接集合 $\Sigma_i$ 的第一个和最后一个点，确定一条直线；
4. 从扫描数据中检测到直线的距离 $D$ 最大点 $P$，并确定 $P$ 为线段分割点；
5. 给定阈值 $D\_stand$；
6. if $D>=D\_stand$ then；
7. P 点将 $\Sigma_i$ 分成两部分：$\Sigma_{i1}$ 和 $\Sigma_{i2}$；
8. 调用程序 IEPF($\Sigma_{i1}$)，IEPF($\Sigma_{i2}$)；
9. end if；
10. end for。

**算法 5-2　IEPF 顺序算法步骤。**

Algorithm IEPF($\Sigma_i$) 顺序算法步骤：

1. 初始化：将扫描数据分为 $M$ 个集合，每个集合 $\Sigma_i$ 包含 $N$ 个点；
2. for $i = 1:M$ do；

3. 将集合 $\Sigma_i$ 的第一个点标记为 fst 和最后一个点标记为 lst，由 fst 和 lst 确定一条直线；

4. 给定阈值 $D\_stand$；

5. While fst < lst do；

6. 从 fst 和 lst 之间的数据中检测到直线的距离 $D$ 最大点 $P\_i$；

7. While $D\_stand < D$ do；

8. 将 P_ $i$ 标记为 lst；

9. 以 fst 和 lst 确定直线；

10. 从 fst 和 lst 之间的数据中检测到直线的距离 $D$ 最大点 $P\_i$；

11. end While；

12. 将 lst 对应的点确定为分割点 $P$；

13. 将 fst 标记为 lst；

14. 将 lst 标记为 $\Sigma_i$ 的最后一个点；

15. end While。

点集中任意一点到直线（由点集的起点和终点确定）的距离公式为

$$d=\frac{|x(y_{\text{start}}-y_{\text{end}})+y(x_{\text{end}}-x_{\text{start}})+y_{\text{end}}x_{\text{end}}-y_{\text{start}}x_{\text{end}}|}{\sqrt{(x_{\text{start}}-x_{\text{end}})^2+(y_{\text{start}}-y_{\text{end}})^2}} \tag{5-17}$$

其中，任意一点坐标为 $(x,y)$，点集起点和终点坐标为 $(x_{\text{start}},y_{\text{start}})$ 和 $(x_{\text{end}},y_{\text{end}})$。

利用以上步骤可以将轮廓曲线进一步进行切割，也就是确定每条轮廓线中的若干点，由这些点能够将轮廓线划分为不同直线段。上述直线段边界点生成处理结果如图 5－17 所示。

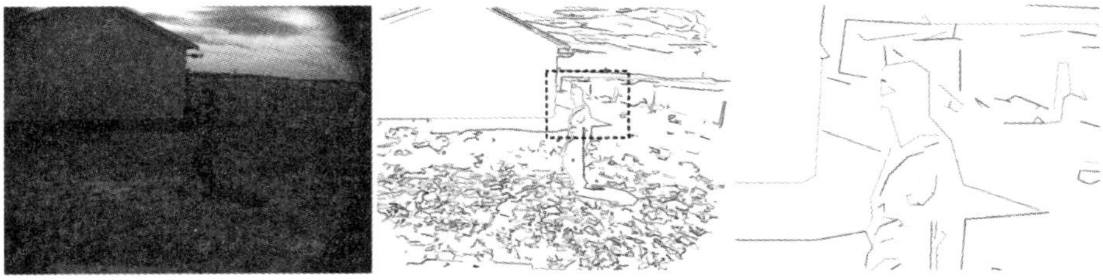

(a)　(b)　(c)

图 5－17　直线段边界点生成处理结果图

图中显示了不同轮廓曲线对应的直线段，由图 5－17 可知，相对于图 5－15 来说，每条轮廓曲线已经被进一步分割为若干条直线段。

### 5.3.2　实验结果与分析

为了提高系统实际执行能力，系统实际处理流程图如图 5－18 所示。

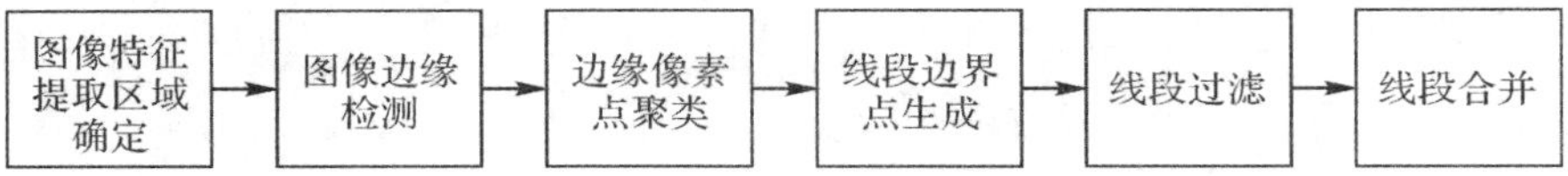


图 5-18　实验处理流程图

该过程相对于图 5-6 所示流程主要有四点改进。

(1)增添了“图像特征提取区域确定”环节，该部分利用 8.1.4 节介绍的激光扫描点图像平面投影不确定范围判定方法并结合 5.1 节介绍的激光扫描点环境角点特征判定方法以得到图像直线特征提取区域。这样处理的原因有两点：①为了减少计算量以提高系统实时执行能力；②在实际应用中由激光扫描点得到的角点特征在图像中大多对应着边缘特征(注意，相反则不一定成立)。

(2)在“图像边缘检测”环节中，由于系统只利用到图像中的垂直线段，因此，对传统 Canny 算法进行修改，将像素点$(i,j)$的梯度幅度值$M(i,j)$表示为

$$M(i,j)=\sqrt{2P_x(i,j)^2}=\sqrt{2}P_x(i,j) \tag{5-18}$$

也就是说只利用$x$方向的偏导数$P_x(i,j)$来代表像素点梯度大小。采用该方法的处理效果如图 5-19 所示。从该图可见，图 5-19(b)能够较为精确地检验出图像中的垂直边缘。

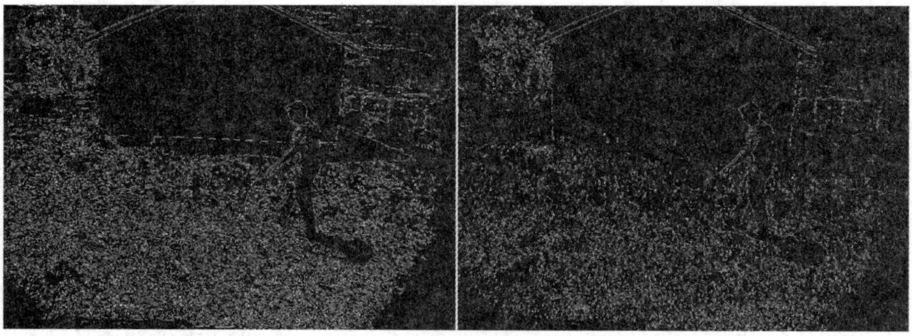

(a) Canny边缘检测　　(b) Canny垂直边缘检测

图 5-19　基于 Canny 算子的垂直边缘检测效果图

(3)增添“线段过滤”环节。一方面，为了进一步减小系统处理数据量，将只保留长度大于某一阈值 Line_long_max 的直线特征。另一方面，系统只利用与地面垂直的直线特征，因此，对直线特征再进行一次过滤以滤除倾斜角小于 Line_angle_min 或大于180°- Line_angle_min 的直线。

(4)增添“线段合并”环节，通过计算不同直线特征状态之间的马氏距离以确定直线之间的对应关系，对属于相同直线特征的所有检测直线进行合并处理以得到最终的环境垂直直线特征。

图像垂直直线特征提取综合处理结果如图 5-20 所示。该图显示了某一时刻图像垂直直线特征提取效果，上图为下图中相应区域的局部放大图。其中虚线长方形为边缘检测区域，短直线为对应区域中提取的线段特征，长直线为线段合并后得到的垂直直线特征。从结果可见，最终提取到 3 条环境直线特征，其中两条为房屋边缘产生，一条为背景噪声产生(对应背景篱笆柱)。

图 5-20　图像垂直直线特征提取效果图

## 参考文献


[1] Arras K O. Feature-Based robot navigation in known and unknown environments[D]. Lausanne: EPFL, 2003.

[2] Bar-Shalom Y, Li R X. Estimation with Applications to Tracking and Navigation[M]. USA: Wiley InterScience, 2001.

[3] Canny J F. Finding edges and lines in images[R]. Technical report AI-TR-720, MIT, artificial intelligence laboratory, Cambridge, MA, 1983.

[4] Levenberg K. A method for the solution of certain problems in Least-Squares [J]. Quarterly Applied Math, 1944, 2:164-168.

[5] Nguyen V, Gachter S. A comparison of line extraction algorithms using 2D range data for indoor mobile robotics[J]. Autonomous Robots, 2007, 23(2):97-111.

[6] Duda R O, Hart P E. Pattern classification and scene analysis [M]. USA: Wiley-Interscience, 1973.

[7] Borges G, Aldon M. A split-and-merge segmentation algorithm for line extraction in 2d range images[J]. Autonomous Robots, 2000, 22(2):441-444.

# 第 6 章　基于粒子滤波的机器人未知环境下目标跟踪算法

概率理论作为一门研究和揭示随机现象统计学规律的科学，已经在机器人学界得到深入应用[1]，突出在以下几方面：第一，机器人定位学研究[2-3]，第二，机器人-环境建构学研究[4-6]，第三，SLAM 研究。本章利用概率理论对 SLAMOT 问题给予分析并设计基于粒子滤波的问题求解算法。

首先，给出 SLAMOT 问题基于贝叶斯理论的描述，并设计基于粒子滤波的 SLAMOT 算法，该算法采用 Rao - Blackwellized 粒子滤波器对机器人位姿状态、标志特征分布和目标状态同时进行联合估计。不同于传统的 FastSLAM 方法，该算法中每个粒子存在两类 EKF 滤波器，一类完成对于标志柱分布的估计，另一类完成对于目标状态的估计，而粒子的权值则由粒子状态相对于标志柱和目标状态两类观测相似度共同产生。仿真和实体机器人实验证明了该算法的准确性和实用性，蒙特卡罗检验分析了粒子群数量和标志柱密度对于系统不同对象状态估计精度的影响。在此基础上，为了进一步解决多目标跟踪问题，结合 JPDA 方法提出了基于 PFJPDA 粒子滤波的 SLAMOT 算法，粒子权值的目标影响部分由所有目标观测值和跟踪器组合相似度的加权和决定，该算法能够有效克服多目标观测值对单一目标状态估计的影响，并能保证较高的目标状态平均估计准确度，仿真实验证明和分析了该算法的有效性。

## 6.1　SLAMOT 问题贝叶斯估计过程描述

假设截至 $k$ 时刻机器人 R 的运动状态序列集合为 $s^k=\{\boldsymbol{X}_1^{\mathrm{R}},\boldsymbol{X}_2^{\mathrm{R}},\boldsymbol{X}_2^{\mathrm{R}},\cdots,\boldsymbol{X}_k^{\mathrm{R}}\}$，其中 $\boldsymbol{X}_k^{\mathrm{R}}$ 表示机器人在 $k$ 时刻的状态，即

$$\boldsymbol{X}_k^{\mathrm{R}}=[x_k^{\mathrm{R}}\quad y_k^{\mathrm{R}}\quad \theta_k^{\mathrm{R}}]' \tag{6-1}$$

并且设 $k$ 时刻环境中包含 $m$ 个固定环境标志柱，将环境地图状态表示为这些标志柱位置状态的组合，记为

$$\boldsymbol{LM}_k=[(\boldsymbol{X}_k^{\mathrm{lm}_1})'\ (\boldsymbol{X}_k^{\mathrm{lm}_2})'\ (\boldsymbol{X}_k^{\mathrm{lm}_3})'\ \cdots\ (\boldsymbol{X}_k^{\mathrm{lm}_m})']' \tag{6-2}$$

其中，$\mathrm{lm}_i$ 代表第 $i$ 个环境标志柱；$\boldsymbol{X}_k^{\mathrm{lm}_i}$ 为其位置状态，即

$$\boldsymbol{X}_k^{\mathrm{lm}_i}=[x_k^{\mathrm{lm}_i}\quad y_k^{\mathrm{lm}_i}]',\quad i\in\{1,2,\cdots,\boldsymbol{m}\} \tag{6-3}$$

同时设截至 $k$ 时刻目标 T 的运动状态序列集合为 $\boldsymbol{T}^k=\{\boldsymbol{X}_1^{\mathrm{T}},\boldsymbol{X}_2^{\mathrm{T}},\cdots,\boldsymbol{X}_k^{\mathrm{T}}\}$，其中 $\boldsymbol{X}_k^{\mathrm{T}}$ 表示其在 $k$ 时刻的位置和速度分量状态，即

$$\boldsymbol{X}_k^{\mathrm{T}}=[x_k^{\mathrm{T}}\quad y_k^{\mathrm{T}}\quad \dot{x}_k^{\mathrm{T}}\quad \dot{y}_k^{\mathrm{T}}]' \tag{6-4}$$

另外，机器人和目标的状态转移函数符合第 2 章介绍内容。

设 $\boldsymbol{Z}^k=\{z_1,z_2,\cdots,z_k\}$为从观测开始一直到 $k$ 时刻机器人对于环境的观测值集合，此处假设观测值为角度和深度信息，$z_k$ 为 $k$ 时刻系统的观测值集合，有

$$z_k=z_k^{LM_k}\cup z_k^{\mathrm{T}} \tag{6-5}$$

其中，$z_k^{LM_k}$ 和 $z_k^{\mathrm{T}}$ 分别为 $k$ 时刻机器人对于环境特征和目标的观测值集合，并且机器人能够区分这两种观测值。

那么 SLAMTO 问题等同于求解如下概率密度分布函数：

$$p(s^k,\boldsymbol{LM}_k,T^k\mid Z^k,\boldsymbol{u}^k) \tag{6-6}$$

也就是说通过观测值 $Z^k$ 和机器人的控制量序列集合 $u^k=\{\boldsymbol{u}_1,\boldsymbol{u}_2,\cdots,\boldsymbol{u}_k\}$来确定机器人的运行轨迹 $s^k$、标志柱的位置状态 $\boldsymbol{LM}_k$ 以及目标的运行轨迹 $T^k$ 的联合概率分布密度，SLAMOT过程可以描述为动态贝叶斯网络[7]，如图 6-1 所示。

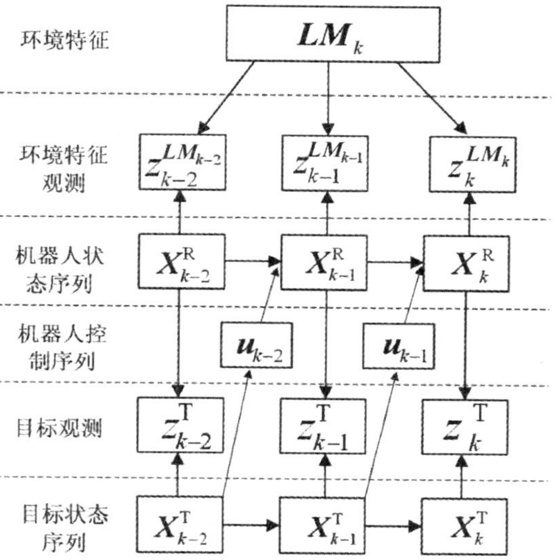


图 6-1　SLAMOT 的动态贝叶斯网络描述

图 6-1 中节点表示动态系统演化过程中各部分在时间序列中的状态，$k$ 代表时刻，箭头表示各状态的依赖关系。从该图可知，对目标 $k$ 时刻的观测值集合 $z_k^{\mathrm{T}}$ 依赖于机器人 $k$ 时刻的状态 $\boldsymbol{X}_k^{\mathrm{R}}$ 以及目标 $k$ 时刻的状态 $\boldsymbol{X}_k^{\mathrm{T}}$，因此该观测值会影响机器人和目标的状态估计。类似地，对于环境特征 $k$ 时刻的观测值集合 $z_k^{LM_k}$ 依赖于环境特征状态$\boldsymbol{LM}_k$ 以及机器人 $k$ 时刻的状态 $\boldsymbol{X}_k^{\mathrm{R}}$，因此该观测值会影响机器人和标志的状态估计。另外，为了发挥机器人的机动优势，以实现更加准确的跟踪，机器人 $k$ 时刻的控制量 $\boldsymbol{u}_k$ 是根据目标 $k-1$ 时刻的状态得到的，其具体值可用文献[8]方法计算。

在此基础上给出基于贝叶斯理论的机器人同时定位、地图构建和目标跟踪理论描述。为了递推式地得到机器人状态序列 $s^k$、目标状态序列 $T^k$ 以及地图状态 $\boldsymbol{LM}_k$ 的后验概率密度，首先应用条件概率定义将 $s^k,T^k,\boldsymbol{LM}_k,Z^k$ 的联合概率以 $s_k,T_k,\boldsymbol{LM}_k$ 的条件概率进行扩展可得

$$\boldsymbol{p}(s^k,T^k,\boldsymbol{LM}_k,z_k\mid Z^{k-1},u^k)=\boldsymbol{p}(s^k,T^k,\boldsymbol{LM}_k\mid Z^k,u^k)\boldsymbol{p}(z_k\mid Z^{k-1},u^k) \tag{6-7}$$

类似地，以 $z_k$ 的条件概率进行扩展可得下式：

$$\boldsymbol{p}(s^k, T^k, \boldsymbol{LM}_k, z_k \mid Z^{k-1}, u^k) = \boldsymbol{p}(z_k \mid s^k, T^k, \boldsymbol{LM}_k, Z^{k-1}, u^k)\boldsymbol{p}(s^k, T^k, \boldsymbol{LM}_k \mid Z^{k-1}, u^k) \tag{6-8}$$

变换式(6－7)并将式(6－8)代入可得

$$\begin{aligned}\boldsymbol{p}(s^k, T^k, \boldsymbol{LM}_k \mid Z^k, u^k) &= \frac{\boldsymbol{p}(s^k, T^k, \boldsymbol{LM}_k, z_k \mid Z^{k-1}, u^k)}{\boldsymbol{p}(z_k \mid Z^{k-1}, u^k)} \\ &= \frac{\boldsymbol{p}(z_k \mid s^k, T^k, \boldsymbol{LM}_k, Z^{k-1}, u^k)\boldsymbol{p}(s^k, T^k, \boldsymbol{LM}_k \mid Z^{k-1}, u^k)}{\boldsymbol{p}(z_k \mid Z^{k-1}, u^k)} \\ &= \frac{\boldsymbol{p}(z_k \mid s^k, T^k, \boldsymbol{LM}_k)\boldsymbol{p}(s^k, T^k, \boldsymbol{LM}_k \mid Z^{k-1}, u^k)}{\boldsymbol{p}(z_k \mid Z^{k-1}, u^k)}\end{aligned} \tag{6-9}$$

假设机器人和目标的状态演化符合马尔可夫过程，则式(6－9)可写为

$$\boldsymbol{p}(\boldsymbol{X}_k^{\mathrm{R}}, \boldsymbol{X}_k^{\mathrm{T}}, \boldsymbol{LM}_k \mid Z^k, u^k) = \frac{\boldsymbol{p}(z_k \mid \boldsymbol{X}_k^{\mathrm{R}}, X_k^{\mathrm{T}}, \boldsymbol{LM}_k)p(X_k^{\mathrm{R}}, X_k^{\mathrm{T}}, LM_k \mid Z^{k-1}, u^k)}{\boldsymbol{p}(z_k \mid Z^{k-1}, u^k)} \tag{6-10}$$

式(6－10)表示了 SLAMOT 问题的贝叶斯解决过程，其中 $\boldsymbol{p}(z_k \mid \boldsymbol{X}_k^{\mathrm{R}}, \boldsymbol{X}_k^{\mathrm{T}}, \boldsymbol{LM}_k)$表示 $k$ 时刻观测值的相似度(Likelihood)，该项用于对预测概率分布的矫正。$p(z_k \mid Z^{k-1}, u^k)$为归一化系数，$\boldsymbol{p}(\boldsymbol{X}_k^{\mathrm{R}}, \boldsymbol{X}_k^{\mathrm{T}}, \boldsymbol{LM}_k \mid Z^{k-1}, u^k)$是对机器人状态、目标状态和地图的预测概率分布，它们可以通过相应对象的状态转换函数得到，以下给出对 $\boldsymbol{p}(\boldsymbol{X}_k^{\mathrm{R}}, \boldsymbol{X}_k^{\mathrm{T}}, \boldsymbol{LM}_k \mid Z^{k-1}, u^k)$的推导。根据全概率公式用 $\boldsymbol{X}_{k-1}^{\mathrm{R}}$ 和 $\boldsymbol{X}_{k-1}^{\mathrm{T}}$ 对该式变换可得

$$\boldsymbol{p}(\boldsymbol{X}_k^{\mathrm{R}}, \boldsymbol{X}_k^{\mathrm{T}}, \boldsymbol{LM}_k \mid Z^{k-1}, u^k) = \iint \boldsymbol{p}(\boldsymbol{X}_k^{\mathrm{R}}, \boldsymbol{X}_{k-1}^{\mathrm{R}}, \boldsymbol{X}_k^{\mathrm{T}}, \boldsymbol{X}_{k-1}^{\mathrm{T}}, \boldsymbol{LM}_k \mid Z^{k-1}, u^k)\mathrm{d}\boldsymbol{X}_{k-1}^{\mathrm{R}}\mathrm{d}\boldsymbol{X}_{k-1}^{\mathrm{T}} \tag{6-11}$$

利用条件概率公式，用 $\boldsymbol{X}_{k-1}^{\mathrm{R}}, \boldsymbol{X}_{k-1}^{\mathrm{T}}$ 和 $\boldsymbol{LM}_k$ 对式(6－11)进行展开可得

$$\begin{aligned}&\boldsymbol{p}(\boldsymbol{X}_k^{\mathrm{R}}, \boldsymbol{X}_k^{\mathrm{T}}, \boldsymbol{LM}_k \mid Z^{k-1}, u^k) \\ &= \iint \boldsymbol{p}(\boldsymbol{X}_k^{\mathrm{R}}, \boldsymbol{X}_{k-1}^{\mathrm{R}}, \boldsymbol{X}_k^{\mathrm{T}}, X_{k-1}^{\mathrm{T}}, \boldsymbol{LM}_k \mid Z^{k-1}, u^k)\mathrm{d}\boldsymbol{X}_{k-1}^{\mathrm{R}}\mathrm{d}\boldsymbol{X}_{k-1}^{\mathrm{T}} \\ &= \iint \underbrace{\boldsymbol{p}(\boldsymbol{X}_k^{\mathrm{R}}, \boldsymbol{X}_k^{\mathrm{T}} \mid Z^{k-1}, u^k, \boldsymbol{X}_{k-1}^{\mathrm{R}}, \boldsymbol{X}_{k-1}^{\mathrm{T}}, \boldsymbol{LM}_k)}_{\text{Robot and Target stare predict}} \underbrace{\boldsymbol{p}(\boldsymbol{X}_{k-1}^{\mathrm{R}}, \boldsymbol{X}_{k-1}^{\mathrm{T}}, \boldsymbol{LM}_k \mid Z^{k-1}, u^{k-1})}_{k-1\text{ Posterior density}}\mathrm{d}\boldsymbol{X}_{k-1}^{\mathrm{R}}\mathrm{d}\boldsymbol{X}_{k-1}^{\mathrm{T}}\end{aligned} \tag{6-12}$$

式(6－12)体现出递推式估计过程，积分部分第二项代表了 $k-1$ 时刻得出的联合后验概率密度分布。为了得出最终的预测概率密度，还需计算式(6－12)积分中第一项 $\boldsymbol{p}(\boldsymbol{X}_k^{\mathrm{R}}, \boldsymbol{X}_k^{\mathrm{T}} \mid \boldsymbol{Z}^{k-1}, \boldsymbol{u}^k, \boldsymbol{X}_{k-1}^{\mathrm{R}}, \boldsymbol{X}_{k-1}^{\mathrm{T}}, \boldsymbol{LM}_k)$的值，该项代表了机器人状态和目标状态的联合概率密度在 $k-1$ 到 $k$ 时刻发生的变换，分两种情况进行讨论。

首先，若机器人状态和目标状态不相关，则有

$$\boldsymbol{p}(\boldsymbol{X}_k^{\mathrm{R}}, \boldsymbol{X}_k^{\mathrm{T}} \mid \boldsymbol{Z}^{k-1}, \boldsymbol{u}^k, \boldsymbol{X}_{k-1}^{\mathrm{R}}, \boldsymbol{X}_{k-1}^{\mathrm{T}}, \boldsymbol{LM}_k) = \boldsymbol{p}(\boldsymbol{X}_k^{\mathrm{R}} \mid \boldsymbol{X}_{k-1}^{\mathrm{R}}, \boldsymbol{u}^k)\boldsymbol{p}(\boldsymbol{X}_k^{\mathrm{T}} \mid \boldsymbol{X}_{k-1}^{\mathrm{T}}) \tag{6-13}$$

式(6－13)说明机器人和目标状态的联合概率密度变化为机器人状态变化和目标状态变化的乘积，两者之间并没有相互作用。

另外，若机器人状态和目标状态相关，则有

$$\begin{aligned}&\boldsymbol{p}(\boldsymbol{X}_k^{\mathrm{R}}, \boldsymbol{X}_k^{\mathrm{T}} \mid \boldsymbol{Z}^{k-1}, \boldsymbol{u}^k, \boldsymbol{X}_{k-1}^{\mathrm{R}}, \boldsymbol{X}_{k-1}^{\mathrm{T}}, \boldsymbol{LM}_k) \\ &= \int \boldsymbol{p}(\boldsymbol{X}_k^{\mathrm{R}} \mid \boldsymbol{Z}^{k-1}, \boldsymbol{u}^k, \boldsymbol{X}_{k-1}^{\mathrm{R}}, \boldsymbol{X}_{k-1}^{\mathrm{T}}, X_k^{\mathrm{T}}, \boldsymbol{LM}_k)\boldsymbol{p}(\boldsymbol{X}_k^{\mathrm{T}} \mid \boldsymbol{Z}^{k-1}, \boldsymbol{u}^k, \boldsymbol{X}_{k-1}^{\mathrm{R}}, \boldsymbol{X}_{k-1}^{\mathrm{T}}, \boldsymbol{LM}_k)\mathrm{d}\boldsymbol{X}_{k-1}^{\mathrm{T}}\end{aligned}$$

$$= \int \boldsymbol{p}(\boldsymbol{X}_k^{\mathrm{R}} \mid \boldsymbol{X}_{k-1}^{\mathrm{R}}, u^k, \boldsymbol{X}_{k-1}^{\mathrm{T}}) \boldsymbol{p}(\boldsymbol{X}_k^{\mathrm{T}} \mid \boldsymbol{X}_{k-1}^{\mathrm{T}}) \mathrm{d}\boldsymbol{X}_{k-1}^{\mathrm{T}} \tag{6-14}$$

式(6－14)由全概率公式得出，表示机器人状态变化受到了 $k-1$ 时刻目标状态的影响，例如，机器人不仅要跟踪目标，同时还需要尾随目标的情况。以下介绍基于粒子滤波的 SLAMTO 问题具体实现方法，首先简要介绍粒子滤波器。

## 6.2　粒子滤波器和 Rao－Blackwellised 粒子滤波器介绍

粒子滤波器利用带权值的点集来估计随机变量的后验概率分布，运用连续重要性采样及重采样算法对粒子群进行迭代更新，最终使粒子群的分布符合估计对象状态。

具体来说，用 $\{x_k^i, \omega_k^i\}_{i=1}^{N_s}$ 表示 $k$ 时刻包含 $N_s$ 个粒子的粒子群，设 $p(x_k|z_{1:k})$ 为 $k$ 时刻被估计状态 $x$ 的后验概率密度，则 $p(x_k|z_{1:k})$ 可近似表示为[9]

$$p(x_k \mid z_{1:k}) \approx \sum_{i=1}^{N_s} \omega_k^i \delta(x_k - x_k^i) \tag{6-15}$$

其中

$$\omega_k^i = \omega_{k-1}^i \frac{p(z_k|x_k^i) p(x_k^i|x_{k-1}^i)}{q(x_k^i|x_{k-1}^i, z_k)} \tag{6-16}$$

式中，$q(x_k^i|x_{k-1}^i, z_k)$ 代表粒子的重要性分布密度，那么当 $N_s \to \infty$ 时，式(6－15)将趋近于 $p(x_k, z_{1:k})$。在实际中 $q(x_k^i|x_{k-1}^i, z_k)$ 要描述真实预测分布是比较困难的[10]，因此，传统的采样算法会造成粒子群退化现象，即大部分粒子的权值将随着迭代的进行变得很小，使资源耗费在不重要粒子的权值更新上，造成系统性能下降。为了解决该问题，一般采用重采样方法。所谓“重采样”是指算法在更新完权值后，将粒子群依据各粒子权值的大小重新进行一次采样，使得权值大的粒子更有机会得到复制，反之，权值小的粒子将被淘汰。一般来说，用下式来判断粒子群是否需要进行重采样：

$$Neff = \frac{1}{\sum_{i=1}^{N_s} (\omega_k^i)^2} \tag{6-17}$$

其中，$\omega_k^i$ 为式(6－16)表示权值的归一化值，$Neff$ 越小代表粒子群的退化现象越严重，因此通常设置一个门限 $Nlit$，当 $Neff < Nlit$ 时就对粒子群进行重采样，本章采用文献[11]提供的方法进行重采样，此处不再赘述。

经过重采样的粒子权值均等于 $1/N_s$。此时式(6－16)为

$$\omega_k^i = \frac{1}{N_s} \frac{p(z_k|x_k^i) p(x_k^i|x_{k-1}^i)}{q(x_k^i|x_{k-1}^i, z_k)} \propto \frac{p(z_k|x_k^i) p(x_k^i|x_{k-1}^i)}{q(x_k^i|x_{k-1}^i, z_k)} \tag{6-18}$$

由以上叙述可知，存在两个主要因素影响粒子滤波过程：首先是粒子的重要性分布密度 $q(x_k^i|x_{k-1}^i, z_k)$ 的选择，其次是粒子权值 $\omega_i$ 的确定和更新。通常，取 $q(x_k^i|x_{k-1}^i, z_k) = p(x_k^i|x_{k-1}^i)$，则式(6－18)为

$$\omega_k^i = p(z_k|x_k^i) \tag{6-19}$$

该式表示粒子权值直接等于其对应的观测相似度(Likelihood)。

如果估计对象存在某种可以解析表示的依赖关系，那么就不必依据整个状态空间进行粒

子滤波采样，比如：对于状态 $x_k=[x_{1,k} \quad x_{2,k}]'$，若已知随机变量 $x_{1,k}$ 和 $x_{2,k}$ 存在有 $p(x_{2,k}|x_{1,k})$ 关系，那么就可以对 $x_{1,k}$ 进行粒子滤波操作并且对于每个粒子的 $x_{2,k}$ 状态运用 $p(x_{2,k}|x_{1,k})$ 进行更新。假设 $x_k$ 的联合概率密度函数为 $p(x_k)$，由条件概率公式有

$$p(x_k)=p(x_{2,k}|x_{1,k})p(x_{1,k}) \tag{6-20}$$

依据式(6-20)，假设以分布 $p(x_{1,k})$ 进行采样得 $x_{1,k}^i$，也就是说，$x_{1,k}^i\sim p(x_{1,k})$，利用解析形式可得 $p(x_{2,k}|x_{1,k}^i)$ 的值，那么可得 $p(x_{2,k})$ 的估计为

$$p(x_{2,k})\approx\frac{1}{N}\sum_{i=1}^{N}p(x_{2,k}\mid x_{1,k}^i) \tag{6-21}$$

这种将状态分解为采样部分和解析部分的粒子滤波方法被称为 Rao - Blackwellised 粒子滤波(RBPF)[121-122]，RBPF 主要用在被估计状态的部分元素服从高斯分布且该部分元素还依赖于被估计状态另一部分元素的情况，对于上面这个例子，如果 $p(x_{2,k}|x_{1,k})$ 是线性高斯分布，那么用 $N$ 个粒子的分布来表示 $p(x_{1,k})$ 并在每个粒子中构造一个卡尔曼滤波器来更新 $x_{2,k}$，最终用 $N$ 个卡尔曼滤波器来表示 $p(x_{2,k})$。相应地，对于非线性依赖关系可以运用扩展式卡尔曼滤波器来解决。

## 6.3 基于 Rao - Blackwellised 粒子滤波的 SLAMOT 算法

### 6.3.1 SLAMOT 问题的因式化表示

如图 6-1 所示，若已知机器人路径 $s^k=\{\boldsymbol{X}_1^{\mathrm{R}},\boldsymbol{X}_2^{\mathrm{R}},\cdots,\boldsymbol{X}_k^{\mathrm{R}}\}$，那么时间序列观测值集合 $Z^k=\{z_1,z_2,\cdots,z_k\}$ 中各观测值间是相互独立的，则可对式(6-10)进行因式化如下：

$$\boldsymbol{p}(\boldsymbol{X}_k^{\mathrm{R}},\boldsymbol{X}_k^{\mathrm{T}},\boldsymbol{LM}_k\mid Z^k,u^k)=\boldsymbol{p}(\boldsymbol{X}_k^{\mathrm{R}}\mid Z^k,u^k)\underbrace{\boldsymbol{p}(\boldsymbol{X}_k^{\mathrm{T}}\mid \boldsymbol{X}_k^{\mathrm{R}},Z^k,u^k)}_{\sim N(X_k^{\mathrm{T}};f^{\mathrm{T}}(X_{k-1}^{\mathrm{T}});P_k^{\mathrm{T}})}\prod_{l=1}^{m}\underbrace{\boldsymbol{p}(\boldsymbol{X}_k^{\mathrm{lm}_l}\mid \boldsymbol{X}_k^{\mathrm{R}},Z^k,u^k)}_{\sim N(X_k^{\mathrm{lm}_l};X_{k-1}^{\mathrm{lm}_l};P_{k-1}^{\mathrm{lm}_l})} \tag{6-22}$$

式(6-22)说明 SLAMOT 问题能够分解成为一个对机器人状态的后验概率估计问题、一个对目标状态的后验概率估计问题以及对 $m$ 个标志柱状态的后验概率估计问题，该结论是本节设计算法的基础。假设目标和标志柱状态服从高斯分布，可以用 EKF 对其进行估计。

算法利用粒子滤波完成对机器人状态 $\boldsymbol{p}(\boldsymbol{X}_k^{\mathrm{R}}|Z^k,u^k)$ 的估计，为了完成标志柱和目标的估计，算法对每一个粒子所对应的标志柱状态 $\boldsymbol{p}(\boldsymbol{X}_l^{\mathrm{lm}}|\boldsymbol{X}_k^{\mathrm{R},i},Z^k,u^k)$ 和目标状态 $\boldsymbol{p}(\boldsymbol{X}_k^{\mathrm{T}}|\boldsymbol{X}_k^{\mathrm{R},i},Z^k,u^k)$ 运用 EKF 进行估计，其中 $\boldsymbol{X}_k^{\mathrm{R},i}$ 表示第 $i$ 个粒子在 $k$ 时刻所代表的机器人状态，因此假设粒子总数为 $N_s$，观测到标志柱个数为 $L$，目标个数为 1，则算法总共包含 $N_s(L+1)$ 个 EKF。

依据以上思想构造粒子群如下：

$$ps_k=\{\underbrace{\boldsymbol{X}_k^{\mathrm{R},i}}_{\text{Robot}},\underbrace{\boldsymbol{X}_k^{\mathrm{T},i},\boldsymbol{P}_k^{\mathrm{T},i}}_{\text{Object}},\underbrace{\boldsymbol{X}_k^{\mathrm{lm}_1,i},\boldsymbol{P}_k^{\mathrm{lm}_1,i}}_{\mathrm{lm}_1},\underbrace{\cdots}_{\cdots},\underbrace{\boldsymbol{X}_k^{\mathrm{lm}_m,i},\boldsymbol{P}_k^{\mathrm{lm}_m,i}}_{\mathrm{lm}_m}\}_{i=1}^{N_s} \tag{6-23}$$

其中，$\boldsymbol{X}_k^{\mathrm{R},i}$ 表示 $k$ 时刻第 $i$ 个粒子状态其值代表机器人状态；$\boldsymbol{X}_k^{\mathrm{T},i},\boldsymbol{P}_k^{\mathrm{T},i}$ 表示 $k$ 时刻第 $i$ 个粒子对应的目标状态估计均值和方差；$\boldsymbol{X}_k^{\mathrm{lm}_j,i},\boldsymbol{P}_k^{\mathrm{lm}_j,i}$ 表示第 $i$ 个粒子 $k$ 时刻对应的环境标志柱 $\mathrm{lm}_j$ 状态估计均值和方差，最终 $k$ 时刻粒子群有如图 6-2 所示结构。

### 6.3.2　粒子权值的计算

粒子权值相当于该粒子对应观测值的相似度，其推导过程如下：

$$
\begin{aligned}
w_k^i &= p(z_k \mid X_k^{R,i}, X_{k|k-1}^{T,i}, X_k^{lm_1,i}, \cdots, X_k^{lm_m,i}, z_{k-1}, u_k) \\
&= p(z_k^{LM_k}, z_k^{T}, zn_k \mid X_k^{R,i}, X_{k|k-1}^{T,i}, X_k^{lm_1,i}, \cdots, X_k^{lm_m,i}, z_{k-1}, u_k) \\
&\underline{\underline{\text{Independent}}}\, p(z_k^{LM_k} \mid X_k^{R,i}, X_k^{lm_1,i}, \cdots, X_k^{lm_m,i}, z_{k-1}, u_k)\, p(z_k^{T} \mid X_k^{R,i}, X_{k|k-1}^{T,i}, z_{k-1}, u_k)\, p(zn_k \mid X_k^{R,i}, z_{k-1}, \\
&u_k) \\
&\underline{\underline{\text{Markov}}}\, p(z_k^{LM_k} \mid X_k^{R,i}, X_k^{lm_1,i}, \cdots, X_k^{lm_m,i})\, p(z_k^{T} \mid X_k^{R,i}, X_{k|k-1}^{T,i})\, p(zn_k \mid X_k^{R,i}) \propto p(z_k^{LM_k} \mid X_k^{R,i}, X_k^{lm_1,i}, \\
&\cdots, X_k^{lm_m,i})\, p(z_k^{T} \mid X_k^{R,i}, X_{k|k-1}^{T,i}) \\
&= w_k^{LM,i} w_k^{T,i}
\end{aligned}
\tag{6-24}
$$

其中，$z_k^{LM_k}$，$z_k^{T}$，$zn_k$ 分别代表对已知标志柱、目标和新标志柱的观测值集合；$\boldsymbol{X}_{k|k-1}^{T,i}$ 为预测阶段根据 EKF 得到的目标状态（参见下节内容），而 $p(zn_k \mid \boldsymbol{X}_k^{R,i})$ 为发现新环境特征的概率，此处认为是均匀分布的，因此最终权值可表示为标志柱观测值相似度 $w_k^{LM,i}$ 和目标观测值相似度 $w_k^{T,i}$ 之间的乘积。下面以目标观测值相似度 $w_k^{T,i}$ 为例介绍计算过程。

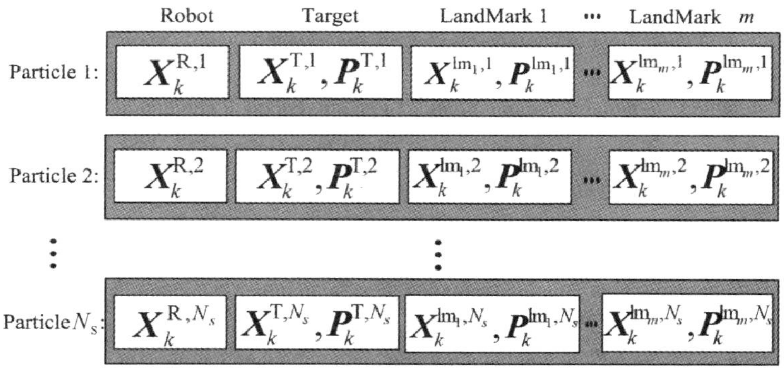


图 6-2　粒子群构成结构示意图

假设目标观测值为距离和角度信息并且目标观测值不存在伪值，则 $k$ 时刻系统对目标的观测值集合 $z_k^{T}$ 元素唯一，记为 $z_k^{T}$，机器人对目标的观测模型如式（2-16）所示，假设观测值相似度服从正态分布 $p(z) \sim N(\mu^z, \Sigma^z)$，则相似度函数（为了简洁原因省去上标和下标）如下：

$$
p(\boldsymbol{z}_k^{T} \mid \boldsymbol{X}_k^{R,i}, \boldsymbol{X}_{k|k-1}^{T,i}) = \frac{1}{(2\pi)^{d/2} \mid \boldsymbol{\Sigma}^{zt} \mid^{1/2}} \mathrm{EXP}\left(-\frac{1}{2}(\boldsymbol{z}_k^{T} - \eta^{zt})'(\boldsymbol{\Sigma}^{zt})^{-1}(z_k^{T} - \eta^{zt})\right) \tag{6-25}
$$

其中，$\eta^{zt}$ 为根据该粒子表示的机器人预测状态 $\boldsymbol{X}_k^{R,i}$ 和预测目标状态 $\boldsymbol{X}_{k|k-1}^{T,i}$，由式（2-16）得到的预测观测值；$z_k^{T}$ 为实际目标观测值；$\boldsymbol{\Sigma}^{zt}$ 为目标预测观测值的协方差矩阵。

协方差阵 $\boldsymbol{\Sigma}^{zt}$ 反映了对目标观测值的预测误差分布，该误差由三方面造成，首先是传感器误差，设其值为 $\boldsymbol{R}^{sen}$。其次是目标状态不确定性误差，设其值为 $\boldsymbol{R}^{T}$。最后是机器人状态不确定性误差，由于系统利用粒子群来代表机器人状态不确定性，因此对于单个粒子来说，机器人状态不存在误差，最终 $\boldsymbol{\Sigma}^{zt}$ 表示如下：

$$
\boldsymbol{\Sigma}^{zt} = \boldsymbol{R}^{T} + \boldsymbol{R}^{sen} = \boldsymbol{H}^{T} \boldsymbol{P}_{k|k-1}^{T} (\boldsymbol{H}^{T})' + \boldsymbol{R}^{sen} \tag{6-26}
$$

其中，$\boldsymbol{P}_{k|k-1}^{\mathrm{T}}$ 为预测阶段由 EKF 得到的目标状态预测协方差阵；$\boldsymbol{H}^{\mathrm{T}}$ 为式(2－16)对目标预测状态 $\boldsymbol{X}_{k|k-1}^{\mathrm{T},i}$ 的雅可比阵，即

$$\boldsymbol{H}^{\mathrm{T}}=\frac{\partial \boldsymbol{h}^{\mathrm{T}}}{\partial \boldsymbol{X}^{\mathrm{T}}}\Big|_{X^{\mathrm{T}}=X_{k|k-1}^{\mathrm{T},i}}=((x_{k|k-1}^{\mathrm{T},i}-x_k^{\mathrm{R},i})^2+(y_{k|k-1}^{\mathrm{T},i}-y_k^{\mathrm{R},i})^2)^{-\frac{1}{2}}\begin{bmatrix} x_{k|k-1}^{\mathrm{T},i}-x_k^{\mathrm{R},i} & y_{k|k-1}^{\mathrm{T},i}-y_k^{\mathrm{R},i} & \boldsymbol{0}_{1\times 2} \\ y_k^{\mathrm{R},i}-y_{k|k-1}^{\mathrm{T},i} & x_{k|k-1}^{\mathrm{T},i}-x_k^{\mathrm{R},i} & \boldsymbol{0}_{1\times 2}\end{bmatrix} \tag{6－27}$$

类似以上过程可以计算出标志柱观测值相似度 $w_k^{\mathrm{LM},i}$，不同之处在于，系统首先要确定当前标志柱的观测值和已获得标志柱之间的对应关系，这是数据关联问题，在该算法中采用 $\chi^2$ 检验来完成环境特征观测值数据关联任务，具体方法类似 7.1.3 节所介绍的内容，此处不再赘述。

### 6.3.3 目标和标志柱均值和方差计算

基于单个粒子目标状态估计过程推导如下：

$$\begin{aligned}
& p(\boldsymbol{X}_k^{\mathrm{T},i}\mid \boldsymbol{X}_k^{\mathrm{R},i},z^{\mathrm{T},k}) \\
& \overset{\text{Bayes}}{=\!=} \alpha p(z_k^{\mathrm{T}}\mid \boldsymbol{X}_k^{\mathrm{R},i},z^{\mathrm{T},k-1},\boldsymbol{X}_k^{\mathrm{T},i})\,p(\boldsymbol{X}_k^{\mathrm{T},i}\mid \boldsymbol{X}_k^{\mathrm{R},i},z^{\mathrm{T},k-1}) \\
& \propto p(z_k^{\mathrm{T}}\mid \boldsymbol{X}_k^{\mathrm{R},i},z^{\mathrm{T},k-1},\boldsymbol{X}_k^{\mathrm{T},i})\,p(\boldsymbol{X}_k^{\mathrm{T},i}\mid \boldsymbol{X}_k^{\mathrm{R},i},z^{\mathrm{T},k-1}) \\
& \overset{\text{Markov}}{=\!=} p(z_k^{\mathrm{T}}\mid \boldsymbol{X}_k^{\mathrm{R},i},\boldsymbol{X}_k^{\mathrm{T},i})\,p(\boldsymbol{X}_k^{\mathrm{T},i}\mid \boldsymbol{X}_k^{\mathrm{R},i},z^{\mathrm{T},k-1}) \\
& \overset{\text{Chapman—Kolmogorov}}{=\!=\!=} p(z_k^{\mathrm{T}}\mid \boldsymbol{X}_k^{\mathrm{R},i},\boldsymbol{X}_k^{\mathrm{T},i})\int p(\boldsymbol{X}_k^{\mathrm{T},i}\mid \boldsymbol{X}_{k-1}^{\mathrm{T},i},\boldsymbol{X}_k^{\mathrm{R},i},z^{\mathrm{T},k-1})\,p(\boldsymbol{X}_{k-1}^{\mathrm{T},i}\mid \boldsymbol{X}_k^{\mathrm{R},i},z^{\mathrm{T},k-1})\,\mathrm{d}\boldsymbol{X}_{k-1}^{\mathrm{T},i} \\
& \overset{\text{Markov}}{=\!=} \underbrace{p(z_k^{\mathrm{T}}\mid \boldsymbol{X}_k^{\mathrm{R},i},\boldsymbol{X}_k^{\mathrm{T},i})}_{\text{Update Step}}\underbrace{\int p(\boldsymbol{X}_k^{\mathrm{T},i}\mid \boldsymbol{X}_{k-1}^{\mathrm{T},i})\,p(\boldsymbol{X}_{k-1}^{\mathrm{T},i}\mid \boldsymbol{X}_{k-1}^{\mathrm{R},i},z^{\mathrm{T},k-1})\,\mathrm{d}\boldsymbol{X}_{k-1}^{\mathrm{T},i}}_{\text{Prediction Step}}
\end{aligned} \tag{6－28}$$

其中，$\alpha$ 为归一化系数；$\boldsymbol{X}_k^{\mathrm{R},i}$ 为 $k$ 时刻第 $i$ 个粒子状态；$z^{\mathrm{T},k}$ 为系统对目标的观测值集合；$\boldsymbol{X}_k^{\mathrm{T},i}$ 为第 $i$ 个粒子包含的目标估计状态。式(6－28)可以应用 EKF 进行估计，EKF 分为预测(Prediction Step)和更新(Update Step)两个阶段，其分别对应式(6－28)的前后两部分。

1. EKF 预测阶段

EKF 预测阶段的目的是求解式(6－28)的 Prediction Step 部分，它可以通过目标运动模型得到，此处假设目标运动符合定速度模型 CVM，记为

$$\boldsymbol{X}_{k|k-1}^{\mathrm{T},i}=\boldsymbol{f}^{\mathrm{TCVM}}(\boldsymbol{X}_{k-1}^{\mathrm{T},i},\boldsymbol{A}_{k|k-1}^{\mathrm{TCVM}},\boldsymbol{q}_{k|k-1}^{\mathrm{TCVM}}) \tag{6－29}$$

其具体形式见式(2－4)。$k$ 时刻目标状态不确定性来源有两方面：首先是目标 $k-1$ 时刻的不确定性，记为 $\boldsymbol{P}_{k-1}^{\mathrm{T},i}$，其次是本次目标状态更新引入的加性运动不确定性，记为 $\boldsymbol{Q}_{k|k-1}^{\mathrm{TCVM}}$。则由误差传播式(2－22)可得

$$\boldsymbol{P}_{k|k-1}^{\mathrm{T},i}=\boldsymbol{A}_{k|k-1}^{\mathrm{TCVM}}\boldsymbol{P}_{k-1}^{\mathrm{T},i}(\boldsymbol{A}_{k|k-1}^{\mathrm{TCVM}})'+\boldsymbol{Q}_{k|k-1}^{\mathrm{TCVM}} \tag{6－30}$$

其中，$\boldsymbol{P}_{k|k-1}^{\mathrm{T},i}$ 为预测 $k$ 时刻目标状态的协方差阵；$\boldsymbol{A}_{k|k-1}^{\mathrm{TCVM}}$ 和 $\boldsymbol{Q}_{k|k-1}^{\mathrm{TCVM}}$ 由式(2－5)和式(2－6)给出。

2. EKF 更新阶段

在每一次迭代过程中若机器人没有发现目标，即对目标的观测值为空时，那么 EKF 只进行预测，其结果是目标的不确定性不断增大。当机器人发现目标时，EKF 利用观测值对目标

的均值和方差进行修正，从而减少目标的不确定性。

假设由预测阶段已经得到目标均值和方差为 $\boldsymbol{X}_{k|k-1}^{\mathrm{T},i}$ 和 $\boldsymbol{P}_{k|k-1}^{\mathrm{T},i}$，而实际目标观测值为 $z_k^{\mathrm{T}}$（此处假设目标观测值唯一），则 EKF 对目标状态均值和方差的更新为

$$\boldsymbol{X}_{k|k}^{\mathrm{T},i}=\boldsymbol{X}_{k|k-1}^{\mathrm{T},i}+\boldsymbol{K}_{\mathrm{kalman}}(\boldsymbol{z}_k^{\mathrm{T}}-\boldsymbol{h}^{\mathrm{T}}(\boldsymbol{X}_k^{\mathrm{R},i},\boldsymbol{X}_{k|k-1}^{\mathrm{T},i}))\tag{6-31}$$

$$\boldsymbol{P}_{k|k}^{\mathrm{T},i}=(\boldsymbol{I}-\boldsymbol{K}_{\mathrm{kalman}}\boldsymbol{H}^{\mathrm{T}})\boldsymbol{P}_{k|k-1}^{\mathrm{T},i}\tag{6-32}$$

其中，$\boldsymbol{K}_{\mathrm{kalman}}$ 为卡尔曼增益，其值为 $\boldsymbol{K}_{\mathrm{kalman}}=\boldsymbol{P}_{k|k-1}^{\mathrm{T},i}(\boldsymbol{H}^{\mathrm{T}})'(\boldsymbol{H}^{\mathrm{T}}\boldsymbol{P}_{k|k-1}^{\mathrm{T},i}(\boldsymbol{H}^{\mathrm{T}})'+\boldsymbol{R}^{\mathrm{sen}})^{-1}$；$\boldsymbol{H}^{\mathrm{T}}$ 由式(6-27)确定；$\boldsymbol{h}^{\mathrm{T}}$ 由式(2-16)确定；$\boldsymbol{R}^{\mathrm{sen}}$ 为观测加性误差阵。

基于单个粒子环境特征标志柱状态估计可用相似方法获得，不再赘述。

### 6.3.4 基于粒子滤波的 SLAMOT 算法

算法主要思想是对整个粒子群应用粒子滤波进行重要性采样及重采样，而在每个粒子中又应用 EKF 对标志柱及目标的状态均值和方差进行预测和校正操作，整个过程见下面给出的算法 6-1。其中步骤(1)～(5)是预测阶段(Prediction Step)，首先根据机器人状态转移方程对粒子进行预测撒点，之后对该粒子中对应的目标状态均值和方差利用目标的状态转移函数进行预测(EKF 预测阶段式(5-29)和式(5-30))，此时的预测结果存在误差，当有观测值出现时，算法进入修正阶段(Update Step)，步骤(6)～(24)过程主要完成粒子权值的更新以及目标状态、标志柱状态的更新。具体来讲，步骤(8)运用数据关联方法将观测值 $z_k$ 区分为 $z_k^{\mathrm{LM}_k}$，$z_k^{\mathrm{LM}_{\mathrm{new}}}$，$z_k^{\mathrm{T}}$(分别表示对已知标志柱、新标志柱观测值集合以及目标观测值，此处假设对目标观测值唯一)，而 Table 则包含 $z_k^{\mathrm{LM}_k}$ 和已知标志柱的对应关系，需要注意的是每个粒子 $i$ 均拥有自己的 $k$ 时刻环境地图并根据该地图进行数据关联。步骤(9)～(12)利用 $z_k^{\mathrm{T}}$ 和式(6-25)对粒子权值进行更新并根据式(6-31)和式(6-32)用 EKF 对目标的均值和方差进行修正。类似地，步骤(13)～(16)利用 $z_k^{\mathrm{LM}_k}$ 对粒子权值进行更新并用 EKF 对已知标志柱均值和方差进行修正，需要注意的是当观测到多个已知标志柱时粒子权值等于其对应的每一个相似度之乘积。步骤(17)根据式(6-24)生成最终的粒子权值。

**算法 6-1**　粒子滤波 SLAMOT 算法。

Algorithm PFSLAMOT ：

$[\{\boldsymbol{X}_k^{\mathrm{R},i},\boldsymbol{X}_k^{\mathrm{T},i},\boldsymbol{P}_k^{\mathrm{T},i},\boldsymbol{X}_k^{\mathrm{lm}_1,i},\boldsymbol{P}_k^{\mathrm{lm}_1,i},\cdots,\boldsymbol{X}_k^{\mathrm{lm}_{m_k},i},\boldsymbol{P}_k^{\mathrm{lm}_{m_k},i}\}_{i=1}^{N_s}]=\mathrm{PFSLAMOT}[\{\boldsymbol{X}_{k-1}^{\mathrm{R},i},\boldsymbol{X}_{k-1}^{\mathrm{T},i},\boldsymbol{P}_{k-1}^{\mathrm{T},i},\boldsymbol{X}_{k-1}^{\mathrm{lm}_1,i},\boldsymbol{P}_{k-1}^{\mathrm{lm}_1,i},\cdots,\boldsymbol{X}_{k-1}^{\mathrm{lm}_{m_{k-1}},i},\boldsymbol{P}_{k-1}^{\mathrm{lm}_{m_{k-1}},i}\}_1^{N_s}]$

(1)FOR $i=1:N_s$

(2)$\boldsymbol{X}_k^{\mathrm{R},i}\sim\boldsymbol{f}^{\mathrm{R}}(\boldsymbol{X}_k^{\mathrm{R}}|\boldsymbol{X}_{k-1}^{\mathrm{R}},u_k)$\\按照机器人运动模型撒点

(3)$\boldsymbol{X}_{k|k-1}^{\mathrm{T},i}=\boldsymbol{f}^{\mathrm{TCVM}}(\boldsymbol{X}_{k-1}^{\mathrm{T},i},\boldsymbol{A}_{k|k-1}^{\mathrm{TCVM}},\boldsymbol{q}_{k|k-1}^{\mathrm{TCVM}})$

(4)$\boldsymbol{P}_{k|k-1}^{\mathrm{T},i}=\boldsymbol{A}_{k|k-1}^{\mathrm{TCVM}}\boldsymbol{P}_{k-1|k-1}^{\mathrm{T},i}(\boldsymbol{A}_{k|k-1}^{\mathrm{TCVM}})'+\boldsymbol{Q}_{k|k-1}^{\mathrm{TCVM}}$\\按照定速模型预测目标状态和协方差阵

(5)ENDFOR

(6)IF $z_k\neq\varphi$

(7)FOR $i=1:N_s$

(8)$[z_k^{\mathrm{LM}_k},z_k^{\mathrm{LM}_{\mathrm{new}}},z_k^{\mathrm{T}},Table]=\mathrm{Data\_association}(z_k,\boldsymbol{X}_k^{\mathrm{R},i},\boldsymbol{X}_{k-1}^{\mathrm{lm}_1,i},\boldsymbol{P}_{k-1}^{\mathrm{lm}_1,i},\cdots,\boldsymbol{X}_{k-1}^{\mathrm{lm}_{m_{k-1}},i},\boldsymbol{P}_{k-1}^{\mathrm{lm}_{m_{k-1}},i})$\数据关联

(9)IF $z_k^{\mathrm{T}} \neq \varphi$

(10)$w_k^{\mathrm{T},i} = p(z_k^{\mathrm{T}} \mid \boldsymbol{X}_k^{\mathrm{R},i}, \boldsymbol{X}_{k|k-1}^{\mathrm{T},i}, \boldsymbol{P}_{k|k-1}^{\mathrm{T},i})$ \\\\计算目标相似度权值

(11)$[\boldsymbol{X}_k^{\mathrm{T},i}, \boldsymbol{P}_k^{\mathrm{T},i}] = \mathrm{EKFUPDATE}(\boldsymbol{X}_{k|k-1}^{\mathrm{T},i}, P_{k|k-1}^{\mathrm{T},i}, z_k^{\mathrm{T}})$

(12)ENDIF

(13)IF $\mathrm{z}_k^{\mathrm{LM}_k} \neq \varphi$

(14)$w_k^{\mathrm{LM},i} = p(z_k^{\mathrm{lm}_1} \mid \boldsymbol{X}_k^{\mathrm{R},i}, \boldsymbol{X}_{k-1}^{\mathrm{lm}_1,i}) p(z_k^{\mathrm{lm}_2} \mid \boldsymbol{X}_k^{\mathrm{R},i}, \boldsymbol{X}_{k-1}^{\mathrm{lm}_2,i}) \cdots p(z_k^{\mathrm{lm}_{m_{k-1}}} \mid \boldsymbol{X}_k^{\mathrm{R},i}, \boldsymbol{X}_{k-1}^{\mathrm{lm}_{m_{k-1}},i})$ \\\\计算特征相似度权值

(15)$[\boldsymbol{X}_k^{\mathrm{lm}_1,i}, \boldsymbol{P}_k^{\mathrm{lm}_1,i}, \cdots, \boldsymbol{X}_k^{\mathrm{lm}_{m_{k-1}},i}, \boldsymbol{P}_k^{\mathrm{lm}_{m_{k-1}},i}] = \mathrm{EKFUPDATE}(\boldsymbol{X}_{k-1}^{\mathrm{lm}_1,i}, \boldsymbol{P}_{k-1}^{\mathrm{lm}_1,i}, \cdots, \boldsymbol{X}_{k-1}^{\mathrm{lm}_{m_{k-1}},i}, \boldsymbol{P}_{k-1}^{\mathrm{lm}_{m_{k-1}},i}, \boldsymbol{X}_k^{\mathrm{R},i}, z_k^{\mathrm{LM}_k}, \mathrm{Table})$

(16)ENDIF

(17)$w_k^i = w_k^{\mathrm{T},i} w_k^{\mathrm{LM},i}$

(18)IF $z_k^{\mathrm{LM}_{\mathrm{new}}} \neq \varphi$

(19)$[\boldsymbol{X}_k^{\mathrm{lm}_1,i}, \boldsymbol{P}_k^{\mathrm{lm}_1,i}, \cdots, \boldsymbol{X}_k^{\mathrm{lm}_{m_k},i}, \boldsymbol{P}_k^{\mathrm{lm}_{m_k},i}] = \mathrm{ADD\_LANKMARK}([\boldsymbol{X}_k^{\mathrm{lm}_1,i}, \boldsymbol{P}_k^{\mathrm{lm}_1,i}, \cdots, \boldsymbol{X}_k^{\mathrm{lm}_{m_{k-1}},i}, \boldsymbol{P}_k^{\mathrm{lm}_{m_{k-1}},i}], z_k^{\mathrm{LM}_{\mathrm{new}}}, \boldsymbol{X}_k^{\mathrm{R},i})$

(20)ENDIF

(21)ELSE

(22)$[\boldsymbol{X}_k^{\mathrm{lm}_1,i}, \boldsymbol{P}_k^{\mathrm{lm}_1,i}, \cdots, \boldsymbol{X}_k^{\mathrm{lm}_{m_k},i}, \boldsymbol{P}_k^{\mathrm{lm}_{m_k},i}] = [\boldsymbol{X}_k^{\mathrm{lm}_1,i}, \boldsymbol{P}_k^{\mathrm{lm}_1,i}, \cdots, \boldsymbol{X}_k^{\mathrm{lm}_{m_{k-1}},i}, \boldsymbol{P}_k^{\mathrm{lm}_{m_{k-1}},i}]$

(23)ENDELSE

(24)ENDFOR

(25)ENDIF

(26)IF Resample_condition_satisfy

(27)$\{\boldsymbol{X}_k^{\mathrm{R},i}, \boldsymbol{X}_k^{\mathrm{T},i}, \boldsymbol{P}_k^{\mathrm{T},i}, \boldsymbol{X}_k^{\mathrm{lm}_1,i}, \boldsymbol{P}_k^{\mathrm{lm}_1,i}, \cdots, \boldsymbol{X}_k^{\mathrm{lm}_{m_k},i}, \boldsymbol{P}_k^{\mathrm{lm}_{m_k},i}\}_{i=1}^{N_s} = \mathrm{RESAMPLE}\{\boldsymbol{X}_k^{\mathrm{R},i}, \boldsymbol{X}_k^{\mathrm{T},i}, \boldsymbol{P}_k^{\boldsymbol{T},i}, \boldsymbol{X}_k^{\mathrm{lm}_1,i}, \boldsymbol{P}_k^{\mathrm{lm}_1,i}, \cdots, \boldsymbol{X}_k^{\mathrm{lm}_{m_k},i}, \boldsymbol{P}_k^{\mathrm{lm}_{m_k},i}\}_{i=1}^{N_s}$

(28)ENDIF

END PFSLAMTO

步骤(18)～(23)完成对于标志柱地图的更新。步骤(26)～(27)利用文献[11]介绍的方法对粒子群进行重采样。算法采用基于 $\chi^2$ 检验的数据关联方法,具体过程与第 7 章介绍方法类似。

### 6.3.5 PF_SLAMOT 算法实验结果

首先通过仿真实验从定位准确性、粒子数量和标志柱数量对定位精度影响三方面来检验算法的有效性。仿真在 Matlab 7.5 环境下进行,假设环境中包含若干个标志柱、一个机器人以及一个目标。为了减少问题的复杂性,假设环境中不存在障碍物,机器人能够感知一定范围内的目标和标志柱,并且获得以方向和深度为表征的观测值。另外,机器人会根据目标位置调整输入使其能够追踪目标。

**实验 1** 假设环境范围为 10 m×10 m,其中均匀分布着 20 个标志柱,算法采用的粒子数为 200,目标和机器人均为理想模型。假设机器人速度和角度控制噪声方差阵为 diag(0.4 m,0.087 2 rad),目标运动不确定性系数为 0.1,观测的误差协方差阵为 diag($0.1^2$ m,$0.008^2$ rad),仿真

实验共迭代 320 次，每 8 次迭代发生 1 次观测，这样的实验共进行了 20 次，其中一次实验总体结果如图 6－3 所示。

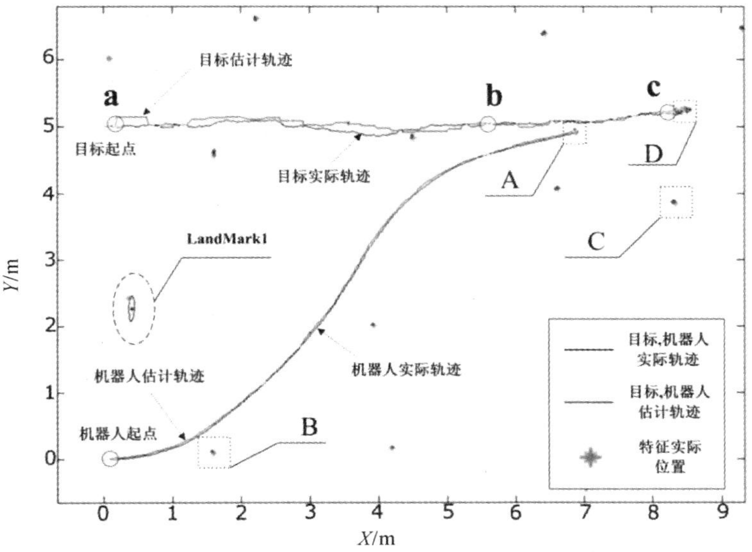

(a) 仿真总体图

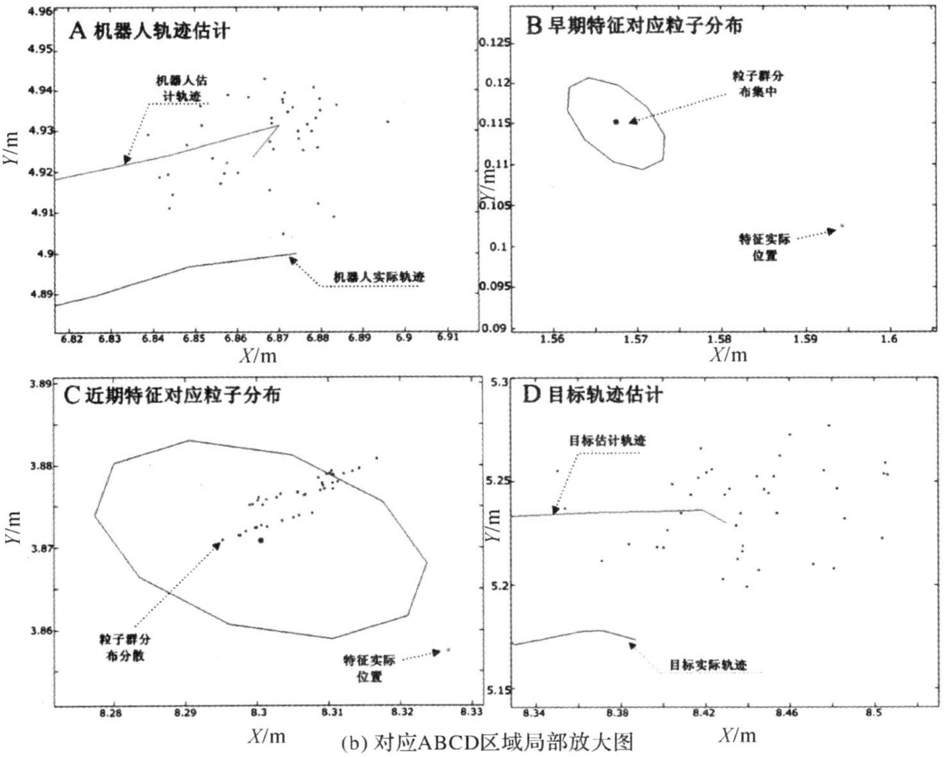

(b) 对应ABCD区域局部放大图

图 6－3　PF_SLAMOT 仿真结果图

图 6－3(a)为机器人、目标和环境标志柱状态估计总体结果图，图 6－3(b)为图 6－3(a)中

对应 A,B,C,D 四个区域的放大图。图 6－3(a)中蓝色轨迹代表机器人和目标的真实轨迹,红色轨迹代表机器人和目标的估计轨迹,绿色星点代表标志柱的实际位置。以下结论是在多次仿真基础上得出的,运用一次仿真结果是为了说明方便。由于观测频率相对于环境更迭频率较慢(1:8)、运动噪声较大和机器人定位误差传播等原因使目标定位误差大于机器人定位误差(误差均值为 0.039 3,误差均方为差为 0.013 6),尽管如此,对目标的定位仍比较准确(误差均值 0.063 9,误差均方差 0.010 4)。图 6－3(b)A,D 中红色粒子群代表对机器人和目标的位置估计,而图 6－3(b)C,B 中红色粒子群代表对应标志柱的估计值,图 6－3(b)A,D 和图 6－3(b)C,B 中的粒子是对应的,即,图 6－3(b)A,D 中粒子是 $ps_k$ 中对应的 $\boldsymbol{X}_k^{\mathrm{R},i}$ 和 $\boldsymbol{X}_k^{\mathrm{T},i}$ 分量,而图 6－3(b)C,B 中粒子是 $ps_k$ 中对应第 3 个和第 12 个标志柱的均值分量。由图 6－3(b)A,D 可见,由于重采样的作用,代表机器人和目标位置的粒子群分布集中并且多数粒子分布接近,粒子群分布集中于机器人和目标的真实位置。对于图 6－3(b)B 来说所有粒子均重合,这同样是重采样的结果,因为对于该标志柱的观测早已发生,在迭代的过程中误差较大的粒子逐步被误差小的粒子取代,最终只有早期单个粒子对应的该标志柱位置估计保留下来。而图 6－3(b)C 中对应标志柱的粒子群较为分散,这是因为该标志柱刚刚被发现,重采样过程还没有将粒子分布单一化。已有研究表明正是该现象造成基于粒子滤波 SLAM 方法的一致性问题[17,42],如何减少重采样对于历史信息量的破坏是解决该问题的难点。

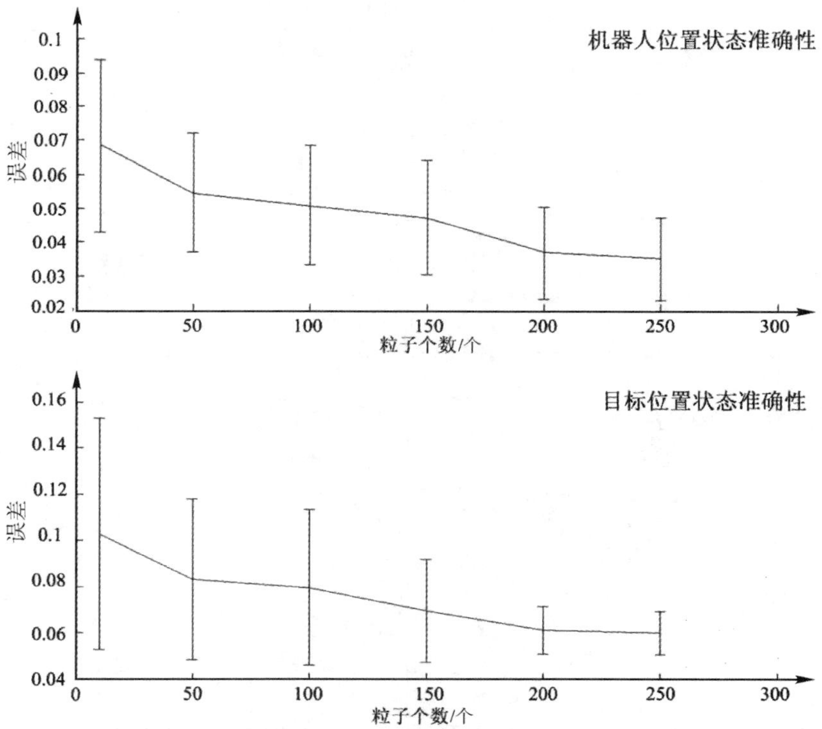


图 6－4　机器人和目标定位精度随粒子个数变化图

另外,从图 6－3(a)中可见,标志柱 LandMark1 的误差较大,其原因是机器人在追随目标过程中由于观测视野的限制对于该标志柱的观测次数较少,导致没有能充分利用观测值对其状态误差进行纠正。另外,在跟踪的前期(a 点～b 点)对于目标的定位误差较大(均值为

0.073 6)，而后期(b 点～c 点)误差变得相对较小(均值为 0.054 2)，造成这种现象的原因是，前期阶段机器人距离目标较远，因此观测所引入的误差较大，而随着机器人和目标距离的缩小，观测误差也随之变小，从而提高了目标的定位精度。由此可见，如何设计追捕策略是提高系统状态估计准确性的关键。

**实验 2**　分析粒子数量对机器人和目标定位的影响，每次仿真除了粒子数外其他设置和实验 1 相同，针对不同粒子数分别进行 20 次仿真，其平均定位误差均值和均方差随粒子个数变化如图 6-4 所示。

从该图可知，随着粒子数的增加定位精度逐步提高，但精度提高的幅度逐渐变小。相比来说机器人定位精度更高，这是由于目标定位是在机器人定位基础上完成的，机器人定位误差会传播到目标定位误差上使后者误差增加。

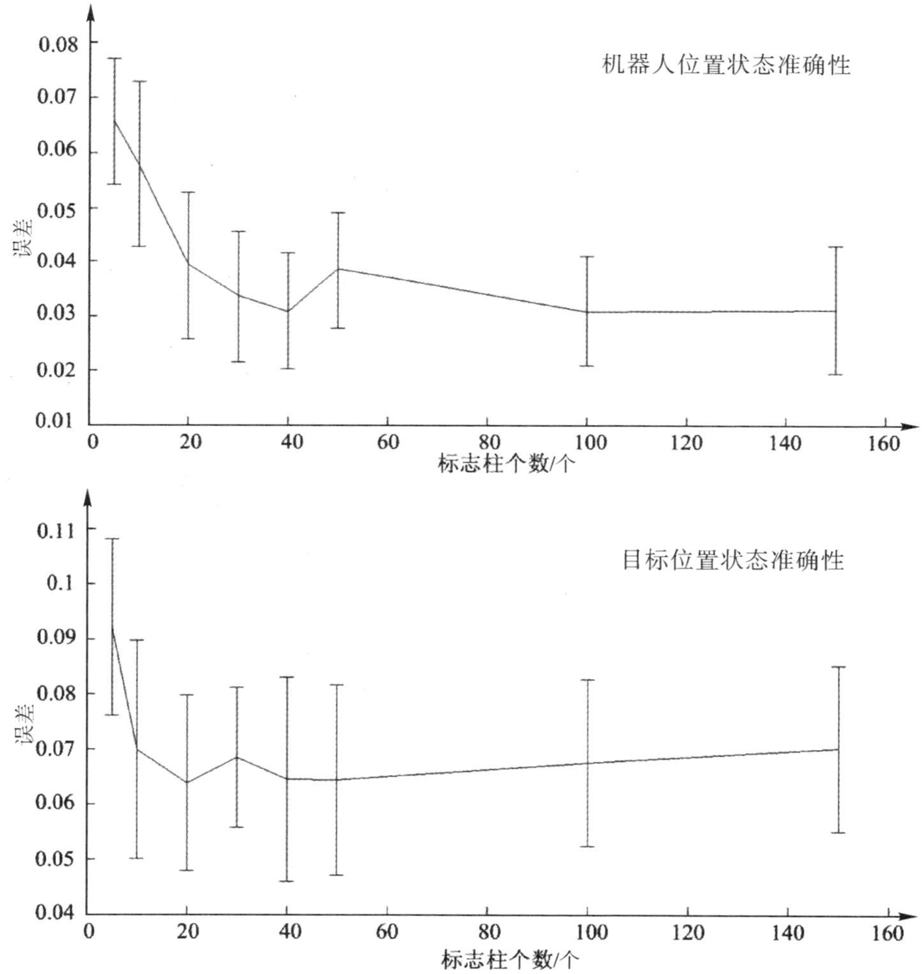


图 6-5　机器人和目标定位精度随标志柱个数变化图

**实验 3**　分析标志柱数量对于机器人和目标定位的影响，此次实验除了标志柱个数不同外其余条件与实验 1 相同，针对不同标志柱数分别进行 20 次仿真，每次仿真的标志柱空间分布服从均匀分布并随机产生，将所有结果取平均得到定位误差均值和均方差随标志柱个数变化曲线，如图 6-5 所示。由该图可知，对机器人和目标的定位精度并非随着标志柱数量的增加而提高，定位精度存在一个饱和值，因此，在具体应用中并不需要将所有发现的环境特征都纳入估计中，否则会增加系统的运算量，只需选择合适的环境特征即可。

为了进一步验证算法性能，以下将该算法所得的定位误差同机器人 SLAM 和目标跟踪独立进行估计所得的定位误差进行对比。结果为 100 次蒙特卡罗实验得到的误差平均值和方差，算法中粒子数量为 300，环境特征数为 100，对比结果见表 6-1。

**表 6-1　算法定位准确性对比**

| | 本章算法 | | | | | 独立估计结果 | | | | |
|---|---|---|---|---|---|---|---|---|---|---|
| | $x_R$ | $y_R$ | $\theta_R$ | $x_T$ | $y_T$ | $x_R$ | $y_R$ | $\theta_R$ | $x_T$ | $y_T$ |
| 均方误差均值 | 0.043 2 | 0.032 9 | 0.052 3 | 0.062 2 | 0.059 3 | 0.046 5 | 0.029 2 | 0.062 1 | 0.085 7 | 0.097 4 |
| 均方误差方差 | 0.024 5 | 0.015 4 | 0.002 4 | 0.048 7 | 0.039 8 | 0.025 6 | 0.021 4 | 0.004 5 | 0.045 8 | 0.056 8 |

该表显示了机器人和目标对象各状态分量估计误差的均值和方差，从该表可见，设计算法在机器人定位精度上与独立估计结果基本相同，但在对目标的定位精度上却明显高于后者，这是由于算法在进行状态估计时，将机器人和目标状态作为估计整体，因此引入了机器人和目标的相关性，从而提高了目标状态估计的准确性。

最后利用两台 PIONEER 实体机器人验证该算法的实用性，图 6-6 显示了利用该算法得到的 R1 和 R2 运行轨迹以及扫描点的分布图。

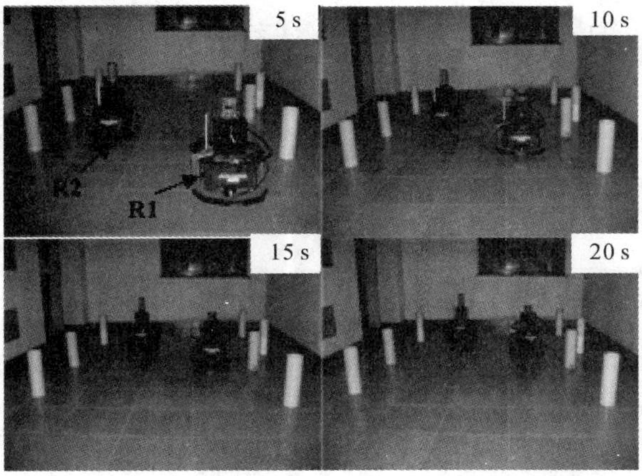


(a) 实验不同时刻场景

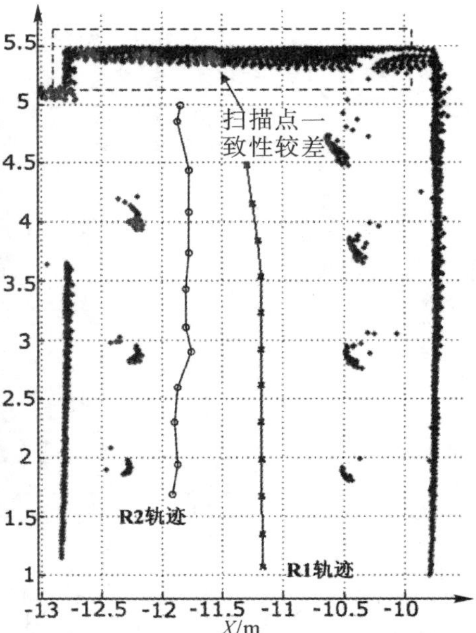


(b) 轮盘编码器定位扫描点分布

图 6-6　实体机器人实验结果

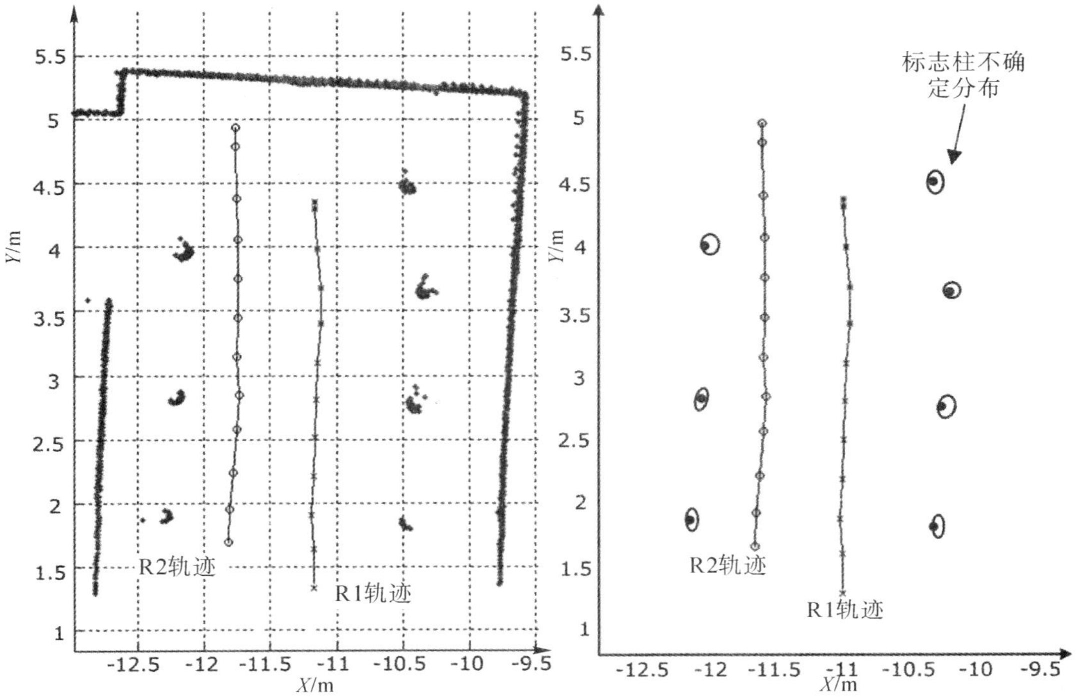


(c) 扫描点分布以及目标, 机器人轨迹　　(d) 标志柱不确定性分布

图 6-6　实体机器人实验结果(续)

实验过程中不同时刻场景如图 6-6(a)所示，机器人 R1 和目标机器人 R2 均以直线轨迹穿过布满标志柱的环境，为了检测到目标机器人(R2)，对其用色块进行了标记。当 R1 检测到 R2 时将根据方向信息利用激光扫描仪返回对 R2 的深度和角度观测值。图 6-6(d)显示了利用该算法得到的标志柱不确定性分布和 R1,R2 的轨迹图。为了证明该算法的有效性，图 6-6(b)显示了只用 R1 轮盘编码器信息得到的结果图，其中带连线实心圆点代表只利用轮盘编码器得到的机器人 R1 运动轨迹，空心圆点代表只利用观测值得到的目标机器人 R2 轨迹。与之相对应，图 6-6(c)显示了利用设计算法得到的 R1 和 R2 轨迹以及利用 R1 状态得到的扫描点分布。对比图 6-6(b)和图 6-6(c)可见，运用本节设计算法得到的扫描点分布一致性明显优于只用轮盘编码器进行机器人定位的结果，说明了设计算法的实用性。

## 6.4　基于联合概率数据关联粒子滤波的多目标 SLAMOT 算法

在未知环境下单目标跟踪粒子滤波算法基础上，本节设计基于联合概率数据关联粒子滤波的多目标 SLAMOT 算法。

### 6.4.1　多目标 SLAMOT 问题描述

多目标数据关联目的是确定目标观测值和每个目标的对应关系，假设在 $k$ 时刻，系统得到 $n_k$ 个目标观测值，记为

$$z_k^{\mathrm{T}} = \{ \boldsymbol{z}_k^{\mathrm{T}_1}, \boldsymbol{z}_k^{\mathrm{T}_2}, \cdots, \boldsymbol{z}_k^{\mathrm{T}_{n_k}} \} \tag{6-33}$$

而 $k$ 时刻 $n$ 个目标的状态集合为

$$X_k^{\mathrm{T}}=\{\boldsymbol{X}_k^{t_1},\boldsymbol{X}_k^{t_2},\cdots,\boldsymbol{X}_k^{t_n}\} \tag{6-34}$$

未知环境下多目标跟踪算法目的是机器人在 SLAM 的同时追踪定位这 $n$ 个移动目标。

### 6.4.2 联合概率数据关联介绍

联合概率数据关联滤波由 Musicki 等人[12]首先提出，JPDA 能够解决多目标跟踪问题，该方法对每个目标产生一个跟踪滤波器，每次迭代时考虑所有目标观测值-跟踪滤波器组合情况，并用全部目标观测值对每个跟踪滤波器进行更新。

假设关联事件 $\theta_{j,i}$ 代表关联关系 $(j,i)\in\{1,2,\cdots,n_k\}\times\{1,2,\cdots,n\}$ 发生，即，目标观测值分量 $z_k^{\mathrm{T}_j}$ 和目标 $\mathrm{t}_i$ 状态 $X_k^{t_i}$ 相对应。首先计算观测值 $z_k^{\mathrm{T}_j}$ 由目标 $\mathrm{t}_i$ 引发的后验概率：

$$\beta_{j,i}=p(\theta_{j,i}\mid z^{k,T}) \tag{6-35}$$

其中，上标 $k$ 代表截至 $k$ 时刻的所有目标观测值序列，称该值 $\beta_{j,i}$ 为关联系数。

假设该估计问题为马尔可夫过程，对式(6－35)进行如下推导：

$$p(\theta_{j,i}\mid z^{k,\mathrm{T}})=p(\theta_{j,i}\mid z_k^{\mathrm{T}},z^{k-1,\mathrm{T}})\xlongequal{\text{Markov}}p(\theta_{j,i}\mid z_k^{\mathrm{T}},X_k^{\mathrm{T}})\xlongequal{\text{Bayes}}\frac{p(z_k^{\mathrm{T}}\mid\theta_{j,i},X_k^{\mathrm{T}})\,p(\theta_{j,i}\mid X_k^{\mathrm{T}})}{p(z_k^{\mathrm{T}}\mid X_k^{\mathrm{T}})} \tag{6-36}$$

其中，$p(z_k^{\mathrm{T}}\mid\theta_{j,i},X_k^{\mathrm{T}})$ 代表在关联事件 $\theta_{j,i}$ 条件下获得 $z_k^{\mathrm{T}}$ 观测值的相似度；$p(\theta_{j,i}\mid X_k^{\mathrm{T}})$ 代表在多目标状态为 $X_k^{\mathrm{T}}$ 的条件下关联事件 $\theta_{j,i}$ 发生的可能性概率，假设该值是恒定值。$p(z_k^{\mathrm{T}}\mid X_k^{\mathrm{T}})$ 是归一化因子，由此可得

$$\beta_{j,i}=p(\theta_{j,i}\mid z^{k,\mathrm{T}})\propto p(\boldsymbol{z}_k^{\mathrm{T}}\mid\theta_{j,i},\boldsymbol{X}_k^{\mathrm{T}})=p(\boldsymbol{z}_k^{\mathrm{T}_j}\mid\boldsymbol{X}_k^{t_i}) \tag{6-37}$$

由贝叶斯定理可得目标 $\mathrm{t}_i$ 在 $k$ 时刻状态估计为

$$p(\boldsymbol{X}_k^{t_i}\mid z^{k,\mathrm{T}})=\frac{p(\boldsymbol{z}_k^{\mathrm{T}}\mid\boldsymbol{X}_k^{t_i},z^{k-1,\mathrm{T}})\,p(\boldsymbol{X}_k^{t_i}\mid z^{k-1,\mathrm{T}})}{p(\boldsymbol{z}_k^{\mathrm{T}}\mid z^{k-1,T})} \tag{6-38}$$

其中，$p(z_k^{\mathrm{T}}\mid z^{k-1,\mathrm{T}})$ 是归一化因子，记作 $\alpha$。由 Chapman－Kolmogorov 等式可得

$$p(\boldsymbol{X}_k^{t_i}\mid\boldsymbol{z}^{k-1,\mathrm{T}})=\int p(\boldsymbol{X}_k^{t_i}\mid\boldsymbol{X}_{k-1}^{t_i},z^{k-1,\mathrm{T}})\,p(\boldsymbol{X}_{k-1}^{t_i}\mid z^{k-1,\mathrm{T}})\,\mathrm{d}\boldsymbol{X}_{k-1}^{t_i} \tag{6-39}$$

式(6－39)表示目标状态的预测过程。由于不能确定目标观测值和目标的对应关系，此处利用加权和的形式来表示式(6－38)，即

$$p(\boldsymbol{X}_k^{t_i}\mid z^{k,\mathrm{T}})=\alpha\sum_{j=1}^{M_k}\beta_{j,i}\,p(\boldsymbol{z}_k^{\mathrm{T}_j}\mid\boldsymbol{X}_k^{t_i},z^{k-1,\mathrm{T}})\,p(\boldsymbol{X}_k^{t_i}\mid z^{k-1,\mathrm{T}}) \tag{6-40}$$

式中，$p(\boldsymbol{z}_k^{\mathrm{T}_j}\mid\boldsymbol{X}_k^{t_i},z^{k-1,\mathrm{T}})\,p(\boldsymbol{X}_k^{t_i}\mid z^{k-1,\mathrm{T}})$ 可以用 EKF 的预测和更新步骤来解决。

### 6.4.3 基于联合概率数据关联粒子滤波的多目标 SLAMOT 实现

为了解决未知环境下机器人多目标追踪问题，在基于 Rao－Blackwellised 粒子滤波的单目标 SLAMOT 算法基础上，修改粒子群结构如下：

$$ps_k=\{\underbrace{\boldsymbol{X}_k^{\mathrm{R},i}}_{\text{Robot}},\underbrace{X_k^{\mathrm{T},i},\boldsymbol{P}_k^{\mathrm{T},i}}_{\text{Multi-Objects}},\underbrace{\boldsymbol{X}_k^{\mathrm{lm}_1,i},\boldsymbol{P}_k^{\mathrm{lm}_1,i},\cdots,\boldsymbol{X}_k^{\mathrm{lm}_m,i},\boldsymbol{P}_k^{\mathrm{lm}_m,i}}_{\text{Landmarks}}\}_{i=1}^{N_s} \tag{6-41}$$

其中，$\boldsymbol{X}_k^{\mathrm{R},i}$ 代表 $k$ 时刻粒子 $i$ 对应的机器人状态；$\boldsymbol{X}_k^{\mathrm{lm}_j,i},\boldsymbol{P}_k^{\mathrm{lm}_j,i}$ 为 $k$ 时刻粒子 $i$ 代表的标志柱 $\mathrm{lm}_j$

的状态均值和协方差阵；$X_k^{\mathrm{T},i}$，$P_k^{\mathrm{T},i}$ 为 $k$ 时刻粒子 $i$ 代表的多个目标均值和协方差阵集合，即 $\boldsymbol{X}_k^{\mathrm{T},i}=\{\boldsymbol{X}_k^{\mathrm{t}_1,i},\boldsymbol{X}_k^{\mathrm{t}_2,i},\cdots,\boldsymbol{X}_k^{\mathrm{t}_n,i}\}$，$P_k^{\mathrm{T},i}=\{\boldsymbol{P}_k^{\mathrm{t}_1,i},\boldsymbol{P}_k^{\mathrm{t}_2,i},\cdots,\boldsymbol{P}_k^{\mathrm{t}_n,i}\}$。

机器人单目标 Rao - Blackwellised 粒子滤波运用传统粒子滤波完成机器人状态估计，并对每一个粒子包含的标志柱、目标状态均值和协方差运用 EKF 进行估计。当涉及多个目标的追踪时，需要运用联合概率数据关联方法对原算法进行改进。

未知环境下多目标跟踪算法粒子权值目标部分推导如下：

$$\begin{aligned}
w_k^{\mathrm{T},i} &= p(z_k^{\mathrm{T}}\mid \boldsymbol{X}_k^{\mathrm{R},i},\boldsymbol{X}_k^{\mathrm{t}_1,i},\boldsymbol{X}_k^{\mathrm{t}_2,i},\cdots,X_k^{t_n,i}) \\
&= p(\boldsymbol{z}_k^{\mathrm{T}_1},\boldsymbol{z}_k^{\mathrm{T}_2},\cdots,z_k^{\mathrm{T}_{n_k}}\mid \boldsymbol{X}_k^{\mathrm{R},i},\boldsymbol{X}_k^{\mathrm{t}_1,i},\boldsymbol{X}_k^{\mathrm{t}_2,i},\cdots,\boldsymbol{X}_k^{\mathrm{t}_n,i}) \\
&\overset{\text{Independent}}{=\!=\!=} p(\boldsymbol{z}_k^{\mathrm{T}_1}\mid \boldsymbol{X}_k^{\mathrm{R},i},\boldsymbol{X}_k^{\mathrm{t}_1,i},\boldsymbol{X}_k^{\mathrm{t}_2,i},\cdots,\boldsymbol{X}_k^{\mathrm{t}_n,i})\,p(\boldsymbol{z}_k^{\mathrm{T}_2}\mid \boldsymbol{X}_k^{\mathrm{R},i},\boldsymbol{X}_k^{\mathrm{t}_1,i},\boldsymbol{X}_k^{\mathrm{t}_2,i},\cdots,\boldsymbol{X}_k^{\mathrm{t}_n,i}) \\
&\quad \times\cdots p(\boldsymbol{z}_k^{\mathrm{T}_{n_k}}\mid \boldsymbol{X}_k^{\mathrm{R},i},\boldsymbol{X}_k^{\mathrm{t}_1,i},\boldsymbol{X}_k^{\mathrm{t}_2,i},\cdots,\boldsymbol{X}_k^{\mathrm{t}_n,i}) \\
&= \prod_{j=1}^{n_k} p(\boldsymbol{z}_k^{\mathrm{T}_j}\mid \boldsymbol{X}_k^{\mathrm{R},i},\boldsymbol{X}_k^{\mathrm{t}_1,i},\boldsymbol{X}_k^{\mathrm{t}_2,i},\cdots,\boldsymbol{X}_k^{\mathrm{t}_n,i})
\end{aligned} \tag{6-42}$$

其中，$\boldsymbol{z}_k^{\mathrm{T}_j}$ 代表系统对目标的第 $j$ 个观测值并假设目标观测值间相互独立；$\boldsymbol{X}_k^{\mathrm{R},i}$ 代表粒子 $i$ 对机器人的状态估计；$\boldsymbol{X}_k^{\mathrm{t}_j,i}$ 代表粒子 $i$ 对目标 $\mathrm{t}_j$ 的状态估计。由于并不能确定观测值和目标的对应关系，因此用加权和的形式表示式(6 - 42)，有

$$w_k^{\mathrm{T},i} = \prod_{j=1}^{n_k} p(\boldsymbol{z}_k^{\mathrm{T}_j}\mid \boldsymbol{X}_k^{\mathrm{R},i},\boldsymbol{X}_k^{\mathrm{t}_1,i},\boldsymbol{X}_k^{\mathrm{t}_2,i},\cdots,\boldsymbol{X}_k^{\mathrm{t}_n,i}) = \prod_{j=1}^{n_k}\sum_{l=1}^{n}\alpha_j\beta_{j,t_l}\,p(\boldsymbol{z}_k^{\mathrm{T}_j}\mid \boldsymbol{X}_k^{\mathrm{R},i},\boldsymbol{X}_k^{\mathrm{t}_l,i}) \tag{6-43}$$

其中，$\alpha_j=1/\sum_{i=1}^{n}\beta_{j,\mathrm{t}_i}$ 为归一化因子；$\beta_{j,\mathrm{t}_l}$ 由式(6 - 37) 给出。

最后介绍目标更新过程，利用式(6 - 40)对粒子 $i$ 对应的 $\mathrm{t}_m$ 目标状态进行更新有

$$p(\boldsymbol{X}_k^{\mathrm{t}_m,i}\mid z^{k,\mathrm{T}}) = \alpha\sum_{j=1}^{n_k}\beta_{j,\mathrm{t}_m}\,p(\boldsymbol{z}_k^{\mathrm{T}_j}\mid \boldsymbol{X}_k^{\mathrm{t}_m,i})\,p(\boldsymbol{X}_k^{\mathrm{t}_m,i}\mid \boldsymbol{X}_{k-1}^{\mathrm{t}_m,i}) \tag{6-44}$$

其中，$\alpha=1/\sum_{i=1}^{n_k}\beta_{i,\mathrm{t}_m}$ 为归一化因子；$\boldsymbol{X}_k^{\mathrm{t}_m,i}$ 代表 $k$ 时刻粒子 $i$ 包含的目标 $\mathrm{t}_m$ 状态；$\boldsymbol{z}_k^{\mathrm{T}_j}$ 代表 $k$ 时刻对目标的第 $j$ 个观测值；$\beta_{j,\mathrm{t}_m}$ 同样由式(6 - 37)给出。式(6 - 44)的 $p(\boldsymbol{z}_k^{\mathrm{T}_j}\mid \boldsymbol{X}_k^{\mathrm{t}_m,i})\,p(\boldsymbol{X}_k^{\mathrm{t}_m,i}\mid \boldsymbol{X}_{k-1}^{\mathrm{t}_m,i})$部分可以通过 EKF 得到：首先由目标状态转移函数得到 $k$ 时刻目标 $\mathrm{t}_m$ 的预测状态 $\boldsymbol{X}_{k|k-1}^{\mathrm{t}_m,i}$ 和协方差矩阵 $\boldsymbol{P}_{k|k-1}^{\mathrm{t}_m,i}$，之后在更新阶段，利用目标的观测函数以及实际目标观测值 $z_k^{\mathrm{T}_j}$ 对目标预测状态进行矫正以得到更新的目标状态 $\boldsymbol{X}_k^{\mathrm{t}_m,i}$ 和协方差矩阵 $\boldsymbol{P}_k^{\mathrm{t}_m,i}$，该过程与单目标跟踪算法类似，此处不再介绍。

### 6.4.4　PFJPDA_SLAMOT 算法实验结果

以下通过仿真实验验证多目标追踪 PFJPDA_SLAMOT 算法的有效性并分析粒子数对于机器人和目标定位准确性的影响，实验是在 Matlab 7.5 环境下进行的。

假设运行环境范围为 100 m×100 m，机器人同时追踪 3 个自左向右运动的目标，机器人控制输入噪声为 diag(0.3 m，0.0872 rad)，目标运动符合 CVM 模型，目标运动不确定系数为 $q^{\mathrm{TCVM}}=0.4$，假设环境中不存在障碍物并且目标之间不存在碰撞现象。机器人的控制量根据 3

个目标估计位置确定并控制机器人向3目标所构成的三角形重心运动。实验共进行20次仿真,其中一次仿真总体结果如图6-7所示。仿真中粒子数为50,图6-7(a)显示了此次运行的总体情况,图6-7(b)显示了机器人与目标实际轨迹和估计轨迹的局部放大图。星号代表标志柱的真实分布,标志柱周围的粒子群代表对标志柱位置的粒子群估计。从图6-7(b)可见,算法能够较好地对3个目标以及机器人进行定位。本次仿真中对机器人位置估计的误差均值和方差分别为0.452和0.117。对目标1位置估计的误差均值和方差分别为0.923和0.353。对目标2位置估计的误差均值和方差分别为1.544和1.235。对目标3位置估计的误差均值和方差分别为1.952和0.554 3。可见,机器人定位精度要高于目标定位精度。仿真发现,算法对于目标跟踪的灵敏度小于对机器人定位的灵敏度,当机器人估计位置和实际位置出现差别时算法能够较快地进行调节,但是当目标估计位置和实际位置出现差别时算法调节较慢,该特点能从图6-7(a)中得以体现,当代表目标实际位置的曲线和代表估计位置的曲线出现偏差时往往需要较长的时间,估计位置曲线才能重新跟上实际位置曲线,而代表机器人实际位置的曲线和代表估计位置的曲线出现偏差时,只需要很少的时间估计位置曲线就能够跟上实际位置曲线。造成该现象的原因在于,如式(6-43)所示,粒子权值目标部分是根据对多个目标观测相似度乘积来确定的,当对一个目标的观测相似度降低时对其他目标的观测相似度不一定下降,那么它们的乘积值不一定变小,这样对于单目标位置估计的粒子群更新就不一定及时,因此算法对目标跟踪灵敏度相比对机器人定位灵敏度来说较低。另外,从图中可见,目标2和目标3在坐标(39,63)处交汇,由于算法采用了联合概率数据关联方法,因而保证了系统对两个目标状态估计的准确性。

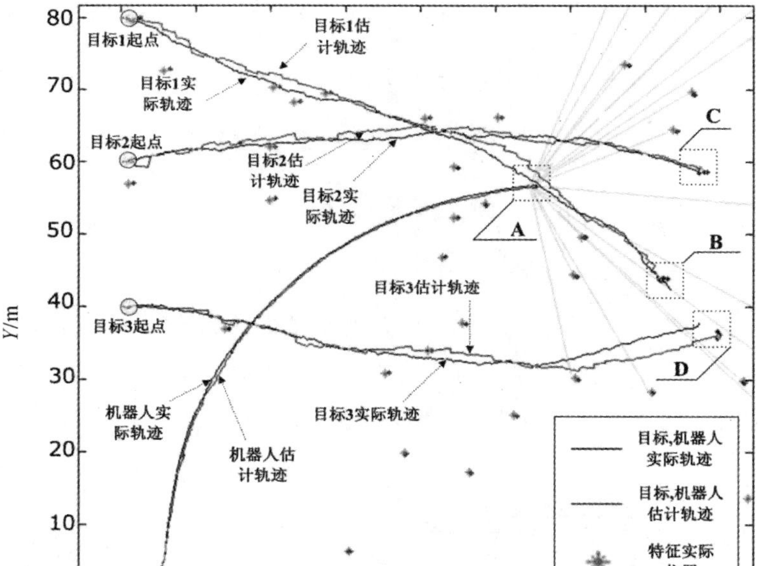

(a) 总体仿真图

图6-7 各对象轨迹估计*ABCD*局部区域放大图

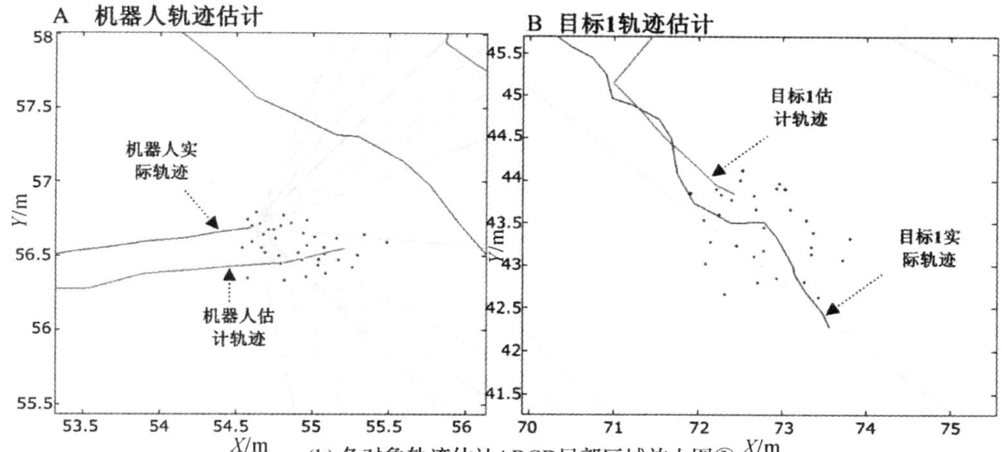


(b) 各对象轨迹估计ABCD局部区域放大图①

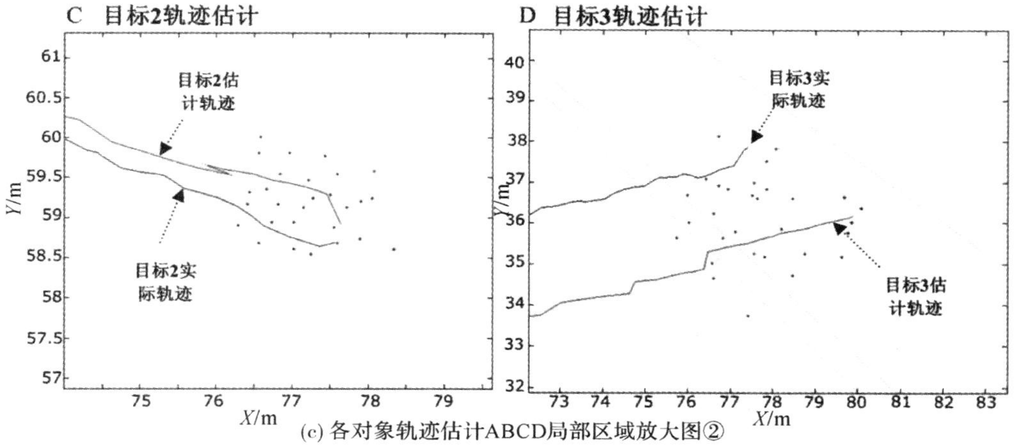


(c) 各对象轨迹估计ABCD局部区域放大图②

图 6-7　PFJPDA_SLAMOT 算法多目标跟踪仿真结果图(续)

实验 2 分析粒子数对机器人和多目标定位的影响，仿真分别采用粒子数为 20，50，100，150，200，250，300，350，400，450，500，550，600 个，对于每一种粒子数分别进行 20 次仿真得到的机器人位置误差平均值随粒子数变化如图 6-8 所示。

从图 6-8 可知，在粒子数大于 50 的条件下，机器人定位精度并没有随粒子数的增加而显著提高，其呈现出波动状态，这种现象反映出机器人定位精确度随粒子数量增加存在一个饱和值，因此并非粒子数越多定位越准确，适当选择粒子数既能够保持高精度又能减少计算量。

同样，对应不同粒子数目，算法对 3 目标定位误差的变化如图 6-9 所示。

图 6-9(a)，(b)，(c)分别代表对于目标 1，2，3 的定位误差的变化情况，图 6-9(d)为 3 目标平均定位误差的变化情况。从图中可见，每一个目标的定位精度并不都是随粒子数的增加而提高的，目标 1 在粒子数为 500 时定位精度最差，造成这种现象的原因同样是因为粒子权值是根据多个目标观测相似度乘积共同产生的。当对目标 1 的定位误差提高时，算法对于目标 2，3 的定位精度仍然较高，因此粒子对于目标 1 的调节并不明显。尽管如此，从图 6-9(d)可

见，总体来看对于多目标的综合定位性能还是随着粒子数目的增大而提高的。

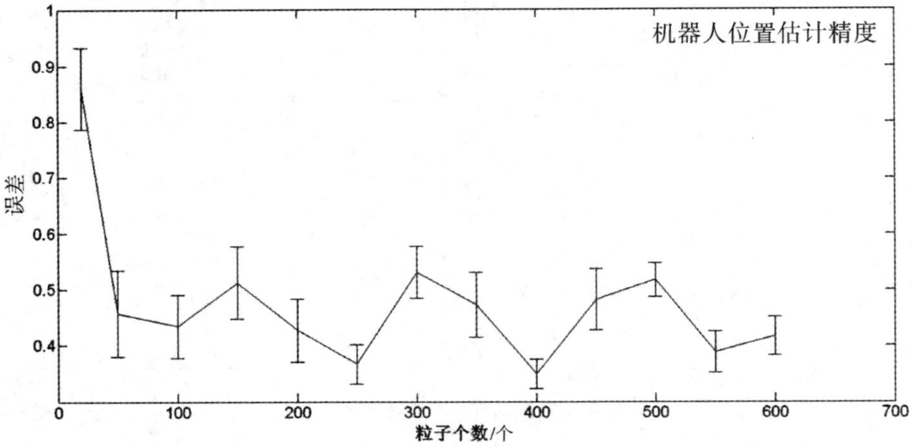


图 6-8　机器人位置误差随粒子数变化情况图

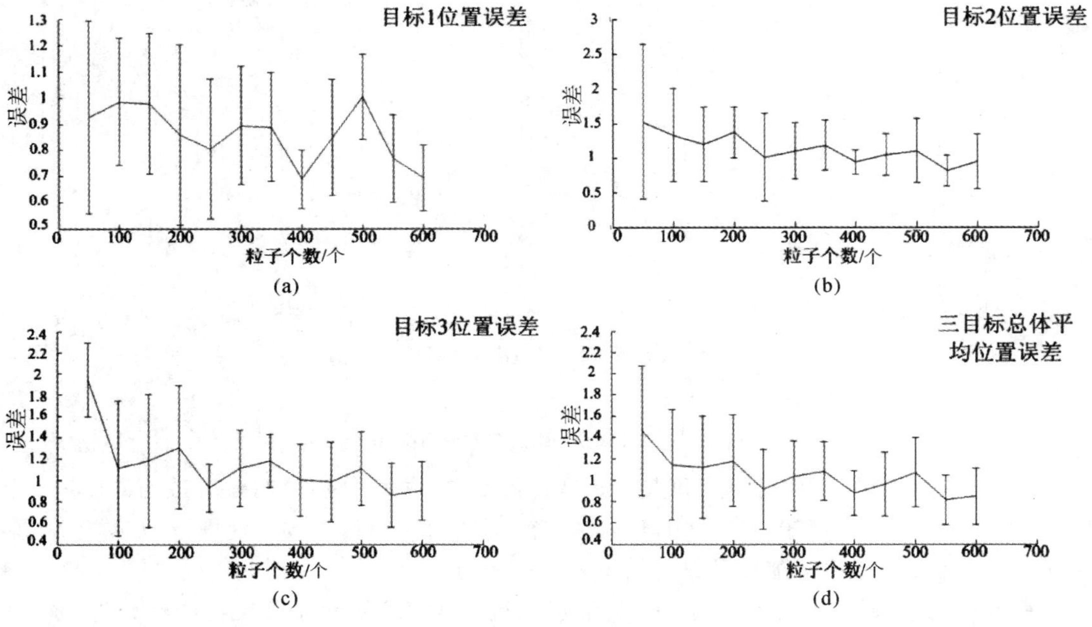


图 6-9　目标位置误差随粒子数变化情况

## 参考文献

[1] Thrun S, Burgard W, Fox D. Probabilistic robotics[M]. USA: MIT Press, 2000.

[2] Duekett T, Nehmzow U. Mobile robot self-localisation using occupancy histograms and a mixture of gaussian location hypotheses[J]. Journal of Roboties and Autonomous Systems, 2001, 34(2):119-130.

[3] Olson C F. Probabilistic self-localization for mobile robots[J]. IEEE Transactions on

Robotics and Automation, 2000, 16(1):55 - 66.

[4] Chow K M, Rad A B, Ip Y L. Enhancement of probabilistic grid - based map for mobile robot applications [J]. Journal of Intelligent and Robotic Systems, 2002, 34 (2):155 - 174.

[5] Kurt K. Improved occupancy grids for map building[J]. Autonomous Robots, 1997, 4 (4): 351 - 3674.

[6] Leonard J J, Whyte H F D, Cox I J. Dynamic map building for an autonomous mobile robot[J]. International Jounral of Roboties Research, 1992, 11(4):286 - 298.

[7] Dean T, Kanazawa K. A model for reasoning about persistence and causation[J]. Artificial Intelligence, 1989, 93(2):1 - 27.

[8] Vidaly R, Shakernia O, Kim H J. Probabilistic pursuit - evasion games: theory, implementation and experimental evaluation[J]. IEEE Transactions on Robotics and Automation, 2002, 18 (5):100 - 107.

[9] Arulampalam M S, Maskell S, Gordon N, et al. A tutorial on particle filters for online nonlinear non - GaussianBayesian tracking[J]. IEEE Transations on Signal Processing, 2002, 50(2):174 - 188.

[10] Gordon N J, Salmond D J, Smith A F M. Novel approach to nonlinear non - Gaussian bayesian state estimation[J]. IEE Proceedings in Radar and Signal Processing, 2002, 140(2):107 - 113.

[11] Kitagawa G. Monte carlo filter and smoother for non - Gaussian nonlinear state space models[J]. Journal of Computation and Graphical Statistics, 1996, 5(1):1 - 25.

[12] Musicki D, Evans R. Joint integrated probabilistic data association - JIPDA[J]. IEEE Transactions on Aerospace and Electronic Systems, 2004, 40(3):1093 - 1099.

# 第 7 章　基于扩展式卡尔曼滤波的机器人未知环境下目标跟踪算法

机器人 SLAM 与目标跟踪研究的问题各有侧重，SLAM 重点在于如何正确估计系统各对象状态本身以及对象之间的不确定性关系，而目标跟踪研究重点在于目标运动方式的未知性以及目标运动的不确定性。那么对于 SLAMOT 来说，其重点和难点至少是以上两个子问题难点之和。另外，对于实际应用来说，系统无法提前对目标进行任何标记，那么就涉及目标观测值获取问题，本书第 4 章重点讨论了该问题，但受机器人状态估计累积误差以及运动轨迹的影响，系统获得的目标观测值往往包含错误值，此处称之为伪观测值。很明显，这些伪观测值会对目标状态估计产生不利影响并最终影响到机器人和环境特征的状态估计，解决伪观测值问题也是 SLAMOT 研究难点。

本章针对以上几个问题展开研究，首先，提出和验证了基于扩展式卡尔曼滤波的 SLAMOT算法；其次，针对目标运动的不确定性提出和验证了基于交互多模 EKF 的 SLAMOT算法，该算法能够有效解决机器人未知环境下对带有逃逸能力的机动目标跟踪问题；最后，为了解决目标伪观测值对 SLAMOT 状态估计的影响，设计和验证了基于概率数据关联交互多模 EKF 的 SLAMOT 算法。

## 7.1　基于 EKF 的机器人 SLAMOT 算法

首先将系统状态表示成机器人状态、目标状态和环境特征状态组合的形式，即

$$\boldsymbol{X}_k=\begin{bmatrix}\boldsymbol{X}_k^{\mathrm{R}}\\ \boldsymbol{X}_k^{\mathrm{T}}\\ \boldsymbol{LM}_k\end{bmatrix} \tag{7-1}$$

其中，$\boldsymbol{X}_k^{\mathrm{R}}=[x_k^{\mathrm{R}}\quad y_k^{\mathrm{R}}\quad \theta_k^{\mathrm{R}}]'$为机器人 $k$ 时刻的状态值；$\boldsymbol{X}_k^{\mathrm{T}}=[x_k^{\mathrm{T}}\quad y_k^{\mathrm{T}}\quad \dot{x}_k^{\mathrm{T}}\quad \dot{y}_k^{\mathrm{T}}]'$ 为目标 $k$ 时刻的位置速度状态值；$\boldsymbol{LM}_k=[(\boldsymbol{X}_k^{\mathrm{lm}_1})'\ \cdots\ (\boldsymbol{X}_k^{\mathrm{lm}_n})']'$ 为当前已发现的 $n$ 个环境特征位置状态组合，其中仿真实验为标志柱位置状态，即 $\boldsymbol{X}_k^{\mathrm{lm}_i}=[x^{\mathrm{lm}_i}\quad {}_k y_k^{\mathrm{lm}_i}]'$，实体机器人实验为式(2－13)表示的环境直线特征在全局坐标系中的状态，即 $\boldsymbol{X}_k^{\mathrm{lm}_i}=[\alpha_k^{\mathrm{lm}_i}\quad r_k^{\mathrm{lm}_i}]'$。系统最初的状态向量只包括机器人状态 $\boldsymbol{X}_k^{\mathrm{R}}$，而目标状态 $\boldsymbol{X}_k^{\mathrm{T}}$ 和环境特征状态 $\boldsymbol{LM}_k$ 是在机器人取得观测值后逐步扩充进来的。假设机器人 $k$ 时刻的观测值集合为 $z_k=z_k^{\mathrm{lm}}\cup z_k^{\mathrm{T}}\cup z_k^{\mathrm{NEW}}$，该集合为环境特征观测值集合 $z_k^{\mathrm{lm}}$、目标观测值集合 $z_k^{\mathrm{T}}$ 和新环境特征观测值集合 $z_k^{\mathrm{NEW}}$ 的并集(需要说明的是 $z_k^{\cdot}$ 中元素并不唯一，$z_k^{\mathrm{lm}}$ 中存在对于不同环境特征的多个观测值而 $z_k^{\mathrm{T}}$ 中可能存在除目标真值外的伪观测值)。

相应的，系统协方差阵具有如下形式：

$$
\boldsymbol{P}_k = \begin{bmatrix} \boldsymbol{C}(\boldsymbol{r}_k,\boldsymbol{r}_k) & \boldsymbol{C}(\boldsymbol{r}_k,\boldsymbol{t}_k) & \boldsymbol{C}(\boldsymbol{r}_k,\boldsymbol{lm}_1) & \cdots & \boldsymbol{C}(\boldsymbol{r}_k,\boldsymbol{lm}_n) \\ \boldsymbol{C}(\boldsymbol{t}_k,\boldsymbol{r}_k) & \boldsymbol{C}(\boldsymbol{t}_k,\boldsymbol{t}_k) & \boldsymbol{C}(\boldsymbol{t}_k,\boldsymbol{lm}_1) & \cdots & \boldsymbol{C}(\boldsymbol{t}_k,\boldsymbol{lm}_n) \\ \boldsymbol{C}(\boldsymbol{lm}_1,\boldsymbol{r}_k) & \boldsymbol{C}(\boldsymbol{lm}_1,\boldsymbol{t}_k) & \boldsymbol{C}(\boldsymbol{lm}_1,\boldsymbol{lm}_1) & \cdots & \boldsymbol{C}(\boldsymbol{lm}_1,\boldsymbol{lm}_n) \\ \vdots & \vdots & \vdots & & \vdots \\ \boldsymbol{C}(\boldsymbol{lm}_n,\boldsymbol{r}_k) & \boldsymbol{C}(\boldsymbol{lm}_n,\boldsymbol{t}_k) & \boldsymbol{C}(\boldsymbol{lm}_n,\boldsymbol{lm}_1) & \cdots & \boldsymbol{C}(\boldsymbol{lm}_n,\boldsymbol{lm}_n) \end{bmatrix} \tag{7-2}
$$

其中，$\boldsymbol{r}_k$ 表示机器人状态 $\boldsymbol{X}_k^{\mathrm{R}}$；$\boldsymbol{t}_k$ 表示目标状态 $\boldsymbol{X}_k^{\mathrm{T}}$；$\boldsymbol{lm}_i$ 表示环境特征 $\mathrm{lm}_i$ 状态 $\boldsymbol{X}_k^{\mathrm{lm}_i}$，此处环境特征状态省去了时间下标 $k$；$\boldsymbol{C}(\boldsymbol{a},\boldsymbol{b})$代表向量 $\boldsymbol{a}$ 和向量 $\boldsymbol{b}$ 的互相关矩阵。由式(7－2)可知，该系统主要存在 6 种相互依赖关系，分别是，机器人自身的依赖关系 $\boldsymbol{C}(\boldsymbol{r}_k,\boldsymbol{r}_k)$，目标自身的依赖关系 $\boldsymbol{C}(\boldsymbol{t}_k,\boldsymbol{t}_k)$，环境特征自身的依赖关系 $\boldsymbol{C}(\boldsymbol{lm}_i,\boldsymbol{lm}_i)$，机器人和目标之间的依赖关系 $\boldsymbol{C}(\boldsymbol{r}_k,\boldsymbol{t}_k)$，机器人和环境特征之间的依赖关系 $\boldsymbol{C}(\boldsymbol{r}_k,\boldsymbol{lm}_i)$，目标和环境特征之间的依赖关系 $\boldsymbol{C}(\boldsymbol{t}_k,\boldsymbol{lm}_i)$以及不同环境特征之间的依赖关系 $\boldsymbol{C}(\boldsymbol{lm}_i,\boldsymbol{lm}_j)$，$i\neq j$。

基于 EKF 的 SLAMOT 算法处理过程如图 7－1 所示。

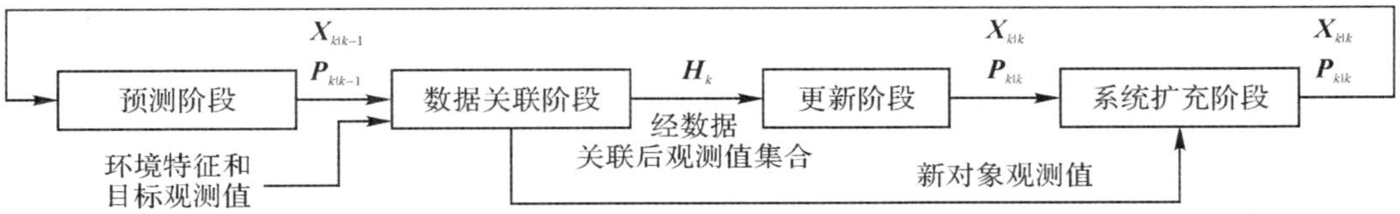


图 7－1　基于 EKF 的 SLAMOT 算法流程

算法主要分为预测阶段、数据关联阶段、更新阶段、扩充阶段。在每次迭代过程中，算法首先根据系统状态转移函数和误差传播公式得到预测系统状态向量 $\boldsymbol{X}_{k|k-1}$ 和预测系统协方差阵 $\boldsymbol{P}_{k|k-1}$。之后，在数据关联阶段，根据 $\boldsymbol{X}_{k|k-1}$ 和 $\boldsymbol{P}_{k|k-1}$ 计算出不同对象观测值可能的分布情况，并由此和实际得到的观测值进行对比，进而得到实际观测值与系统已知对象之间的对应关系，那些没有对应关系的观测值将在扩充阶段用于系统状态扩展。另外，需要说明的是，数据关联阶段还起到对目标观测值的检验作用，那些远离预测目标观测值的实际目标观测值将被认为是伪观测值，进而被滤除。更新阶段将利用经过数据关联环节的观测值以及对应的系统观测阵 $\boldsymbol{H}_k$ 对系统预测状态进行更新，最终得到 $\boldsymbol{X}_{k|k}$ 和 $\boldsymbol{P}_{k|k}$。下面对每部分进行具体介绍。

### 7.1.1　系统状态扩充阶段

初始阶段系统的状态向量只包括 $\boldsymbol{X}_k^{\mathrm{R}}$，在运行过程中，当第一次得到对于目标的观测值或新环境特征的观测值时，算法对系统状态向量和协方差阵进行扩展。

首先介绍对于状态向量的扩展。式(2－10)、式(2－15)、式(2－16)、式(2－17)给出了对于环境特征和目标的观测函数，以下给出其逆推形式，即已知 $\boldsymbol{X}_k^{\mathrm{R}}$ 和 $\boldsymbol{z}_k$ 条件下如何得到 $\boldsymbol{X}_k^{\mathrm{T}}$ 和 $\boldsymbol{X}_k^{\mathrm{lm_{new}}}$。

当目标观测值为距离角度量，即 $z_k^{\mathrm{T}}=[d_k^{\mathrm{T}}\quad \gamma_k^{\mathrm{T}}]'$时，有

$$
\boldsymbol{X}_k^{\mathrm{T}} = f^{\mathrm{c,tda}}(\boldsymbol{X}_k^{\mathrm{R}},z_k^{\mathrm{T}}) = \begin{bmatrix} x_k^{\mathrm{T}} \\ y_k^{\mathrm{T}} \\ \boldsymbol{0}_{2\times 1} \end{bmatrix} = \begin{bmatrix} x_k^{\mathrm{R}} + d_k^{\mathrm{T}}\cos(\gamma_k^{\mathrm{T}}+\theta_k^{\mathrm{R}}) \\ y_k^{\mathrm{R}} + d_k^{\mathrm{T}}\sin(\gamma_k^{\mathrm{T}}+\theta_k^{\mathrm{R}}) \\ \boldsymbol{0}_{2\times 1} \end{bmatrix} \tag{7-3}
$$

类似地，当目标观测值由动态物体检验得到时，即，$z_k^{\mathrm{T}}=[zx_k^{\mathrm{T}}\quad zy_k^{\mathrm{T}}]'$时，有

$$\boldsymbol{X}_k^{\mathrm{T}}=\boldsymbol{f}^{\mathrm{c,tm}}(\boldsymbol{X}_k^{\mathrm{R}},z_k^{\mathrm{T}})=\begin{bmatrix}x_k^{\mathrm{T}}\\y_k^{\mathrm{T}}\\\boldsymbol{0}_{2\times1}\end{bmatrix}=\begin{bmatrix}x_k^{\mathrm{R}}+zx_k^{\mathrm{T}}\cos(\theta_k^{\mathrm{R}})-zy_k^{\mathrm{T}}\sin(\theta_k^{\mathrm{R}})\\y_k^{\mathrm{R}}+zx_k^{\mathrm{T}}\sin(\theta_k^{\mathrm{R}})-zy_k^{\mathrm{T}}\cos(\theta_k^{\mathrm{R}})\\\boldsymbol{0}_{2\times1}\end{bmatrix}\tag{7-4}$$

当环境特征为标志柱，对应观测值为 $z_k^{\mathrm{lm_{new}}}=[d_k^{\mathrm{lm_{new}}}\gamma_k^{\mathrm{lm_{new}}}]'$时，有

$$\boldsymbol{X}_k^{\mathrm{lm_{new}}}=\boldsymbol{f}^{\mathrm{c,landmark}}(\boldsymbol{X}_k^{\mathrm{R}},\boldsymbol{z}_k^{\mathrm{lm_{new}}})=\begin{bmatrix}x_k^{\mathrm{lm_{new}}}\\y_k^{\mathrm{lm_{new}}}\end{bmatrix}=\begin{bmatrix}x_k^{\mathrm{R}}+d_k^{\mathrm{lm_{new}}}\cos(\gamma_k^{\mathrm{lm_{new}}}+\theta_k^{\mathrm{R}})\\y_k^{\mathrm{R}}+d_k^{\mathrm{lm_{new}}}\sin(\gamma_k^{\mathrm{lm_{new}}}+\theta_k^{\mathrm{R}})\end{bmatrix}\tag{7-5}$$

类似地，当环境特征为直线，对应观测值为 $z_k^{\mathrm{lm_{new}}}=[z\alpha_k^{\mathrm{lm}}\ zr_k^{\mathrm{lm}}]'$时，有

$$\boldsymbol{X}_k^{\mathrm{lm_{new}}}=\boldsymbol{f}^{\mathrm{c,line}}(\boldsymbol{X}_k^{\mathrm{R}},\boldsymbol{z}_k^{\mathrm{lm_{new}}})=\begin{bmatrix}\alpha_k^{\mathrm{lm_{new}}}\\r_k^{\mathrm{lm_{new}}}\end{bmatrix}=\begin{bmatrix}z\alpha_k^{\mathrm{lm}}+\theta_k^{\mathrm{R}}\\zr_k^{\mathrm{lm}}+x_k^{\mathrm{R}}\cos(\alpha_k^{\mathrm{lm_{new}}})+y_k^{\mathrm{R}}\sin(\alpha_k^{\mathrm{lm_{new}}})\end{bmatrix}\tag{7-6}$$

以上假设对于目标和新环境特征的观测值分别为 $z_k^{\mathrm{T}}$ 和 $z_k^{\mathrm{lm_{new}}}$，由于该逆推函数只能提供对象的笛卡儿位置坐标信息，因此式(7-3)、式(7-4)中只得到目标状态 $\boldsymbol{X}_k^{\mathrm{T}}$ 的前两项。

下面分别说明针对 $\boldsymbol{X}_k^{\mathrm{T}}$ 和 $\boldsymbol{X}_k^{\mathrm{lm_{new}}}$ 的系统状态和协方差阵扩展方法。

1. 针对目标状态扩展

假设系统状态向量已经包括 $n$ 个特征向量(不包括特征的情况类似)，则当得到目标状态 $\boldsymbol{X}_k^{\mathrm{T}}$ 时，扩展方法如下：

$$\underbrace{\begin{bmatrix}\boldsymbol{X}_k^{\mathrm{R}}\\\boldsymbol{X}_k^{\mathrm{lm_1}}\\\vdots\\\boldsymbol{X}_k^{\mathrm{lm}_n}\end{bmatrix}}_{\text{扩展前的}\boldsymbol{X}_k}\rightarrow\underbrace{\begin{bmatrix}\boldsymbol{X}_k^{\mathrm{R}}\\\boldsymbol{X}_k^{\mathrm{T}}\\\boldsymbol{X}_k^{\mathrm{lm_1}}\\\vdots\\\boldsymbol{X}_k^{\mathrm{lm}_n}\end{bmatrix}}_{\text{扩展后的}\boldsymbol{X}_k}\tag{7-7}$$

从式(7-7)可见扩展后目标状态紧跟着机器人状态。

2. 针对新环境特征状态扩展

假设系统状态向量已经包括 $n$ 个特征向量和目标状态向量(不包括特征和目标状态的情况类似)，则当得到新特征状态 $\boldsymbol{X}_k^{\mathrm{lm_{new}}}$ 时，扩展方法如下：

$$\underbrace{\begin{bmatrix}\boldsymbol{X}_k^{\mathrm{R}}\\\boldsymbol{X}_k^{\mathrm{T}}\\\boldsymbol{X}_k^{\mathrm{lm_1}}\\\vdots\\\boldsymbol{X}_k^{\mathrm{lm}_n}\end{bmatrix}}_{\text{扩展前的}\boldsymbol{X}_k}\rightarrow\underbrace{\begin{bmatrix}\boldsymbol{X}_k^{\mathrm{R}}\\\boldsymbol{X}_k^{\mathrm{T}}\\\boldsymbol{X}_k^{\mathrm{lm_1}}\\\vdots\\\boldsymbol{X}_k^{\mathrm{lm}_n}\\X_k^{\mathrm{lm}_{n+1}}=\boldsymbol{X}_k^{\mathrm{lm_{new}}}\end{bmatrix}}_{\text{扩展后的}\boldsymbol{X}_k}\tag{7-8}$$

从式(7-8)可见，此时系统的已知特征数量增加为 $n+1$。

在对系统状态向量完成扩展后还须对系统协方差阵 $\boldsymbol{P}_k$ 进行扩展，同样分别针对目标和新特征进行说明。

3. 针对目标的系统协方差阵扩展

假设系统状态向量已经包括 $n$ 个特征向量(不包括特征的情况类似)，则针对目标 T 的系

统协方差阵扩展过程如下：

$$\underbrace{\begin{bmatrix} \boldsymbol{C}(\boldsymbol{r}_k,\boldsymbol{r}_k) & \boldsymbol{C}(\boldsymbol{r}_k,\boldsymbol{lm}_1) & \cdots & \boldsymbol{C}(\boldsymbol{r}_k,\boldsymbol{lm}_n) \\ \boldsymbol{C}(\boldsymbol{lm}_1,\boldsymbol{r}_k) & \boldsymbol{C}(\boldsymbol{lm}_1,\boldsymbol{lm}_1) & \cdots & \boldsymbol{C}(\boldsymbol{lm}_1,\boldsymbol{lm}_n) \\ \vdots & \vdots & & \vdots \\ \boldsymbol{C}(\boldsymbol{lm}_n,\boldsymbol{r}_k) & \boldsymbol{C}(\boldsymbol{lm}_n,\boldsymbol{lm}_1) & \cdots & \boldsymbol{C}(\boldsymbol{lm}_n,\boldsymbol{lm}_n) \end{bmatrix}}_{\text{扩展前}} \xrightarrow{\text{目标协方差阵扩展}}$$

$$\underbrace{\begin{bmatrix} \boldsymbol{C}(\boldsymbol{r}_k,\boldsymbol{r}_k) & \boldsymbol{C}(\boldsymbol{r}_k,\boldsymbol{t}_k) & \boldsymbol{C}(\boldsymbol{r}_k,\boldsymbol{lm}_1) & \cdots & \boldsymbol{C}(\boldsymbol{r}_k,\boldsymbol{lm}_n) \\ \boldsymbol{C}(\boldsymbol{t}_k,\boldsymbol{r}_k) & \boldsymbol{C}(\boldsymbol{t}_k,\boldsymbol{t}_k) & \boldsymbol{C}(\boldsymbol{t}_k,\boldsymbol{lm}_1) & \cdots & \boldsymbol{C}(\boldsymbol{t}_k,\boldsymbol{lm}_n) \\ \boldsymbol{C}(\boldsymbol{lm}_1,\boldsymbol{r}_k) & \boldsymbol{C}(\boldsymbol{lm}_1,\boldsymbol{t}_k) & \boldsymbol{C}(\boldsymbol{lm}_1,\boldsymbol{lm}_1) & \cdots & \boldsymbol{C}(\boldsymbol{lm}_1,\boldsymbol{lm}_n) \\ \vdots & \vdots & \vdots & & \vdots \\ \boldsymbol{C}(\boldsymbol{lm}_n,\boldsymbol{r}_k) & \boldsymbol{C}(\boldsymbol{lm}_n,\boldsymbol{t}_k) & \boldsymbol{C}(\boldsymbol{lm}_n,\boldsymbol{lm}_1) & \cdots & \boldsymbol{C}(\boldsymbol{lm}_n,\boldsymbol{lm}_n) \end{bmatrix}}_{\text{扩展后}} \tag{7-9}$$

其中，

$$\boldsymbol{C}(\boldsymbol{t}_k,\boldsymbol{r}_k) = (\boldsymbol{C}(\boldsymbol{r}_k,\boldsymbol{t}_k))' = \nabla_{X_k^{\mathrm{R}}} \boldsymbol{f}^{\mathrm{c},\cdot} \boldsymbol{C}(\boldsymbol{r}_k,\boldsymbol{r}_k) \tag{7-10}$$

$$\boldsymbol{C}(\boldsymbol{t}_k,\boldsymbol{t}_k) = \nabla_{X_k^{\mathrm{R}}} \boldsymbol{f}^{\mathrm{c},\cdot} \boldsymbol{C}(\boldsymbol{r}_k,\boldsymbol{r}_k)\,(\nabla_{X_k^{\mathrm{R}}} \boldsymbol{f}^{\mathrm{c},\cdot})' + \nabla_{z_k^{\mathrm{T}}} \boldsymbol{f}^{\mathrm{c},\cdot} \boldsymbol{R}^{\mathrm{T}}\,(\nabla_{z_k^{\mathrm{T}}} \boldsymbol{f}^{\mathrm{c},\cdot})' \tag{7-11}$$

$$\boldsymbol{C}(\boldsymbol{t}_k,\boldsymbol{lm}_i) = (\boldsymbol{C}(\boldsymbol{lm}_i,\boldsymbol{t}_k))' = \nabla_{X_k^{\mathrm{R}}} \boldsymbol{f}^{\mathrm{c},\cdot} \boldsymbol{C}(\boldsymbol{r}_k,\boldsymbol{lm}_i),\ i = 1,\cdots,n \tag{7-12}$$

式(7－10)、式(7－12)由式(2－23)得到，式(7－11)由式(2－22)得到，其中 $\boldsymbol{R}^{\mathrm{T}}$ 为目标观测误差阵，当目标观测值为距离角度量时，有

$$\nabla_{\boldsymbol{X}_k^{\mathrm{R}}} \boldsymbol{f}^{\mathrm{c,tda}} = \frac{\partial \boldsymbol{f}^{\mathrm{c,tda}}(\boldsymbol{X}_k^{\mathrm{R}},\boldsymbol{z}_k^{\mathrm{T}})}{\partial \boldsymbol{X}^{\mathrm{R}}}\Big|_{\boldsymbol{X}^{\mathrm{R}}=\boldsymbol{X}_k^{\mathrm{R}}} = \begin{bmatrix} 1 & 0 & -d_k^{\mathrm{T}}\sin(\theta_k^{\mathrm{R}}+\gamma_k^{\mathrm{T}}) \\ 0 & 1 & d_k^{\mathrm{T}}\cos(\theta_k^{\mathrm{R}}+\gamma_k^{\mathrm{T}}) \end{bmatrix} \tag{7-13}$$

$$\nabla_{z_k^{\mathrm{T}}} \boldsymbol{f}^{\mathrm{c,tda}} = \frac{\partial \boldsymbol{f}^{\mathrm{c,tda}}(\boldsymbol{X}_k^{\mathrm{R}},\boldsymbol{z}_k^{\mathrm{T}})}{\partial \boldsymbol{z}^{\mathrm{T}}}\ \boldsymbol{z}^{\mathrm{T}} = \boldsymbol{z}_k^{\mathrm{T}} = \begin{bmatrix} \cos(\theta_k^{\mathrm{R}}+\gamma_k^{\mathrm{T}}) & -d_k^{\mathrm{T}}\sin(\theta_k^{\mathrm{R}}+\gamma_k^{\mathrm{T}}) \\ \sin(\theta_k^{\mathrm{R}}+\gamma_k^{\mathrm{T}}) & d_k^{\mathrm{T}}\cos(\theta_k^{\mathrm{R}}+\gamma_k^{\mathrm{T}}) \end{bmatrix} \tag{7-14}$$

式(7－13)、式(7－14)分别为式(7－3)对机器人状态 $\boldsymbol{X}_k^{\mathrm{R}}$ 和目标观测值 $z_k^{\mathrm{T}}$ 的雅可比阵。当目标观测值由动态物体检测得到时，有

$$\nabla_{\boldsymbol{X}_k^{\mathrm{R}}} \boldsymbol{f}^{\mathrm{c,tm}} = \frac{\partial \boldsymbol{f}^{\mathrm{c,tm}}(\boldsymbol{X}_k^{\mathrm{R}},\boldsymbol{z}_k^{\mathrm{T}})}{\partial \boldsymbol{X}^{\mathrm{R}}}\Big|_{\boldsymbol{X}^{\mathrm{R}}=\boldsymbol{X}_k^{\mathrm{R}}} = \begin{bmatrix} 1 & 0 & -zx_k^{\mathrm{T}}\sin(\theta_k^{\mathrm{R}}) - zy_k^{\mathrm{T}}\cos(\theta_k^{\mathrm{R}}) \\ 0 & 1 & zx_k^{\mathrm{T}}\cos(\theta_k^{\mathrm{R}}) - zy_k^{\mathrm{T}}\sin(\theta_k^{\mathrm{R}}) \end{bmatrix} \tag{7-15}$$

$$\nabla_{z_k^{\mathrm{T}}} \boldsymbol{f}^{\mathrm{c,tm}} = \frac{\partial \boldsymbol{f}^{\mathrm{c,tm}}(\boldsymbol{X}_k^{\mathrm{R}},\boldsymbol{z}_k^{\mathrm{T}})}{\partial \boldsymbol{z}^{\mathrm{T}}}\Big|_{\boldsymbol{z}^{\mathrm{T}}=\boldsymbol{z}_k^{\mathrm{T}}} = \begin{bmatrix} \cos(\theta_k^{\mathrm{R}}) & -\sin(\theta_k^{\mathrm{R}}) \\ \sin(\theta_k^{\mathrm{R}}) & \cos(\theta_k^{\mathrm{R}}) \end{bmatrix} \tag{7-16}$$

其中式(7－15)、式(7－16)分别为式(7－4)对机器人状态 $\boldsymbol{X}_k^{\mathrm{R}}$ 和目标观测值 $\boldsymbol{z}_k^{\mathrm{T}}$ 的雅可比阵。

4. 针对新发现特征的系统协方差阵扩展

假设此时系统状态向量已经包括目标状态和 $n$ 个特征状态（不包含的情况类似），以下用 $\boldsymbol{lm}_{n+1}$ 代表新发现的特征，那么系统协方差阵扩展如下：

$$\underbrace{\begin{bmatrix} \boldsymbol{C}(\boldsymbol{r}_k,\boldsymbol{r}_k) & \boldsymbol{C}(\boldsymbol{r}_k,\boldsymbol{t}_k) & \boldsymbol{C}(\boldsymbol{r}_k,\boldsymbol{lm}_1) & \cdots & \boldsymbol{C}(\boldsymbol{r}_k,\boldsymbol{lm}_n) \\ \boldsymbol{C}(\boldsymbol{t}_k,\boldsymbol{r}_k) & \boldsymbol{C}(\boldsymbol{t}_k,\boldsymbol{t}_k) & \boldsymbol{C}(\boldsymbol{t}_k,\boldsymbol{lm}_1) & \cdots & \boldsymbol{C}(\boldsymbol{t}_k,\boldsymbol{lm}_n) \\ \boldsymbol{C}(\boldsymbol{lm}_1,\boldsymbol{r}_k) & \boldsymbol{C}(\boldsymbol{lm}_1,\boldsymbol{t}_k) & \boldsymbol{C}(\boldsymbol{lm}_1,\boldsymbol{lm}_1) & \cdots & \boldsymbol{C}(\boldsymbol{lm}_1,\boldsymbol{lm}_n) \\ \vdots & \vdots & \vdots & & \vdots \\ \boldsymbol{C}(\boldsymbol{lm}_n,\boldsymbol{r}_k) & \boldsymbol{C}(\boldsymbol{lm}_n,\boldsymbol{t}_k) & \boldsymbol{C}(\boldsymbol{lm}_n,\boldsymbol{lm}_1) & \cdots & \boldsymbol{C}(\boldsymbol{lm}_n,\boldsymbol{lm}_n) \end{bmatrix}}_{\text{扩展前}} \xrightarrow{\text{标志柱协方差阵扩展}}$$

$$\underbrace{\begin{bmatrix} \boldsymbol{C}(\boldsymbol{r}_k,\boldsymbol{r}_k) & \boldsymbol{C}(\boldsymbol{r}_k,\boldsymbol{t}_k) & \boldsymbol{C}(\boldsymbol{r}_k,\boldsymbol{lm}_1) & \cdots & \boldsymbol{C}(\boldsymbol{r}_k,\boldsymbol{lm}_n) & \boldsymbol{C}(\boldsymbol{r}_k,\boldsymbol{lm}_{n+1}) \\ \boldsymbol{C}(\boldsymbol{t}_k,\boldsymbol{r}_k) & \boldsymbol{C}(\boldsymbol{t}_k,\boldsymbol{t}_k) & \boldsymbol{C}(\boldsymbol{t}_k,\boldsymbol{lm}_1) & \cdots & \boldsymbol{C}(\boldsymbol{t}_k,\boldsymbol{lm}_n) & \boldsymbol{C}(\boldsymbol{t}_k,\boldsymbol{lm}_{n+1}) \\ \boldsymbol{C}(\boldsymbol{lm}_1,\boldsymbol{r}_k) & \boldsymbol{C}(\boldsymbol{lm}_1,\boldsymbol{t}_k) & \boldsymbol{C}(\boldsymbol{lm}_1,\boldsymbol{lm}_1) & \cdots & \boldsymbol{C}(\boldsymbol{lm}_1,\boldsymbol{lm}_n) & \boldsymbol{C}(\boldsymbol{lm}_1,\boldsymbol{lm}_{n+1}) \\ \vdots & \vdots & \vdots & & \vdots & \vdots \\ \boldsymbol{C}(\boldsymbol{lm}_n,\boldsymbol{r}_k) & \boldsymbol{C}(\boldsymbol{lm}_n,\boldsymbol{t}_k) & \boldsymbol{C}(\boldsymbol{lm}_n,\boldsymbol{lm}_1) & \cdots & \boldsymbol{C}(\boldsymbol{lm}_n,\boldsymbol{lm}_n) & \boldsymbol{C}(\boldsymbol{lm}_n,\boldsymbol{lm}_{n+1}) \\ \boldsymbol{C}(\boldsymbol{lm}_{n+1},\boldsymbol{r}_k) & \boldsymbol{C}(\boldsymbol{lm}_{n+1},\boldsymbol{t}_k) & \boldsymbol{C}(\boldsymbol{lm}_{n+1},\boldsymbol{lm}_1) & \cdots & \boldsymbol{C}(\boldsymbol{lm}_{n+1},\boldsymbol{lm}_n) & \boldsymbol{C}(\boldsymbol{lm}_{n+1},\boldsymbol{lm}_{n+1}) \end{bmatrix}}_{\text{扩展后}} \tag{7-17}$$

其中，

$$\boldsymbol{C}(\boldsymbol{lm}_{n+1},\boldsymbol{r}_k) = (\boldsymbol{C}(\boldsymbol{r}_k,\boldsymbol{lm}_{n+1}))' = \nabla_{X_k^{\mathrm{R}}}\boldsymbol{f}^{\mathrm{c},\cdot}\boldsymbol{C}(\boldsymbol{r}_k,\boldsymbol{r}_k) \tag{7-18}$$

$$\boldsymbol{C}(\boldsymbol{lm}_{n+1},\boldsymbol{t}_k) = (\boldsymbol{C}(\boldsymbol{t}_k,\boldsymbol{lm}_{n+1}))' = \nabla_{X_k^{\mathrm{R}}}\boldsymbol{f}^{\mathrm{c},\cdot}\boldsymbol{C}(\boldsymbol{r}_k,\boldsymbol{t}_k) \tag{7-19}$$

$$\boldsymbol{C}(\boldsymbol{lm}_{n+1},\boldsymbol{lm}_i) = (\boldsymbol{C}(\boldsymbol{lm}_i,\boldsymbol{lm}_{n+1}))' = \nabla_{X_k^{\mathrm{R}}}\boldsymbol{f}^{\mathrm{c},\cdot}\boldsymbol{C}(\boldsymbol{r}_k,\boldsymbol{lm}_i),i=1,\cdots n \tag{7-20}$$

$$\boldsymbol{C}(\boldsymbol{lm}_{n+1},\boldsymbol{lm}_{n+1}) = \nabla_{X_k^{\mathrm{R}}}\boldsymbol{f}^{\mathrm{c},\cdot}\boldsymbol{C}(\boldsymbol{r}_k,\boldsymbol{r}_k)(\nabla_{X_k^{\mathrm{R}}}\boldsymbol{f}^{\mathrm{c},\cdot})' + \nabla_{z_k^{\mathrm{lm}_{\mathrm{new}}}}\boldsymbol{f}^{\mathrm{c},\cdot}\boldsymbol{R}^{\mathrm{lm}}(\nabla_{z_k^{\mathrm{lm}_{\mathrm{new}}}}\boldsymbol{f}^{\mathrm{c},\cdot})' \tag{7-21}$$

式(7－18)～式(7－20)由式(2－23)得到，式(7－21)由式(2－22)得到。当环境特征为标志柱时，有

$$\nabla_{\boldsymbol{X}_k^{\mathrm{R}}}f^{\mathrm{c},\mathrm{landmark}} = \frac{\partial \boldsymbol{f}^{\mathrm{c},\mathrm{landmark}}(\boldsymbol{X}_k^{\mathrm{R}},\boldsymbol{z}_k^{\mathrm{lm}_{\mathrm{new}}})}{\partial \boldsymbol{X}^{\mathrm{R}}}\bigg|_{\boldsymbol{X}^{\mathrm{R}}=\boldsymbol{X}_k^{\mathrm{R}}} = \begin{bmatrix} 1 & 0 & -d_k^{\mathrm{lm}_{\mathrm{new}}}\sin(\theta_k^{\mathrm{R}}+\gamma_k^{\mathrm{lm}_{\mathrm{new}}}) \\ 0 & 1 & d_k^{\mathrm{lm}_{\mathrm{new}}}\cos(\theta_k^{\mathrm{R}}+\gamma_k^{\mathrm{lm}_{\mathrm{new}}}) \end{bmatrix} \tag{7-22}$$

$$\nabla_{z_k^{\mathrm{lm}_{\mathrm{new}}}}\boldsymbol{f}^{\mathrm{c},\mathrm{landmark}} = \frac{\partial \boldsymbol{f}^{\mathrm{c},\mathrm{landmark}}(\boldsymbol{X}_k^{\mathrm{R}},z_k^{\mathrm{lm}_{\mathrm{new}}})}{\partial z^{\mathrm{lm}_{\mathrm{new}}}}\bigg|_{z^{\mathrm{lm}_{\mathrm{new}}}=z_k^{\mathrm{lm}_{\mathrm{new}}}} = \begin{bmatrix} \cos(\theta_k^{\mathrm{R}}+\gamma_k^{\mathrm{lm}_{\mathrm{new}}}) & -d_k^{\mathrm{lm}_{\mathrm{new}}}\sin(\theta_k^{\mathrm{R}}+\gamma_k^{\mathrm{lm}_{\mathrm{new}}}) \\ \sin(\theta_k^{\mathrm{R}}+\gamma_k^{\mathrm{lm}_{\mathrm{new}}}) & d_k^{\mathrm{lm}_{\mathrm{new}}}\cos(\theta_k^{\mathrm{R}}+\gamma_k^{\mathrm{lm}_{\mathrm{new}}}) \end{bmatrix} \tag{7-23}$$

式(7－22)、式(7－23)分别为式(7－5)对机器人状态 $\boldsymbol{X}_k^{\mathrm{R}}$ 和特征观测值 $\boldsymbol{z}_k^{\mathrm{lm}_{\mathrm{new}}}$ 的雅可比阵。类似地，当环境特征为直线时，有

$$\nabla_{X_k^{\mathrm{R}}}\boldsymbol{f}^{\mathrm{c},\mathrm{line}} = \frac{\partial \boldsymbol{f}^{\mathrm{c},\mathrm{line}}(\boldsymbol{X}_k^{\mathrm{R}},\boldsymbol{z}_k^{\mathrm{lm}_{\mathrm{new}}})}{\partial \boldsymbol{X}^{\mathrm{R}}}\bigg|_{\boldsymbol{X}^{\mathrm{R}}=\boldsymbol{X}_k^{\mathrm{R}}} = \begin{bmatrix} 0 & 0 & 1 \\ \cos(\alpha_k^{\mathrm{lm}_{\mathrm{new}}}) & \sin(\alpha_k^{\mathrm{lm}_{\mathrm{new}}}) & y_k^{\mathrm{R}}\cos(\alpha_k^{\mathrm{lm}_{\mathrm{new}}})-x_k^{\mathrm{R}}\sin(\alpha_k^{\mathrm{lm}_{\mathrm{new}}}) \end{bmatrix} \tag{7-24}$$

$$\nabla_{z_k^{\mathrm{lm}_{\mathrm{new}}}}\boldsymbol{f}^{\mathrm{c},\mathrm{line}} = \frac{\partial \boldsymbol{f}^{\mathrm{c},\mathrm{line}}(\boldsymbol{X}_k^{\mathrm{R}},\boldsymbol{z}_k^{\mathrm{lm}_{\mathrm{new}}})}{\partial \boldsymbol{z}^{\mathrm{lm}_{\mathrm{new}}}}\bigg|_{z^{\mathrm{lm}_{\mathrm{new}}}=z_k^{\mathrm{lm}_{\mathrm{new}}}} = \begin{bmatrix} 1 & 0 \\ y_k^{\mathrm{R}}\cos(\alpha_k^{\mathrm{lm}_{\mathrm{new}}})-x_k^{\mathrm{R}}\sin(\alpha_k^{\mathrm{lm}_{\mathrm{new}}}) & 1 \end{bmatrix} \tag{7-25}$$

其中，$\alpha_k^{\mathrm{lm}_{\mathrm{new}}} = z\alpha_k^{\mathrm{lm}} + \theta_k^{\mathrm{R}}$。式(7－24)、式(7－25)分别为式(7－6)对机器人状态 $\boldsymbol{X}_k^{\mathrm{R}}$ 和特征观测值 $z_k^{\mathrm{lm}_{\mathrm{new}}}$ 的雅可比阵。

### 7.1.2 系统状态预测阶段

SLAMOT 过程中主要存在两个运动物体，分别是机器人和目标。状态预测阶段的任务就是利用两者的运动模型对其状态和协方差阵进行预测。下面以机器人的两种运动模型(轮

式非完整性运动模型和里程表运动模型）和目标的定速模型为例加以介绍。

将式(2－1)表示的轮式非完整性机器人运动模型记为 $\boldsymbol{f}^{\mathrm{R,W}}$。式(2－2)表示的里程表机器人运动模型记为 $\boldsymbol{f}^{\mathrm{R,O}}$。为了清晰起见，在处理方法相同的情况下后文将以 $\boldsymbol{f}^{\mathrm{R,W}}$ 为例进行介绍，需要区别时，将单独给出针对 $\boldsymbol{f}^{\mathrm{R,O}}$ 的介绍。另外，把采用式(2－4)的目标定速运动模型记为 $\boldsymbol{f}^{\mathrm{TCVM}}$。预测阶段包括系统状态预测和系统协方差预测两部分。

1. 系统状态预测

由于特征分布是固定不变的，因此系统状态预测操作对象是式(6－1)系统状态的前两项，即机器人状态子向量 $\boldsymbol{X}_k^{\mathrm{R}}$ 和目标状态子向量 $\boldsymbol{X}_k^{\mathrm{T}}$。根据 $\boldsymbol{f}^{\mathrm{R,W}}$ 得到预测后机器人状态子向量 $\boldsymbol{X}_{k|k-1}^{\mathrm{R}}$ 为

$$\boldsymbol{X}_{k|k-1}^{\mathrm{R}}=\boldsymbol{f}^{\mathrm{R,W}}(\boldsymbol{X}_{k-1}^{\mathrm{R}},\boldsymbol{u}_{k|k-1}^{\mathrm{R}},\Delta t) \tag{7-26}$$

同样根据 $\boldsymbol{f}^{\mathrm{TCVM}}$ 得到对目标状态子向量的预测为

$$\boldsymbol{X}_{k|k-1}^{\mathrm{TCVM}}=\boldsymbol{f}^{\mathrm{TCVM}}(\boldsymbol{X}_{k-1}^{\mathrm{TCVM}},\boldsymbol{A}_{k|k-1}^{\mathrm{TCVM}},\boldsymbol{q}_{k-1}^{\mathrm{TCVM}}) \tag{7-27}$$

由此，预测后的系统状态向量为

$$\begin{aligned}\boldsymbol{X}_{k|k-1}&=\boldsymbol{f}^{\mathrm{sp}}(\boldsymbol{X}_{k-1},\boldsymbol{u}_{k|k-1}^{\mathrm{R}},\Delta t,\boldsymbol{A}_{k|k-1}^{\mathrm{TCVM}},\boldsymbol{q}_{k|k-1}^{\mathrm{TCVM}})\\&=\begin{bmatrix}\boldsymbol{X}_{k|k-1}^{\mathrm{R}}\\\boldsymbol{X}_{k|k-1}^{\mathrm{T}}\\\boldsymbol{LM}_{k|k-1}\end{bmatrix}=\begin{bmatrix}\boldsymbol{f}^{\mathrm{R,W}}(X_{k-1}^{\mathrm{R}},\Delta t,\boldsymbol{u}_{k|k-1}^{\mathrm{R}})\\\boldsymbol{f}^{\mathrm{TCVM}}(\boldsymbol{X}_{k-1}^{\mathrm{TCVM}},\boldsymbol{A}_{k|k-1}^{\mathrm{TCVM}},\boldsymbol{q}_{k|k-1}^{\mathrm{TCVM}})\\\boldsymbol{LM}_{k|k-1}=\boldsymbol{LM}_{k-1}\end{bmatrix}\end{aligned} \tag{7-28}$$

2. 系统协方差预测

协方差预测可以理解为一种不确定性传播过程，机器人和目标在状态预测后不确定性也应相应传播扩大，这种传播扩大不仅体现在机器人和目标本身的协方差子阵上（$\boldsymbol{C}(\boldsymbol{r}_k,\boldsymbol{r}_k)$ 和 $\boldsymbol{C}(\boldsymbol{t}_k,\boldsymbol{t}_k)$），也体现在机器人和目标之间（$\boldsymbol{C}(\boldsymbol{r}_k,\boldsymbol{t}_k)$），机器人和特征之间（$\boldsymbol{C}(\boldsymbol{r}_k,\boldsymbol{lm}_i)$）以及目标和特征之间（$\boldsymbol{C}(\boldsymbol{t}_k,\boldsymbol{lm}_i)$）的协方差子阵上。

对于机器人自身协方差子阵的预测，针对两种机器人运动模型利用式(2－22)分别可得。

当机器人运动模型符合轮式非完整性约束模型时，有

$$\boldsymbol{C}(\boldsymbol{r}_{k|k-1},\boldsymbol{r}_{k|k-1})=\nabla_{\boldsymbol{X}_{k-1}^{\mathrm{R}}}\boldsymbol{f}^{\mathrm{R,W}}\boldsymbol{C}(\boldsymbol{r}_{k-1},\boldsymbol{r}_{k-1})(\nabla_{\boldsymbol{X}_{k-1}^{\mathrm{R}}}\boldsymbol{f}^{\mathrm{R,W}})'+\nabla_{\boldsymbol{u}_{k|k-1}^{\mathrm{R}}}\boldsymbol{f}^{\mathrm{R,W}}\boldsymbol{Q}^{u}(\nabla_{\boldsymbol{u}_{k|k-1}^{\mathrm{R}}}\boldsymbol{f}^{\mathrm{R,W}})' \tag{7-29}$$

其中，

$$\nabla_{\boldsymbol{X}_{k-1}^{\mathrm{R}}}\boldsymbol{f}^{\mathrm{R,W}}=\frac{\partial\boldsymbol{f}^{\mathrm{R,W}}}{\partial\boldsymbol{X}^{\mathrm{R}}}\Big|_{\boldsymbol{X}^{\mathrm{R}}=\boldsymbol{X}_{k-1}^{\mathrm{R}}}=\begin{bmatrix}1&0&-v_{k-1}\Delta t\sin(\theta_{k-1}^{\mathrm{R}}+\gamma_{k-1})\\0&1&v_{k-1}\Delta t\cos(\theta_{k-1}^{\mathrm{R}}+\gamma_{k-1})\\0&0&1\end{bmatrix} \tag{7-30}$$

$$\nabla_{\boldsymbol{u}_{k|k-1}^{\mathrm{R}}}\boldsymbol{f}^{\mathrm{R,W}}=\frac{\partial\boldsymbol{f}^{\mathrm{R,W}}}{\partial\boldsymbol{u}^{\mathrm{R}}}\Big|_{\boldsymbol{u}^{\mathrm{R}}=\boldsymbol{u}_{k|k-1}^{\mathrm{R}}}=\begin{bmatrix}\Delta t\cos(\theta_{k-1}^{\mathrm{R}}+\gamma_{k-1})&-v_{k-1}\Delta t\sin(\theta_{k-1}^{\mathrm{R}}+\gamma_{k-1})\\\Delta t\sin(\theta_{k-1}^{\mathrm{R}}+\gamma_{k-1})&v_{k-1}\Delta t\cos(\theta_{k-1}^{\mathrm{R}}+\gamma_{k-1})\\\dfrac{\Delta t\sin(\gamma_{k-1})}{B}&\dfrac{v_{k-1}\Delta t\cos(\gamma_{k-1})}{B}\end{bmatrix} \tag{7-31}$$

式(7-29)中 $C(\boldsymbol{r}_{k|k-1},\boldsymbol{r}_{k|k-1})$代表预测后机器人协方差子阵的值;$\boldsymbol{Q}^u$ 代表机器人控制输入的误差阵;$\nabla_{\boldsymbol{X}^{\mathrm{R}}_{k-1}}\boldsymbol{f}^{\mathrm{R,W}}$,$\nabla_{\boldsymbol{u}^{\mathrm{R}}_{k|k-1}}\boldsymbol{f}^{\mathrm{R,W}}$分别为式(2-1)对机器人状态 $\boldsymbol{X}^{\mathrm{R}}_{k-1}$ 和机器人控制向量 $\boldsymbol{u}^{\mathrm{R}}_{k|k-1}$ 的雅可比阵。

类似地,当机器人运动模型符合里程表模型时,有

$$\boldsymbol{C}(\boldsymbol{r}_{k|k-1},\boldsymbol{r}_{k|k-1}) = \nabla_{\boldsymbol{X}^{\mathrm{R}}_{k-1}}\boldsymbol{f}^{\mathrm{R,O}}\boldsymbol{C}(\boldsymbol{r}_{k-1},\boldsymbol{r}_{k-1})(\nabla_{\boldsymbol{X}^{\mathrm{R}}_{k-1}}\boldsymbol{f}^{\mathrm{R,O}})' + \nabla_{\Delta\boldsymbol{u}^{\mathrm{R}}_{k|k-1}}f^{\mathrm{R,O}}\boldsymbol{Q}^{\Delta u}(\nabla_{\Delta\boldsymbol{u}^{\mathrm{R}}_{k|k-1}}\boldsymbol{f}^{\mathrm{R,O}})' \tag{7-32}$$

其中,

$$\nabla_{\boldsymbol{X}^{\mathrm{R}}_{k-1}}\boldsymbol{f}^{\mathrm{R,O}} = \frac{\partial \boldsymbol{f}^{\mathrm{R,O}}}{\partial \boldsymbol{X}^{\mathrm{R}}}\Big|_{\boldsymbol{X}^{\mathrm{R}}=\boldsymbol{X}^{\mathrm{R}}_{k-1}} = \begin{bmatrix} 1 & 0 & -\Delta x^{\mathrm{R}}_{k-1}\sin(\theta^{\mathrm{R}}_{k-1})-\Delta y^{\mathrm{R}}_{k-1}\cos(\theta^{\mathrm{R}}_{k-1}) \\ 0 & 1 & \Delta x^{\mathrm{R}}_{k-1}\cos(\theta^{\mathrm{R}}_{k-1})-\Delta y^{\mathrm{R}}_{k-1}\sin(\theta^{\mathrm{R}}_{k-1}) \\ 0 & 0 & 1 \end{bmatrix} \tag{7-33}$$

$$\nabla_{\Delta\boldsymbol{u}^{\mathrm{R}}_{k|k-1}}f^{\mathrm{R,O}} = \frac{\partial \boldsymbol{f}^{\mathrm{R,O}}}{\partial \Delta\boldsymbol{u}^{\mathrm{R}}}\Big|_{\Delta\boldsymbol{u}^{\mathrm{R}}=\Delta\boldsymbol{u}^{\mathrm{R}}_{k|k-1}} = \begin{bmatrix} \cos(\theta^{\mathrm{R}}_{k-1}) & -\sin(\theta^{\mathrm{R}}_{k-1}) & 0 \\ \sin(\theta^{\mathrm{R}}_{k-1}) & \cos(\theta^{\mathrm{R}}_{k-1}) & 0 \\ 0 & 0 & 1 \end{bmatrix} \tag{7-34}$$

式(7-32)中 $\boldsymbol{Q}^{\Delta u}$ 代表里程表误差矩阵;$\nabla_{X^{\mathrm{R}}_{k-1}}\boldsymbol{f}^{\mathrm{R,O}}$,$\nabla_{\Delta u^{\mathrm{R}}_{k|k-1}}\boldsymbol{f}^{\mathrm{R,O}}$分别为式(2-2)对机器人状态 $\boldsymbol{X}^{\mathrm{R}}_{k-1}$ 和里程表信息 $\boldsymbol{v}^{\mathrm{R}}_{k|k-1}$ 的雅可比阵。

对于目标自身协方差子阵预测利用式(2-22)可得

$$\boldsymbol{C}(\boldsymbol{t}_{k|k-1},\boldsymbol{t}_{k|k-1}) = \boldsymbol{A}^{\mathrm{TCVM}}_{k|k-1}\boldsymbol{C}(\boldsymbol{t}_{k-1},\boldsymbol{t}_{k-1})(\boldsymbol{A}^{\mathrm{TCVM}}_{k|k-1})' + \boldsymbol{Q}^{\mathrm{TCVM}}_{k|k-1} \tag{7-35}$$

其中,$\boldsymbol{C}(\boldsymbol{t}_{k|k-1},\boldsymbol{t}_{k|k-1})$代表预测后目标协方差子阵值;$\boldsymbol{A}^{\mathrm{TCVM}}_{k|k-1}$为目标运动模型状态转移阵;$\boldsymbol{Q}^{\mathrm{TCVM}}_{k|k-1}$为目标运动不确定误差阵。

下面介绍不同对象间协方差阵的变化情况,以轮式非完整性约束模型为例。首先机器人和目标之间协方差子阵预测值为

$$\boldsymbol{C}(\boldsymbol{r}_{k|k-1},\boldsymbol{t}_{k|k-1}) = \nabla_{X^{\mathrm{R}}_{k-1}}\boldsymbol{f}^{\mathrm{R,W}}\boldsymbol{C}(\boldsymbol{r}_{k-1},\boldsymbol{t}_{k-1})(\boldsymbol{A}^{\mathrm{TCVM}}_{k|k-1})' \tag{7-36}$$

式(7-36)推导如下:

由式(2-23)可得

$$\boldsymbol{C}(\boldsymbol{r}_{k|k-1},\boldsymbol{t}_{k-1}) = \nabla_{X^{\mathrm{R}}_{k-1}}\boldsymbol{f}^{\mathrm{R,W}}\boldsymbol{C}(\boldsymbol{r}_{k-1},\boldsymbol{t}_{k-1}) \tag{i}$$

由式(2-24)可得

$$\boldsymbol{C}(\boldsymbol{r}_{k|k-1},\boldsymbol{t}_{k|k-1}) = \boldsymbol{C}(\boldsymbol{r}_{k|k-1},\boldsymbol{t}_{k-1})(\boldsymbol{A}^{\mathrm{TCVM}}_{k|k-1})' \tag{ii}$$

由(i)(ii)可得

$$\boldsymbol{C}(\boldsymbol{r}_{k|k-1},\boldsymbol{t}_{k|k-1}) = \nabla_{X^{\mathrm{R}}_{k-1}}\boldsymbol{f}^{\mathrm{R,W}}\boldsymbol{C}(\boldsymbol{r}_{k-1},\boldsymbol{t}_{k-1})(\boldsymbol{A}^{\mathrm{TCVM}}_{k|k-1})'$$

同样,利用式(2-23)可得机器人与特征、目标与特征的协方差子阵预测值分别为

$$\boldsymbol{C}(\boldsymbol{r}_{k|k-1},\boldsymbol{lm}_i) = \nabla_{X^{\mathrm{R}}_{k-1}}\boldsymbol{f}^{\mathrm{R,W}}\boldsymbol{C}(\boldsymbol{r}_{k-1},\boldsymbol{lm}_i) \tag{7-37}$$

$$\boldsymbol{C}(\boldsymbol{t}_{k|k-1},\boldsymbol{lm}_i) = \boldsymbol{A}^{\mathrm{TCVM}}_{k|k-1}\boldsymbol{C}(\boldsymbol{t}_{k-1},\boldsymbol{lm}_i) \tag{7-38}$$

在得到的各对象自身以及各对象相互之间的预测协方差子阵后,最终系统预测协方差阵见式(7-39)。

### 7.1.3 数据关联阶段

该阶段处理目的有二。首先,系统需要确定环境特征观测值和已经得到的环境特征之间

的对应关系。其次，系统需要确定目标的观测值是否为可靠数据。

$$
\boldsymbol{P}_{k|k-1} = f^{cp}(\boldsymbol{P}_{k-1}, \boldsymbol{X}_{k-1}, \boldsymbol{u}^{R}_{k|k-1}, \boldsymbol{Q}^{u}, \Delta t, \boldsymbol{A}^{TCVM}_{k|k-1}, \boldsymbol{Q}^{TCVM}_{k|k-1})
$$

$$
= \begin{bmatrix} \boldsymbol{C}(\boldsymbol{r}_{k|k-1}, \boldsymbol{r}_{k|k-1}) & \boldsymbol{C}(\boldsymbol{r}_{k|k-1}, \boldsymbol{t}_{k|k-1}) & \boldsymbol{C}(\boldsymbol{r}_{k|k-1}, \boldsymbol{lm}_1) & \cdots & \boldsymbol{C}(\boldsymbol{r}_{k|k-1}, \boldsymbol{lm}_n) \\ \boldsymbol{C}(\boldsymbol{t}_{k|k-1}, \boldsymbol{r}_{k|k-1}) & \boldsymbol{C}(\boldsymbol{t}_{k|k-1}, \boldsymbol{t}_{k|k-1}) & \boldsymbol{C}(\boldsymbol{t}_{k|k-1}, \boldsymbol{lm}_1) & \cdots & \boldsymbol{C}(\boldsymbol{t}_{k|k-1}, \boldsymbol{lm}_n) \\ \boldsymbol{C}(\boldsymbol{lm}_1, \boldsymbol{r}_{k|k-1}) & \boldsymbol{C}(\boldsymbol{lm}_1, \boldsymbol{t}_{k|k-1}) & \boldsymbol{C}(\boldsymbol{lm}_1, \boldsymbol{lm}_1) & \cdots & \boldsymbol{C}(\boldsymbol{lm}_n, \boldsymbol{lm}_n) \\ \vdots & \vdots & \vdots & & \vdots \\ \boldsymbol{C}(\boldsymbol{lm}_n, \boldsymbol{r}_{k|k-1}) & \boldsymbol{C}(\boldsymbol{lm}_n, \boldsymbol{t}_{k|k-1}) & \boldsymbol{C}(\boldsymbol{lm}_n, \boldsymbol{lm}_1) & \cdots & \boldsymbol{C}(\boldsymbol{lm}_n, \boldsymbol{lm}_n) \end{bmatrix} \tag{7-39}
$$

首先以直线特征为例介绍如何得到环境特征的对应关系(标志柱特征处理类似)，采用 $\chi^2$ 检验方法来决定对应关系。假设 $k$ 时刻机器人观测到 $o_k^{LM}$ 个直线特征，记为 $ZL=\{\boldsymbol{zl}_1, \cdots, \boldsymbol{zl}_{o_k^{LM}}\}$，其中 $\boldsymbol{zl}_i=[z\alpha_i \quad zr_i]'$，每个直线观测值的方差阵为

$$
\boldsymbol{C}(\boldsymbol{zl}_i, \boldsymbol{zl}_i) = \begin{bmatrix} C(z\alpha_i, z\alpha_i) & C(z\alpha_i, zr_i) \\ C(zr_i, z\alpha_i) & C(zr_i, zr_i) \end{bmatrix} \tag{7-40}
$$

假设机器人系统向量中存在 $n$ 个直线特征，记为 $LM=\{\boldsymbol{lm}_1, \cdots, \boldsymbol{lm}_n\}$，其中 $\boldsymbol{lm}_i=[\alpha_i r_i]'$，对应的方差阵为

$$
\boldsymbol{C}(\boldsymbol{lm}_i, \boldsymbol{lm}_i) = \begin{bmatrix} C(\alpha_i, \alpha_i) & C(\alpha_i, r_i) \\ C(r_i, \alpha_i) & C(r_i, r_i) \end{bmatrix} \tag{7-41}
$$

其中，$C(a,b)$代表标量 $a,b$ 间的互相关系数。由于此时 $LM$ 的状态均是在全局坐标系下的量度，如果想将它们和 $ZL$ 进行比较，还需将其值转换到的机器人局部坐标系下，主要存在两方面的转换，即，直线特征状态的转换以及状态方差的转换。

对于直线特征 $lm_i$ 来说，将经过预测后的机器人和目标状态向量代入式(2-15)，可得 $\boldsymbol{lm}_i$ 在机器人坐标系下的预测观测值 $z^{lm_i}_{k|k-1}$ 为

$$
\begin{aligned}
\boldsymbol{z}^{lm_i}_{k|k-1} &= [\alpha^{lm_i}_{k|k-1} \quad \boldsymbol{r}^{lm_i}_{k|k-1}]' = \boldsymbol{h}^{LM,Line}(\boldsymbol{X}^{R}_{k|k-1}, \boldsymbol{lm}_i) \\
&= \begin{bmatrix} \alpha_i - \theta^{R}_{k|k-1} \\ r_i - x^{R}_{k|k-1}\cos(\alpha_i) - y^{R}_{k|k-1}\sin(\alpha_i) \end{bmatrix}
\end{aligned} \tag{7-42}
$$

其中，$\boldsymbol{X}^{R}_{k|k-1}$为机器人预测状态；$\boldsymbol{lm}_i=[\alpha_i \quad r_i]'$为已知直线特征 $i$ 在全局坐标系下的状态。

由不确定性传播公式可得，转换后 $\boldsymbol{z}^{lm_i}_{k|k-1}$ 的误差阵为

$$
\begin{aligned}
\boldsymbol{C}(\boldsymbol{z}^{lm_i}_{k|k-1}, z^{lm_i}_{k|k-1}) = {} & \nabla_{X^{R}_{k|k-1}} \boldsymbol{h}^{LM,Line} \boldsymbol{C}(\boldsymbol{r}_{k|k-1}, \boldsymbol{r}_{k|k-1})(\nabla_{X^{R}_{k|k-1}} \boldsymbol{h}^{LM,Line})' + 2\nabla_{X^{R}_{k|k-1}} \boldsymbol{h}^{LM,Line} \\
& \boldsymbol{C}(\boldsymbol{r}_{k|k-1}, \boldsymbol{lm}_i)(\nabla_{\boldsymbol{lm}_i} h^{\boldsymbol{LM,Line}})' + \nabla_{\boldsymbol{lm}_i} h^{LM,Line} \boldsymbol{C}(\boldsymbol{lm}_i, lm_i)(\nabla_{\boldsymbol{lm}_i} \boldsymbol{h}^{LM,Line})'
\end{aligned} \tag{7-43}
$$

其中

$$
\nabla_{X^{R}_{k|k-1}} \boldsymbol{h}^{LM,Line} = \frac{\partial \boldsymbol{h}^{LM,Line}}{\partial \boldsymbol{X}^{R}} \Big|_{X^{R}=X^{R}_{k|k-1}} = [0 \quad 0 \quad -1-\cos(\alpha_i)] \tag{7-44}
$$

$$
\nabla_{\boldsymbol{lm}_i} \boldsymbol{h}^{LM,Line} = \frac{\partial \boldsymbol{h}^{LM,Line}}{\partial \boldsymbol{lm}_i} \Big|_{\boldsymbol{lm}_i=\boldsymbol{lm}_i} = \begin{bmatrix} 1 & 0 \\ x^{R}_{k|k-1}\sin(\alpha_i) - y^{R}_{k|k-1}\cos(\alpha_i) & 1 \end{bmatrix} \tag{7-45}
$$

式(7-43)中 $\boldsymbol{C}(\boldsymbol{r}_{k|k-1}, \boldsymbol{r}_{k|k-1})$，$\boldsymbol{C}(\boldsymbol{lm}_i, \boldsymbol{lm}_i)$为经过预测阶段后机器人状态和直线状态的自相关矩阵。$\boldsymbol{C}(\boldsymbol{r}_{k|k-1}, \boldsymbol{lm}_i)$为机器人状态和直线状态的互相关矩阵。$\nabla_{X^{R}_{k|k-1}} \boldsymbol{h}^{LM,Line}$，$\nabla_{\boldsymbol{lm}_i} \boldsymbol{h}^{LM,Line}$ 分别

为式(7－42)对机器人状态和直线特征状态的雅可比阵。

通过 $\chi^2$ 检验来验证观测值 $\boldsymbol{zl}_j$ 和已存在直线特征 $lm_i$ 是否对应,若 $\boldsymbol{zl}_j$ 满足以下条件:

$$(\boldsymbol{zl}_j-\boldsymbol{z}_{k|k-1}^{lm_i})'(\boldsymbol{C}(\boldsymbol{zl}_j,\boldsymbol{zl}_j)+\boldsymbol{C}(\boldsymbol{z}_{k|k-1}^{lm_i},\boldsymbol{z}_{k|k-1}^{lm_i}))^{-1}(\boldsymbol{zl}_j-\boldsymbol{z}_{k|k-1}^{lm_i})\leqslant\gamma \tag{7-46}$$

则认为 $\boldsymbol{zl}_j$ 和 $\boldsymbol{lm}_i$ 相对应。其中 $\gamma$ 值由 $\chi^2$ 表得到,$\boldsymbol{zl}_j$ 为观测到的第 $j$ 个直线观测向量,$\boldsymbol{C}(\boldsymbol{zl}_j,\boldsymbol{zl}_j)$为直线特征观测误差阵,$\boldsymbol{z}_{k|k-1}^{lm_i}$ 为由式(7－42)得到的已知直线特征在机器人局部坐标系中的观测值,$\boldsymbol{C}(\boldsymbol{z}_{k|k-1}^{lm_i},\boldsymbol{z}_{k|k-1}^{lm_i})$为由式(7－43)得到的其对应的误差阵。

对于 $o_k^{LM}$ 个环境特征观测值和 $n$ 个已知环境特征,共进行 $o_k^{LM}\times n$ 次检验,找出一一对应关系,进而确定实际观测值和已知直线特征的匹配关系,存在匹配关系的观测值将用于接下来的系统更新,没有匹配上的观测值将用前面介绍的方法对系统状态向量和协方差阵进行扩充。

最后介绍目标观测值的检验,针对单一目标情况加以讨论并采用基于动态物体检验的目标观测模型(基于角度距离观测模型的处理方法类似)。设得到 $o_k^{\mathrm{T}}$ 个目标观测值分别为 $ZT=\{z_1^{\mathrm{T}},\cdots,z_{o_k^{\mathrm{T}}}^{\mathrm{T}}\}$,其中 $z_i^{\mathrm{T}}=[zx_i^{\mathrm{T}}\quad zy_i^{\mathrm{T}}]'$,$ZT$ 中存在真值和伪值。采用的检验方法和环境特征检验方法类似,由式(2－17)可知,根据系统当前状态推导的目标预测观测值为

$$\begin{aligned}\boldsymbol{z}_{k|k-1}^{\mathrm{T}}&=[zx_{k|k-1}^{\mathrm{T}}\quad zy_{k|k-1}^{\mathrm{T}}]'=\boldsymbol{h}^{\mathrm{T,MD}}(\boldsymbol{X}_{k|k-1}^{\mathrm{R}},\boldsymbol{X}_{k|k-1}^{\mathrm{T}})\\&=\begin{bmatrix}\cos(\theta_{k|k-1}^{\mathrm{R}})&\sin(\theta_{k|k-1}^{\mathrm{R}})\\-\sin(\theta_{k|k-1}^{\mathrm{R}})&\cos(\theta_{k|k-1}^{\mathrm{R}})\end{bmatrix}\begin{bmatrix}x_{k|k-1}^{\mathrm{T}}-x_{k|k-1}^{\mathrm{R}}\\y_{k|k-1}^{\mathrm{T}}-y_{k|k-1}^{\mathrm{R}}\end{bmatrix}\end{aligned} \tag{7-47}$$

其对应的协方差阵为

$$\begin{aligned}\boldsymbol{C}(\boldsymbol{z}_{k|k-1}^{\mathrm{T}},\boldsymbol{z}_{k|k-1}^{\mathrm{T}})=&\nabla_{\boldsymbol{X}_{k|k-1}^{\mathrm{R}}}\boldsymbol{h}^{\mathrm{T,MD}}\boldsymbol{C}(\boldsymbol{r}_{k|k-1},\boldsymbol{r}_{k|k-1})(\nabla_{\boldsymbol{X}_{k|k-1}^{R}}\boldsymbol{h}^{\mathrm{T,MD}})'+\\&2\nabla_{X_{k|k-1}^{\mathrm{R}}}\boldsymbol{h}^{\mathrm{T,MD}}\boldsymbol{C}(\boldsymbol{r}_{k|k-1},\boldsymbol{t}_{k|k-1})(\nabla_{X_{k|k-1}^{\mathrm{T}}}\boldsymbol{h}^{\mathrm{T,MD}})'+\\&\nabla_{X_{k|k-1}^{T}}h^{\mathrm{T,MD}}\boldsymbol{C}(\boldsymbol{t}_{k|k-1},\boldsymbol{t}_{k|k-1})(\nabla_{\boldsymbol{X}_{k|k-1}^{\mathrm{T}}}\boldsymbol{h}^{\mathrm{T,MD}})'\end{aligned} \tag{7-48}$$

其中,$\nabla_{\boldsymbol{X}_{k|k-1}^{R}}\boldsymbol{h}^{\mathrm{T,MD}}$和$\nabla_{\boldsymbol{X}_{k|k-1}^{\mathrm{T}}}\boldsymbol{h}^{\mathrm{T,MD}}$为式(6－47)对机器人状态和目标状态的雅可比阵,即

$$\nabla_{\boldsymbol{X}_{k|k-1}^{\mathrm{R}}}\boldsymbol{h}^{\mathrm{T,MD}}=\frac{\partial h^{\mathrm{T,MD}}}{\partial\boldsymbol{X}^{\mathrm{R}}}\bigg|_{\boldsymbol{X}^{\mathrm{R}}=\boldsymbol{X}_{k|k-1}^{\mathrm{R}}}$$

$$=\begin{bmatrix}-\cos(\theta_{k|k-1}^{\mathrm{R}})&-\sin(\theta_{k|k-1}^{\mathrm{R}})&(y_{k|k-1}^{\mathrm{T}}-y_{k|k-1}^{\mathrm{R}})\cos(\theta_{k|k-1}^{\mathrm{R}})-(x_{k|k-1}^{\mathrm{T}}-x_{k|k-1}^{\mathrm{R}})\sin(\theta_{k|k-1}^{\mathrm{R}})\\\sin(\theta_{k|k-1}^{\mathrm{R}})&-\cos(\theta_{k|k-1}^{\mathrm{R}})&-(y_{k|k-1}^{\mathrm{T}}-y_{k|k-1}^{\mathrm{R}})\cos(\theta_{k|k-1}^{\mathrm{R}})-(x_{k|k-1}^{\mathrm{T}}-x_{k|k-1}^{\mathrm{R}})\sin(\theta_{k|k-1}^{\mathrm{R}})\end{bmatrix} \tag{7-49}$$

$$\nabla_{X_{k|k-1}^{\mathrm{T}}}h^{\mathrm{T,MD}}=\frac{\partial\boldsymbol{h}^{\mathrm{T,MD}}}{\partial\boldsymbol{X}^{\mathrm{T}}}\bigg|_{X^{\mathrm{T}}=X_{k|k-1}^{\mathrm{T}}}=\begin{bmatrix}\cos(\theta_{k|k-1}^{\mathrm{R}})&\sin(\theta_{k|k-1}^{\mathrm{R}})&0&0\\-\sin(\theta_{k|k-1}^{\mathrm{R}})&\cos(\theta_{k|k-1}^{\mathrm{R}})&0&0\end{bmatrix} \tag{7-50}$$

若 $\boldsymbol{z}_i^{\mathrm{T}}$ 满足以下条件:

$$(\boldsymbol{z}_i^{\mathrm{T}}-\boldsymbol{z}_{k|k-1}^{\mathrm{T}})'(\boldsymbol{C}(\boldsymbol{z}_i^{\mathrm{T}},\boldsymbol{z}_i^{\mathrm{T}})+\boldsymbol{C}(\boldsymbol{z}_{k|k-1}^{T},\boldsymbol{z}_{k|k-1}^{\mathrm{T}}))^{-1}(\boldsymbol{z}_i^{\mathrm{T}}-\boldsymbol{z}_{k|k-1}^{\mathrm{T}})\leqslant\gamma \tag{7-51}$$

则认为 $\boldsymbol{z}_i^{\mathrm{T}}$ 为目标观测真值,其中 $\gamma$ 从 $\chi^2$ 表取得,$\boldsymbol{z}_i^{\mathrm{T}}$ 为对目标的第 $i$ 个侯选观测值,$\boldsymbol{C}(\boldsymbol{z}_i^{\mathrm{T}},\boldsymbol{z}_i^{\mathrm{T}})$为观测误差阵,一般取定值。对所有可能的目标观测值共进行 $o_k^{\mathrm{T}}$ 次检验,若没有观测值通过则认为本次观测不存在正确目标观测量,若有多个观测值通过检验,取式(7－51)值最小的观测值作为对目标的观测值。确定后的目标观测值将和环境特征观测值一起在系统状态更新阶段对系统状态进行矫正。若系统中还未包含目标状态则利用前面介绍的方法对系统向量进行目标状态扩充。

### 7.1.4　系统状态更新阶段

在完成数据关联后，EKF 利用观测值对系统状态向量和协方差阵进行更新，从而纠正系统的误差。通过数据关联已经得到实际观测值和目标、特征的对应关系。设通过数据关联的目标观测值为 $z_k^{\mathrm{T}}$，环境特征观测值为 $z_k^{\mathrm{lm},i}$，$i=1,\cdots,r_k$（上角标 $r_k$ 为此刻存在对应关系的特征观测值数量），首先需要建立此次系统的观测矩阵 $\boldsymbol{H}_k$，该矩阵形式如下：

$$\boldsymbol{H}_k=\begin{bmatrix}\boldsymbol{H}_k^{\mathrm{T}}\\ \boldsymbol{H}_k^{\mathrm{lm}_{j_1}}\\ \vdots\\ \boldsymbol{H}_k^{\mathrm{lm}_{j_{r_k}}}\end{bmatrix} \tag{7-52}$$

$\boldsymbol{H}_k^{\mathrm{T}}$ 和 $\boldsymbol{H}_k^{\mathrm{lm}_{j_i}}$ 分别为从系统状态向量到目标观测值和环境特征 $\mathrm{lm}_{j_i}$ 观测值的映射阵，其中 $j_i$ 代表 $z_k^{\mathrm{lm},i}$ 对应系统状态向量中已知环境特征的序号，映射阵的维数为观测值维数与系统状态向量维数之乘积，则有（用下角标表示对应矩阵的维数）

$$\boldsymbol{H}_k^{\mathrm{T}}=\begin{bmatrix}\nabla_{\boldsymbol{X}_{k|k-1}^{\mathrm{R}}}\boldsymbol{h}^{\mathrm{T}}_{\dim(z^{\mathrm{T}})\times 3} & \nabla_{\boldsymbol{X}_{k|k-1}^{\mathrm{T}}}\boldsymbol{h}^{\mathrm{T}}_{\dim(z^{\mathrm{T}})\times 4} & \boldsymbol{0}_{\dim(z^{\mathrm{T}})\times 2\mathrm{n}}\end{bmatrix}_{\dim(z^{\mathrm{T}})\times(7+2\mathrm{n})} \tag{7-53}$$

$$\boldsymbol{H}_k^{\mathrm{lm}_{j_i}}=\begin{bmatrix}\nabla_{\boldsymbol{X}_{k|k-1}^{\mathrm{R}}}\boldsymbol{h}^{\mathrm{LM}}_{\dim(z^{\mathrm{lm},i})\times 3} & 0 & \cdots & \underbrace{\nabla_{\boldsymbol{lm}_{j_i}}\boldsymbol{h}^{\mathrm{LM}}_{\dim(z^{\mathrm{lm},i})\times 2}}_{\text{第}6+2\times j_i\text{列到}7+2\times j_i\text{列}} & 0 & \cdots\end{bmatrix}_{\dim(z^{\mathrm{lm},i})\times(7+2n)} \tag{7-54}$$

式(7－53)中 $\nabla_{\boldsymbol{X}_{k|k-1}^{\mathrm{R}}}\boldsymbol{h}^{\mathrm{T}}=\dfrac{\partial\boldsymbol{h}^{\mathrm{T}}}{\partial\boldsymbol{X}^{\mathrm{R}}}\Big|_{\boldsymbol{X}^{\mathrm{R}}=\boldsymbol{X}_{k|k-1}^{\mathrm{R}}}$ 和 $\nabla_{\boldsymbol{X}_{k|k-1}^{\mathrm{T}}}\boldsymbol{h}^{\mathrm{T}}=\dfrac{\partial\boldsymbol{h}^{\mathrm{T}}}{\partial\boldsymbol{X}^{\mathrm{T}}}\Big|_{\boldsymbol{X}^{\mathrm{T}}=\boldsymbol{X}_{k|k-1}^{\mathrm{T}}}$ 分别为式(2－16)或(2－17)代表的目标观测函数对机器人状态和目标状态的雅可比阵。式(7－54)中 $\nabla_{\boldsymbol{X}_{k|k-1}^{\mathrm{R}}}\boldsymbol{h}^{\mathrm{LM}}=\dfrac{\partial\boldsymbol{h}^{\mathrm{LM}}}{\partial\boldsymbol{X}^{\mathrm{R}}}\Big|_{\boldsymbol{X}^{\mathrm{R}}=\boldsymbol{X}_{k|k-1}^{\mathrm{R}}}$ 和 $\nabla_{\boldsymbol{lm}_{j_i}}h^{\boldsymbol{LM}}=\dfrac{\partial\boldsymbol{h}^{\boldsymbol{LM}}}{\partial\boldsymbol{lm}_{j_i}}\Big|_{\boldsymbol{lm}_{j_i}=\boldsymbol{lm}_{j_i}}$ 分别为式(2－10)或式(2－15)表示的环境特征观测函数对机器人状态和第 $j_i$ 个环境特征状态的雅可比阵。

此时系统的观测残差向量为

$$\boldsymbol{v}_k=\begin{bmatrix}\boldsymbol{v}_k^{\mathrm{T}}\\ \boldsymbol{v}_k^{\mathrm{lm}_{j_1}}\\ \vdots\\ \boldsymbol{v}_k^{\mathrm{lm}_{j_{r_k}}}\end{bmatrix}=\begin{bmatrix}\boldsymbol{z}_k^{\mathrm{T}}-\boldsymbol{z}_{k|k-1}^{\mathrm{T}}\\ \boldsymbol{z}_k^{\mathrm{lm},1}-\boldsymbol{z}_{k|k-1}^{\mathrm{lm}_{j_1}}\\ \vdots\\ \boldsymbol{z}_k^{\mathrm{lm},r_k}-\boldsymbol{z}_{k|k-1}^{\mathrm{lm}_{j_{r_k}}}\end{bmatrix} \tag{7-55}$$

其中，$\boldsymbol{z}_{k|k-1}^{\mathrm{T}}$，$\boldsymbol{z}_{k|k-1}^{\mathrm{lm}_{j_i}}$ 分别为目标和特征的预测观测值；$\boldsymbol{z}_k^{\mathrm{T}}$，$\boldsymbol{z}_k^{\mathrm{lm},i}$ 为目标和特征的实际观测值；$\boldsymbol{v}_k^{\mathrm{T}}$ 为对于目标的观测差异；$\boldsymbol{v}_k^{\mathrm{lm}_{j_i}}$ 为对于特征的观测差异。

在此基础上，可得更新后的系统向量和协方差阵为

$$\boldsymbol{X}_{k|k}=\boldsymbol{X}_{k|k-1}+\boldsymbol{K}_k v_k \tag{7-56}$$

$$\boldsymbol{P}_{k|k}=\boldsymbol{P}_{k|k-1}-\boldsymbol{K}_k\boldsymbol{S}_{k|k-1}(\boldsymbol{K}_k)' \tag{7-57}$$

其中，$\boldsymbol{K}_k=\boldsymbol{P}_{k|k-1}(\boldsymbol{H}_k)'(\boldsymbol{S}_{k|k-1})^{-1}$ 为卡尔曼增益；$\boldsymbol{S}_{k|k-1}=\boldsymbol{H}_k\boldsymbol{P}_{k|k-1}(\boldsymbol{H}_k)'+\boldsymbol{R}^{\mathrm{s}}$ 为此刻系统观测协方差阵；$\boldsymbol{R}^{\mathrm{s}}$ 为系统观测加性噪声阵。

### 7.1.5 实体机器人 EKF_SLAMOT 总体流程

在实际应用中，采用第 2 章介绍的方法进行环境直线特征的提取，并利用第 4 章设计的运动物体侦测方法来获得目标的观测值，则基于 EKF 的 SLAMOT 总流程如图 7-2 所示。

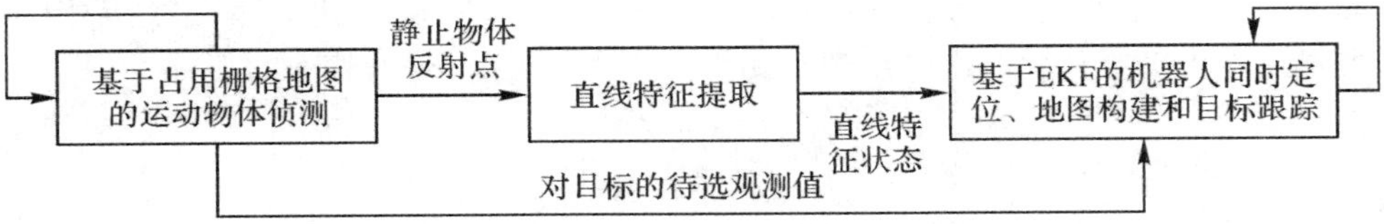


图 7-2 系统总体流程图

如该图所示，流程主要分为 3 个部分：基于占用栅格地图的运动物体侦测（MOD）部分、直线特征提取（LFE）部分以及基于 EKF 的机器人同时定位、地图构建和目标跟踪（EKF_SLAMOT）部分。MOD 实际上独立于 EKF_SLAMOT 运行，其目的是为系统提供观测信息，MOD 产生两种观测信息，其一是静止物体反射点群，其二是待选目标观测值（该部分处理具体方法参见第 4 章内容），静止物体反射点群将传输给 LFE 环节并利用第 5 章介绍的方法进行直线特征的提取。此后产生的直线特征和待选目标观测值一起进入 EKF_SLAMOT 环节来估计机器人、环境特征以及目标状态，以上过程循环进行，直到追踪结束为止。

### 7.1.6 EKF_SLAMOT 算法实验结果

研究通过仿真和实体机器人实验分析和验证设计算法的性能和实用性。仿真实验中机器人采用轮式非完整性约束模型并假设环境特征为标志柱。实体机器人实验中机器人采用里程表运动模型并采用直线特征作为环境特征。所有实验中目标运动模型均采用定速模型（CVM）。

首先介绍仿真结果。仿真实验是在 Matlab 7.5 平台上进行的，首先在 $X$ 轴坐标为 250 m，$Y$ 轴坐标为 −250～250 m 的范围内均匀产生 1 600 个环境标志柱特征。假设机器人和目标均为理想模型，目标的实际运行轨迹为椭圆形，应用虚拟力场法[1-2,123-124]得到机器人每一时刻的控制量，系统具体参数见表 7-1。

**表 7-1 仿真实验系统参数设置**

| | |
|---|---|
| 机器人控制误差阵 | diag($0.3^2$ m, $0.0523^2$ rad) |
| 机器人观测误差阵 | diag($0.1^2$ m, $0.0523^2$ rad) |
| 目标运动不确定系数 | 0.7 |
| 迭代间隔时间 | 0.09 s |
| 迭代次数 | 350 次 |
| 机器人最大观测距离 | 50 m |

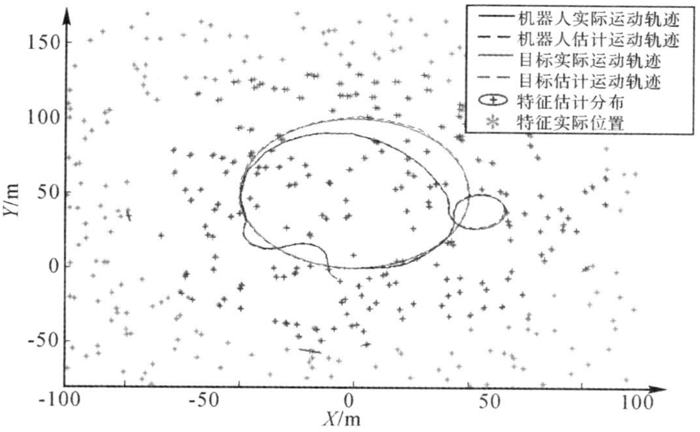


图 7-3　仿真实验总体图

机器人的起始运动状态为 $\boldsymbol{X}_1^{\mathrm{R}}=[0\quad 0\quad 0]'$，目标的起始运动状态为 $\boldsymbol{X}_1^{\mathrm{T}}=[0\quad 0\quad 10\quad 0]'$，仿真实验总体如图 7-3 所示。图中红色实线代表目标实际运动轨迹，红色虚线代表目标的估计轨迹。黑色实线代表机器人的实际轨迹，黑色虚线代表机器人的估计轨迹。绿色星号代表标志柱的实际位置，红色椭圆代表标志柱的估计分布。从图中可见，在整个过程中机器人对目标保持追踪形态，实验结束时系统共获得 201 个环境特征。下面分别针对机器人和目标的定位精度给予具体分析。

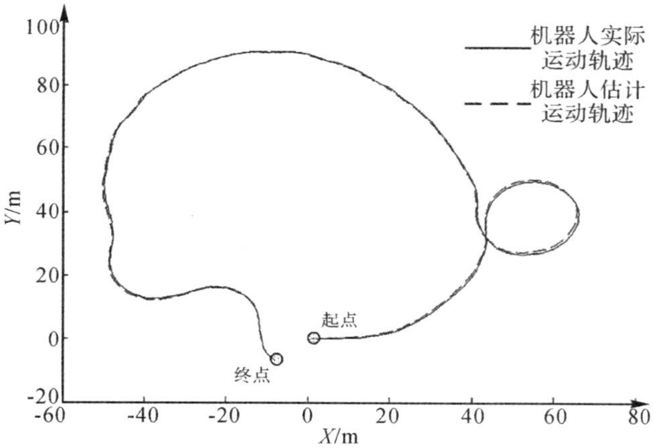


(a) 机器人实际和估计轨迹

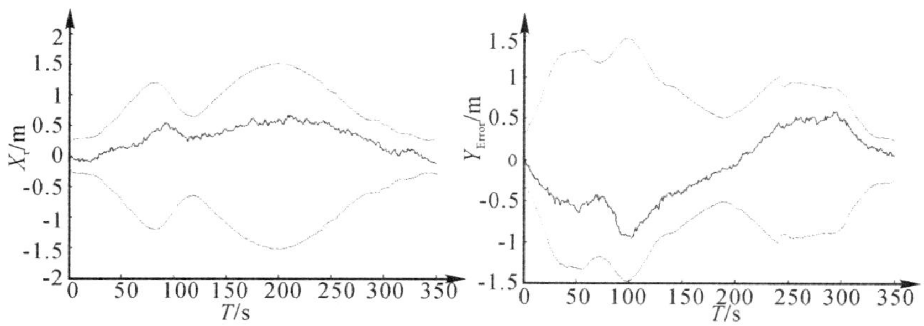


(b) 机器人X,Y坐标估计误差随时间变化情况

图 7-4　机器人实际和估计状态对比分析

首先分析机器人定位精度，图 7－4 显示了机器人真实和估计轨迹以及定位误差随时间变化情况。图 7－4(a)显示了机器人实际和估计轨迹，由于机器人采用的是非完整性运动模型，因此在追踪目标的过程中并没有形成严格的圆形轨迹。图 7－4(b)显示了追踪过程中机器人的 $X$,$Y$ 坐标状态估计误差随时间变化情况，其中实线为误差曲线，虚线为对应时刻的 $3\sigma$ 误差置信区域。从图中可见，实际误差均在误差置信区域中，证明该算法符合一致性要求。另外，机器人运动初始期间和结束期间的定位误差基本相同，这是因为机器人又重新到达起点附近位置，因此早期获得的较精确标志柱状态能够帮助矫正已累积的定位误差，这从另一个方面证明了该算法所采用的环境特征数据关联方法的有效性。

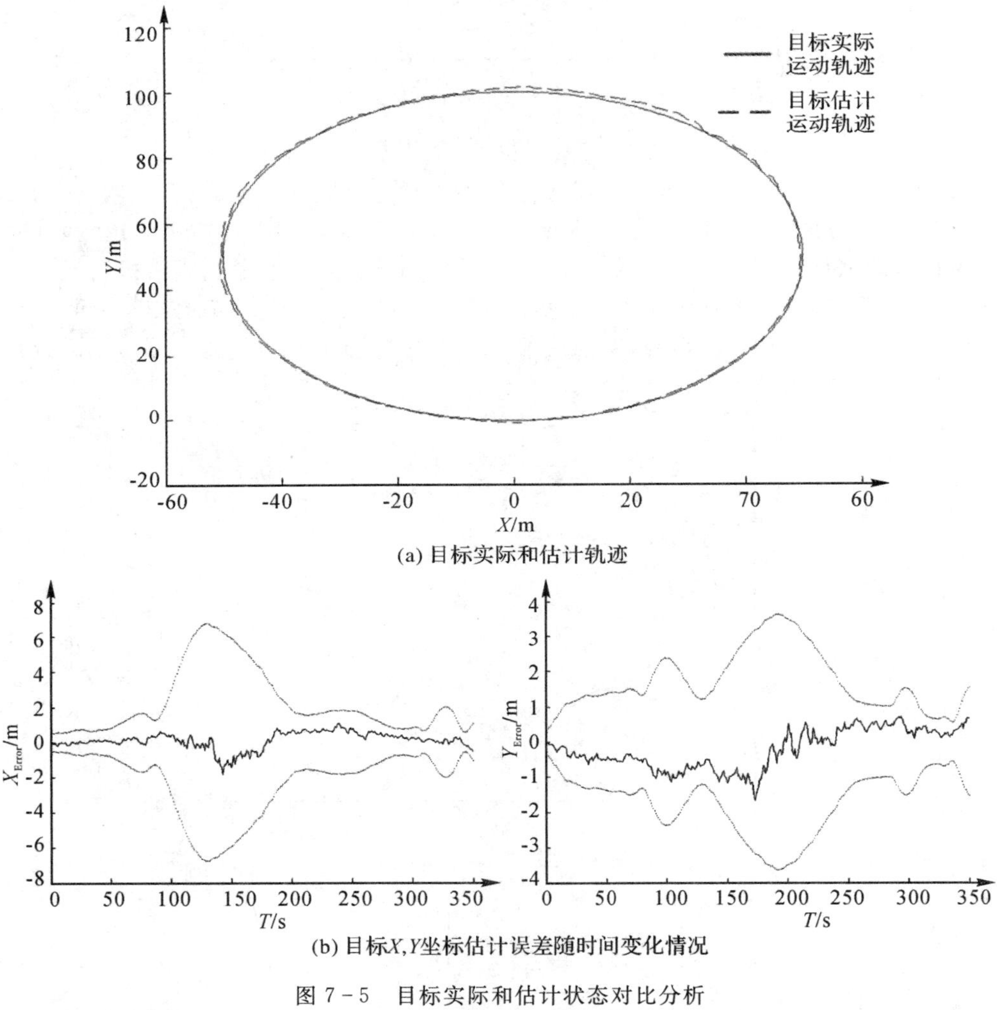


图 7－5　目标实际和估计状态对比分析

以下给出目标实际和估计运行轨迹以及定位误差随时间变化情况，如图 7－5 所示。从图 7－5(a)可见，目标的实际轨迹为椭圆形，对目标的估计轨迹与实际轨迹基本重合。比较图 7－4(b)和图 7－5(b)可见，目标的估计误差总体大于机器人定位误差，这是因为目标定位是在机器人定位基础上进行的，因此其精度依赖于机器人的定位精度，图 7－6 更好地说明了该点。从图 7－6 可见，目标定位误差曲线基本上是以机器人定位误差曲线为基线的，由此可见，目标定位精度是依赖于机器人定位精度的。

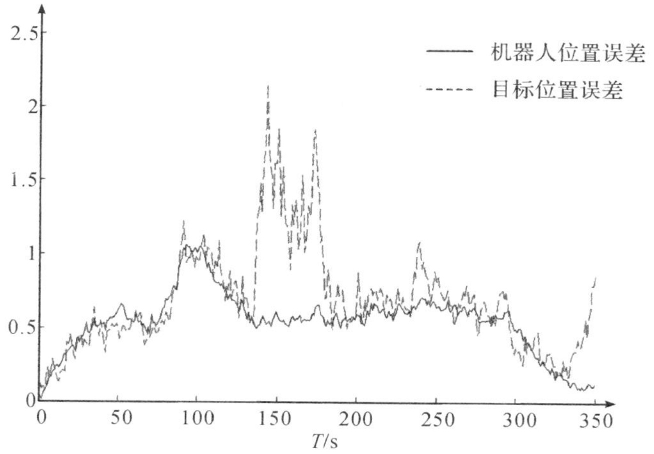


图 7－6　机器人、目标定位误差随时间变化情况

为了进一步验证该算法的实用性，采用实体机器人 PIONEER 进行实验，其装配有 SICK2000 激光传感器用于观测值的获得，以及轮盘编码器用于机器人状态内部感知。具体算法流程符合 7.1.5 节介绍内容，采用基于占用栅格地图的运动物体侦测方法获得环境观测值，即静止物体扫描点和运动物体观测值。静止物体扫描点用来生成环境直线特征，运动物体观测值用于目标跟踪。由于基于占用栅格地图的运动物体侦测存在误差累积问题（扫描点匹配一致性问题），因此其提供的运动物体观测值可能存在错误信息，该现象尤其在机器人运动路线存在回路的情况下更容易发生，从后面的实验可见，本章所采用的目标观测值数据检验方法能够较好地解决这个问题。

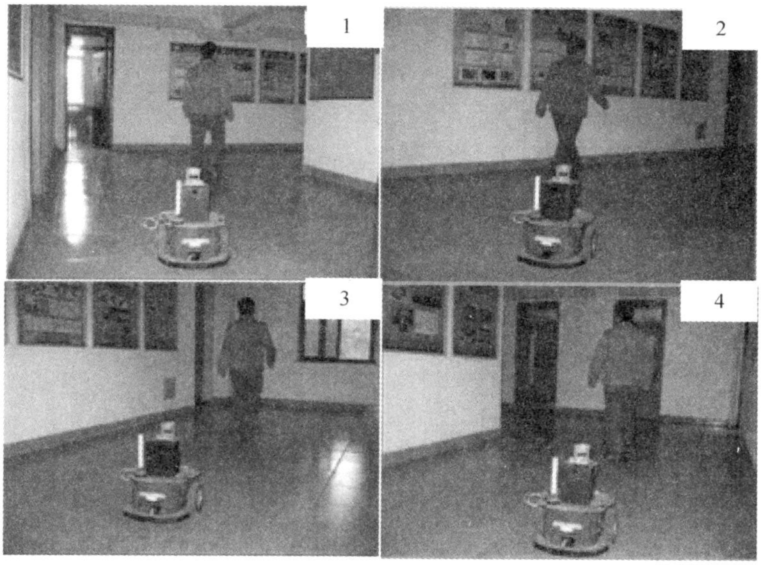


图 7－7　实验真实场景

机器人运行环境为实验室环境，如图 7－4 所示，其主要由走廊和大厅组成，机器人从走廊

一头开始运动，在此过程中，行人从机器人旁边进入激光扫描范围，之后机器人将应用文献[3]设计的控制算法追踪行人运动，行人在走到大厅尽头后返回起始位置，由于机器人一直追随行人运动，因此机器人运行路线存在环路。需要说明的是，行人的运动完全处于自然状态，并未考虑机器人的存在。实验不同时刻实景照片如图 7-7 所示。

实验各参数设置见表 7-2。

**表 7-2　实体机器人实验参数设置**

| | |
|---|---|
| 系统采样时间 | 0.4 s |
| 目标运动不确定系数 | 0.1 |
| 里程表误差阵 | diag($0.06^2$ m, $0.06^2$ m, $0.03^2$ rad) |
| 对目标观测误差阵 | diag($0.01^2$ m, $0.01^2$ m) |
| 激光最大扫描范围 | 20 m |

实验历经 55.2 s，共进行 138 次迭代，图 7-8 为不同时刻机器人、目标和环境直线特征状态的 12 个场景图。

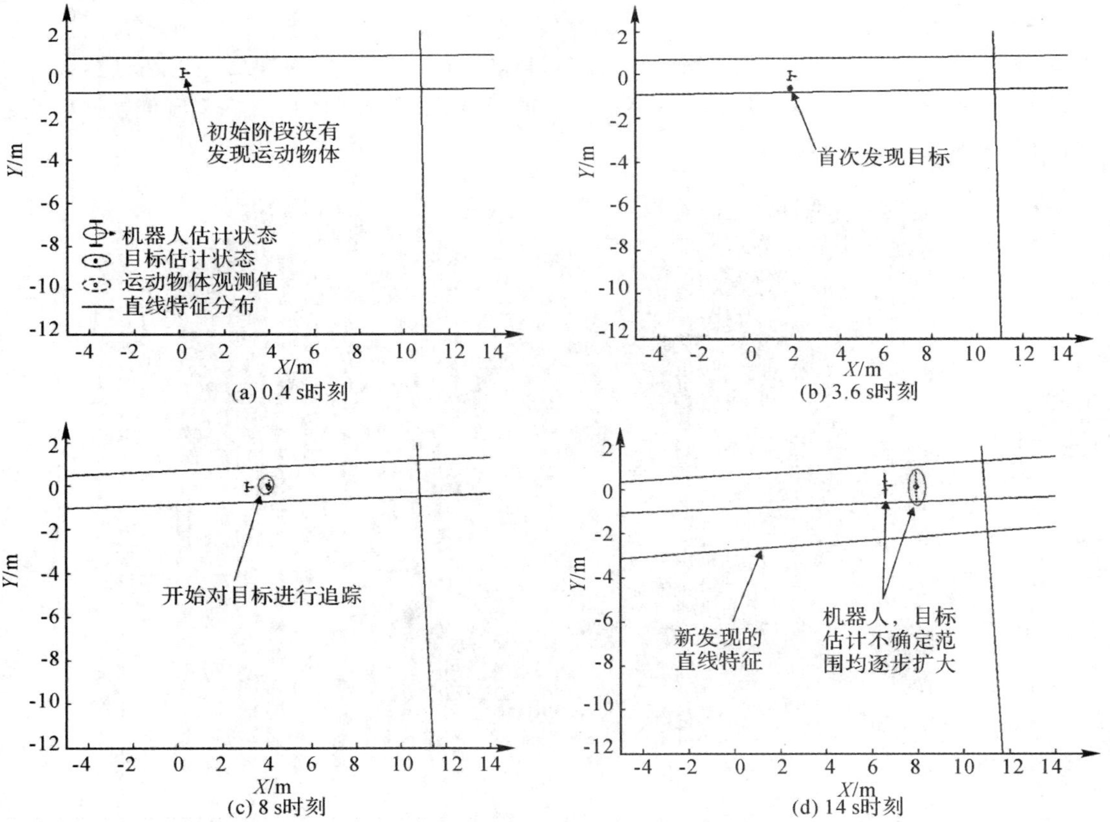


图 7-8　实验不同时刻机器人、目标以及环境直线特征状态估计

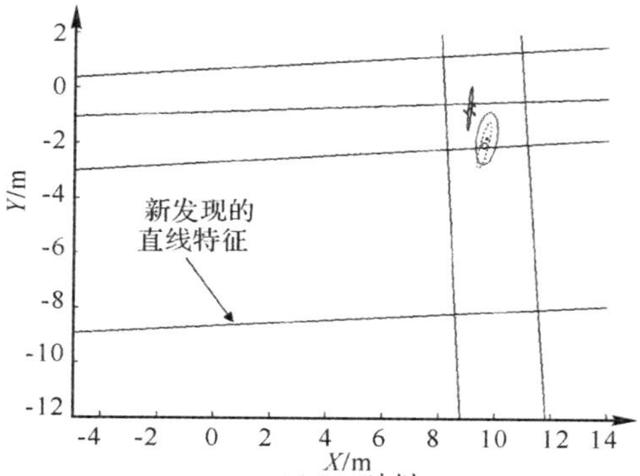

(e) 20 s时刻

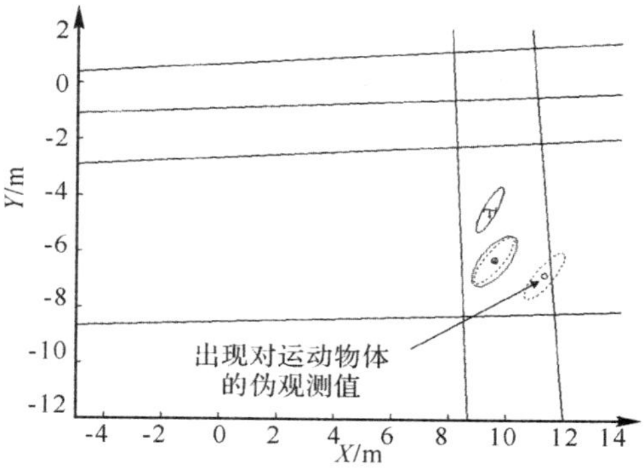

(f) 26 s时刻

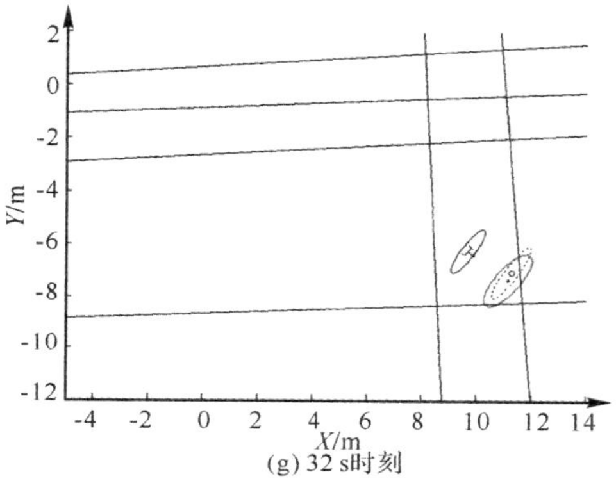

(g) 32 s时刻

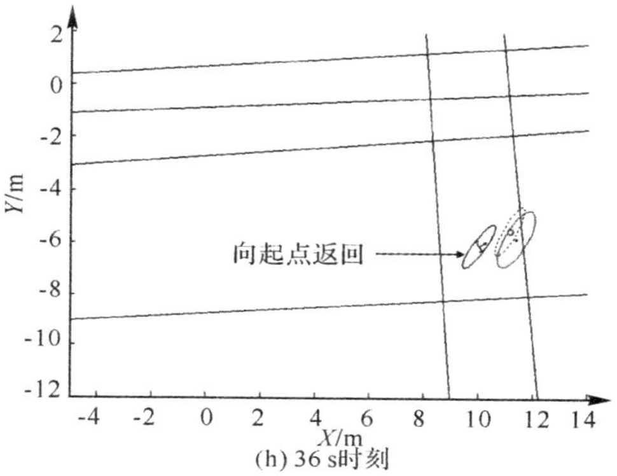

(h) 36 s时刻

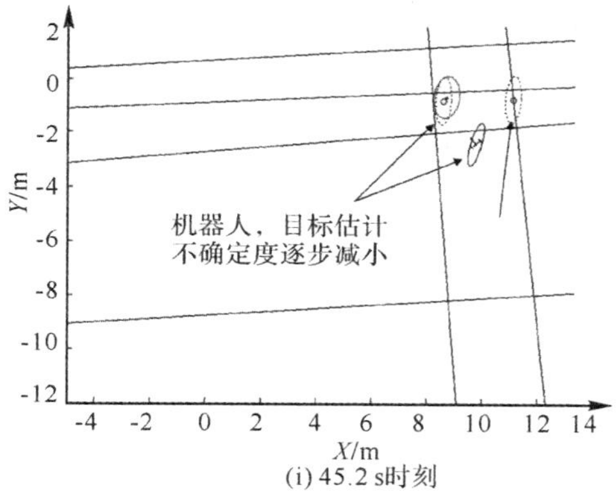

(i) 45.2 s时刻

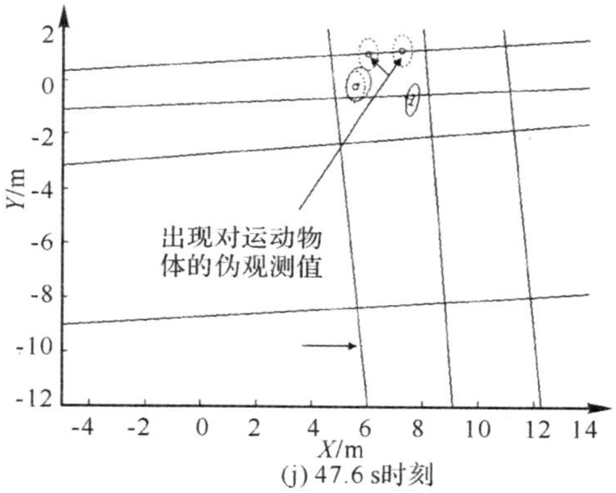

(j) 47.6 s时刻

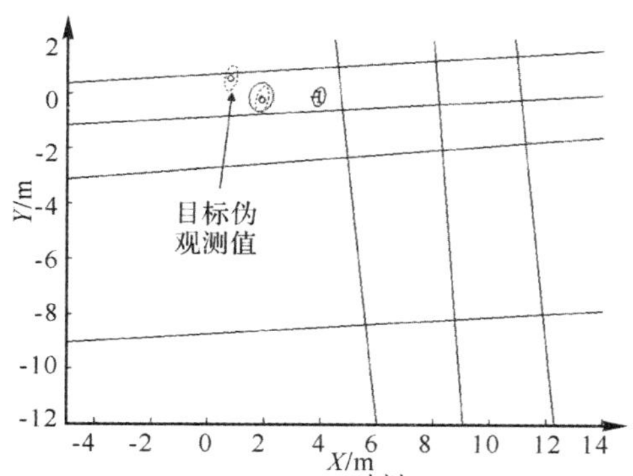

(k) 52 s时刻

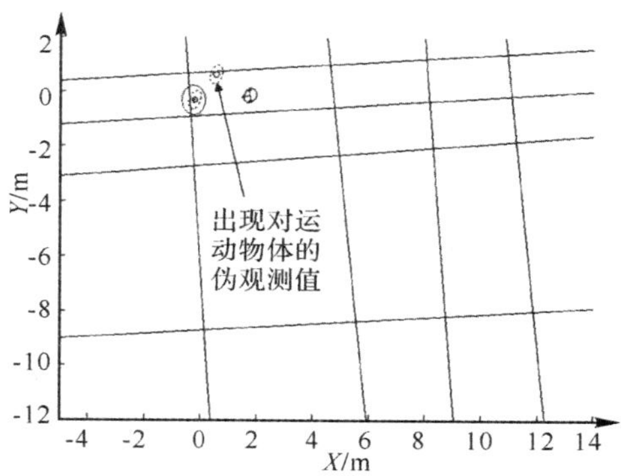

(l) 55.2 s时刻

图 7－8　实验不同时刻机器人、目标以及环境直线特征状态估计(续)

从以上 12 幅图可以看出未知环境下机器人定位、地图构建与目标跟踪的整体过程。其中小车符号以及其周围的椭圆代表对机器人的状态估计，带圆点实线椭圆代表对目标的状态估计，带圆圈虚线椭圆代表此刻由运动物体侦测得到的目标可能观测值，直线代表环境中直线特征分布(这里只是根据直线状态来作图，并没有表现其不确定性分布)。从图中可见，在机器人运动初始时(见图 7－8(a))，因为还没有发现运动目标，此时机器人只对自身以及三条环境直线特征进行估计，当运行到 6.3 s 时(见图 7－8(b))系统第一次发现运动目标，此时机器人用状态扩展方法对系统状态进行扩展，此后一段时间(见图 7－8(c)～(e))，机器人利用设计算法进行同时定位、地图构建与目标跟踪，从图 7－8(d)以及图 7－8(e)可见在此过程中第 14 s 和第 20 s 时，有新的直线环境特征添加到系统中。在 26 s 时，由图 7－8(f)可见出现了运动物体的伪观测值，此时机器人利用数据检验方法成功地将其排除(类似的情况也发生在 45.2 s，47.6 s，52 s，55.2 s 时，系统均能够成功地找到正确的目标观测值)。从 32 s 到结束，这段时间机器人开始返回，也就是说此刻机器人运动路线出现回路，由图 7－8(g)～(l)可知在此过程中系统利用环境特征数据关联方法成功地将观测到的直线特征和系统包含的直线特征相匹配，并在 47.6 s(见图 7－8(j))发现了一条新的直线特征。最终运行结束时机器人一共发现 8 条环境直线特征。

图 7－9 所示为整个过程中机器人、目标轨迹估计以及环境直线特征分布。图中带点连线代表机器人和目标在每一时刻的位置估计，直线代表环境特征分布，从该图可见，最终系统包含 8 条环境直线特征，机器人和目标的运行轨迹均存在回路，虽然无法得到机器人和目标状态的真值，但从整个过程来看设计算法对于实际应用是有效的。另外，需要说明的是图中直线环境特征分布是取最后一次迭代得到的状态分布。图中某些直线之间并没有保持严格的平行关系，例如，直线 1 和直线 2 并不平行，其原因在于直线 1 和直线 2 同时出现在机器人视野的机会较少，因此它们之间的相对关系没能进行有效的矫正，但这并不会影响系统状态估计精度，因为系统是用直线状态均值和方差来刻画环境特征的，均值表示当前直线最有可能的分布，方差表示这种分布的不确定范围，只要直线状态的真实误差小于方差估计的不确定范围，那么当存在足够的环境特征观测时，误差较大的特征状态就会得到矫正。

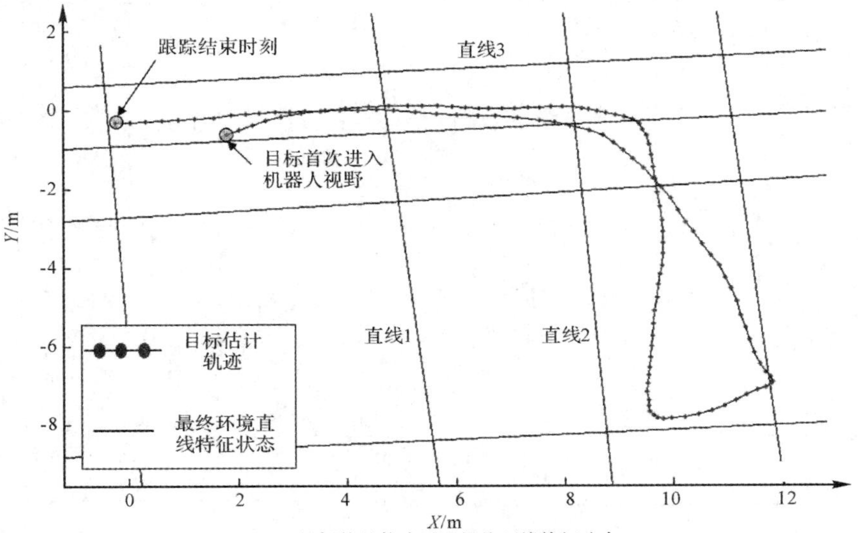

(a) 目标估计轨迹以及最终环境特征分布

图 7－9　机器人和目标的估计轨迹以及最终环境特征分布

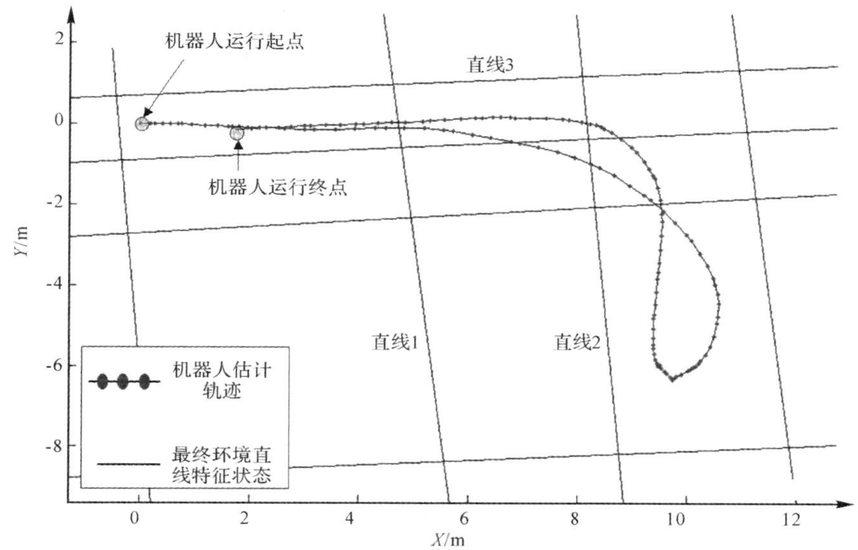


(b) 机器人估计轨迹以及最终环境特征分布

图 7-9　机器人和目标的估计轨迹以及最终环境特征分布(续)

图 7-10　显示了直线 3 的角度 $\gamma$ 和距离 $d$ 状态分量估计不确定度随时间的变化情况。

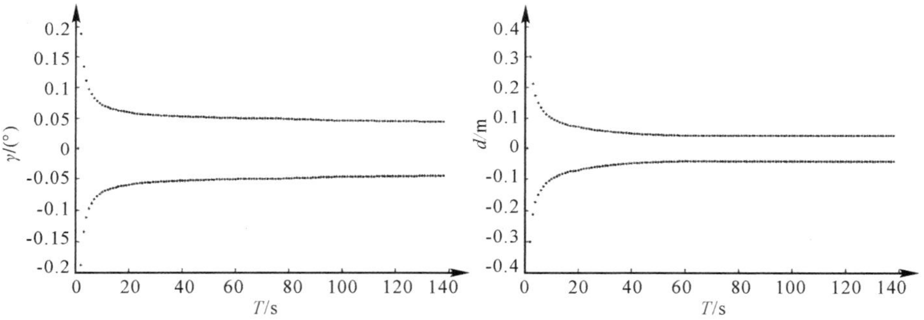


图 7-10　环境特征直线 3 的 $\gamma$,$d$ 参数不确定范围估计随时间变化图

从该图可见,环境直线 3 角度和距离参量的不确定范围随时间迅速减小,并最终保持不变,其中角度 $\gamma$ 不确定范围保持在 0.056°左右,而距离 $d$ 不确定范围保持在 0.07 m 左右。

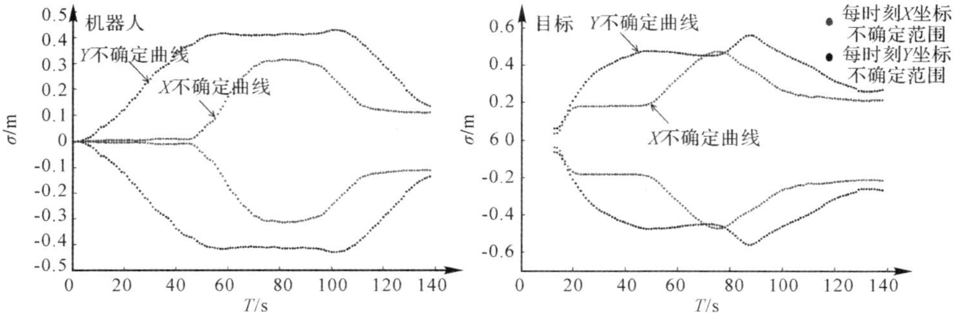


图 7-11　机器人、目标 $x$,$y$ 状态分量不确定范围随时间变化情况

图 7－11 显示了整个过程中机器人和目标的 $x,y$ 位置参量不确定范围随时间变化情况。从该图可见，机器人和目标的 $x,y$ 参量在整个估计过程中呈现出逐步增大又逐步减小的趋势，造成这种现象的原因在于在第 1～78 次迭代期间机器人总是向背离起点的方向运动，因此累积误差逐步增大，而在 78～138 次迭代期间机器人转向朝起点运动，在此过程中原先较为准确的环境特征状态对系统误差给予了矫正。另外，通过对比左右两图可知，目标的不确定度始终大于机器人的不确定度，这同样说明了目标状态估计是在机器人状态估计基础上建立的。

最后通过分析不同时刻系统各对象之间的协方差系数来说明各对象状态间的相关性是如何建立的。协方差系数代表了两个变量的相关程度，记作 $r$，$-1\leqslant r\leqslant 1$。一般来说，$|r|$ 越大代表变量之间的相关程度越高，$|r|$ 越小代表变量之间的相关程度越低。不同对象间相关性的建立正是设计算法的优点，其原因在于，对象状态之间的相关性表示它们的关系程度，当机器人和目标的相关性较小时，机器人状态估计对目标状态估计的影响较大，反之，当机器人和目标的相关性较大时，机器人状态估计对目标状态估计的影响较小。因此，对象之间相关性的建立能够更准确地描述它们的作用程度，从而提高不同对象状态估计的精确性。图 7－12 显示了对应 0.4 s，3.6 s 以及 55.2 s 时系统的协方差系数阵。图中行左方和列上方标记的字母 R，T，L 分别表示该行或列对应的对象（R：机器人，T：目标，L：直线特征），例如，图 7－12(a)中，标号 1 的部分代表 $\boldsymbol{C}(\boldsymbol{r}_k,\boldsymbol{r}_k)$，即机器人状态的自相关阵。标号 2 的部分代表 $\boldsymbol{C}(\boldsymbol{r}_k,\boldsymbol{LM}_k)$，即机器人状态与直线特征互相关阵。图 7－12(a)代表机器人刚开始运行时的协方差系数阵，此时系统向量中只有机器人状态向量和 3 条直线环境特征向量，由于此时 3 条直线特征刚刚加入系统，因此它们和机器人的互相关性还比较小，表现在标号 2 的部分总体颜色较浅。相对的，各对象的自相关性较强，表现在对角线上的区域颜色较深。图 7－12(b)显示了 3.6 s 时系统的协方差系数阵，此时目标刚刚被发现，其对应的部分以标志 T 表示，由于到目前为止系统已经经过了若干次迭代，因此机器人和直线特征之间已经产生了一定的相关性，表现在标号 6 的部分颜色较深。另外，机器人 $x,y,\theta$ 状态的互相关性同样明显增强，表现在标号 1 的部分颜色很深。由于目标状态是通过机器人状态引入系统中的，所以此时目标的 $x$，$y$ 状态分量和直线特征的互相关性同机器人状态和直线特征的互相关性基本相同，表现在标号 5 的上半部分和标号 6 的部分颜色基本相同，但由于刚刚发现目标时，机器人对目标的 $\dot{x},\dot{y}$ 状态没有观测值，使得这部分的相关性没有引入系统，表现在 $T$ 的 $\dot{x},\dot{y}$ 对应区域呈现白色。由图7－12(c)可见，在运行的后期，系统包括机器人、目标以及 8 条直线特征，此时这些对象之间均保持一定的互相关性，表现在标号 4，5，6 部分的颜色均呈现灰色，相比来说，机器人和直线特征的互相关性（标号 5 部分）大于目标和直线特征的互相关性（标号 6 部分），表现在标号 5 部分颜色较标号 6 部分颜色深。造成该现象的原因在于目标与特征的相关性是通过机器人与特征的相关性得到的，因此目标与特征的相关性小于机器人同特征的相关性。构建和更新系统的协方差阵是 EKF_SLAMOT 的重要思想，由此可见，系统各对象的状态估计并非独立进行而是互相保持着联系的。

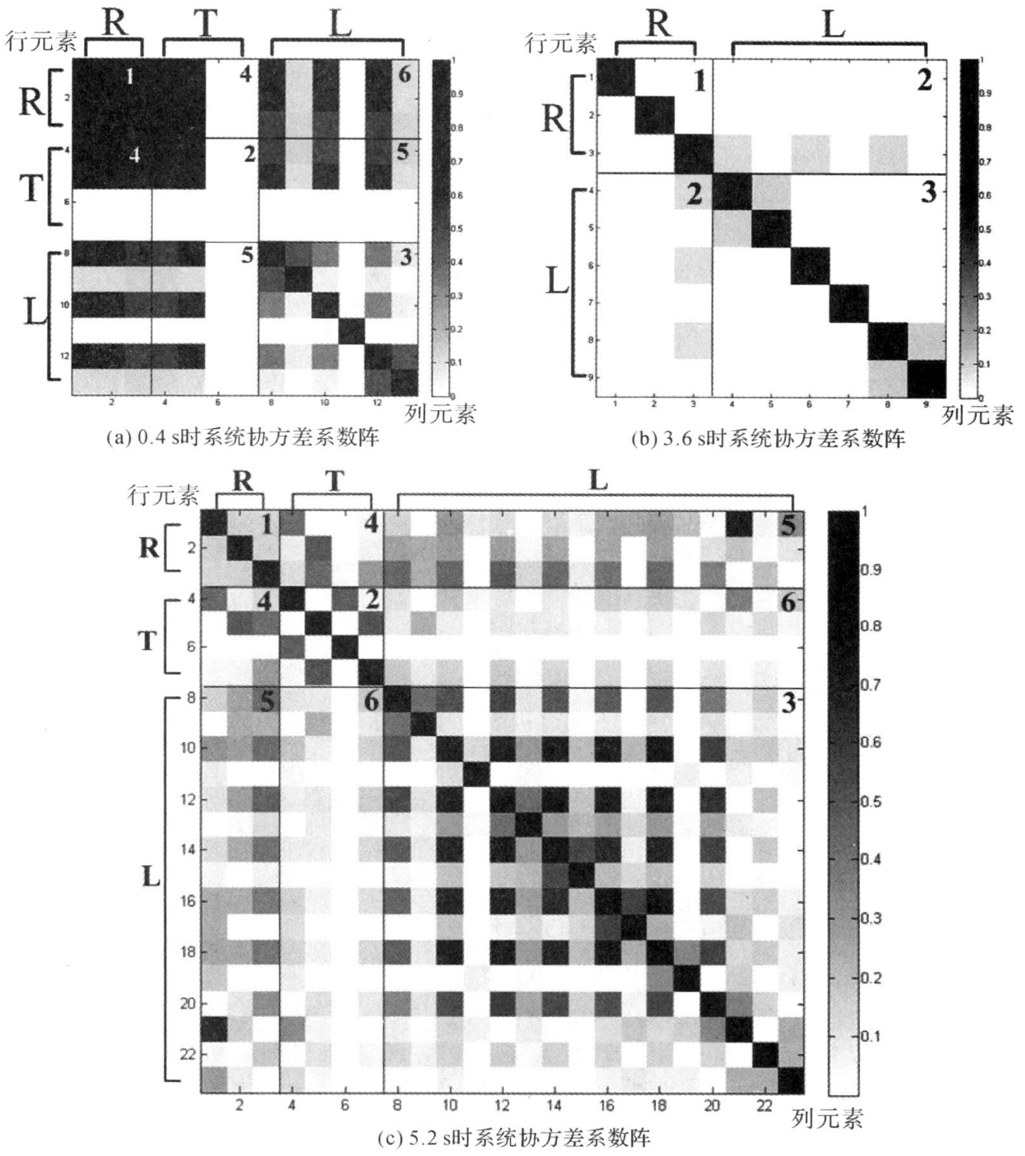


(a) 0.4 s时系统协方差系数阵

(b) 3.6 s时系统协方差系数阵

(c) 5.2 s时系统协方差系数阵

图 7－12　单一突出扫描点判定示意图

## 7.2　基于交互多模滤波的机器人 SLAMOT 算法

正如本章开篇所介绍，目标跟踪问题的难点在于目标运动的不确定性以及系统对于目标运动方式的未知性，例如：活泼的小孩在人行道上的运动过程，他可能一会儿快速跑动，一会儿慢速行走。如何解决对于具有一定逃逸能力的机动目标跟踪问题是 SLAMOT 必须克服的难点。本节将对此问题展开研究，设计基于交互多模滤波的机器人同时定位、地图构建与目标跟踪算法，并通过仿真实验证明该算法对于未知环境下机器人机动目标跟踪问题的解决能力。

### 7.2.1　算法采用的相关模型

假设机器人运动模型符合式(2-1)描述的轮式非完整性约束模型。目标可能存在多种运动模型,假设目标存在两种运动方式,分别为,式(2-4)表示的定速度模型(CVM)和式(2-7)表示的定加速度模型(CAM)。另外,假设环境特征为标志柱,系统对于目标和环境特征的观测函数满足式(2-10)和式(2-16)表示的距离和角度模型,并且系统能够区分目标观测值和环境特征观测值。系统状态向量和协方差阵依然沿用式(7-1)和式(7-2)表示的不同对象状态组合形式,即对于CVM目标模型的系统状态向量为

$$\boldsymbol{X}_k^1=\begin{bmatrix}\boldsymbol{X}_k^{\mathrm{R}}\\ \boldsymbol{X}_k^{\mathrm{TCVM}}\\ \boldsymbol{LM}_k\end{bmatrix} \tag{7-58}$$

其中,$\boldsymbol{X}_k^{\mathrm{R}}$ 符合轮式非完整性约束模型;$\boldsymbol{X}_k^{\mathrm{TCVM}}$ 符合目标定速模型。

相应地,对于CAM目标模型的系统状态向量为

$$\boldsymbol{X}_k^2=\begin{bmatrix}\boldsymbol{X}_k^{\mathrm{R}}\\ \boldsymbol{X}_k^{\mathrm{TCAM}}\\ \boldsymbol{LM}_k\end{bmatrix} \tag{7-59}$$

其中,$\boldsymbol{X}_k^{\mathrm{R}}$ 符合轮式非完整性约束模型;$\boldsymbol{X}_k^{\mathrm{TCAM}}$ 符合目标定加速模型。

对应目标不同运动模型的系统协方差阵为 $\boldsymbol{P}_k^1$ 和 $\boldsymbol{P}_k^2$。实际上,式(7-58)和式(7-59)中的机器人、环境特征子状态是相同的,不同之处就在对目标运动方式的描述上。

针对目标不同运动模式的不同系统状态更新函数为

$$\boldsymbol{X}_k^j=\boldsymbol{f}^{\mathrm{sp},j}=\begin{bmatrix}\boldsymbol{X}_k^{\mathrm{R}}\\ \boldsymbol{X}_k^{\mathrm{T},j}\\ \boldsymbol{LM}_k\end{bmatrix}=\begin{bmatrix}\boldsymbol{f}^{\mathrm{R}}(\boldsymbol{X}_{k-1}^{\mathrm{R}},\boldsymbol{u}_{k|k-1}^{\mathrm{R}},\Delta t)\\ \boldsymbol{f}^{\mathrm{T},j}(\boldsymbol{X}_{k-1}^{\mathrm{T},j},\boldsymbol{A}_{k|k-1}^{\mathrm{T},j},\boldsymbol{q}_{k|k-1}^{\mathrm{T},j})\\ \boldsymbol{LM}_{k-1}\end{bmatrix} \tag{7-60}$$

其中,$\boldsymbol{X}_k^{\mathrm{R}}$,$\boldsymbol{LM}_k$ 分别代表 $k$ 时刻机器人状态向量和环境特征组合状态向量。$\boldsymbol{X}_k^{\mathrm{T},j}$ 代表 $k$ 时刻目标在运动模态 $j$ 下的状态向量,$j=1,\cdots,M$,$M$ 为目标可能具有的运动模态数量,在本节中,$j=1$ 表示目标运动符合CVM模式,$j=2$ 表示目标运动符合CAM模式。$\boldsymbol{f}^{\mathrm{R}}$ 代表机器人状态转移函数。$\boldsymbol{f}^{\mathrm{T},j}$ 代表目标运动模式 $j$ 的状态转移函数。$\boldsymbol{q}_{k|k-1}^{\mathrm{T},j}$ 为目标运动模态 $j$ 对应的运动噪声向量,假设其均值为0,方差阵为 $\boldsymbol{Q}_{k|k-1}^{\mathrm{T},j}$,并且 $\boldsymbol{q}^{\mathrm{T},1}_{,}\boldsymbol{q}^{\mathrm{T},2},\cdots,\boldsymbol{q}_{之}^{\mathrm{T},M}$ 间不存在相关性。由于环境特征保持固定,因此其状态不随时间发生变化。那么针对不同运动模式的不同系统协方差阵更新函数记为

$$\boldsymbol{P}_k^j=\boldsymbol{f}^{\mathrm{cp},j}(\boldsymbol{P}_{k-1}^j,\boldsymbol{X}_{k-1}^j,\boldsymbol{u}_{k|k-1}^{\mathrm{R}},\boldsymbol{Q}^{\mathrm{u}},\Delta t,\boldsymbol{A}_{k|k-1}^{\mathrm{T},j},\boldsymbol{Q}_{k|k-1}^{\mathrm{T},j}) \tag{7-61}$$

式(7-61)具体形式与式(7-39)类似。

同时系统的观测函数为

$$\boldsymbol{z}_k^{\mathrm{T},j}=\boldsymbol{h}^{\mathrm{T},j}(\boldsymbol{X}_k^j,\boldsymbol{\omega}^{\mathrm{T},j}) \tag{7-62}$$

$$\boldsymbol{z}_k^{\mathrm{lm}}=\boldsymbol{h}^{\mathrm{LM}}(\boldsymbol{X}_k^j,\boldsymbol{\omega}^{\mathrm{lm}}) \tag{7-63}$$

其中,$\boldsymbol{z}_k^{\mathrm{T},j}$ 代表系统对以模态 $j$ 运动目标的观测值;$\boldsymbol{z}_k^{\mathrm{lm}}$ 代表系统对环境特征的观测值;$\boldsymbol{h}^{\mathrm{T},j}$ 为系统对于以模态 $j$ 运动目标的观测函数;$\boldsymbol{h}^{\mathrm{LM}}$ 为系统对环境特征的观测函数;$\boldsymbol{X}_k^j$ 为 $k$ 时刻针对目标运动模式 $j$ 的系统状态向量;$\boldsymbol{\omega}^{\mathrm{T},j}$ 为对以模态 $j$ 运动目标的观测误差向量,其均值为0,方差阵为 $\boldsymbol{R}^{\mathrm{T},j}$ 并且 $\boldsymbol{\omega}^{\mathrm{T},1},\cdots,\boldsymbol{\omega}^{\mathrm{T},M}$ 互不相关。对应不同情况 $\boldsymbol{z}_k^{\mathrm{T},j}$ 和 $\boldsymbol{z}_k^{\mathrm{lm}}$ 的含义是不同的(例如,当

目标和环境特征均为点状物体时 $z_k^{\mathrm{T},j}$ 和 $z_k^{\mathrm{lm}}$ 均为距离角度观测值，而当环境特征为直线时，$z_k^{\mathrm{lm}}$ 表示 Hessian 直线模型参数），因此可能对应不同的观测函数。式（7－63）表示的不同系统状态 $\boldsymbol{X}_k^j$ 对应的环境特征观测值均相同，原因在于，系统中只有目标的运动模式非固定，其他对象（机器人和环境特征）的运动模式固定，因此不同系统状态 $\boldsymbol{X}_k^j$ 对于环境特征的观测值相同。

从系统状态转移函数式（7－60）可知，机器人作为观测主体，其运动模型唯一确定。而在追踪过程中，目标运动模型是未知的，因此需要用多模态来刻画。假设目标运动模态按照马尔可夫链规律变化，不同模态间的转化可能性为

$$p^{l,j} = P(\mathrm{Mod}_k = j \mid \mathrm{Mod}_{k-1} = l),\quad j,l \in [1,\cdots,M] \tag{7-64}$$

目标运动模态 $j$ 对应的先验和后验可能性为

$$\mu_{k|k-1}^j = P(\mathrm{Mod} = j \mid Z^{k-1}) \tag{7-65}$$

$$\mu_{k|k}^j = P(\mathrm{Mod} = j \mid Z^k) \tag{7-66}$$

并且满足

$$\mu_{k|k-1}^j = \sum_l p^{l,j} \mu_{k-1|k-1}^l \tag{7-67}$$

式中，$Z^k$ 为截至 $k$ 时刻得到的所有观测值集合，即 $Z^k = z_k \cup Z^{k-1}$，其中，$z_k$ 为 $k$ 时刻得到的观测值集合，并且有 $z_k = z_k^{\mathrm{lm}} \cup z_k^{\mathrm{T}}$，其中 $z_k^{\mathrm{lm}}$ 为 $k$ 时刻系统对于环境特征的观测值集合，$z_k^{\mathrm{T}}$ 为 $k$ 时刻系统对于目标的观测值集合。

### 7.2.2　基于 IMM 的 SLAMOT 算法

目标跟踪问题难点在于目标运动模型的不确定性，为了解决这个问题，下面给出基于 IMM 的机器人同时定位、地图构建与目标跟踪算法，这里省略了数据关联过程（实际上，数据关联过程与第 6 章相同）。

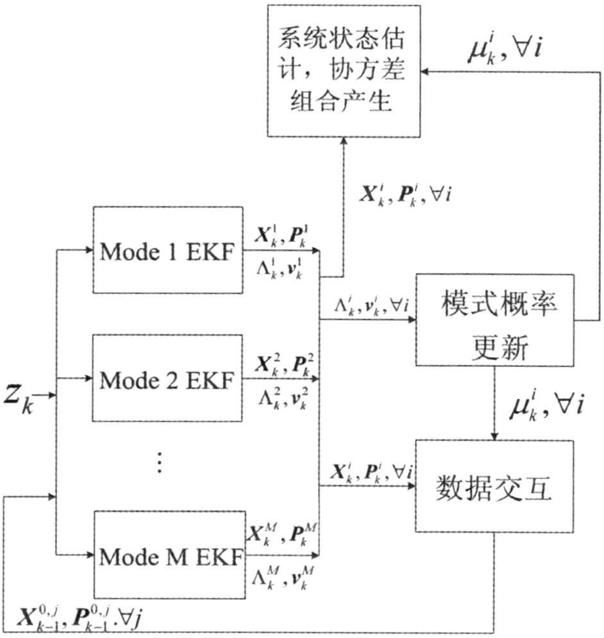


图 7－13　交互多模滤波器处理流程

交互多模滤波器[4-5](Interacting Multiple Model Filter,IMMF)是计算效率较高的次优状态估计算法,其主要用于对马尔可夫切换系统的估计问题。假设 $\boldsymbol{z}_k$ 代表 $k$ 时刻得到的观测值。$\boldsymbol{X}_k^j$ 和 $\boldsymbol{P}_k^j$ 为 $k$ 时刻对于 $j$ 模态系统状态估计和协方差阵。$\boldsymbol{X}_k^{0,j}$ 和 $\boldsymbol{P}_k^{0,j}$ 为 $k$ 时刻对于 $j$ 模态混合初始状态和协方差阵。$\boldsymbol{X}_k$ 和 $\boldsymbol{P}_k$ 为 $k$ 时刻系统的组合状态估计值和协方差阵。$\mu_k^{i|j}$ 为 $k$ 时刻的混合可能性值。$\mu_k^j$ 为 $k$ 时刻的模态可能性值。$\Lambda_k^j$ 为目标 $j$ 模态的相似度函数。$M$ 为可能的所有模态集合序列,算法框架如图 7-13 所示。

该处理过程中,不同模态对应的系统状态分别由式(7-58)和式(7-59)表示,发现目标后一次循环的处理过程如下。

1. 数据交互过程

首先对于 $\forall\, i,j\in M$ 计算混合概率值 $\mu_{k-1}^{i|j}=(1/\bar{c}_j)p^{i,j}\mu_{k-1}^i$,其中 $\bar{c}_j$ 为归一化因数(先验模式概率值),其值为 $\bar{c}_j=\sum\limits_i p^{i,j}\mu_{k-1}^i$ 。之后对于 $\forall\, j\in M$ 计算初始状态和协方差阵,即

$$\boldsymbol{X}_{k-1}^{0,j}=\sum_i \boldsymbol{X}_{k-1}^i\boldsymbol{\mu}_{k-1}^{i|j} \tag{7-68}$$

$$\boldsymbol{P}_{k-1}^{0,j}=\sum_i\{\boldsymbol{P}_{k-1}^i+[\boldsymbol{X}_{k-1}^i-\boldsymbol{X}_{k-1}^{0,j}][\boldsymbol{X}_{k-1}^i-\boldsymbol{X}_{k-1}^{0,j}]'\}\boldsymbol{\mu}_{k-1}^{i|j} \tag{7-69}$$

2. 不同模态状态预测阶段

对于目标运动不同模态 $j\in M$,根据式(7-60)和式(7-61) 完成各模态对应系统状态向量和协方差阵的预测:

$$\boldsymbol{X}_{k|k-1}^j=\boldsymbol{f}^{\mathrm{sp},j}(\boldsymbol{X}_{k-1}^{0,j},\boldsymbol{u}_{k|k-1}^{\mathrm{R}},\Delta t,\boldsymbol{A}_{k|k-1}^{\mathrm{T},j},\boldsymbol{q}_{k|k-1}^{\mathrm{T},j}) \tag{7-70}$$

$$\boldsymbol{P}_{k|k-1}^j=\boldsymbol{f}^{\mathrm{cp},j}(\boldsymbol{P}_{k-1}^{0,j},\boldsymbol{X}_{k-1}^{0,j},\boldsymbol{u}_{k|k-1}^{\mathrm{R}},\boldsymbol{Q}^{\mathrm{u}},\Delta t,\boldsymbol{A}_{k|k-1}^{\mathrm{T},j},\boldsymbol{Q}_{k|k-1}^{\mathrm{T},j}) \tag{7-71}$$

其中,$\boldsymbol{f}^{\mathrm{sp},j}$,$\boldsymbol{f}^{\mathrm{cp},j}$ 分别代表针对不同目标运动模态的系统状态和协方差预测函数,若有观测值出现继续,否则转到步骤 6。

3. 不同模态状态更新阶段

针对不同目标运动模式,利用式(7-56)和式(7-57)完成不同模态系统状态和协方差阵的更新:

$$\boldsymbol{X}_k^j=\boldsymbol{X}_{k|k-1}^j+\boldsymbol{K}_k^j\boldsymbol{v}_k^j \tag{7-72}$$

$$\boldsymbol{P}_k^j=\boldsymbol{P}_{k|k-1}^j-\boldsymbol{K}_k^j\boldsymbol{S}_{k|k-1}^j(\boldsymbol{K}_k^j)' \tag{7-73}$$

4. 模式概率更新

不同于传统的 IMM,此处 $\Lambda_k^j$ 的取值只考虑目标观测值可能性,并不考虑特征观测值可能性,因此 $\Lambda_k^j=N(\boldsymbol{v}_k^j(1:2);0,\boldsymbol{S}_{k|k-1}^j(1:2,1:2))$,其中 $\boldsymbol{v}_k^j$ 代表 $j$ 模态系统此刻的观测残差向量,$\boldsymbol{v}_k^j(1:2)$ 表示取 $\boldsymbol{v}_{k+1}^j$ 的前两项(对应目标观测值差异),$\boldsymbol{S}_{k|k-1}^j(1:2,1:2)$ 表示取 $\boldsymbol{S}_{k|k-1}^j$ 的 1 至 2 行和 1 至 2 列组成的子阵(对应目标观测协方差子阵)。之后对于各模式 $j$ 计算本次更新后的模式可能性(后验模式概率值),即

$$\mu_k^j=(1/c)\Lambda_k^j\sum_i p^{i,j}\mu_{k-1}^i=(1/c)\Lambda_k^j\bar{c}_j \tag{7-74}$$

其中,$c$ 为归一化因数。

5. 系统扩充

当发现新特征的观测值时,根据式(7-8)和式(7-17)完成状态向量和协方差阵的扩充。

6. 系统状态估计

协方差阵组合产生。最终通过加权得到本次迭代的系统状态估计和协方差阵，计算方法如下：

$$\boldsymbol{X}_k = \sum_j \boldsymbol{X}_k^j \mu_k^j \tag{7-75}$$

$$\boldsymbol{P}_k = \sum_j \{\boldsymbol{P}_k^j + [\boldsymbol{X}_k^j - \boldsymbol{X}_k][\boldsymbol{X}_{k+1}^j - \boldsymbol{X}_k]'\}\mu_k^j \tag{7-76}$$

该算法假设系统状态已经包含目标子状态，否则，系统将按照传统 EKF_SLAM 的方法运行，在发现目标后首先利用式(7-7)和式(7-9)对系统状态向量和协方差阵进行扩充，之后再按照上述步骤运行。

### 7.2.3　IMM_SLAMOT 算法实验结果

研究通过仿真实验验证设计算法的有效性，实验是在 Matlab 7.5 下进行的，为了能够体现机器人机动性的特点，设计控制律使得机器人能够跟随目标运动。具体来说，首先计算机器人位置和目标位置的角度，以此作为机器人角度控制量，之后计算机器人位置和目标位置的距离，以此作为机器人速度控制量，设置了几个速度标准并根据距离的远近来选择机器人不同的速度值。目标在不同时段分别采用定速度模型和定加速度模型两种不同模式运动。实验在长度为−250～250 m，宽度为−250～250 m 的正方形区域内均匀产生 800 个环境标志柱。假设运动开始时机器人就发现了目标。机器人的运动控制误差阵为 $\boldsymbol{Q}^u=\text{diag}(1^2\ \text{m}\quad 0.25^2\ \text{rad})$，机器人观测误差阵为 $\boldsymbol{R}=\text{diag}(0.1^2\ \text{m}\quad 0.05^2\ \text{rad})$，机器人的观测视野为前向90°，观测最大距离为 100 m。目标在 CVM 下的运动噪声参量 $q^{\text{TCVM}}=0.1$，在 CAM 下的运动噪声参量 $q^{\text{TCAM}}=1.8$，迭代时间间隔为 $\Delta t=0.15$ s，仿真共进行 200 次迭代，所得到的结果如图 7-14所示。

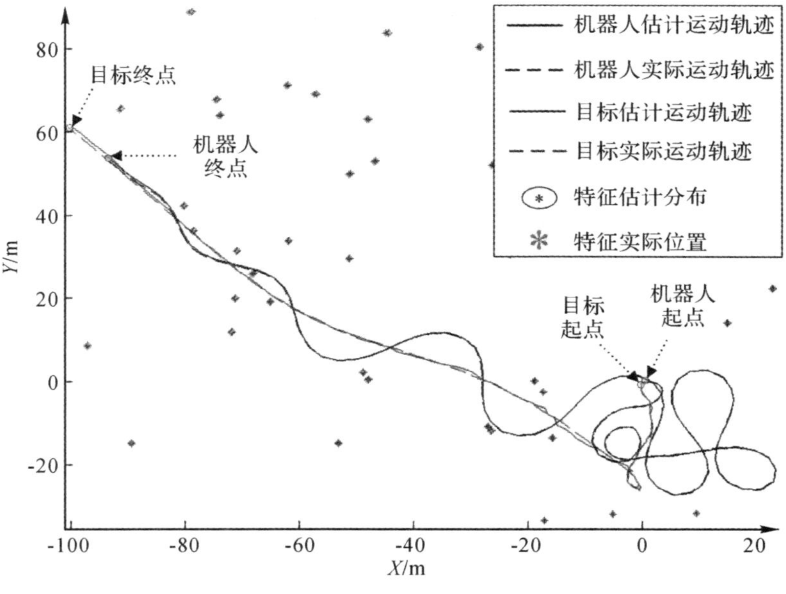


图 7-14　IMM_SLAMOT 算法仿真总体图

该图显示了机器人实际和估计运动轨迹目标实际和估计运动轨迹，以及特征实际和估计位置的总体情况。机器人和目标的起始位置为(0,0)点，机器人的终点为(−94.2,54.5)，目标的终点为(－100.4,61.5)。从图中可见,机器人为了追赶目标出现了几次环形运动。

为了清晰起见,分别给出机器人和目标的运动轨迹和误差分析图。机器人运动估计轨迹和误差随时间变化如图 7－15 所示。

图 7－15(a)显示了机器人运行的实际和估计轨迹,图 7－15(b)为对应每一时刻机器人分量状态的估计误差,从图中可见,对于机器人转角状态估计始终保持较高精度。从开始到第 160 次迭代机器人保持较高的定位精度,从 161 次迭代到结束机器人定位精度有所下降。其原因在于:由于目标运动方向始终朝向西北方,因此机器人在追踪目标过程的后期运动也一直朝向西北方,这就使得定位精度较高的环境特征无法用来对后续发现的环境特征定位误差进行充分矫正,从而使得运动后期误差累积增大。可见在实际机器人围捕任务中,如何使得机器人尽快追捕上目标或迫使目标运动出现回路是保持系统状态估计准确性的关键。

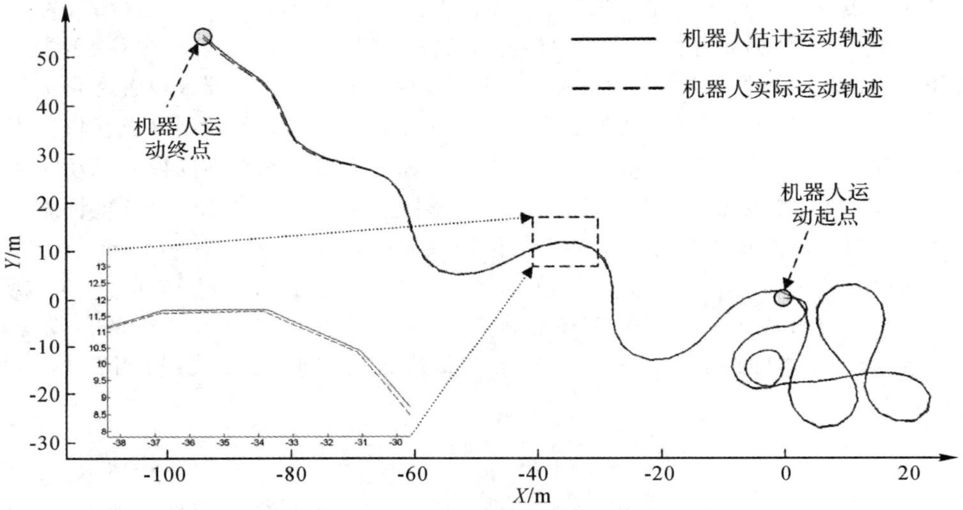


(a) 机器人实际和估计轨迹

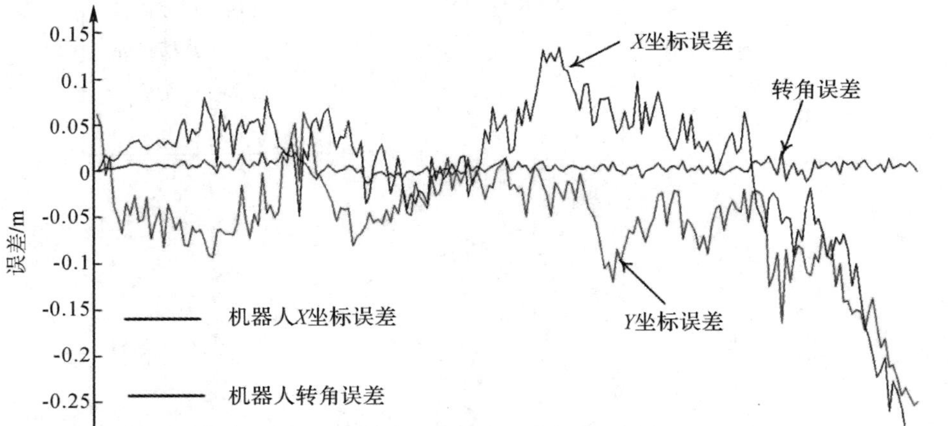


(b) 机器人状态参数估计误差随时间变化

图 7－15　机器人轨迹和误差图

同样，目标运动估计轨迹和误差随时间变化如图 7－16 所示。

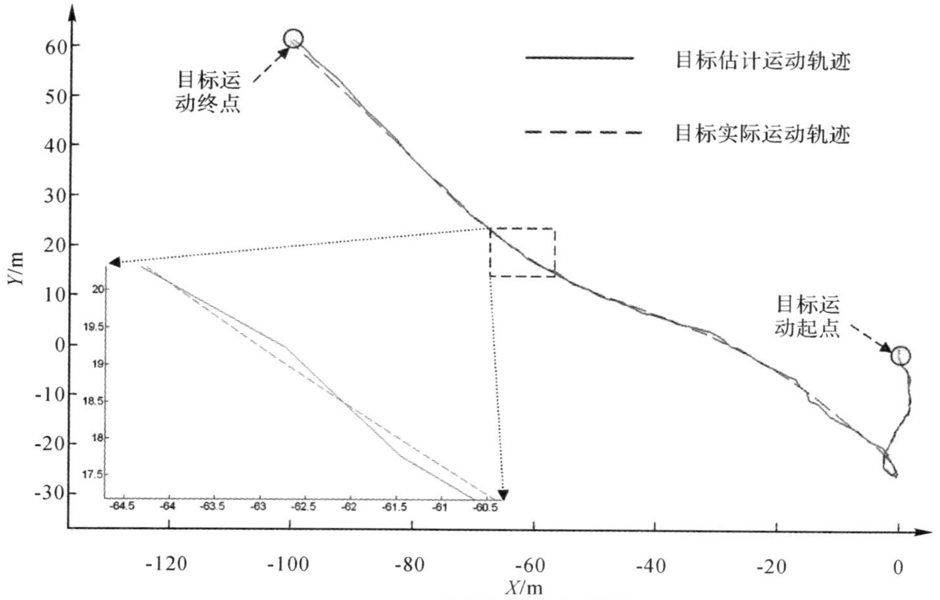


(a) 目标实际和估计轨迹

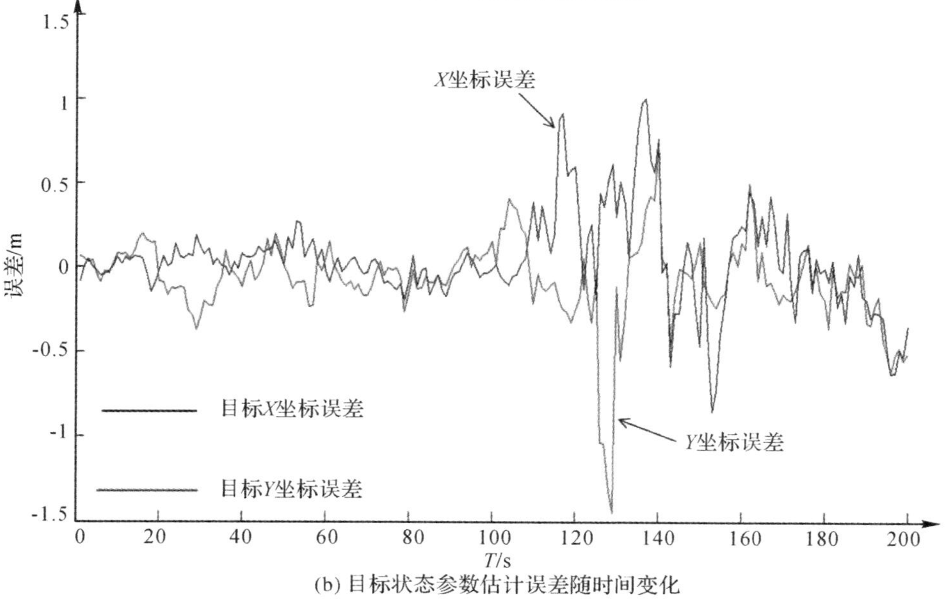


(b) 目标状态参数估计误差随时间变化

图 7－16　目标轨迹和误差图

图 7－16(a)显示了目标实际和估计的运行轨迹，图 7－16(b)显示了不同时刻目标 $x$，$y$ 状态估计的误差，通过对比图 7－15(b)和图 7－16(b)可知，由于目标定位是在机器人定位基础上进行的，因此系统对于目标的定位误差总体高于对机器人定位误差。

仿真中不同时刻对于目标两种运动模态可能性估计变化，如图 7－17 所示。该图显示了不同时刻 CVM 模态可能性的变化情况(CAM 值为 1－CVM 值，因此只介绍 CVM 即可)，从第 1 次迭代到第 100 次迭代目标的实际运动模态为 CVM，而从第 101 次迭代到第 200 次迭代目标的实际运动模态为 CAM。从图可见，算法估计的 CVM 在时段 1～100 可能性总体较大，而在时段 101～200 可能性总体较小。因此算法对于目标运动模态识别是准确的。

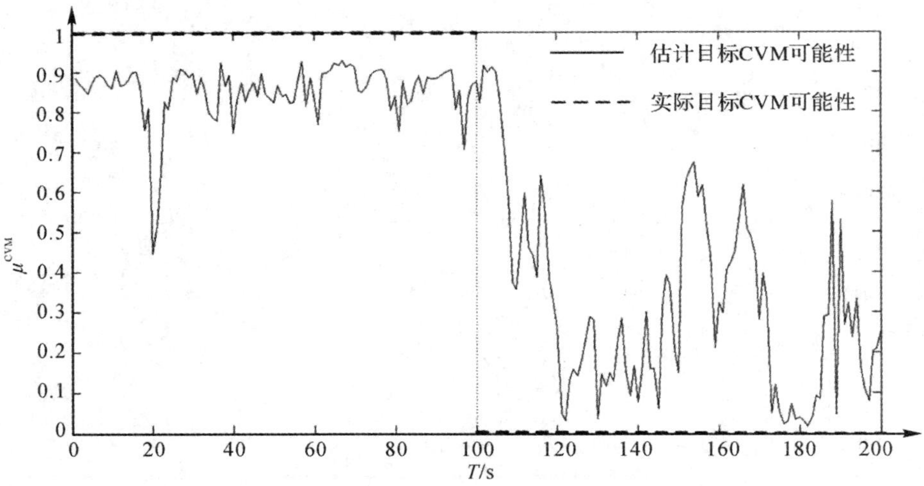


图 7-17　目标 CVM 模态可能性估计结果

下面分析算法对环境特征状态估计的准确性，环境特征状态估计误差随时间变化如图 7-18所示。

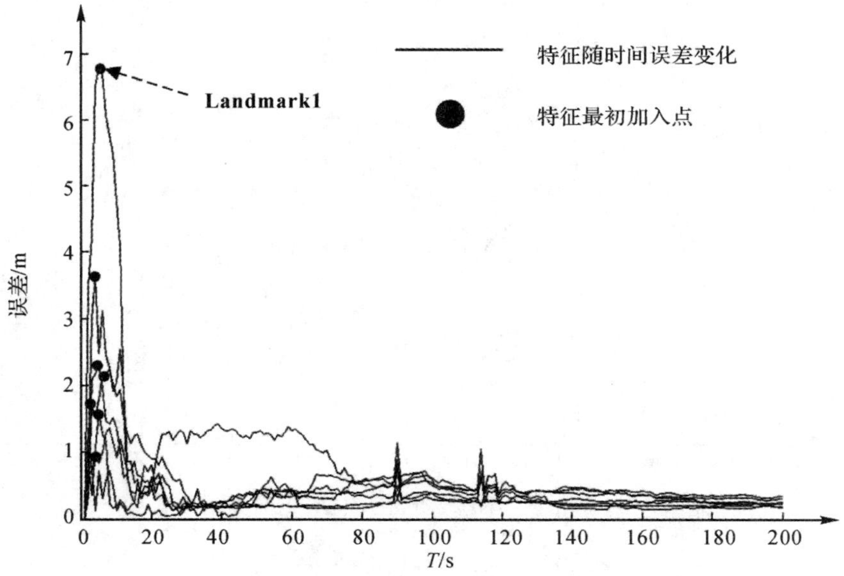


图 7-18　特征分布误差随时间变化图

为了清晰起见，图 7-18 只画出 7 个特征位置估计误差随时间变化情况，其中实心圆点表示该特征首次加入系统状态向量时对应的情况。从图中可见，特征最初加入时，其误差较大，但随着时间的推移所有特征的误差均得到逐步改善，并最终趋于一个门限值。以该图反映的 7 个特征来说，最大的初始误差接近 7 m，最小的初始误差接近 1 m，而随着时间的推移所有特征的误差均小于 0.6 m，造成这种现象的原因是某些环境特征在刚加入系统时由于观测误差较大，因此初始状态估计误差也较大，但随着迭代的进行这些初始较大误差将得到逐步矫正，这也是采用 EKF 迭代估计的特点，即估计误差是在时间平均上的最佳。

最后通过蒙特卡罗实验分析机器人最大观测距离和环境特征分布密度对算法状态估计精度的影响。首先分析机器人最大观测范围对机器人和目标定位精度的影响，定位的均方误差由 100 次蒙特卡罗实验得到，实验在 500 m×500 m 的范围中进行，其中均匀分布着 2 000 个特征点，机器人和目标的起始坐标均为(0,0)点，每次实验进行 200 次迭代，结果如图 7－19 所示。

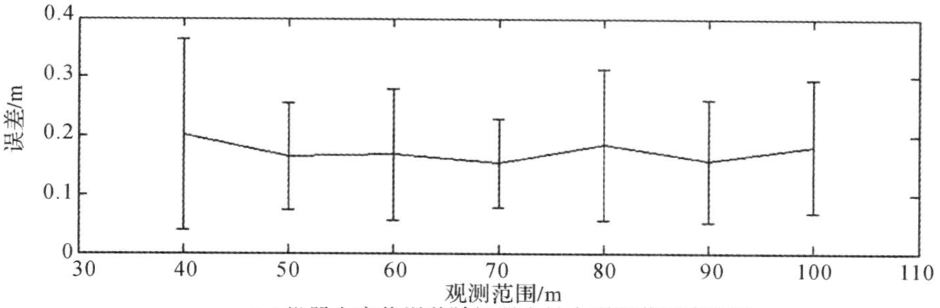

(a) 机器人定位误差随机器人最大观测范围变化图

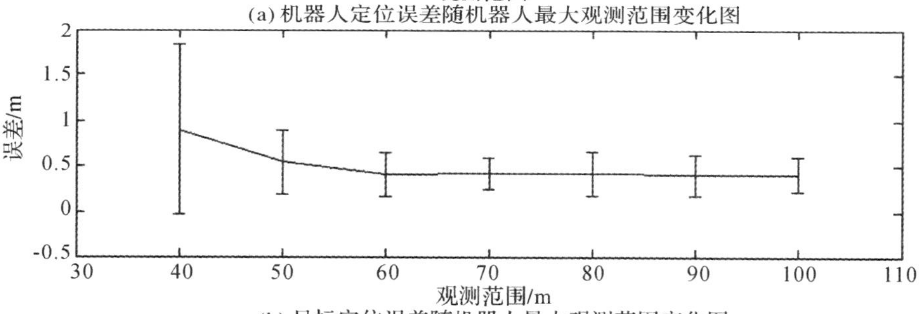

(b) 目标定位误差随机器人最大观测范围变化图

图 7－19　最大观测距离对机器人和目标定位精度的影响

从图 7－19 可见，机器人定位精度均高于目标定位精度，图 7－19(a)说明随着观测范围的变化，机器人定位精度变化较小，其原因在于标志柱分布密度比较大，因此观测范围 40 m 和观测范围 100 m 所得到的初始参考信息量基本相同，并且机器人观测范围的扩大会带来更大的观测误差。从图 7－19(b)可见，对于目标定位精度而言，当机器人观测范围大于 50 m 时，变化范围同样不大，这是由于目标定位精度是在机器人定位精度之上建立的，因此依赖于机器人的定位精度。

以下分析环境特征分布密度对机器人和目标定位精度的影响，定位的均方误差同样由 100 次蒙特卡罗实验得到，实验同样在 500 m×500 m 的范围中进行，机器人的最大观测范围为 70 m，机器人和目标的起始位置为(0,0)点，每次实验迭代 200 次，结果如图 7－20 所示。

从图 7－20 可见，当环境中分布特征较少时(100 个)机器人和目标的定位精度较差(机器人定位平均误差为 0.69 m，目标定位平均误差为 2.38 m)。随着环境特征数量的增加，机器人和特征的定位精度逐步增加(当环境特征数量增加到 300 个时，机器人定位误差减少到 0.21 m，目标定位误差减少到 0.63 m)。当环境特征数量进一步增加时，机器人和目标的定位精度基本保持不变(在环境特征数从 500 增加到 2 500 过程中，机器人的定位误差均在 0.20～

0.25 m 区间变化，目标定位误差均在 0.49～0.7 m 区间变化）。从以上实验可知，机器人和目标的定位精度随环境特征变化存在一个饱和值，当环境特征大于该值时，定位精度基本保持不变。

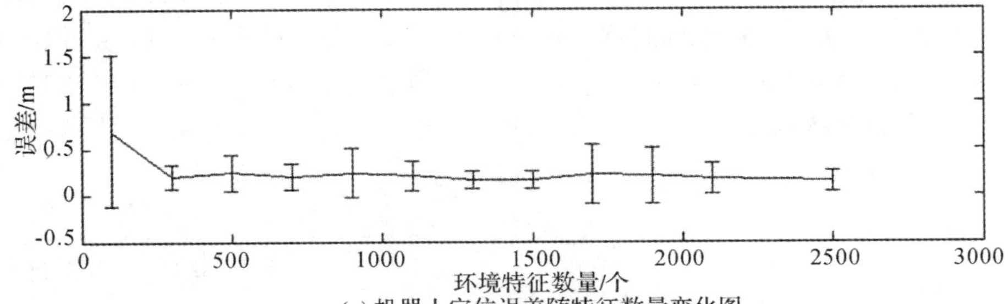

(a) 机器人定位误差随特征数量变化图

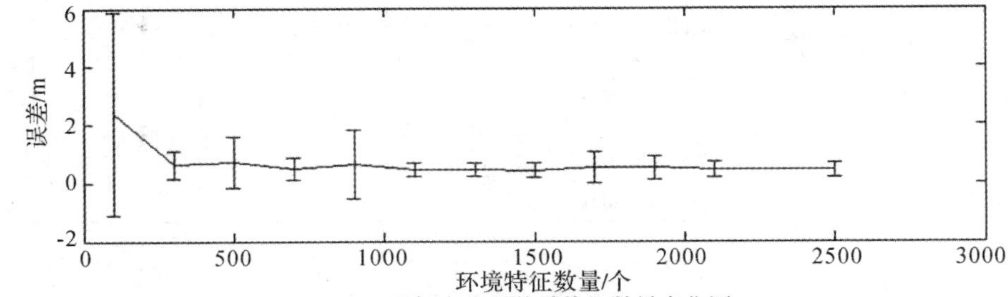

(b) 目标定位误差随特征数量变化图

图 7-20　环境特征密度对机器人和目标定位精度的影响

## 7.3　基于概率数据关联交互多模滤波的机器人复杂未知环境下目标跟踪算法

7.2 节对机器人未知环境下机动目标跟踪问题进行了研究，提出了基于 IMM 滤波的解决算法。该算法的实际应用必须解决目标伪观测值问题，7.1 节采用 $\chi^2$ 检验方法完成对伪目标观测值的剔除工作，但该方法对于机动目标所产生的伪观测值往往较难判断，原因主要在于系统对于目标运动模式的未知性上。例如，当系统认为目标正以不确定性较小的 CVM 运动而实际上目标此刻已经以不确定性较大的 CAM 运动时，如果采用 7.1 节中的方法对目标观测真值进行判断，很可能将离目标预测位置较近的观测值当作真值，而实际上，由于此时目标采用 CAM 模式运动，目标观测真值恰恰应该是距离目标预测位置较远的观测值，这样会导致目标跟踪准确性降低甚至造成跟踪失败。为了解决该问题，本节设计了基于概率数据关联交互多模滤波的机器人同时定位、地图构建和目标跟踪算法（The Probabilistic Data Association Interacting Multiple Model SLAMOT，PDAIMM-SLAMOT）。

### 7.3.1　问题描述

沿袭前面的概念，此处系统状态向量为机器人状态、目标状态与已知特征状态的组合，不同模式系统状态和协方差转移函数由式（7-60）和式（7-61）表示，系统观测函数由式（7-62）

和式(7-63)表示。将截至目前系统获得的所有观测值记为 $Z^k=Z^{\mathrm{lm},k}\cup Z^{\mathrm{T},k}$，其中 $Z^{\mathrm{lm},k}=\{z_1^{\mathrm{lm}},z_2^{\mathrm{lm}},\cdots,z_k^{\mathrm{lm}}\}$为截至目前系统对环境特征的所有观测值集合，$Z^{\mathrm{T},k}=\{z_1^{\mathrm{T}},z_2^{\mathrm{T}},\cdots,z_k^{\mathrm{T}}\}$代表截至目前系统对目标的所有观测值集合，并且 $z_k^{\mathrm{T}}=\{z_{k,1}^{\mathrm{T}},z_{k,2}^{\mathrm{T}},\cdots,z_{k,m_k}^{\mathrm{T}}\}$，其中 $z_{k,i}^{\mathrm{T}}$ 代表对目标的第 $i$ 个观测值，$m_k$ 为 $k$ 时刻可能为真实值的目标观测值数量，在 $z_k^{\mathrm{T}}$ 中除了包含目标的真实观测值外还包含目标的伪观测值，并且伪观测值的分布接近真值的分布。假设 $k$ 时刻系统的环境特征观测值集合 $z_k^{\mathrm{lm}}$ 中不存在伪值(这一点可以通过选用抗噪能力较强的特征识别算法来实现，例如：第 2 章采用的直线特征提取算法)。复杂未知环境下机器人同时定位、地图构建和机动目标跟踪的目的为，在已知系统可能的状态转化函数式(7-60)和观测函数式(7-62)、式(7-63)基础上，考虑存在大量和真值接近的伪目标观测值条件下，利用所有观测值 $Z^k$ 和所有机器人控制量 $u^k=\{\boldsymbol{u}_1^{\mathrm{R}},\boldsymbol{u}_2^{\mathrm{R}},\cdots,\boldsymbol{u}_k^{\mathrm{R}}\}$，以递推方式对系统状态向量 $\boldsymbol{X}_k$ 的后验概率密度分布 $\boldsymbol{p}(\boldsymbol{X}_k\mid Z^k,u^k)$进行估计。

### 7.3.2　概率数据关联滤波器

概率数据关联滤波器(PDA)能够解决存在多个预测门限内观测值的状态估计问题[6-8]。其基本思想是，利用所有通过检验的观测值对系统状态进行估计，其中每个观测值对估计的贡献与其对应的数据关联概率相同，用 $\beta_{k,i}$ 来表示观测值 $z_{k,i}$ 对应的数据关联概率。

为了简洁起见，以下并没有给出系统预测和扩展的方法，它们的具体内容参见前面章节介绍，这里主要针对系统更新环节进行介绍并假设已经完成了对环境特征的数据关联。则目标观测数据关联概率 $\beta_{k,i}$ 的值为 $z_{k,i}^{\mathrm{T}}$ 目标观测真值的后验概率，即

$$\beta_{k,i}=P\{\theta_i\mid Z^k\} \tag{7-77}$$

其中，$i=0$ 的情况对应没有目标观测真值事件。

假设整个过程为马尔可夫过程，由式(7-77)以及贝叶斯定理可得以下推导：

$$\begin{aligned}\beta_{k,i}&=P(\theta_i\mid Z^k)=P(\theta_i\mid Z^{\mathrm{lm},k},Z^{\mathrm{T},k-1},z_k^{\mathrm{T}})\underset{\text{Markov}}{=\!=}P(\theta_i\mid X_k,z_k^{\mathrm{T}},z_k^{\mathrm{lm}})\underset{\text{Bayes}}{=\!=}\\&\frac{P(z_k^{\mathrm{T}}\mid X_k,\theta_i,z_k^{\mathrm{lm}})}{P(z_k^{T}\mid X_k,z_k^{lm})}\propto P(z_k^{\mathrm{T}}\mid X_k,\theta_i,z_k^{\mathrm{lm}})\quad \backslash\backslash z_k^{\mathrm{lm}}\text{ 和 }z_k^{\mathrm{T}}\text{ 不相关}\\&=P(z_{k,i}^{T}\mid X_k)\end{aligned} \tag{7-78}$$

其中，$\boldsymbol{X}_k$ 为 $k$ 时刻系统状态；$\boldsymbol{z}_{k,i}^{\mathrm{T}}$ 为 $k$ 时刻目标观测值集合 $z_k^{\mathrm{T}}$ 中的第 $i$ 个观测值，该式表示当系统状态为 $\boldsymbol{X}_k$ 时得到目标观测值 $\boldsymbol{z}_{k,i}^{\mathrm{T}}$ 的概率。

根据文献[6]可知系统状态估计为

$$\boldsymbol{X}_k=\sum_{i=0}^{m_k}\beta_{k,i}\boldsymbol{X}_{k,i} \tag{7-79}$$

其中，$\beta_{k,i}$ 为由式(7-78)得到的通过验证的每个目标观测值 $\boldsymbol{z}_{k,i}^{\mathrm{T}}$ 源自目标的可能性。而 $i=0$ 代表没有目标观测值源自目标的可能性。$\boldsymbol{X}_{k,i}$ 为在 $\theta_i$ 条件下得到的系统状态估计，则最终系统状态 $\boldsymbol{X}_k$ 可表示为

$$\boldsymbol{X}_k=\boldsymbol{X}_{k|k-1}+\boldsymbol{K}\boldsymbol{v}_k \tag{7-80}$$

其中，

$$\boldsymbol{K}=\boldsymbol{P}_{k|k-1}(\boldsymbol{H}_k)'(\boldsymbol{S}_{k|k-1})^{-1} \tag{7-81}$$

$$\boldsymbol{v}_k=\sum_{i=1}^{m_k}\beta_{k,i}\boldsymbol{v}_{k,i} \tag{7-82}$$

式(7－80)中 $\boldsymbol{K}$ 为卡尔曼系数；$\boldsymbol{P}_{k|k-1}$ 为系统预测协方差矩阵；$\boldsymbol{H}_k$ 为根据式(7－62)和式(7－63)得到的系统观测函数对系统状态的雅可比阵；$\boldsymbol{S}_{k|k-1}$ 为此时系统观测值的预测误差矩阵；$\boldsymbol{v}_k$ 为组合观测残差；而 $\boldsymbol{v}_{k,i}$ 为假设第 $i$ 个目标观测值；$z_{k,i}^{\mathrm{T}}$ 为目标观测真值的系统观测值残差，此处的系统观测值为待选目标观测值和环境特征观测值的组合，即 $z_{k,i}=[(z_{k,i}^{\mathrm{T}})'(\boldsymbol{z}_k^{\mathrm{lm}})']'$($\boldsymbol{z}_k^{\mathrm{lm}}$ 为所有环境特征观测值组合向量)，由此可知 $\boldsymbol{v}_{k,i}$ 为

$$\boldsymbol{v}_{k,i}=\boldsymbol{z}_{k,i}-\boldsymbol{z}_{k|k-1} \tag{7-83}$$

其中，

$$\boldsymbol{z}_{k|k-1}=\begin{bmatrix}\boldsymbol{h}^{\mathrm{T}}(\boldsymbol{X}_{k|k-1})\\ \boldsymbol{h}^{\mathrm{lm}}(\boldsymbol{X}_{k|k-1})\end{bmatrix} \tag{7-84}$$

式(7－84)中 $\boldsymbol{X}_{k|k-1}$ 为由式(7－60)得到的系统状态预测值；$\boldsymbol{h}^{\mathrm{T}}$ 和 $\boldsymbol{h}^{\mathrm{lm}}$ 为由式(7－62)和式(7－63)得到的系统观测预测值。

则更新后的系统协方差阵为

$$\boldsymbol{P}_k=\boldsymbol{P}_{k|k-1}-(1-\beta_{k,0})\boldsymbol{K}\boldsymbol{S}_{k|k-1}(\boldsymbol{K})'+\boldsymbol{K}\Big(\sum_{i=1}^{m_k}\beta_{k,i}\boldsymbol{v}_{k,i}(\boldsymbol{v}_{k,i})'-\boldsymbol{v}_k(\boldsymbol{v}_k)'\Big)(\boldsymbol{K})' \tag{7-85}$$

其中各参数含义同上。

### 7.3.3 目标存在问题

在实际目标跟踪过程中并不能保证目标始终存在，目标可能由于逃离观测范围或者被击毁而消失，另外，在跟踪初始阶段可能由于存在多个目标观测值而产生多个针对不同目标的跟踪器，随着跟踪的进行那些虚假目标跟踪器需要被删除，这就要求设计一种检测跟踪目标是否真实存在的机制。

类似于文献[9,10]，将 $k$ 时刻目标存在事件定义为 $\chi_k=1$，将目标消失定义为 $\chi_k=0$，那么可将目标存在先验和后验概率分别记为

$$\psi_{k|k-1}=P(\chi_k=1\mid Z^{k-1}) \tag{7-86}$$

$$\psi_k=P(\chi_k=1\mid Z^k) \tag{7-87}$$

当式(7－87)的值大于某一门限时，系统则认为目标真实存在，相反，当该值小于某一门限时，系统则认为目标实际不存在。

假设目标存在或消失演变过程符合马尔可夫链，并且存在和消失的转换概率阵为 $\Pi$，该马尔可夫链包含两种状态，其分别为目标存在(对应 $\chi_k=1$)和目标不存在(对应 $\chi_k=0$)，则 $\Pi$ 的元素分别为

$$\Pi_{11}=P(\chi_k=1\mid\chi_{k-1}=1) \tag{7-88}$$

$$\Pi_{12}=P(\chi_k=1\mid\chi_{k-1}=0) \tag{7-89}$$

其中，$\Pi_{11}$ 代表目标从 $k-1$ 时刻存在到 $k$ 时刻存在的转换概率；$\Pi_{12}$ 代表目标从 $k-1$ 时刻消失到 $k$ 时刻存在的转换概率，该过程只考虑目标存在的情况。则目标 $k-1$ 时刻存在后验概率和 $k$ 时刻存在先验概率之间的关系可以表示为

$$\psi_{k|k-1}=\Pi_{11}\psi_{k-1|k-1}+\Pi_{12}(1-\psi_{k-1|k-1}) \tag{7-90}$$

目标 $k$ 时刻存在后验概率的计算将在下节介绍。

### 7.3.4 基于概率数据关联交互多模滤波的 SLAMOT 算法

7.3.2 节介绍的 PDA 方法可以解决未知复杂环境下机器人对单一模态目标的跟踪问题，

7.3.3 节介绍的目标存在检验方法能够解决跟踪过程中目标存在和消失问题。在此基础上，本节设计机器人复杂未知环境下基于 PDAIMM 的机动目标跟踪算法，其具体流程如图 7-21 所示。从图 7-21 可见，算法主要分为 7 部分，分别是数据验证部分、数据交互部分、目标存在概率更新部分、具体模式数据关联概率产生部分、针对具体模式进行基于概率数据关联的扩展式卡尔曼滤波 SLAMOT(PDAEKF_SLAMOT) 部分、模式概率更新部分、系统状态和协方差估计产生部分。系统首先利用数据验证环节对所有目标观测值进行验证，从而得到符合观测值预测标准的验证观测值集 $\boldsymbol{z}_{k,\{1,\cdots,m_k\}}$，数据交互环节为本次各模态滤波产生初始系统状态和协方差阵 $\boldsymbol{X}_{k-1}^{j,0}$，$\boldsymbol{P}_{k-1}^{j,0}$，之后目标存在概率更新环节，根据观测值计算目标存在的后验概率 $\psi_k$，接下来得到各模态对应的观测值 $\boldsymbol{z}_{k,\{1,\cdots,m_k\}}$ 的数据关联概率 $\beta_{k,\{0,\cdots,m_k\}}^{\{1,\cdots,S\}}$（其中包含没有验证观测值源自目标的事件概率 $\beta_{k,0}^{\{1,\cdots,S\}}$）。在此基础上利用 7.3.2 节介绍的内容完成针对目标各运动模态的基于概率数据关联扩展式卡尔曼滤波的机器人同时定位，地图构建与目标跟踪并产生各模态的系统状态和协方差阵 $\boldsymbol{X}_k^{\{1,\cdots,S\}}$，$\boldsymbol{P}_k^{\{1,\cdots,S\}}$ 以及各模态针对 $z_{k,\{1,\cdots,m_k\}}$ 的观测残差概率分布密度值 $\Lambda_{k,\{1,\cdots,m_k\}}^{\{1,\cdots,S\}}$，并在接下来的模式概率更新环节利用 $\Lambda_{k,\{1,\cdots,m_k\}}^{\{1,\cdots,S\}}$ 得到各模态的后验概率值 $\mu_k^{\{1,\cdots,S\}}$。最后在系统状态和协方差估计产生环节得到本次迭代的系统状态和协方差估计。下面介绍每个环节的具体处理过程。

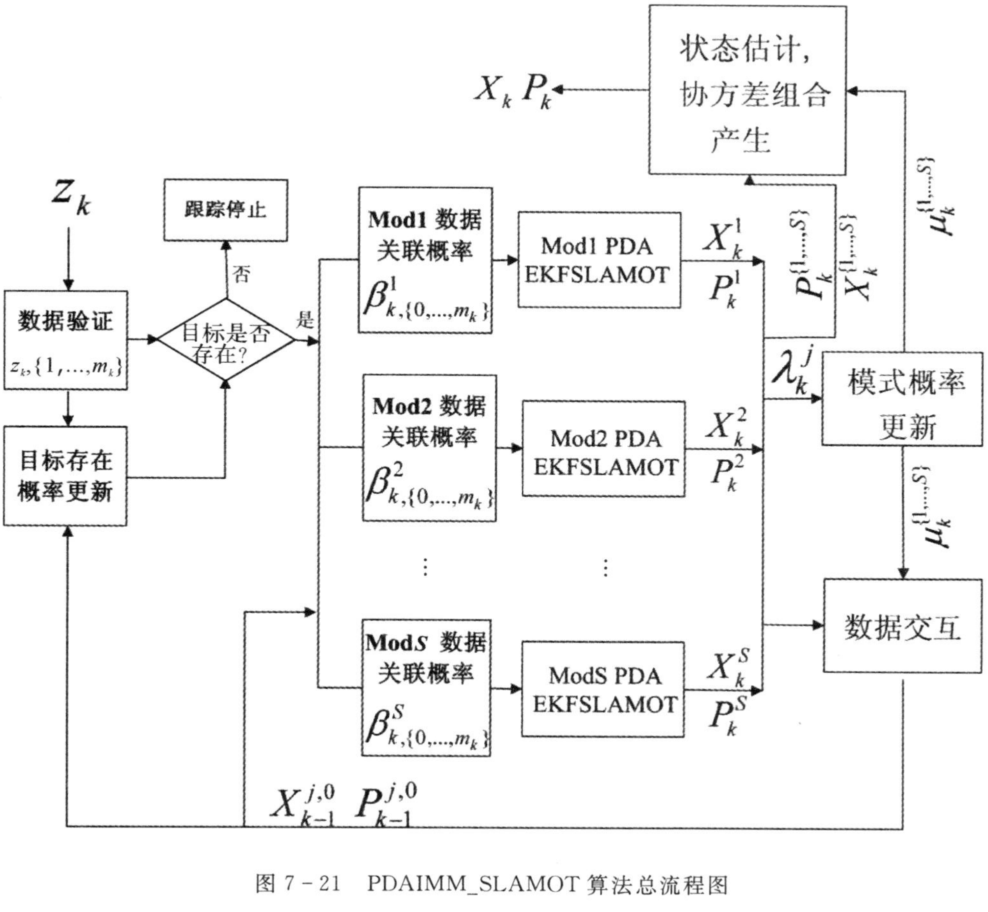


图 7-21　PDAIMM_SLAMOT 算法总流程图

1. 数据交互

数据交互的目的是为各模态本次滤波产生初始值，即 $\boldsymbol{X}_{k-1}^{\{1,\cdots,S\},0}$，$\boldsymbol{P}_{k-1}^{\{1,\cdots,S\},0}$ 以及产生各模态的先验可能性概率 $\mu_{k|k-1}^{\{1,\cdots,S\}}$（计算混合概率时的归一化因子量），其中上标 $S$ 代表目标所有可能的运动模式序号，此过程与式(7-68)和式(7-69)相同。

2. 数据验证

该环节目的是在所有得到的目标观测值中去除那些根本不可能成为真值的观测值。当目标运动模态已知时，能够利用系统预测状态以及系统观测函数得到观测值可能的分布范围，并利用该分布范围对所有得到的目标观测值进行检验，最终得到通过检验的目标观测值，在状态估计中将利用这些检验目标观测值对系统状态进行更新。对多模运动目标进行观测数据验证时，得到的总体检验观测值集合为各模态观测检验值集合的并集，即

$$\boldsymbol{z}_{k,\{1,\cdots,m_k\}}=\bigcup_{j=1}^{S} z_k^j \tag{7-91}$$

其中，$z_k^j$ 为通过模态 $j$ 检验的系统观测值集合。系统观测值除了包含对目标的观测值外还包括对环境特征的观测值，即 $\boldsymbol{z}_{k,i}=[(\boldsymbol{z}_{k,i}^{\mathrm{T}})'(\boldsymbol{z}_k^{\mathrm{lm}})']'$，其中 $\boldsymbol{z}_{k,i}^{\mathrm{T}}$ 为第 $i$ 个通过检验的目标观测向量，$\boldsymbol{z}_k^{\mathrm{lm}}$ 为环境特征观测向量组合。由于此处假设环境观测值不存在伪值，因此对系统观测值的检验只针对目标观测值进行并利用每个通过检验的 $\boldsymbol{z}_{k,i}^{\mathrm{T}}$ 合并成系统验证观测值 $\boldsymbol{z}_{k,i}$，以下介绍 $\boldsymbol{z}_{k,i}^{\mathrm{T}}$ 的检验过程。

设 $k-1$ 时刻模态 $j$ 对应的系统状态为 $\boldsymbol{X}_{k-1}^j$（注意该值由数据交互环节提供）由式(7-60)得到系统预测状态为 $\boldsymbol{X}_{k|k-1}^j$，同时，利用误差传播公式可得机器人和目标的预测协方差阵为 $\boldsymbol{P}_{k|k-1}^{\mathrm{R}}$ 和 $\boldsymbol{P}_{k|k-1}^{\mathrm{T},j}$。利用式(7-62)目标观测函数可得此时对目标的预测观测值为 $\boldsymbol{z}_{k|k-1}^{\mathrm{T},j}$，利用误差传播公式可得该预测值的误差阵为

$$\boldsymbol{S}_{k|k-1}^{\mathrm{T},j}=\boldsymbol{H}_{\mathrm{R}}^{\mathrm{T},j}\boldsymbol{P}_{k|k-1}^{\mathrm{R}}(\boldsymbol{H}_{\mathrm{R}}^{\mathrm{T},j})'+\boldsymbol{H}_{\mathrm{T}}^{\mathrm{T},j}\boldsymbol{P}_{k|k-1}^{\mathrm{T},j}(\boldsymbol{H}_{\mathrm{T}}^{\mathrm{T},j})'+R \tag{7-92}$$

其中，$\boldsymbol{H}_{\mathrm{R}}^{\mathrm{T},j}$ 和 $\boldsymbol{H}_{\mathrm{T}}^{\mathrm{T},j}$ 为目标观测函数对于机器人状态和目标状态的雅可比阵。假设目标预测观测值符合高斯分布 $N(\boldsymbol{z}_{k|k-1}^{\mathrm{T},j},\boldsymbol{S}_{k|k-1}^{\mathrm{T},j})$，此时，待检验目标观测值 $z_{k,i}^{\mathrm{T}}$ 与目标预测观测值 $\boldsymbol{z}_{k|k-1}^{\mathrm{T},j}$ 的马氏距离为

$$G_{k,i}^j=(z_{k,i}^{\mathrm{T}}-z_{k|k-1}^{\mathrm{T},j})'\boldsymbol{S}_{k|k-1}^{\mathrm{T},j}(z_{k,i}^{\mathrm{T}}-z_{k|k-1}^{\mathrm{T},j}) \tag{7-93}$$

针对目标运动的 $S$ 种模态依据观测值成功检测概率 $P_G$ 能够确定 $S$ 个门限，记为 $G^1,\cdots,G^S$，其中 $G^j$ 表示第 $j$ 种运动模态对应的检测门限，那么若满足 $G_{k,i}^j<G^j$，则认为待检验目标观测值 $\boldsymbol{z}_{k,i}^{\mathrm{T}}$ 通过模式 $j$ 检验并归入 $z_k^j$。算法还需计算各检测门限 $G^1,\cdots,G^S$ 对应的检测容积 $V^1,\cdots,V^S$，采用文献[63]的方法，有

$$V^j=d_{n_j}(G^j)^{n_j}\,|\boldsymbol{S}^j|^{1/2} \tag{7-94}$$

其中，$\boldsymbol{n}_j$ 为目标观测值的维数；$G^j$ 为对应模态的检验门限；$\boldsymbol{S}^j$ 为对应模态的预测观测误差阵；$d_{n_j}$ 为对应维数单位超球的面积($d_1=2,d_2=\pi,d_3=4\pi/3,\cdots$)。那么根据文献[11,12]可知，此时系统检测容积为

$$V_k=\max\left\{\sum_{l=1}^{S}V_k^l\frac{n_k}{\sum_{l=1}^{M}m_k^l},\max_l(V_k^l)\right\} \tag{7-95}$$

其中，$n_k$ 为所有目标观测值个数；$m_k^l$ 为通过模态 $l$ 检验的目标观测值个数；$V_k^l$ 为由式(7-94)得到的模态 $l$ 对应的检测容积，该值将在下面计算目标伪观测值分布密度时用到。

3. 数据关联概率产生和目标存在概率更新

首先介绍如何得到数据关联概率，对于每一种目标运动模态以及每一个检验观测值计算它们对应的数据关联概率 $\beta_{k,i}^{j}$，其中 $i=0,1,\cdots,m_k$，$j=1,\cdots,S$，$\beta_{k,0}^{j}$ 代表对应模态没有观测值源自目标的事件概率。

此处考虑目标是否存在的情况，将 $k$ 时刻目标存在事件记为 $x_k=1$，$k$ 时刻观测值 $z_{k,j}^{\mathrm{T}}$ 为对目标观测真值事件记为 $\theta_{k,j}$，$k$ 时刻 $j$ 为目标运动模态事件记为 $M_{k,j}$。

假设 $\lambda_k^i$ 为在目标运动模态 $j$ 条件下的目标观测相似度比，$\lambda_k$ 为系统总体目标观测相似度比，即

$$\lambda_k^j=\frac{p(z_k^{\mathrm{T}}\mid x_k=1,M_{k,j},Z^{k-1})}{p(z_k^{\mathrm{T}}\mid x_k=0,Z^{k-1})} \tag{7-96}$$

$$\lambda_k=\frac{p(z_k^{\mathrm{T}}\mid x_k=1,Z^{k-1})}{p(z_k^{\mathrm{T}}\mid x_k=0,Z^{k-1})} \tag{7-97}$$

另外，由贝叶斯公式可得

$$\beta_{k,i}^{j}=P(\theta_{k,i}\mid x_k=1,M_{k,j},Z^{\mathrm{T},k})\xlongequal{\text{Bayes}}\frac{P(x_k=1,\theta_{k,i}\mid M_{k,j},Z^{\mathrm{T},k})}{P(x_k=1\mid M_{k,j},Z^{\mathrm{T},k})} \tag{7-98}$$

依据文献[9]有

$$\beta_{k,i=0}^{j}=\frac{1-P_DP_D}{\lambda_k^j} \tag{7-99}$$

$$\beta_{k,i>0}^{j}=\frac{P_DP_G\Lambda_{k,i}^{j}}{\lambda_{ik}\rho} \tag{7-100}$$

$$\lambda_K^J=1-P_DP_G\left(1-\sum_{i=1}^{m_k}\frac{\Lambda_{k,i}^{j}}{\rho}\right) \tag{7-101}$$

其中，$P_D$ 和 $P_G$ 分别为目标侦测和观测值检验概率；$\rho$ 为目标伪观测值分布密度，其值为

$$\rho=\frac{\hat{m}_k}{V_k} \tag{7-102}$$

其中，$V_k$ 为由式(7-95)得到的系统检测容积；$\hat{m}_k$ 为预计本次目标的伪观测值个数，即

$$\hat{m}_k=n_k(1-P_DP_g\psi_{k|k-1}) \tag{7-103}$$

式(7-100)和式(7-101)中的 $\Lambda_{k,i}^{j}$ 为第 $i$ 个目标检验观测值 $\boldsymbol{z}_{k,i}^{\mathrm{T}}$ 的概率密度值，即

$$\Lambda_{k,i}^{j}=N(\boldsymbol{z}_{k,i}^{\mathrm{T}},\boldsymbol{z}_{k|k-1}^{\mathrm{T},j},\boldsymbol{S}_{k|k-1}^{T,j}) \tag{7-104}$$

其中，$N(a,\mu,\sigma^2)$ 表示均值为 $\mu$，方差为 $\sigma^2$ 的正态分布在 $a$ 点的概率密度值。$\boldsymbol{z}_{k|k-1}^{\mathrm{T},j}$ 为目标运动模态 $j$ 条件下目标预测观测值，$\boldsymbol{S}_{k|k-1}^{\mathrm{T},j}$ 为由式(7-92)得到的目标运动模态 $j$ 条件下目标观测值预测误差阵。

算法还需要完成目标存在概率的更新(也就是计算目标存在的后验概率)，式(7-86)和式(7-87)分别表示 $k$ 时刻目标存在的先验和后验概率，则 $k$ 时刻目标不存在的概率可表示为

$$P(x_k=0\mid Z^k)=1-\psi_k \tag{7-105}$$

应用贝叶斯定理并结合式(7-97)可将式(7-87)与式(7-105)之比表示为

$$\begin{aligned}\frac{P(x_k=1\mid Z^k)}{P(x_k=0\mid Z^k)}&=\frac{\psi_k}{1-\psi_k}\\&\xlongequal{\text{Bayes}}\frac{P(\boldsymbol{z}_k^{\mathrm{T}},x_k=1\mid Z^{k-1})P(x_k=1\mid Z^{k-1})}{P(\boldsymbol{z}_k^{\mathrm{T}},x_k=0\mid Z^{k-1})P(x_k=0\mid Z^{k-1})}\end{aligned}$$

$$=\lambda_k \frac{\psi_{k|k-1}}{1-\psi_{k|k-1}} \tag{7-106}$$

则目标存在后验概率和先验概率之间关系为

$$\Psi_K=\frac{\lambda_K\psi_{k|k-1}}{1-(1-\lambda_k)\psi_{k|k-1}} \tag{7-107}$$

该式就是目标存在概率的更新函数。为了计算式(7-107),还需计算 $\lambda_k$,即由式(7-97)表示的系统总体目标观测相似度比,下面给出 $\lambda_k$ 的计算方法。

IMM 利用目标各运动模态对应系统状态 $\boldsymbol{X}^j$,$j=1,\cdots,S$ 的先验概率密度加权和来表示系统状态 $\boldsymbol{X}$ 的先验概率密度,即

$$p(\boldsymbol{X}_k\,|\,x_k=1,Z^{k-1})=\sum^{j}\mu^j_{k|k-1}\,p(\boldsymbol{X}_k\,|\,x_k=1,M_{k,j},Z^{k-1}) \tag{7-108}$$

其中,$\mu^j_{k|k-1}$ 为模态 $j$ 的预测可能性概率。类似地,系统预测目标观测值 $z^{\mathrm{T}}$ 的概率密度也可表示为各目标运动模态对应预测观测值 $z^{\mathrm{T},j}$,$j=1,\cdots,S$ 概率密度的加权和形式,即

$$p(\boldsymbol{z}^{\mathrm{T}}_k\mid x_k=1,Z^{k-1})=\sum^{j}\mu^j_{k|k-1}\,p(z^{\mathrm{T}}_k\mid x_k=1,M_{k,j},Z^{k-1}) \tag{7-109}$$

结合式(7-96)和式( 7-97)可得 $\lambda_k$ 值为

$$\lambda_k=\sum^{j}\mu^j_{k|k-1}\lambda^j_k \tag{7-110}$$

其中,$\lambda^j_k$ 由式(7-101)给出。

4. *基于概率数据关联的扩展式卡尔曼滤波* SLAMOT(PDAEKF_ SLAMOT)

该环节利用基于概率数据关联的扩展式卡尔曼滤波对不同目标运动模态对应的系统状态向量和协方差阵进行预测和更新。具体方法如 7.3.2 节所述,其中对应不同目标运动模态 $j$ 分别应用式(7-99)和式(7-100)得出的不同数据关联概率($\beta^j_{k,i=\{0,\cdots,m_k\}}$)。最终得到对应不同目标运动模态的后验系统状态和协方差估计 $\boldsymbol{X}^{\{1,\cdots,S\}}_k$,$\boldsymbol{P}^{\{1,\cdots,S\}}_k$,以及由式(7-101)决定的对应不同模态的 $\lambda^{\{1,\cdots,S\}}_k$。

5. *模式概率更新*

到目前为止,已经得到不同目标运动模态对应的先验模态可能性概率 $\mu^{\{1,\cdots,S\}\}}_{k|k-1}$,以下介绍如何利用它们和 $\lambda^{1,\cdots,S}_k$ 得到后验模态可能性概率 $\mu^{\{1,\cdots,S\}}_k$。

利用贝叶斯定理可得

$$\mu^j_{k|k}=P(M_{k,j}\,|\,x_k=1,Z^k)=\frac{p(z^{\mathrm{T}}_k\,|\,x_k=1,M_{k,j},Z^{k-1})P(M_{k,j}\,|\,x_k=1,Z^{k-1})}{p(z^{\mathrm{T}}_k\,|\,x_k=1,Z^{k-1})} \tag{7-111}$$

将式(7-111)分子、分母同除以 $p(\boldsymbol{z}^{\mathrm{T}}_k\,|\,x_k=0,Z^{k-1})$有

$$\begin{aligned}\mu^j_{k|k}&=P(M_{k,j}\,|\,x_k=1,Z^k)\\&=\frac{\lambda^j_k P(M_{k,j}\,|\,x_k=1,Z^{k-1})}{\lambda_k}\\&=\frac{\lambda^j_k}{\lambda_k}\mu^j_{k|K-1}\end{aligned} \tag{7-112}$$

其中,$\lambda^j_k$,$\lambda_k$ 由式(7-101)和式(7-110)决定;$\mu^j_{k|k-1}$ 为模态 $j$ 对应的先验模态可能性概率。

6. *状态和协方差估计产生*

该过程计算最终加权得到的系统 $k$ 时刻状态 $\boldsymbol{X}_k$ 和协方差估计 $\boldsymbol{P}_k$,其具体计算方法与式

(7-75)和式(7-76)相同,此处不再赘述。

### 7.3.5　PDAIMM_SLAMOT 算法实验结果

为了验证该算法的有效性,首先给出仿真实验结果。仿真在 Matlab 7.5 环境下完成,假设机器人运动环境为平面二维空间,其范围为 500 m×500 m,环境特征为均匀分布的标志柱。机器人控制方法与前面章节相同,为了体现该方法对于克服目标伪观测值的能力,实验过程中人为地在目标真实位置周围加入目标虚假分布,并利用这些值计算对目标的伪观测值,另外,实验中目标伪观测发生的时间符合泊松分布。具体来说,在第 $k$ 次迭代中,首先依据泊松分布参数 $\lambda$,判断此刻伪观测是否应该发生,若判断伪观测应该发生,则在以目标真实位置为中心的 sizeoffalse×sizeoffalse 正方形范围内,产生 falsenumber 个目标伪观测值,其中伪值分布范围长度变量 sizeoffalse 符合均值为 $a$ 的均匀分布。伪观测值个数变量 falsenumber 符合均值为 $b$ 的均匀分布,之后将所有伪目标观测值连同真目标观测值作为此时系统得到的目标观测值代入算法进行计算。

图 7-22 分别显示了仿真实验中系统对目标观测值距离和角度分量随时间的分布情况,其中目标伪观测到达泊松参数为 $\lambda=3$,发生窗口边长均值为 $a=20$ m,发生个数均值 $b=30$ 个。其中实心圆点代表每一时刻系统得到的所有目标观测值分布,叉号代表每一时刻经过验证环节并用于系统状态更新的目标验证观测值,从图中可见,每一时刻在真值的附近均存在多个伪观测值,并且每一时刻经过验证的观测值个数也不唯一,那些远离真实观测值的伪观测值均未通过检验环节,而真实观测值附近的伪观测值和真值一起被用于系统状态的更新。该图体现了仿真实验中目标伪观测值的严重程度,可以看出在目标真值的附近存在大量的伪观测值,但从后面的实验结果来看,对目标的定位精度并没有受到影响,由此验证了设计算法对于严重目标伪观测值的处理能力。

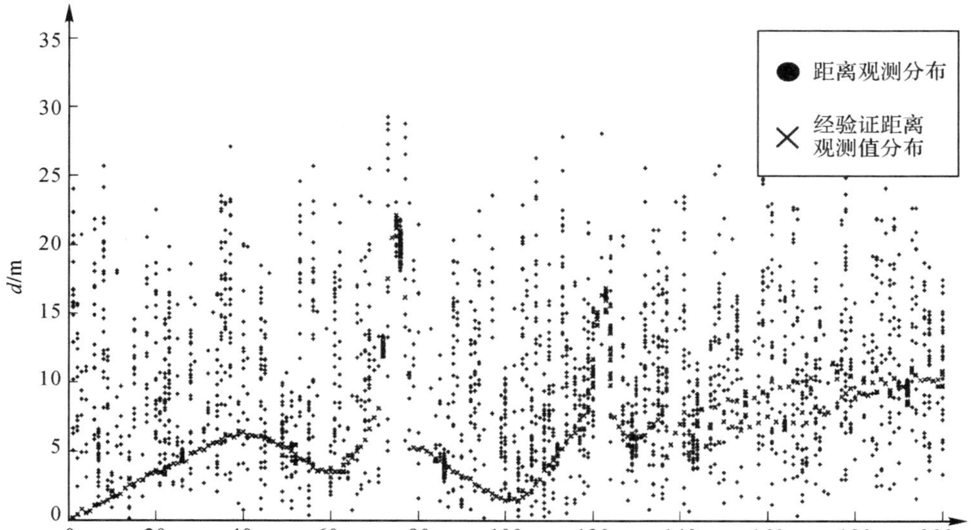

(a) 目标距离观测值与经验证观测值随时间分布

图 7-22　所有目标观测值和验证目标观测值随时间变化图

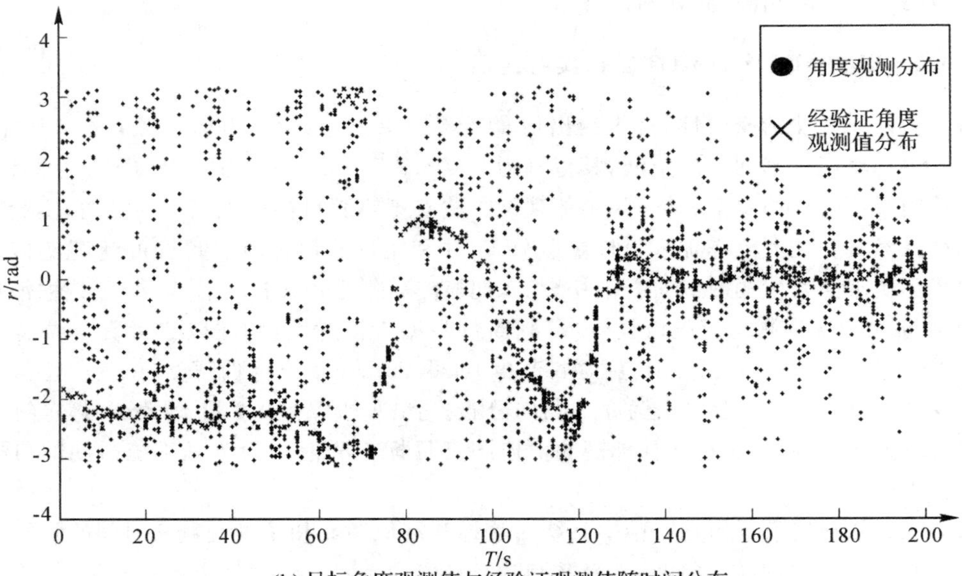


(b) 目标角度观测值与经验证观测值随时间分布

图 7－22　所有目标观测值和验证目标观测值随时间变化图(续)

为了更清晰地说明目标伪观测值和验证观测值的关系情况，图 7－23 给出了每一时刻经过验证的目标观测值和伪目标观测值数量随时间变化情况。该图中圆点代表对应时刻系统得到的伪目标观测值数量，实线代表经过验证的目标观测值数量随时间变化情况。可以看出，在第 77 次迭代时经过验证的目标观测值数量最多，其值为 21 个，大多数时间经过验证的目标观测值数量为 1 个。

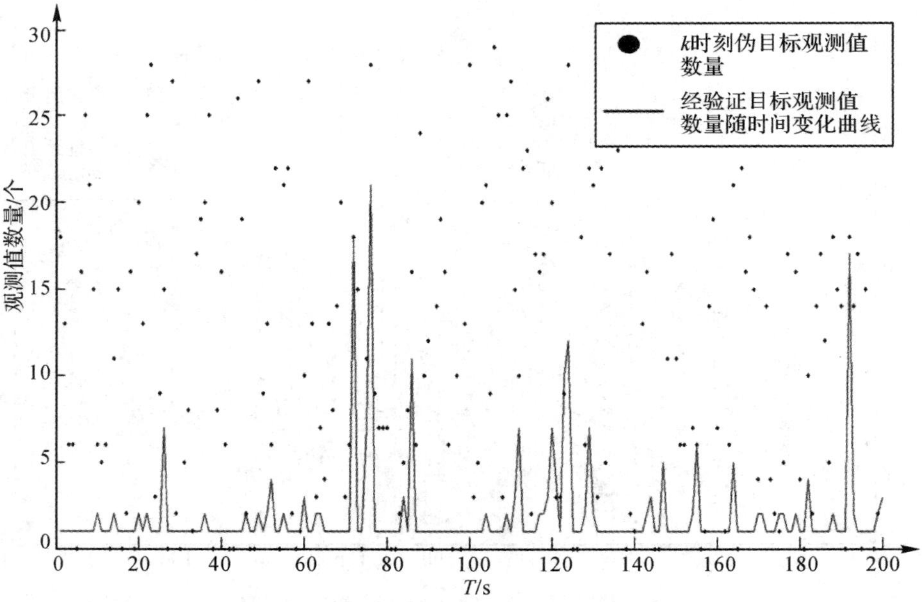


图 7－23　伪目标观测值数量和经过验证目标观测值数量随时间变化

实验过程中目标在不同时间段采用不同模态进行运动，运动模态包括定速模型 CVM 和定加速模型 CAM。假设机器人对环境特征的观测角度范围为前向 180°，对目标的角度观测范围为 360°，实验其他相关参数设置见表 7－3。

**表 7－3　仿真实验各参数设置**

| | |
|---|---|
| 机器人速度角度控制误差阵 | diag($0.3^2$ m, $0.955^2$ rad) |
| 机器人距离角度观测误差阵 | diag($0.1^2$ m, $0.955^2$ rad) |
| 迭代时间间隔 | $\Delta t=0.15$ s |
| 环境特征个数 | 800 个 |
| 目标 CVM，CAM 运动噪声参量 | $q^{CVM}=0.1, q^{CAM}=1.8$ |
| 仿真迭代次数 | 200 次 |
| 机器人最大观测距离 | 100 m |
| 目标运动状态转移可能性阵 | $\boldsymbol{P}=\begin{bmatrix}0.98 & 0.02\\0.02 & 0.98\end{bmatrix}$ |
| 目标存在可能性转移阵 | $\Pi=[0.98\quad 0.02]'$ |
| 目标侦测和观测值检验概率 $P_D$，$P_G$ | 0.9，1 |

仿真共进行了 200 次迭代，图 7－24 为实验总体效果图。

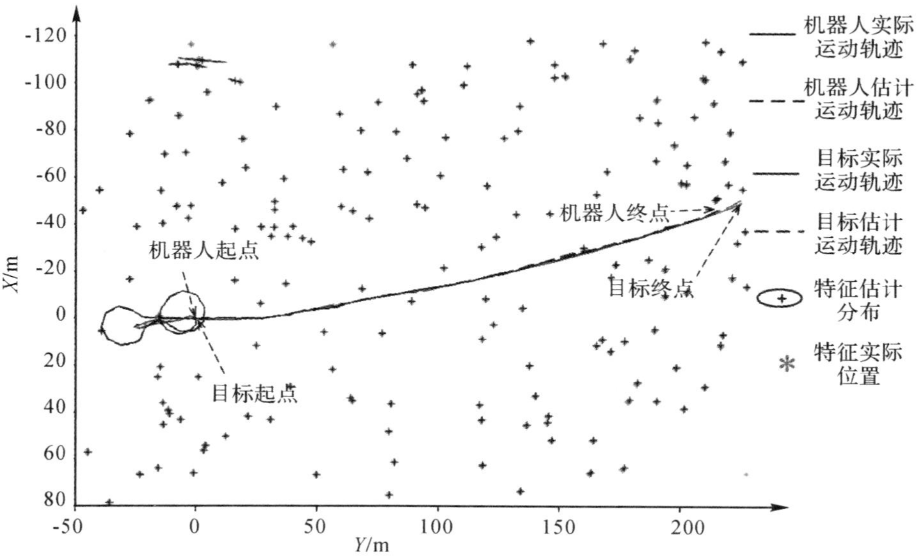


图 7－24　算法总体效果图

由于目标运行轨迹向 $Y$ 轴延伸，因此，为了更好体现整体性，该图以 $Y$ 轴为水平轴。图中实线和虚线仪表机器人与目标的实际和估计轨迹，带十子椭圆代表系统对环境特征位置分布的估计，其中十子号表示相应特征位置分布均值，椭圆代表位置分布误差范围，星号代表环境特征位置的实际分布，从图中可见，机器人和目标的起始位置均为(0 0)点(假设它们为理想模型)，经过 200 次迭代后目标和机器人分别静止于(－49.35，225.72)和(－46.1，215.6)点。另外，机器人在追踪目标过程中出现了两次环形运动。

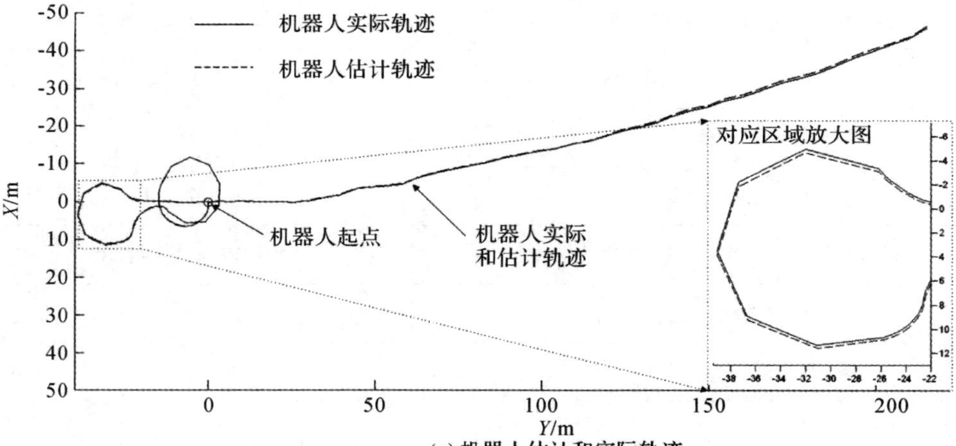

(a) 机器人估计和实际轨迹

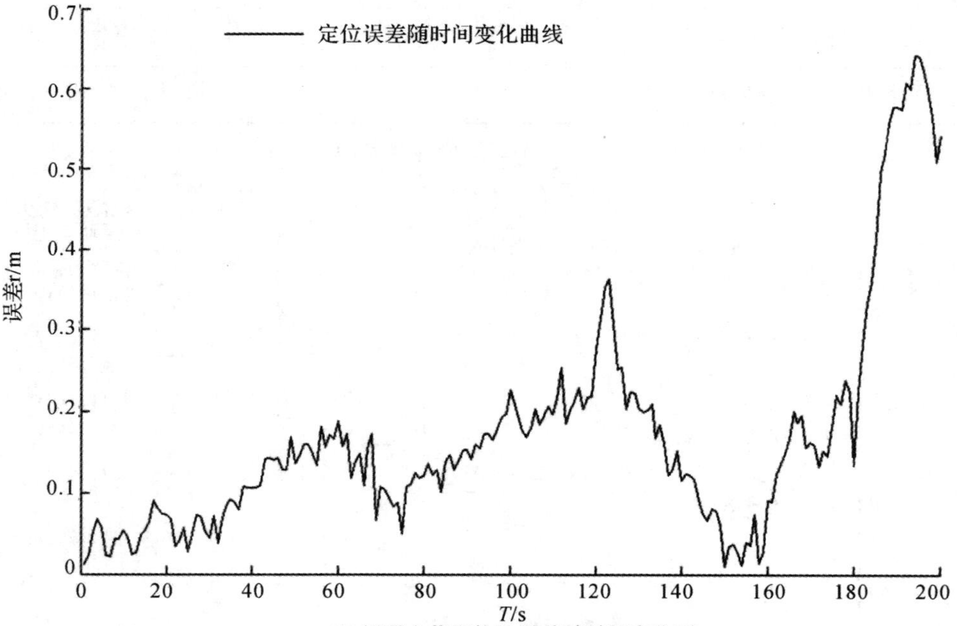

(b) 机器人位置估计误差随时间变化图

图 7－25　机器人轨迹估计和位置估计误差随时间变化图

为了更清晰呈现系统的定位误差，分别针对机器人和目标的位置定位精度进行分析。首先看机器人的定位精度。图 7－25(a)为图 7－24 中对应的机器人实际运动轨迹和估计轨迹，图 7－25(b)为系统对机器人定位误差随时间的变化情况。由于机器人运行范围太大，图 7－25(a)中子图为对应虚线包含区域的放大图，其中实线和虚线代表机器人实际和估计轨迹，图 7－25(b)为机器人定位误差随时间变化图，从该图可知，机器人在整个运行过程中的最大定位误差为 0.656 m。类似于前面章节的分析，由于机器人在运行后期(160～200 次迭代)其运动方向始终朝向上方，因此在这段时间中机器人的定位误差呈现始终上升的趋势，而在运动初期(1～160 次迭代)由于机器人存在两次环形轨迹运动，因此定位误差曲线呈现波浪形状(0～60次迭代误差上升，60～78 次迭代误差下降，78～128 次迭代误差上升，128～160 次迭代误差降低)。

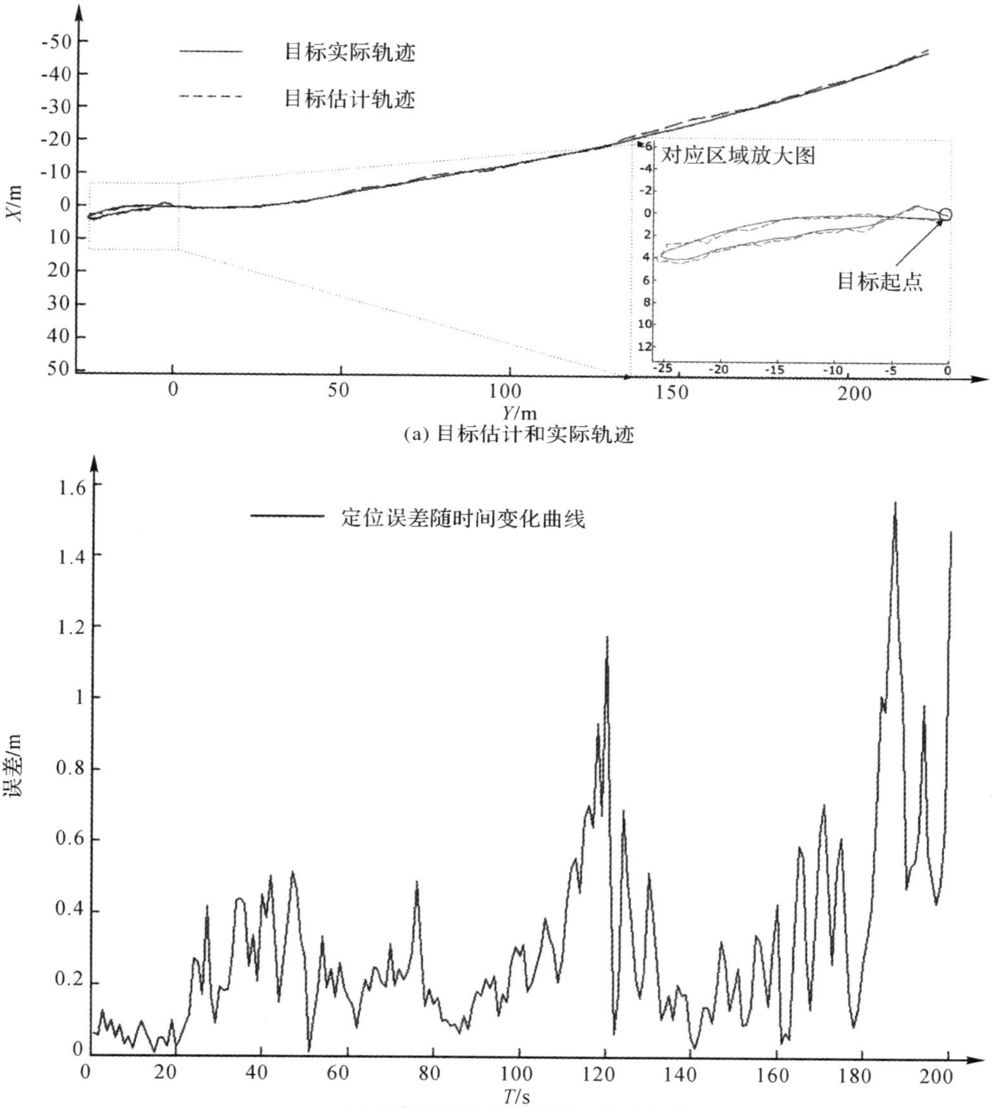

(a) 目标估计和实际轨迹


(b) 目标位置估计误差随时间变化图

图 7－26　目标轨迹估计和位置估计误差随时间变化图

类似地，图 7－26 为系统对目标状态的估计情况。其中图 7－26(a)为目标实际和估计轨迹，图 7－26(b)为目标定位误差随时间变化情况。同样，为了清晰起见，图 7－26(a)中的子图代表相应方形区域的放大图，其中实线和虚线分别代表目标实际和估计轨迹。从图 7－26(b)可见，目标定位精度是建立在机器人定位精度基础上的，对比图 7－26(b)和图 7－25(b)可知，目标定位精度低于机器人定位精度。另外，在第 160～200 次迭代期间，类似于机器人定位精度，目标的定位精度也逐步降低。而在第 1～160 次迭代期间，目标定位精度的变化和机器人定位精度变化趋势相同。

图 7－27 显示了目标实际和估计 CVM 运行模态概率($\mu^{CVM}$)随时间变化情况。仿真假设目标具有两种运动模态，因此时刻 $k$ 对应的 CAM 运动概率为 $\mu_k^{CAM}=1-\mu_k^{CVM}$。图中虚线为每一时刻目标的实际 CVM 运行模态概率，而虚线代表系统估计的 CVM 运行模态概率，从该图可知，在第 1～100 次迭代期间目标实际以 CVM 模式进行运动，系统对目标 CVM 运动模态估计概率较高，而在第 100～200 次迭代期间目标实际以 CAM 模式进行运动，此时系统对目标 CAM 运动模态估计概率较高，由此可见，算法对目标运动模态估计的正确性。

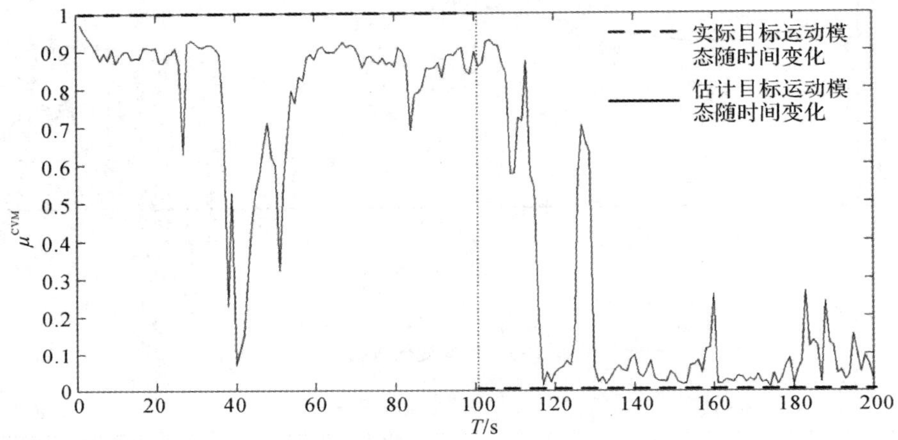


图 7－27　目标实际和估计运动模式概率随时间变化对比图

最后给出仿真中目标存在概率随时间的变化情况，如图 7－28 所示。

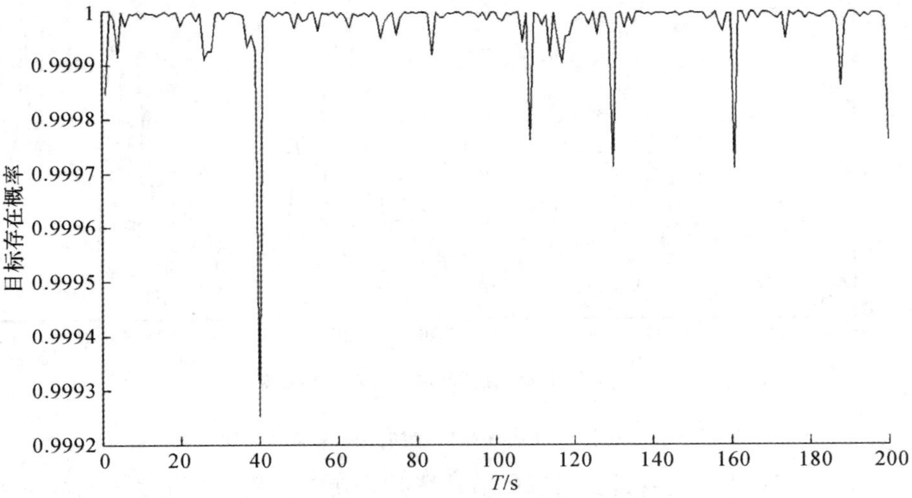


图 7－28　目标存在概率随时间变化图

从该图可见，由于机器人运行过程中目标始终存在，因此目标存在概率 $\Psi$ 始终保持较高值(大于 0.999 2)。

为了验证算法实用性,以下介绍实体机器人实验结果,装备有 SICK 2000 激光扫描仪的 PIONEER 机器人在实验室环境下对人体进行追踪,运动路径与 7.1 节实体机器人实验大体相同。为了体现算法的有效性,人在运动过程中故意在某些阶段进行幅度较大的变速运动。目标观测值仍然采用基于占用栅格地图的动态物体检验方法(MOD)得到,为了增加伪目标观测值数量,一方面将 MOD 方法中机器人位置不确定阵适当增大,使得当机器人运行轨迹出现回路时在靠近墙壁位置更容易获得错误运动物体反射点。另一方面,在运行环境中提前布置可移动物体,实验过程中当目标经过它附近时令该物体发生运动,进而使目标观测真实值附近产生伪观测值。实体机器人实验中得到的所有目标观测值以及应用于系统状态更新的观测值(即通过检验环节的目标观测值)空间分布,如图 7-29 所示。

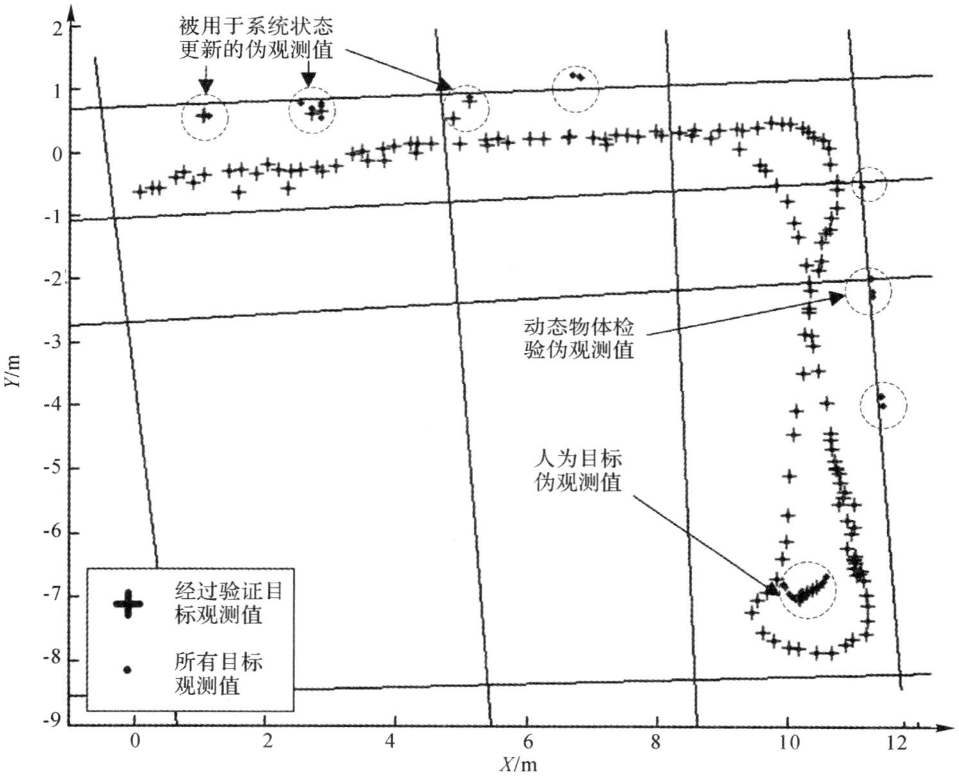


图 7-29　实体机器人实验目标观测值空间分布图

该图显示了实验过程中得到的目标观测值空间分布,由于机器人运行路线存在回路,机器人位姿矫正的累积误差使得接近墙壁的位置产生了伪动态物体检测值,另外原先静止物体在目标接近时的运动也引入了目标伪观测值。图中十字号代表通过目标观测值检验的用于系统状态更新的目标观测值,圆点代表没有通过检验被排除的目标观测值。虚线圆圈包含区域为伪目标观测值发生位置。从图中可见,并非所有的目标伪观测值都被排除,一些通过检验环节的目标伪观测值连同真值一起用于系统状态更新,从后续机器人和目标状态估计结果来看该算法对于这些目标伪观测值有良好的处理能力。

算法仍采用机器人里程表运动模型。与仿真实验不同的参数设置见表 7-4。

**表 7-4　实体机器人实验参数设置**

| | |
|---|---|
| 机器人里程表误差阵 | diag(0.000 01$^2$ m,0.000 01$^2$ m,0.02$^2$ rad) |
| 目标观测误差阵 | diag(0.03 m,0.03 rad) |
| 迭代时间间隔 | 0.4 s |
| 目标 CVM,CAM 运动噪声参量 | $q^{\mathrm{CVM}}=0.03$,　$q^{\mathrm{CAM}}=0.3$ |
| 实验进行时间 | 59.6 s |
| 激光最大扫描距离 | 20 m |
| 目标观测值检验门限 | 6 |

机器人目标追踪过程一共持续 59.6 s,累积进行 149 次迭代运算。图 7-30 显示实体机器人实验总体结果。其中分别显示了机器人追踪目标过程中对自身和目标的轨迹估计,以及对应的估计误差范围(置信空间取 $3\sigma$)随时间的变化情况。图 7-30(a)(b)为机器人和环境直线特征估计结果,其中(a)为机器人和环境直线特征状态估计情况,(b)为机器人位置分量的估计误差范围随时间变化情况。图 7-30(c)(d)为目标和环境直线特征估计结果,其中(c)为目标和环境直线特征状态估计情况,(d)为目标位置分量的估计误差范围随时间变化情况。图 7-30(a)(c)中圆点代表某一时刻机器人或目标的位置估计,直线代表跟踪结束时对环境特征分布的估计。从图 7-30 可见,系统最终一共获得 8 条直线环境特征,并且机器人和目标的运动轨迹均存在回路。机器人 $k=1$ 时刻从走廊端点开始运动,$k=13$ 时目标首次进入机器人观测范围,机器人随即对其进行定位追踪,$k=86$ 时,机器人返回起点。追踪过程中从 $k=13$ 时刻后目标始终保持在机器人激光传感器观测范围之内。图 7-30(b)(d)中圆点显示了不同时刻机器人或目标的位置状态分量估计误差范围随时间变化情况,从图 7-30(b)可见,在时间段 1～86 过程中由于机器人始终远离起始点,因此估计误差范围逐步增大,而在时间段 86～149 过程中机器人返回起点,因此估计误差范围逐步减小。由于目标状态估计是在机器人状态估计基础上进行的,因此目标估计不确定范围总体变化情况有类似趋势。

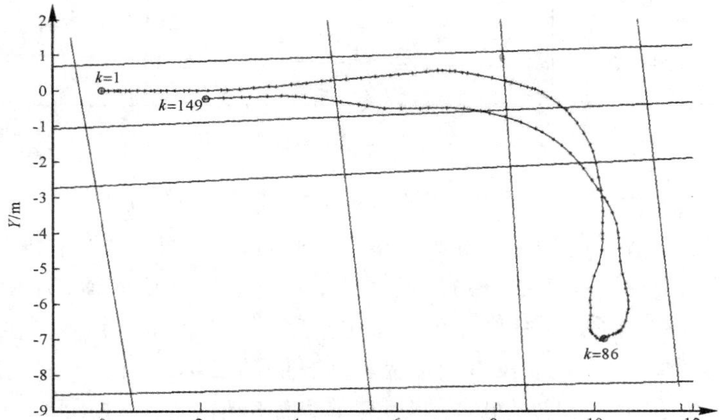


(a) 机器人、环境直线特征状态估计

图 7-30　实体机器人实验结果总体图

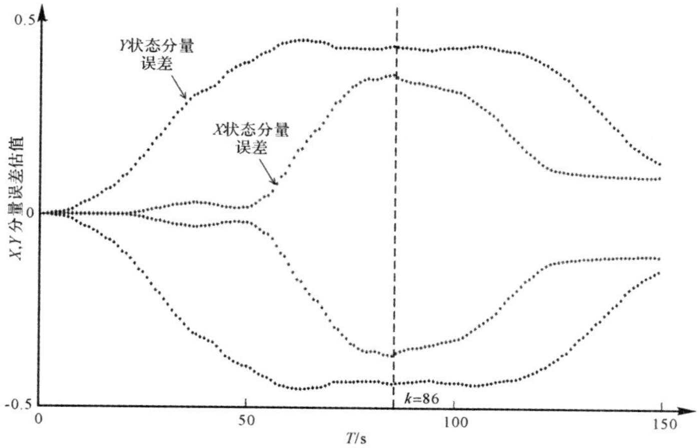

(b) 机器人状态分量误差估计

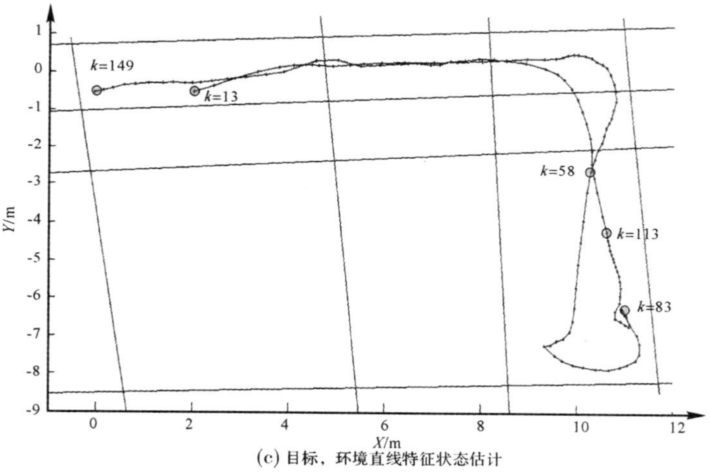

(c) 目标，环境直线特征状态估计

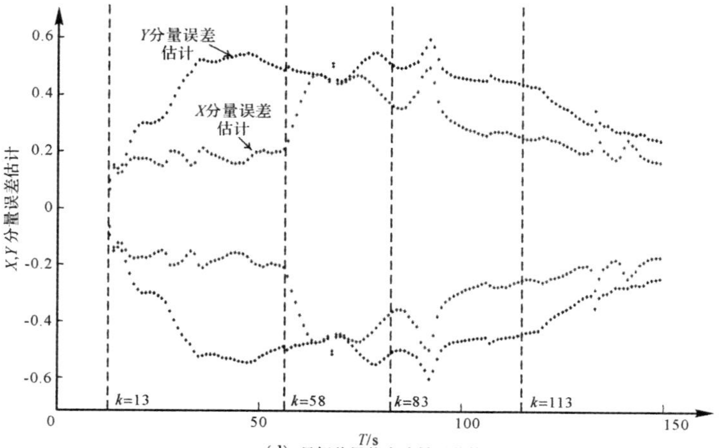

(d) 目标位置状态分量误差估计

图 7－30　实体机器人实验结果总体图(续)

图 7－31 为整个过程中目标 CVM 运动模式概率估计随时间变化情况。

该图中黑色曲线代表目标 CVM 运动模态概率随时间变化情况，可以看出目标运动过程可分为四个阶段，其分别为：①时段 $k=13\sim58$，该阶段 $\mu^{CVM}$ 值总体偏高，因此可以判断这段时间目标主要以 CVM 模式运行。②时段 $k=58\sim83$，该阶段 $\mu^{CVM}$ 值总体偏小，因此可以判断这段时间目标主要以定 CAM 模式运行。③时段 $k=83\sim113$，该阶段 $\mu^{CVM}$ 值总体又变得较高，因此可以判断这段时间目标重新以 CVM 模式运行。④时段 $k=113\sim149$，该阶段 $\mu^{CVM}$ 值逐步变大，由此可以判断在此期间目标首先以 CAM 运行之后由于快要接近终点的缘故，目标开始逐步减速以 CVM 模式运行。对比表示不同时刻目标位置估计情况的图 7-30(c)可见，系统对于目标运动模式估计是正确的，例如：在 $k=13\sim58$ 时段，表示目标位置估计的圆点间隔较密并且均匀，由于系统采样时间固定($\Delta t=0.4$ s)，这说明 $k=13\sim58$ 时段，目标运行速度和运动不确定性均较小，该特征符合 CVM 模式。而在 $k=58\sim83$ 时段，圆点间隔较疏松并且不均匀，这说明目标运行速度和运动不确定性均较大，因此符合 CAM 模式特征。

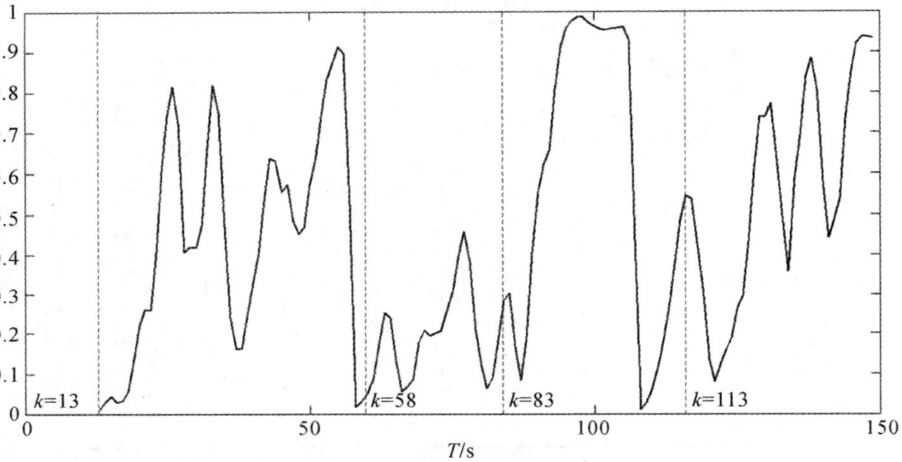


图 7-31 实体机器人实验目标运动模态概率随时间变化图

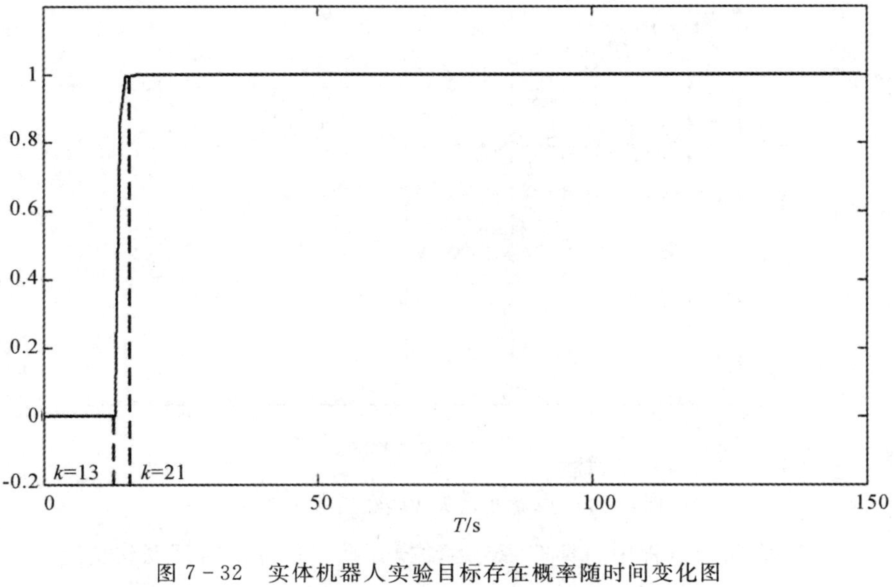


图 7-32 实体机器人实验目标存在概率随时间变化图

最后给出整个过程中目标存在概率随时间变化情况，如图 7 - 32 所示。从该图可见，在 $k=1\sim13$ 时段，由于目标并没有出现在机器人观测范围内，因此目标存在概率保持为 0，而在 $k=13\sim21$ 时段，目标首次出现，因此在此期间目标存在概率迅速提高到 1，在余下时间中，目标始终保持在机器人观测范围内，因此目标存在概率保持为 1。

## 参考文献


[1] Rimon E, Daniel E. Exact robot navigation using artificial potential functions[J]. IEEE Transaction on Robotics and Automation, 1992, 8(5):501 - 518.

[2] Liang Y, Lee H H. Decentralized formation control and obstacle avoidance for multiple robots with nonholonomic constraints[C]// Proceedings of the American Control Conference. Piscataway, NJ, USA: IEEE, 2006:5596 - 5601.

[3] Kobilarov M, Sukhatme G, Hyams J. People tracking and following with mobile robot using an omnidirectional camera and a laser[C]// Proceedings of the IEEE International Conference on Robotics and Automation. Piscataway, NJ, USA: IEEE, 2006:557 - 562.

[4] Shalom B Y, Li X R, Kirubarajan T. Estimation with applications to tracking and navigation [M]. USA: Wiley InterScience, 2001.

[5] Blom H, Shalom B Y. The interacting multiple model algorithm for systems with markovian switching coefficients[J]. IEEE Transactions on Automatic Control, 1988, 33(8):780 - 783.

[6] Shalom B Y. Tracking and data association[M]. Boston USA: TE Fortmann Academic Press, 1988.

[7] Shalom B Y. Tracking methods in a multitarget environment[J]. IEEE Transactions on Automatic Control, 1978, 23(4):618 - 626.

[8] Shalom B Y, Birmiwal K. Consistency and robustness evaluation of the PDAF for target tracking in a cluttered Environment[J]. Automatica, 1983, 19(4):431 - 437.

[9] Musicki D, Evans R, Stankovic S. Integrated probabilistic data association(IPDA)[J]. IEEE Transactions on Automatic Control, 1994, 39(6):1237 - 1241.

[10] Musicki D, Evans R. Clutter map information for data association and track initalization[J]. IEEE Transactions on Aerospace and Electronic Systems, 2004, 40(2):387 - 398.

[11] Musicki D, Evans R. Joint integrated probabilistic data association—JIPDA[J]. IEEE Transactions on Aerospace and Electronic Systems, 2004, 40(3):1093 - 1099.

[12] Musicki D, Morelande M. Gate volume estimation for target tracking[C]// Proceedings of the International Conference on Information Fusion. Piscataway, NJ, USA: IEEE, 2004: 395 - 397.

# 第8章　基于信息融合的机器人未知环境下目标跟踪方法

基于单一传感器的SLAMOT解决算法获取信息种类有限，存在以下几点问题。

1. 对象识别和锁定能力差

目前SLAMOT算法在应用中通常采用激光扫描仪作为信息获取手段，激光扫描仪虽然能够获得较为准确的角度和距离信息，但是对象身份识别能力差，不能满足实际应用要求。而图像信息的利用可以有效解决对象识别和锁定问题，但图像信息无法提供对象深度信息，也不能单独应用于SLAMOT问题。

2. 环境特征利用程度低

机器人运动环境存在大量有价值的环境信息，例如，环境直线特征、角点特征、标志物特征。而单传感器只能利用某种环境特征作为环境地图构建的依据，例如激光扫描仪通常利用扫描平面内的环境直线特征或角点特征作为环境地图，无法利用垂直平面的直线特征以及其他环境特征作为构建地图的要素，因此环境信息综合利用程度低。

3. 环境侦测范围有限

单一传感器的覆盖范围有限，容易产生观测盲区。例如，当机器人对多目标进行跟踪时，若仅利用激光扫描仪观测，那么，当目标间运动轨迹存在交叉重叠时，容易产生对目标和环境特征的观测盲区，影响SLAMOT的估计准确性。

将信息融合技术应用于SLAMOT是解决以上问题，提高对象识别和锁定能力、估计准确性、空间覆盖范围、时间覆盖范围的有效途径，机器人能够利用装备的主动(激光扫描仪、声呐)和被动(摄像头)传感器充分采集环境和目标信息，并将多源信息进行融合，提高SLAMOT的实际应用能力，本章介绍利用多传感器信息融合的SLAMOT方法。

首先利用多传感器标定方法实现多传感器空间一致性转换。在此基础上，研究环境特征和目标观测值状态融合方法。之后，为了解决传统离线联合标定参数估计误差问题，介绍多传感器在线联合标定参数优化方法；最后，研究基于多传感器信息融合的机器人同时定位、地图构建与目标跟踪方法。

## 8.1　多传感器联合标定方法研究

多传感器联合标定是为了解决传感器空间一致性观测问题，只有将不同传感器观测到的数据转换到统一参照系下才能完成下一步的对象检验和融合工作。下面首先介绍基于人工标定物的转换参数估计方法，在此基础上，介绍利用误差传播公式实现不同参照系下的对象误差转换方法。

### 8.1.1　世界坐标系和摄像机坐标系间转换模型

假设世界坐标系下空间中某点的状态为 $\boldsymbol{P}_{\mathrm{W}}=[X\ Y\ Z]^{\mathrm{T}}$，该点在摄像机坐标系下的状态为 $\boldsymbol{P}_{\mathrm{C}}=[X\ Y\ Z]^{\mathrm{T}}$，则存在如下变换关系：

$$\boldsymbol{P}_{\mathrm{C}} = \boldsymbol{R}(\boldsymbol{P}_{\mathrm{W}} - \boldsymbol{t}) \tag{8-1}$$

其中，$\boldsymbol{R}$ 为摄像机坐标系相对于世界坐标系的旋转矩阵，且该阵为标准正交阵；$\boldsymbol{t}$ 为摄像机坐标系相对于世界坐标系的位置偏移向量。该关系如图 8-1 所示。

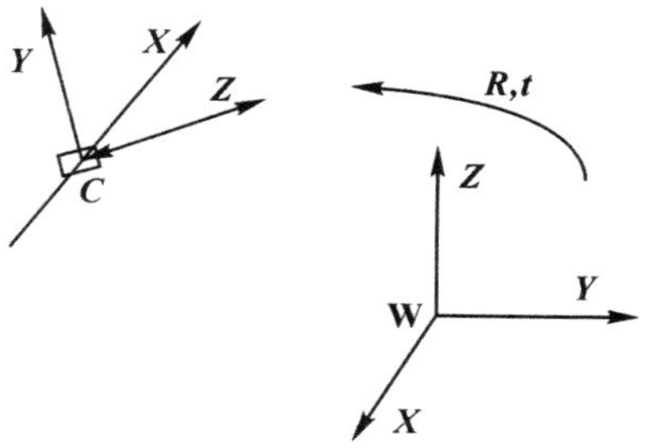


图 8-1　世界坐标系到摄像机坐标系转换关系图

### 8.1.2　激光扫描仪坐标系和摄像机坐标系间的转换模型

同样，假设激光扫描仪坐标系下的某点状态为 $\boldsymbol{P}_{\mathrm{L}}=[X\ Y\ Z]^{\mathrm{T}}$，该点在摄像机坐标系下的状态为 $\boldsymbol{P}_{\mathrm{C}}=[X\ Y\ Z]^{\mathrm{T}}$，则变换关系如下：

$$\boldsymbol{P}_{\mathrm{C}} = \boldsymbol{\Phi}(\boldsymbol{P}_{\mathrm{L}} - \boldsymbol{\Delta}) \tag{8-2}$$

其中，$\boldsymbol{\Phi}$ 为摄像机坐标系相对于扫描仪坐标系的旋转矩阵，且该阵为标准正交阵；$\boldsymbol{\Delta}$ 为摄像机坐标系相对于扫描仪坐标系的位置偏移向量。

摄像机与激光扫描仪观测值标定的目的就是通过参数估计和优化确定 $\boldsymbol{\Phi}$ 和 $\boldsymbol{\Delta}$，使异构传感器的观测值之间建立空间一致性关系。

### 8.1.3　标定的基本思路和方法

1. 基本思路

摄像机与激光扫描仪标定的主要思想：通过不同时刻两种传感器观测标定板产生的观测值之间的几何约束关系构造优化函数，再利用相关参数估计和最优化方法估计两种坐标系间的转换参数。传感器联合标定观测过程如图 8-2 所示。

标定板位于激光扫描仪和摄像机的观测区域交集内，两种传感器同时产生对结构性物体的观测数据，根据不同传感器观测数据的空间约束关系生成优化函数，并利用参数估计和优化方法完成参数估计。具体处理过程如图 8-3 所示。

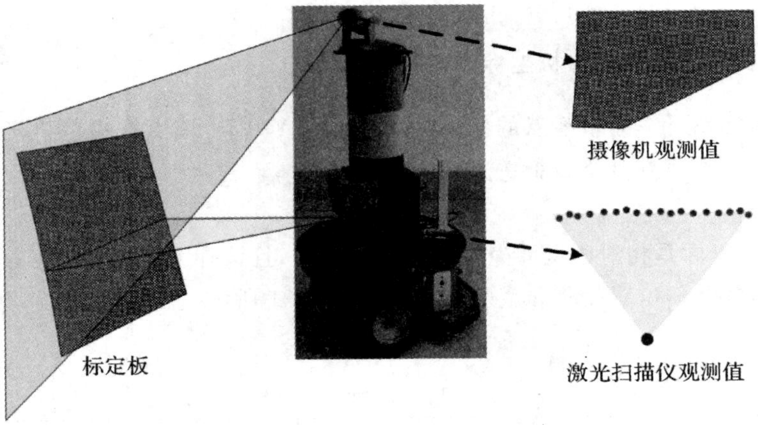


图 8-2　机器人摄像机激光测距仪观测示意图

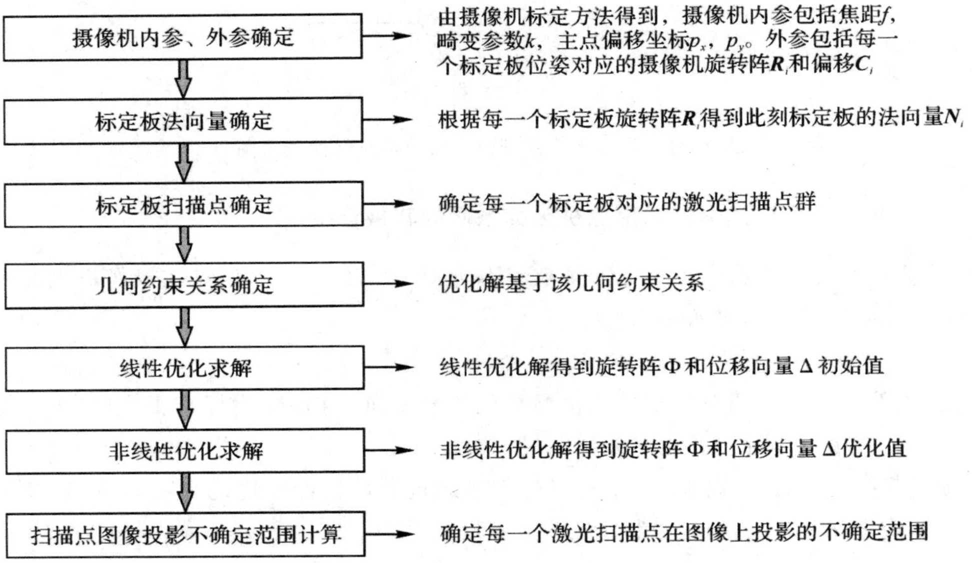


图 8-3　激光摄像机标定处理流程

2. 具体方法

(1)摄像机内参和外参标定。摄像机标定的目的是确定摄像机内部和外部参数(内部参数包括焦距、畸变参数、像原点偏移坐标，外部参数包括不同标定板位姿对应的摄像机旋转阵和偏移阵)，项目采用文献[1]设计方法实现。

(2)确定标定板在摄像机坐标系下的法向量。假设在世界坐标系下标定板位于 $Z=0$ 的平面上，此时标定板的单位法向量可以表示为 $\boldsymbol{N}_{\mathrm{W}}=[0\ 0\ 1]^{\mathrm{T}}$，将该法向量转换到摄像机坐标系下相当于只进行了旋转变换，根据式(8-1)有

$$\boldsymbol{N}_{\mathrm{C}} = \|\boldsymbol{N}_{\mathrm{C}}\| \boldsymbol{R}\boldsymbol{N}_{\mathrm{W}} = \|\boldsymbol{N}_{\mathrm{C}}\| [\boldsymbol{R}_1\ \boldsymbol{R}_2\ \boldsymbol{R}_3] [0\ 0\ 1]^{\mathrm{T}} = \|\boldsymbol{N}_{\mathrm{C}}\| \boldsymbol{R}_3 \tag{8-3}$$

其中，$\|\boldsymbol{N}_{\mathrm{C}}\|$ 为摄像机坐标系下摄像机到标定板的距离，相当于世界坐标系下，摄像机状态 $\boldsymbol{t}$

在 $\boldsymbol{N}_C=\boldsymbol{R}_3$ 上的投影长度，是 $\boldsymbol{R}_3$ 和 $\boldsymbol{t}$ 的点乘结果：

$$\|\boldsymbol{N}_C\| = \mathrm{dot}(\boldsymbol{R}_3 \cdot \boldsymbol{t}) \tag{8-4}$$

综合式(8-3)和式(8-4)有

$$\boldsymbol{N}_C = \|\boldsymbol{N}_C\|\boldsymbol{R}\boldsymbol{N}_W = \|\boldsymbol{N}_C\|[\boldsymbol{R}_1\ \boldsymbol{R}_2\ \boldsymbol{R}_3][0\ 0\ 1]^T = \|\boldsymbol{N}_C\|\boldsymbol{R}_3 = \mathrm{dot}(\boldsymbol{R}_3 \cdot \boldsymbol{t})\boldsymbol{R}_3 \tag{8-5}$$

(3)扫描点群确定。采用随机采样一致性方法[2]确定标定板对应的相对靠前直线平面扫描点群。

(4)确定激光扫描仪坐标系下，标定板对应扫描点的集合约束关系。

设在激光扫描仪坐标系下，标定板上某一个扫描点状态为 $\boldsymbol{P}_L=[X\ Y\ Z]^T$，由式(8-2)可知此时在摄像机坐标系下，标定板上此扫描点状态为 $\boldsymbol{P}_C=\boldsymbol{\Phi}(\boldsymbol{P}_L-\boldsymbol{\Delta})$，则有

$$\mathrm{dot}(\boldsymbol{P}_C,\boldsymbol{N}_C) = \|\boldsymbol{P}_C\|\ \|\boldsymbol{N}_C\|\cos(\theta) \tag{8-6}$$

又 $\|\boldsymbol{P}_C\|\cos(\theta)=\|\boldsymbol{N}_C\|$，有

$$\mathrm{dot}(\boldsymbol{P}_C,\boldsymbol{N}_C) = \|\boldsymbol{N}_C\|^2 \tag{8-7}$$

即

$$\mathrm{dot}(\boldsymbol{\Phi}(\boldsymbol{P}_L-\boldsymbol{\Delta}),\boldsymbol{N}_C) = \|\boldsymbol{N}_C\|^2 \tag{8-8}$$

(5)线性求解。假设激光扫描仪获得的结果在激光扫描仪坐标系下满足 $Y=0$，即，$\boldsymbol{P}_L=[X\ 0\ Z]^T$，将式(8-8)重写如下：

$$\begin{aligned}\mathrm{dot}\left(\boldsymbol{\Phi}\begin{bmatrix}X\\0\\Z\end{bmatrix}-\begin{bmatrix}\Delta_1\\\Delta_2\\\Delta_3\end{bmatrix},\boldsymbol{N}_C\right) &= \mathrm{dot}\left(\boldsymbol{\Phi}\begin{bmatrix}X-\Delta_1\\0-\Delta_2\\Z-\Delta_3\end{bmatrix},\boldsymbol{N}_C\right)\\ &= \mathrm{dot}\left(\boldsymbol{\Phi}\begin{bmatrix}1&0&0\\0&0&-\boldsymbol{\Delta}\\0&1&0\end{bmatrix}\begin{bmatrix}X\\Z\\1\end{bmatrix},\boldsymbol{N}_C\right) = \|\boldsymbol{N}_C\|^2\end{aligned} \tag{8-9}$$

设 $\boldsymbol{H}_{3\times3}=\boldsymbol{\Phi}\begin{bmatrix}1&0&0\\0&0&-\boldsymbol{\Delta}\\0&1&0\end{bmatrix}$，式(8-9)可表示为

$$\mathrm{dot}\left(\boldsymbol{H}\begin{bmatrix}X\\Z\\1\end{bmatrix},\boldsymbol{N}_C\right) = \|\boldsymbol{N}_C\|^2 \tag{8-10}$$

对于摄像机标定过程中每一个标定板位姿 $\boldsymbol{N}_C$ 均有多个扫描点与之对应。

假设：

$$\boldsymbol{H} = \begin{bmatrix}h_{11}&h_{12}&h_{13}\\h_{21}&h_{22}&h_{23}\\h_{31}&h_{32}&h_{33}\end{bmatrix} \tag{8-11}$$

$$\boldsymbol{N}_C = \begin{bmatrix}nc_1\\nc_2\\nc_3\end{bmatrix} \tag{8-12}$$

有

$$\mathrm{dot}\left(\boldsymbol{H}\begin{bmatrix}X\\Z\\1\end{bmatrix},\boldsymbol{N}_C\right) = \mathrm{dot}\left(\begin{bmatrix}h_{11}&h_{12}&h_{13}\\h_{21}&h_{22}&h_{23}\\h_{31}&h_{32}&h_{33}\end{bmatrix}\begin{bmatrix}X\\Z\\1\end{bmatrix},\begin{bmatrix}nc_1\\nc_2\\nc_3\end{bmatrix}\right)$$

$$
\begin{aligned}
&= \mathrm{dot}\left(\begin{bmatrix} h_{11}X + h_{12}Z + h_{13} \\ h_{21}X + h_{22}Z + h_{23} \\ h_{31}X + h_{32}Z + h_{33} \end{bmatrix}, \begin{bmatrix} nc_1 \\ nc_2 \\ nc_3 \end{bmatrix}\right) \\
&= (h_{11}Xnc_1 + h_{12}Znc_1 + h_{13}nc_1) + \\
&\quad (h_{21}Xnc_2 + h_{22}Znc_2 + h_{23}nc_2) + \\
&\quad (h_{31}Xnc_3 + h_{32}Znc_3 + h_{33}nc_3)
\end{aligned} \tag{8-13}
$$

由式(8-10)和式(8-13)可知：

$$
\begin{aligned}
&(h_{11}Xnc_1 + h_{12}Znc_1 + h_{13}nc_1) + (h_{21}Xnc_2 + h_{22}Znc_2 + h_{23}nc_2) \\
&\quad + (h_{31}Xnc_3 + h_{32}Znc_3 + h_{33}nc_3) = nc_1^2 + nc_2^2 + nc_3^2
\end{aligned} \tag{8-14}
$$

式(8-14)中含有 9 个未知数，即，$h_{11}, h_{12}, h_{13}, \cdots, h_{33}$，构造 9 个满足式(8-14)的线性方程就能够求出这些未知数，因此，只要根据标不同时刻定板法向量 $\boldsymbol{N}_{Ci}$ 以及每一个 $\boldsymbol{N}_{Ci}$ 对应的激光扫描点坐标(含有多个点)构造 9 个线性方程并求解就可得到 $\boldsymbol{H}$。

对 $\boldsymbol{H}$ 进行以下分析：

$$
\begin{aligned}
\boldsymbol{H} &= \boldsymbol{\Phi}\begin{bmatrix} 1 & 0 & 0 \\ 0 & 0 & -\boldsymbol{\Delta} \\ 0 & 1 & 0 \end{bmatrix} \\
&= \begin{bmatrix} \Phi_{11} & \Phi_{12} & \Phi_{13} \\ \Phi_{21} & \Phi_{22} & \Phi_{23} \\ \Phi_{31} & \Phi_{32} & \Phi_{33} \end{bmatrix}\begin{bmatrix} 1 & 0 & 0 \\ 0 & 0 & -\boldsymbol{\Delta} \\ 0 & 1 & 0 \end{bmatrix} \\
&= \begin{bmatrix} \Phi_{11} & \Phi_{13} & 0 \\ \Phi_{21} & \Phi_{23} & -\boldsymbol{\Phi\Delta} \\ \Phi_{31} & \Phi_{33} & 0 \end{bmatrix} \\
&= \begin{bmatrix} \Phi_1 & \Phi_2 & -\boldsymbol{\Phi\Delta} \end{bmatrix}
\end{aligned} \tag{8-15}
$$

利用 $\boldsymbol{\Phi}$ 的标准正交性质，可得

$$
\boldsymbol{\Phi} = [\boldsymbol{H}_1 \quad \boldsymbol{H}_1 \times \boldsymbol{H}_2 \quad \boldsymbol{H}_2] \tag{8-16}
$$

$$
\boldsymbol{\Delta} = -\boldsymbol{\Phi}^{-1}\boldsymbol{H}_3 = -\boldsymbol{\Phi}^{\mathrm{T}}\boldsymbol{H}_3 \tag{8-17}
$$

由式(8-16)和式(8-17)就可以确定摄像机与激光扫描仪观测坐标系间的初步转换关系。另外，为了保证 $\boldsymbol{H}$ 的标准正交性，可采用文献[3]介绍方法修正 $\boldsymbol{H}$。

(6)线性优化。在以上过程中并没有利用到所有的观测数据，为了进一步减小参数估计误差可以采用线性优化方法进行 $\boldsymbol{\Phi}, \boldsymbol{\Delta}$ 值的计算。

假设标定过程一共产生了 $m$ 个标定板位姿，对应的法向量为 $\boldsymbol{N}_1, \boldsymbol{N}_2, \cdots, \boldsymbol{N}_m$。每一个标定板位姿对应的激光扫描点个数为 $n_i, i=1,2,\cdots,m$，并且这些激光点的状态为

$$
\boldsymbol{P}_{i,j} = \begin{bmatrix} X \\ Z \\ 1 \end{bmatrix}, \quad j = 1,2,\cdots,n_i \tag{8-18}
$$

则可构造线性优化最小二乘目标函数如下：

$$
\mathrm{fun} = \min_{H}\left\{ \left\| \mathrm{dot}(\boldsymbol{A}, \boldsymbol{B}) - \boldsymbol{C} \right\|_2^2 \right\} \tag{8-19}
$$

其中，

$$A = H_{3\times3}[\underbrace{P_{1,1}, P_{1,2}, \cdots, P_{1,n_1}}_{N_1\text{对应的点群}}, \underbrace{P_{2,1}, P_{2,2}, \cdots, P_{2,n_2}}_{N_2\text{对应的点群}}, \cdots, \underbrace{P_{m,1}, P_{m,2}, \cdots, P_{m,n_m}}_{N_m\text{对应的点群}}] \tag{8-20}$$

$$B = [\underbrace{N_1, N_1, \cdots, N_1}_{\text{共}n_1\text{个}}, \underbrace{N_2, N_2, \cdots, N_2}_{\text{共}n_2\text{个}}, \cdots, \underbrace{N_m, N_m, \cdots, N_m}_{\text{共}n_m\text{个}}] \tag{8-21}$$

$$C = [\underbrace{\| N_1 \|^2, \| N_1 \|^2, \cdots, \| N_1 \|^2}_{\text{共}n_1\text{个}}, \underbrace{\| N_2 \|^2, \| N_2 \|^2, \cdots, \| N_2 \|^2}_{\text{共}n_2\text{个}}, \cdots, \underbrace{\| N_m \|^2, \| N_m \|^2, \cdots, \| N_m \|^2}_{\text{共}n_m\text{个}}] \tag{8-22}$$

以上线性优化函数可以利用 Trust Region Reflective Optimization[4]方法计算 $\boldsymbol{H}$ 后，再利用式(8－16)和式(8－17)计算最终的 $\boldsymbol{\Phi}$ 和 $\boldsymbol{\Delta}$。由上述内容可知，该线性优化过程利用到了激光扫描仪和摄像机的所有观测数据。

(7)二次非线性优化。还可再利用非线性优化方法二次优化参数估计误差，在初值 $\boldsymbol{\Phi}$ 和 $\boldsymbol{\Delta}$ 的基础上构造非线性最小二乘目标函数如下：

$$\min_{x\in\mathscr{R}^{3\times4}} \| f(\boldsymbol{x}) \|_2^2 = \min_{x\in\mathscr{R}^{3\times4}} \{ \| f_1(\boldsymbol{x}) \|^2 +, \cdots, + \| f_{m-1}(\boldsymbol{x}) \|^2 + \| f_m(\boldsymbol{x}) \|^2 \} \tag{8-23}$$

其中，$\boldsymbol{x}_{3\times4}=[\boldsymbol{\Phi}_{3\times3}\ \boldsymbol{\Delta}_{3\times1}]$由 $\boldsymbol{\Phi}$ 和 $\boldsymbol{\Delta}$ 的初值构成就是需要优化的参数。$f_i(\boldsymbol{x})$形式如下：

$$\| f_i(\boldsymbol{x}) \|^2 = \sum_{j=1}^{n_i} (\mathrm{dot}(\boldsymbol{A}_j, \boldsymbol{B}_j) - \boldsymbol{C}_j)^2 \tag{8-24}$$

其中，$n_i, i=1,2,\cdots,m$ 为每一个标定板位姿对应的激光扫描点个数，并且：

$$\boldsymbol{A}_j = \boldsymbol{\Phi}_{3\times3}\boldsymbol{P}_{i,j} - \boldsymbol{\Phi}_{3\times3}\boldsymbol{\Delta}_{3\times1} \tag{8-25}$$

$$\boldsymbol{B}_j = \boldsymbol{N}_i \tag{8-26}$$

$$\boldsymbol{C}_j = \| \boldsymbol{N}_i \|^2 \tag{8-27}$$

其中：

$$\boldsymbol{P}_{i,j} = \begin{bmatrix} X \\ 0 \\ Z \end{bmatrix}, \quad j = 1,2,\cdots,n_i \tag{8-28}$$

该式为激光扫描仪观测的第 $i$ 个标定板位姿对应的所有扫描点；$\boldsymbol{N}_i$ 为第 $i$ 个标定板位姿对应的法向量。该非线性优化问题可以利用 Levenberg-Marquardt Optimization[5] 或 Gauss-Newton[6] 进行求解。

### 8.1.4　激光扫描点图像投影不确定范围确定方法

该部分处理目的是描述各种估计误差对最终投影点不确定范围的影响，其思想仍然基于误差传播理论[7]。

*1. 方法流程*

(1)投影函数形式。激光扫描点在图像上投影的不确定范围能够利用误差传播公式计算，关键在于确定空间扫描点状态到图像映射点状态的映射函数

$$\boldsymbol{Y} = \boldsymbol{f}(\boldsymbol{X}) \tag{8-29}$$

以及自变量 $\boldsymbol{X}$ 的协方差阵，其中 $\boldsymbol{Y}=[u\ v]^{\mathrm{T}}$ 表示激光点在图像上的像素坐标值，自变量 $\boldsymbol{X}$ 为

$$\boldsymbol{X}=[\boldsymbol{P}_{2\times1,\mathrm{L}'}^{\mathrm{T}}\quad \boldsymbol{\Delta}_{3\times1}^{\mathrm{T}}\quad \boldsymbol{R}_{3\times1}^{\mathrm{T}}\quad \boldsymbol{f}_{2\times1}\quad \boldsymbol{c}_{2\times1}^{\mathrm{T}}\quad \boldsymbol{k}_{5\times1}^{\mathrm{T}}] \tag{8-30}$$

其中，$\boldsymbol{P}_{2\times1,\mathrm{L}'}=[r_{\mathrm{L}}\quad \theta_{\mathrm{L}}]^{\mathrm{T}}$ 为扫描点在激光局部坐标系中的距离和角度状态；$\boldsymbol{\Delta}_{3\times1}$ 为由标定过程确定的激光扫描仪至摄像机坐标系的位移向量；$\boldsymbol{f}_{2\times1}$ 为摄像机的像素焦距向量（原始焦距除单位长度像素个数）；$\boldsymbol{k}_{5\times1}$ 为摄像机的镜头畸变参数；$\boldsymbol{c}_{2\times1}$ 为像平面中心坐标；$\boldsymbol{R}_{3\times1}=[\varphi_x\quad \varphi_y\quad \varphi_z]^{\mathrm{T}}$ 为与 $\boldsymbol{\Phi}_{3\times3}$ 对应的激光扫描仪至摄像机坐标系的旋转向量，$\varphi_x,\varphi_y,\varphi_z$ 分别为旋转过程中绕 $X,Y,Z$ 轴的旋转角度，并且 $\boldsymbol{R}_{3\times1}$ 与 $\boldsymbol{\Phi}_{3\times3}$ 的转换关系如下：

$$\boldsymbol{\Phi}_{3\times3}=f^{\boldsymbol{R}\to\boldsymbol{\Phi}}(\boldsymbol{R}_{3\times1})=\begin{bmatrix} \mathrm{c}_y\mathrm{c}_z & \mathrm{c}_x\mathrm{s}_z+\mathrm{s}_x\mathrm{c}_z\mathrm{s}_y & \mathrm{s}_x\mathrm{s}_z-\mathrm{c}_x\mathrm{s}_y\mathrm{c}_z \\ -\mathrm{c}_y\mathrm{s}_z & \mathrm{c}_x\mathrm{c}_z-\mathrm{s}_x\mathrm{s}_y\mathrm{s}_z & \mathrm{s}_x\mathrm{c}_z+\mathrm{c}_x\mathrm{s}_y\mathrm{s}_z \\ \mathrm{s}_y & -\mathrm{s}_x\mathrm{c}_y & \mathrm{c}_x\mathrm{c}_y \end{bmatrix} \tag{8-31}$$

式(8－31)又可变换为 $\varphi_x\ \varphi_y\ \varphi_z$ 分量矩阵连乘形式如下：

$$\boldsymbol{\Phi}_{3\times3}=f^{\boldsymbol{R}\to\boldsymbol{\Phi}}(\boldsymbol{R}_{3\times1})=\boldsymbol{\Phi}_{\varphi_z}\boldsymbol{\Phi}_{\varphi_y}\boldsymbol{\Phi}_{\varphi_x} \tag{8-32}$$

其中

$$\boldsymbol{\Phi}_x=\begin{bmatrix}1&0&0\\0&\mathrm{c}_x&\mathrm{s}_x\\0&-\mathrm{s}_x&\mathrm{c}_x\end{bmatrix},\quad \boldsymbol{\Phi}_y=\begin{bmatrix}\mathrm{c}_y&0&-\mathrm{s}_y\\0&1&0\\\mathrm{s}_y&0&\mathrm{c}_y\end{bmatrix},\quad \boldsymbol{\Phi}_z=\begin{bmatrix}\mathrm{c}_z&\mathrm{s}_z&0\\-\mathrm{s}_z&\mathrm{c}_z&0\\0&0&1\end{bmatrix}$$

以上各式中，$\mathrm{c}_i$，$\mathrm{s}_i$ 分别代表 $\cos\varphi_i$，$\sin\varphi_i$。

（2）投影误差范围计算。假设 $\boldsymbol{X}$ 中各分量对应的误差阵分别为

$$\left.\begin{aligned} \boldsymbol{\Sigma}_{P_{\mathrm{L}'}}&=\mathrm{diag}[\mathrm{d}\boldsymbol{P}_{\mathrm{L}'}]=\mathrm{diag}[\mathrm{d}r_{\mathrm{L}},\ \mathrm{d}\theta_{\mathrm{L}}] \\ \boldsymbol{\Sigma}_{\boldsymbol{\Delta}}&=\mathrm{diag}[\mathrm{d}\boldsymbol{\Delta}]=\mathrm{diag}[\mathrm{d}\Delta_X,\mathrm{d}\Delta_Y,\mathrm{d}\Delta_Z] \\ \boldsymbol{\Sigma}_{\boldsymbol{R}}&=\mathrm{diag}[\mathrm{d}\boldsymbol{R}]=\mathrm{diag}[\mathrm{d}\varphi_X,\mathrm{d}\varphi_Y,\mathrm{d}\varphi_Z] \\ \boldsymbol{\Sigma}_{\boldsymbol{f}}&=\mathrm{diag}[\mathrm{d}\boldsymbol{f}]=\mathrm{diag}[\mathrm{d}f_X,\mathrm{d}f_Y] \\ \boldsymbol{\Sigma}_{\boldsymbol{c}}&=\mathrm{diag}[\mathrm{d}\boldsymbol{c}]=\mathrm{diag}[\mathrm{d}c_X,\mathrm{d}c_Y] \\ \boldsymbol{\Sigma}_{\boldsymbol{k}}&=\mathrm{diag}[\mathrm{d}\boldsymbol{k}]=\mathrm{diag}[\mathrm{d}k_1,\mathrm{d}k_2,\mathrm{d}k_3,\mathrm{d}k_4,\mathrm{d}k_5] \end{aligned}\right\} \tag{8-33}$$

则可得 $\boldsymbol{X}$ 对应的误差阵为

$$\boldsymbol{\Sigma}_X=\mathrm{diag}\,[\boldsymbol{\Sigma}_{P_{\mathrm{L}'}},\boldsymbol{\Sigma}_{\boldsymbol{\Delta}},\boldsymbol{\Sigma}_{\boldsymbol{R}},\boldsymbol{\Sigma}_{\boldsymbol{f}},\boldsymbol{\Sigma}_{\boldsymbol{c}},\boldsymbol{\Sigma}_{\boldsymbol{k}}]_{17\times17} \tag{8-34}$$

那么由映射函数 $\boldsymbol{Y}=\boldsymbol{f}(\boldsymbol{X})$ 确定的最终图像投影点的不确定性范围为

$$\boldsymbol{\Sigma}_Y=\boldsymbol{J}_{\mathrm{f}}\boldsymbol{\Sigma}_X\boldsymbol{J}_{\mathrm{f}}^{\mathrm{T}} \tag{8-35}$$

即

$$\boldsymbol{\Sigma}_Y=\mathbf{diag}[\mathrm{d}u,\mathrm{d}v]=\begin{bmatrix}\boldsymbol{J}f_u(\boldsymbol{X})\\\boldsymbol{J}f_v(\boldsymbol{X})\end{bmatrix}\boldsymbol{\Sigma}_X\begin{bmatrix}\boldsymbol{J}f_u(\boldsymbol{X})\\\boldsymbol{J}f_v(\boldsymbol{X})\end{bmatrix}^{\mathrm{T}}$$

$$=\underbrace{\begin{bmatrix}\dfrac{\partial f_u}{\partial r_{\mathrm{L}}} & \dfrac{\partial f_u}{\partial\theta_{\mathrm{L}}} & ,\cdots, & \dfrac{\partial f_u}{\partial k_5}\\ \dfrac{\partial f_v}{\partial r_{\mathrm{L}}} & \dfrac{\partial f_v}{\partial\theta_{\mathrm{L}}} & ,\cdots, & \dfrac{\partial f_v}{\partial k_5}\end{bmatrix}_{2\times17}}_{\text{对应17个分变量对函数分量的偏导}}\boldsymbol{\Sigma}_{\boldsymbol{X}\,17\times17}\underbrace{\begin{bmatrix}\dfrac{\partial f_u}{\partial r_{\mathrm{L}}} & \dfrac{\partial f_u}{\partial\theta_{\mathrm{L}}},\cdots,\dfrac{\partial f_u}{\partial k_5}\\ \dfrac{\partial f_v}{\partial r_{\mathrm{L}}} & \dfrac{\partial f_v}{\partial\theta_{\mathrm{L}}},\cdots,\dfrac{\partial f_v}{\partial k_5}\end{bmatrix}^{\mathrm{T}}_{17\times2}}_{\text{对应17个分变量对函数分量的偏导}} \tag{8-36}$$

（3）旋转与位移转换参数 $\boldsymbol{R},\boldsymbol{\Delta}$ 对应误差分布 $\Sigma_{\boldsymbol{\Delta}},\Sigma_{\boldsymbol{R}}$ 的计算。从以上分析可知，欲得到激光扫描点在图像上的不确定范围分布需要利用误差传播方程式(8－36)求解，因此需要已知式(8－33)中各参数的原始误差阵。本节主要介绍激光扫描仪坐标系到摄像机坐标系旋转与位

移转换参数 $\boldsymbol{\Delta}, \boldsymbol{R}$ 对应的误差阵 $\boldsymbol{\Sigma}_{\Delta}, \boldsymbol{\Sigma}_{R}$ 的求解方法。

此处利用文献[8]提出的 Jackknife resampling 方法求解，Jackknife resampling 方法的基本处理过程为，设 $\boldsymbol{O}_i$ 为进行参数优化的第 $i$ 个图像与扫描点约束关系观测值（就是第 $i$ 个图像对应的法向量与相应扫描点群），即第 $i$ 个图像的法向量 $\boldsymbol{N}_{Ci}$ 和对应激光扫描点群 $\boldsymbol{P}_i = \{\boldsymbol{p}_{i,1}, \boldsymbol{p}_{i,2}, \cdots, \boldsymbol{p}_{i,n_i}\}$。系统用于参数估计的所有数据集为 $\boldsymbol{X} = \{\boldsymbol{O}_1, \boldsymbol{O}_2, \cdots, \boldsymbol{O}_{i-1}, \boldsymbol{O}_i, \boldsymbol{O}_{i+1}, \cdots, \boldsymbol{O}_N\}_{N个子集}$（其中 $N$ 为用于标定的图像个数），对整个数据集 $\boldsymbol{X}$ 进行 Jackknife 重采样得到有序采样集 $\boldsymbol{X}_{\text{Jaxkknife resample sets}} = \{\boldsymbol{X}_1, \boldsymbol{X}_2, \boldsymbol{X}_3, \cdots, \boldsymbol{X}_N\}$，其中 $\boldsymbol{X}_i = \{\boldsymbol{O}_1, \boldsymbol{O}_2, \cdots, \boldsymbol{O}_{i-1}, \boldsymbol{O}_{i+1}, \cdots, \boldsymbol{O}_N\}_{N-1个子集}$，利用前面设计的优化方法每个采样集 $\boldsymbol{X}_i$ 能够得到相应的转换参数估计值 $\boldsymbol{R}_i, \boldsymbol{\Delta}_i$（此处为了表述方便将 $\boldsymbol{R}_i, \boldsymbol{\Delta}_i$ 表示为向量形式 $\rho_i = [\underbrace{\delta_{xi}, \delta_{yi}, \delta_{zi}}_{\boldsymbol{\Delta}_i}, \underbrace{\varphi_{xi}, \varphi_{yi}, \varphi_{zi}}_{\boldsymbol{R}_i}]$），那么，就相当于存在转换参数的 $N$ 个采样值 $\rho_{\text{Jackknife resample values}} = \{\rho_1, \rho_2, \rho_3, \cdots, \rho_N\}$，利用这些采样值就可以估计出 $\rho$ 的误差分布，计算过程如下式：

$$\sigma_\rho{}^2 = \frac{N-1}{N}\sum_{i=1}^{N}(\rho_i - \hat{\rho})^2 \tag{8-37}$$

其中，$\hat{\rho} = \sum_{i=1}^{N}\rho_i / N$（$\rho_i$ 为第 $i$ 个采样数据集 $\boldsymbol{X}_i$ 得到的参数值）。下面介绍 $\rho_i$ 的求解方法。

由式(8-15)～式(8-17)可知，求解 $\rho_i$ 的关键在于计算构造阵 $\boldsymbol{H}_i$（此处省略 $\rho_i$ 下标 $i$），设 $\boldsymbol{H}_i$ 为

$$\boldsymbol{H}_i = \begin{bmatrix} h_{11}^i & h_{12}^i & h_{13}^i \\ h_{21}^i & h_{22}^i & h_{23}^i \\ h_{31}^i & h_{32}^i & h_{33}^i \end{bmatrix} \tag{8-38}$$

此时，求解 $\boldsymbol{H}_i$ 的观测数据采样集为 $\boldsymbol{X}_i = \{\boldsymbol{O}_1, \boldsymbol{O}_2, \cdots, \boldsymbol{O}_{i-1}, \boldsymbol{O}_{i+1}, \cdots, \boldsymbol{O}_N\}_{N-1个子集}$，可以看出 $\boldsymbol{X}_i$ 是由除第 $i$ 个图像之外的所有其他标定图像对应的标定板法向量和对应激光扫描点群构成的，即 $\boldsymbol{O}_{\cdot} = \{\boldsymbol{N}_{C\cdot}, \boldsymbol{P}_{\cdot} = \{\boldsymbol{p}_{\cdot,1}, \boldsymbol{p}_{\cdot,2}, \cdots, \boldsymbol{p}_{\cdot,n_\cdot}\}\}$，其中 $\boldsymbol{p}_{\cdot,j} = [x_{\cdot,j} \quad z_{\cdot,j} \quad 1]^{\mathrm{T}}$，$\boldsymbol{n}_{\cdot}$ 为对应于 $\boldsymbol{N}_{C\cdot}$ 的扫描点个数。

对于单个扫描点 $\boldsymbol{p}_{\cdot,j} = [x_{\cdot,j} \quad z_{\cdot,j} \quad 1]^{\mathrm{T}}$ 来说，存在几何约束关系：

$$\mathrm{dot}((\boldsymbol{H}_i \cdot \boldsymbol{p}_{\cdot,j}), \boldsymbol{N}_{C\cdot}) = \| \boldsymbol{N}_{C\cdot} \|^2 \tag{8-39}$$

其中

$$\boldsymbol{H}_i \boldsymbol{p}_{\cdot,j} = \begin{bmatrix} h_{11}^i & h_{12}^i & h_{13}^i \\ h_{21}^i & h_{22}^i & h_{23}^i \\ h_{31}^i & h_{32}^i & h_{33}^i \end{bmatrix} \begin{bmatrix} x_{\cdot,j} \\ z_{\cdot,j} \\ 1 \end{bmatrix} = \begin{bmatrix} h_{11}^i x_{\cdot,j} + h_{12}^i z_{\cdot,j} + h_{13}^i \\ h_{21}^i x_{\cdot,j} + h_{22}^i z_{\cdot,j} + h_{23}^i \\ h_{31}^i x_{\cdot,j} + h_{32}^i z_{\cdot,j} + h_{33}^i \end{bmatrix} \tag{8-40}$$

$$\boldsymbol{N}_{Ci} = \begin{bmatrix} \boldsymbol{N}_{Ci,1} \\ \boldsymbol{N}_{Ci,2} \\ \boldsymbol{N}_{Ci,3} \end{bmatrix} \tag{8-41}$$

则式(8-39)可写成

$$\mathrm{dot}((\boldsymbol{H}_i \boldsymbol{p}_{\cdot,j}), \boldsymbol{N}_{C\cdot}) = \| \boldsymbol{N}_{C\cdot} \|^2 \Rightarrow$$

$$\mathrm{dot}\left( \begin{bmatrix} h_{11}^i x_{\cdot,j} + h_{12}^i z_{\cdot,j} + h_{13}^i \\ h_{21}^i x_{\cdot,j} + h_{22}^i z_{\cdot,j} + h_{23}^i \\ h_{31}^i x_{\cdot,j} + h_{32}^i z_{\cdot,j} + h_{33}^i \end{bmatrix}, \begin{bmatrix} N_{C\cdot,1} \\ N_{C\cdot,2} \\ N_{C\cdot,3} \end{bmatrix} \right) = \| \boldsymbol{N}_{C\cdot} \|^2 \Rightarrow$$

$$\frac{N_{C\cdot,1}}{\|\boldsymbol{N}_{C\cdot}\|}(h^i_{11}x_{\cdot,j}+h^i_{12}z_{\cdot,j}+h^i_{13})+\frac{N_{C\cdot,2}}{\|N_{C\cdot}\|}(h^i_{21}x_{\cdot,j}+h^i_{22}z_{\cdot,j}+h^i_{23})$$
$$+\frac{N_{C\cdot,3}}{\|\boldsymbol{N}_{C\cdot}\|}(h^i_{31}x_{\cdot,j}+h^i_{32}z_{\cdot,j}+h^i_{33})=\|N_{C\cdot}\| \tag{8-42}$$

式(8-42)可以表示为线性方程形式：

$$\begin{bmatrix}\frac{N_{C\cdot,1}\cdot x_{\cdot,j}}{\|N_{C\cdot}\|} & \frac{N_{C\cdot,1}\cdot z_{\cdot,j}}{\|N_{C\cdot}\|} & \frac{N_{C\cdot,1}}{\|N_{C\cdot}\|} & \frac{N_{C\cdot,2}\cdot x_{\cdot,j}}{\|N_{C\cdot}\|} & \frac{N_{C\cdot,2}\cdot z_{\cdot,j}}{\|N_{C\cdot}\|} & \frac{N_{C\cdot,2}}{\|N_{C\cdot}\|} & \frac{N_{C\cdot,3}\cdot x_{\cdot,j}}{\|N_{C\cdot}\|} & \frac{N_{C\cdot,3}\cdot z_{\cdot,j}}{\|N_{C\cdot}\|} & \frac{N_{C\cdot,3}}{\|N_{C\cdot}\|}\end{bmatrix}\begin{bmatrix}h^i_{11}\\h^i_{12}\\h^i_{13}\\h^i_{21}\\h^i_{22}\\h^i_{23}\\h^i_{31}\\h^i_{32}\\h^i_{33}\end{bmatrix}=\|\boldsymbol{N}_{C\cdot}\| \tag{8-43}$$

因此，对于 $\boldsymbol{O}_\cdot=\{\boldsymbol{N}_{C\cdot},\boldsymbol{P}_\cdot=\{\boldsymbol{p}_{\cdot,1},\boldsymbol{p}_{\cdot,2},\cdots,\boldsymbol{p}_{\cdot,n_\cdot}\}\}$来说，可以构造线性方程组如下：

$$\underbrace{\begin{bmatrix}\frac{N_{C\cdot,1}\cdot x_{\cdot,1}}{\|N_{C\cdot}\|} & \frac{N_{C\cdot,1}\cdot z_{\cdot,1}}{\|N_{C\cdot}\|} & \frac{N_{C\cdot,1}}{\|N_{C\cdot}\|} & \frac{N_{C\cdot,2}\cdot x_{\cdot,1}}{\|N_{C\cdot}\|} & \frac{N_{C\cdot,2}\cdot z_{\cdot,1}}{\|N_{C\cdot}\|} & \frac{N_{C\cdot,2}}{\|N_{C\cdot}\|} & \frac{N_{C\cdot,3}\cdot x_{\cdot,1}}{\|N_{C\cdot}\|} & \frac{N_{C\cdot,3}\cdot z_{\cdot,1}}{\|N_{C\cdot}\|} & \frac{N_{C\cdot,3}}{\|N_{C\cdot}\|}\\ \frac{N_{C\cdot,1}\cdot x_{\cdot,2}}{\|N_{C\cdot}\|} & \frac{N_{C\cdot,1}\cdot z_{\cdot,2}}{\|N_{C\cdot}\|} & \frac{N_{C\cdot,1}}{\|N_{C\cdot}\|} & \frac{N_{C\cdot,2}\cdot x_{\cdot,2}}{\|N_{C\cdot}\|} & \frac{N_{C\cdot,2}\cdot z_{\cdot,2}}{\|N_{C\cdot}\|} & \frac{N_{C\cdot,2}}{\|N_{C\cdot}\|} & \frac{N_{C\cdot,3}\cdot x_{\cdot,2}}{\|N_{C\cdot}\|} & \frac{N_{C\cdot,3}\cdot z_{\cdot,2}}{\|N_{C\cdot}\|} & \frac{N_{C\cdot,3}}{\|N_{C\cdot}\|}\\ & & & & \vdots & & & & \\ \frac{N_{C\cdot,1}\cdot x_{\cdot,n_\cdot}}{\|N_{C\cdot}\|} & \frac{N_{C\cdot,1}\cdot z_{\cdot,n_\cdot}}{\|N_{C\cdot}\|} & \frac{N_{C\cdot,1}}{\|N_{C\cdot}\|} & \frac{N_{C\cdot,2}\cdot x_{\cdot,n_\cdot}}{\|N_{C\cdot}\|} & \frac{N_{C\cdot,2}\cdot z_{\cdot,n_\cdot}}{\|N_{C\cdot}\|} & \frac{N_{C\cdot,n_\cdot}}{\|N_{C\cdot}\|} & \frac{N_{C\cdot,3}\cdot x_{\cdot,n_\cdot}}{\|N_{C\cdot}\|} & \frac{N_{C\cdot,3}\cdot z_{\cdot,n_\cdot}}{\|N_{C\cdot}\|} & \frac{N_{C\cdot,3}}{\|N_{C\cdot}\|}\end{bmatrix}}_{\boldsymbol{A}_{O\cdot}}\underbrace{\begin{bmatrix}h^i_{11}\\h^i_{12}\\h^i_{13}\\h^i_{21}\\h^i_{22}\\h^i_{23}\\h^i_{31}\\h^i_{32}\\h^i_{33}\end{bmatrix}}_{\boldsymbol{h}_i}=\underbrace{\begin{bmatrix}\|\boldsymbol{N}_{C\cdot}\|\\\|\boldsymbol{N}_{C\cdot}\|\\\vdots\\\|\boldsymbol{N}_{C\cdot}\|\end{bmatrix}}_{\boldsymbol{NL}_{C\cdot}} \tag{8-44}$$

进一步，观测子集 $\boldsymbol{X}_i=\{\boldsymbol{O}_1,\boldsymbol{O}_2,\cdots,\boldsymbol{O}_{i-1},\boldsymbol{O}_{i+1},\cdots,\boldsymbol{O}_N\}_{N-1个子集}$可以构造线性方程组如下：

$$\begin{bmatrix}\boldsymbol{A}_{O1}\\\boldsymbol{A}_{O2}\\\vdots\\\boldsymbol{A}_{Oi-1}\\\boldsymbol{A}_{Oi+1}\\\vdots\\\boldsymbol{A}_{ON}\end{bmatrix}\boldsymbol{h}_i=\begin{bmatrix}\boldsymbol{NL}_{C1}\\\boldsymbol{NL}_{C2}\\\vdots\\\boldsymbol{NL}_{Ci-1}\\\boldsymbol{NL}_{Ci+1}\\\vdots\\\boldsymbol{NL}_{CN}\end{bmatrix} \tag{8-45}$$

式(8-45)的未知数为 9 个，而线性方程数量为 $n_1+n_1+\cdots n_{i-1}+n_{i+1}+\cdots+n_N$ 个，可以利用标准线性最小二乘法求解 $\boldsymbol{h}_i$，之后将 $\boldsymbol{h}_i$ 恢复为 $\boldsymbol{H}_i$ 并利用式(8-16)、式(8-17)计算观测子集

$\boldsymbol{X}_i$ 对应的 $\boldsymbol{\Phi}_i$ 和 $\boldsymbol{\Delta}_i$，并保证 $\boldsymbol{\Phi}_i$ 为标准正交阵。

在此基础上，利用以上方法分别计算 Jackknife 重采样数据集 $\boldsymbol{X}_{\text{Jaxkknife resample sets}}=\{\boldsymbol{X}_1,\boldsymbol{X}_2,\boldsymbol{X}_3,\cdots,\boldsymbol{X}_N\}$ 中所有观测子集对应的 $\boldsymbol{\Phi}_i$ 和 $\boldsymbol{\Delta}_i$，最终利用式(8－37)计算 $\Sigma_{\boldsymbol{\Delta}},\Sigma_{\boldsymbol{\Phi}}$。

(4)投影函数转换过程。下面介绍式(8－29)具体转换过程。从激光测距仪观测值 $\boldsymbol{P}_{\mathrm{L}'}$ 到图像投影点 $\boldsymbol{P}_{\mathrm{Y}}$ 的转换过程可以分为 6 个步骤，如图 8－4 所示。

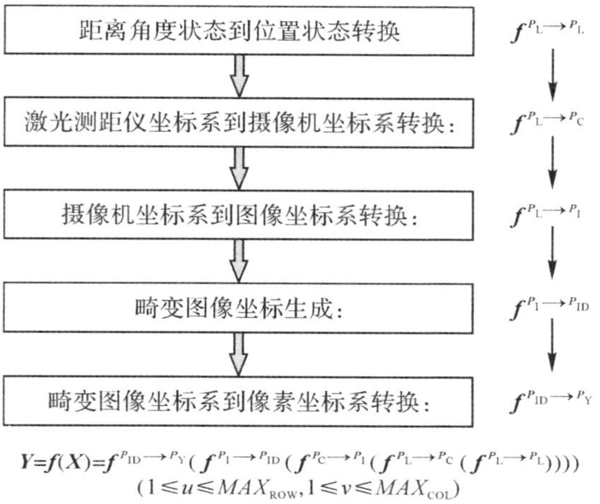


图 8－4　激光点图像投影过程

1）激光测距仪坐标系中距离角度状态到位置状态转换，该过程用函数 $\boldsymbol{f}^{P_{\mathrm{L}'}\to P_{\mathrm{L}}}$ 表示，具体转换过程如下：

$$\boldsymbol{f}^{\boldsymbol{P}_{\mathrm{L}'}\to\boldsymbol{P}_{\mathrm{L}}}=\begin{bmatrix}x_{\mathrm{L}}\\y_{\mathrm{L}}\\z_{\mathrm{L}}\end{bmatrix}=\boldsymbol{f}^{\boldsymbol{P}_{\mathrm{L}'}\to\boldsymbol{P}_{\mathrm{L}}}(\boldsymbol{P}_{\mathrm{L}'})=\begin{bmatrix}r\sin(\theta)\\0\\r\cos(\theta)\end{bmatrix}\tag{8－46}$$

2）激光测距仪坐标系到摄像机坐标系转换，该过程用函数 $\boldsymbol{f}^{\boldsymbol{P}_{\mathrm{L}}\to\boldsymbol{P}_{\mathrm{C}}}$ 表示，具体转换过程如下：

$$\boldsymbol{P}_{\mathrm{C}}=[x_{\mathrm{C}}\quad y_{\mathrm{C}}\quad z_{\mathrm{C}}]^{\mathrm{T}}=\boldsymbol{f}^{\boldsymbol{P}_{\mathrm{L}}\to\boldsymbol{P}_{\mathrm{C}}}(\boldsymbol{P}_{\mathrm{L}},\boldsymbol{\Delta},\boldsymbol{\Phi})=\boldsymbol{\Phi}(\boldsymbol{P}_{\mathrm{L}}-\boldsymbol{\Delta})\tag{8－47}$$

由于式(8－29)自变量 $\boldsymbol{X}$ 中的分量是旋转向量 $\boldsymbol{R}_{3\times1}=[\varphi_x\quad\varphi_y\quad\varphi_z]^{\mathrm{T}}$ 而非旋转矩阵 $\boldsymbol{\Phi}_{3\times3}$，因此结合式(8－31)将式(8－47)转换为

$$\boldsymbol{P}_{\mathrm{C}}=\boldsymbol{f}^{\boldsymbol{P}_{\mathrm{L}}\to\boldsymbol{P}_{\mathrm{C}}}(\boldsymbol{P}_{\mathrm{L}},\boldsymbol{\Delta},\boldsymbol{R})=\boldsymbol{\Phi}(\boldsymbol{P}_{\mathrm{L}}-\boldsymbol{\Delta})=\boldsymbol{f}^{\boldsymbol{R}\to\boldsymbol{\Phi}}(\boldsymbol{R}_{3\times1})(\boldsymbol{P}_{\mathrm{L}}-\boldsymbol{\Delta})\tag{8－48}$$

3）摄像机坐标系到图像坐标系转换，该过程实现摄像机空间三维坐标系到像平面 2 维坐标系的投影，用函数 $\boldsymbol{f}^{\boldsymbol{P}_{\mathrm{C}}\to\boldsymbol{P}_{\mathrm{I}}}$ 表示该转换过程：

$$\boldsymbol{P}_{\mathrm{I}}=[x_{\mathrm{I}}\quad y_{\mathrm{I}}]^{\mathrm{T}}=\boldsymbol{f}^{\boldsymbol{P}_{\mathrm{C}}\to\boldsymbol{P}_{\mathrm{I}}}(\boldsymbol{P}_{\mathrm{C}})=\begin{bmatrix}\dfrac{x_{\mathrm{C}}}{z_{\mathrm{C}}}&\dfrac{y_{\mathrm{C}}}{z_{\mathrm{C}}}\end{bmatrix}^{\mathrm{T}}\tag{8－49}$$

4）畸变图像坐标值生成，此处主要考虑径向畸变和偏心畸变对图像坐标值的影响，作用过程用函数 $\boldsymbol{f}^{\boldsymbol{P}_{\mathrm{I}}\to\boldsymbol{P}_{\mathrm{ID}}}$ 表示：

$$\begin{aligned}\boldsymbol{P}_{\mathrm{ID}}&=[x_{\mathrm{ID}}\quad y_{\mathrm{ID}}]^{\mathrm{T}}=\boldsymbol{f}^{\boldsymbol{P}_{\mathrm{I}}\to\boldsymbol{P}_{\mathrm{ID}}}(\boldsymbol{P}_{\mathrm{I}},\boldsymbol{k})\\&=\begin{bmatrix}x_{\mathrm{I}}(1+k_1r^2+k_2r^4+k_5r^6)+2k_3x_{\mathrm{I}}y_{\mathrm{I}}+k_4(r^2+2x_{\mathrm{I}}^2)\\\underbrace{y_{\mathrm{I}}(1+k_1r^2+k_2r^4+k_5r^6)}_{\text{径向畸变}}+\underbrace{k_3(r^2+2y_{\mathrm{I}}^2)+2k_4x_{\mathrm{I}}y_{\mathrm{I}}}_{\text{偏心畸变}}\end{bmatrix}\end{aligned}\tag{8－50}$$

5)畸变图像坐标系到像素图像坐标系转换，最终的投影点是要以像素为单元显示的，因此需要进行从图像物理坐标系到图像像素坐标系的转换，用函数 $\boldsymbol{f}^{\boldsymbol{P}_{\mathrm{ID}}\to\boldsymbol{P}_{\mathrm{Y}}}$ 表示该转换过程：

$$\boldsymbol{P}_{\mathrm{Y}} = [u \quad v]^{\mathrm{T}} = \boldsymbol{f}^{\boldsymbol{P}_{\mathrm{ID}}\to\boldsymbol{P}_{\mathrm{Y}}}(\boldsymbol{P}_{\mathrm{ID}}, \boldsymbol{f}, \boldsymbol{c}) = \begin{bmatrix} f_X x_{\mathrm{ID}} + c_X \\ f_Y y_{\mathrm{ID}} + c_Y \end{bmatrix} \tag{8-51}$$

联合式(8－46)～式(8－51)，可知式(8－29)的具体形式为

$$\begin{aligned} \boldsymbol{Y} = \boldsymbol{P}_{\mathrm{Y}} &= [u \quad v]^{\mathrm{T}} = \boldsymbol{f}(\boldsymbol{X}) = \boldsymbol{f}([\boldsymbol{P}_{\mathrm{L}'} \quad \boldsymbol{\Delta} \quad \boldsymbol{R} \quad \boldsymbol{f} \quad \boldsymbol{c} \quad \boldsymbol{k}]) \\ &= \boldsymbol{f}^{\boldsymbol{P}_{\mathrm{ID}}\to\boldsymbol{P}_{\mathrm{Y}}}(\boldsymbol{f}^{\boldsymbol{P}_{\mathrm{I}}\to\boldsymbol{P}_{\mathrm{ID}}}(\boldsymbol{f}^{\boldsymbol{P}_{\mathrm{C}}\to\boldsymbol{P}_{\mathrm{I}}}(\boldsymbol{f}^{\boldsymbol{P}_{\mathrm{L}}\to\boldsymbol{P}_{\mathrm{C}}}(\boldsymbol{f}^{\boldsymbol{P}_{\mathrm{L}'}\to\boldsymbol{P}_{\mathrm{L}}}(\boldsymbol{P}_{\mathrm{L}'}), \boldsymbol{\Delta}, \boldsymbol{R})), \boldsymbol{k}), \boldsymbol{f}, \boldsymbol{c}) \end{aligned} \tag{8-52}$$

6)扫描点图像投影范围确定。激光扫描点在经过以上 5 步转换后由激光扫描仪坐标系转换至图像像素坐标系，但是实际能够在图像中显示的扫描点必须满足图像行列像素范围，也就是说，只有 $\boldsymbol{P}_{\mathrm{Y}} = [u \quad v]^{\mathrm{T}}$ 范围满足 $1 \leqslant u \leqslant MAX_{\mathrm{ROW}}$，$1 \leqslant v \leqslant MAX_{\mathrm{COL}}$ 关系的投影点才能够显示在图像中。

(5)误差传播公式具体计算过程。下面给出式(8－36)中不同要素的具体表达形式，将各变量带入式(8－52)可得其具体形式为

$$\begin{bmatrix} u \\ v \end{bmatrix} = \begin{bmatrix} f_u \\ f_v \end{bmatrix} = \boldsymbol{f}^{\boldsymbol{P}_{\mathrm{ID}}\to\boldsymbol{P}_{\mathrm{Y}}}(\boldsymbol{f}^{\boldsymbol{P}_{\mathrm{I}}\to\boldsymbol{P}_{\mathrm{ID}}}(\boldsymbol{f}^{\boldsymbol{P}_{\mathrm{C}}\to\boldsymbol{P}_{\mathrm{I}}}(\boldsymbol{f}^{\boldsymbol{P}_{\mathrm{L}}\to\boldsymbol{P}_{\mathrm{C}}}(\boldsymbol{f}^{\boldsymbol{P}_{\mathrm{L}'}\to\boldsymbol{P}_{\mathrm{L}}}(\boldsymbol{P}_{\mathrm{L}'}), \boldsymbol{\Delta}, \boldsymbol{R})), \boldsymbol{k}), \boldsymbol{f}, \boldsymbol{c}) \tag{8-53}$$

其中

$$\begin{aligned} f_u = f_X \Bigg\{ \frac{x_C}{z_C} \Bigg\{ 1 &+ k_1 \left[ \sqrt{\left(\frac{x_C}{z_C}\right)^2 + \left(\frac{y_C}{z_C}\right)^2} \right]^2 + k_2 \left[ \sqrt{\left(\frac{x_C}{z_C}\right)^2 + \left(\frac{y_C}{z_C}\right)^2} \right]^4 \\ &+ k_5 \left[ \sqrt{\left(\frac{x_C}{z_C}\right)^2 + \left(\frac{y_C}{z_C}\right)^2} \right]^6 \Bigg\} + 2k_3 \frac{x_C}{z_C} \frac{y_C}{z_C} + k_4 \Bigg\{ \left[ \sqrt{\left(\frac{x_C}{z_C}\right)^2 + \left(\frac{y_C}{z_C}\right)^2} \right]^2 + 2\left(\frac{x_C}{z_C}\right)^2 \Bigg\} \Bigg\} + c_X \end{aligned} \tag{8-54}$$

$$\begin{aligned} f_v = f_Y \Bigg\{ \frac{y_C}{z_C} \Bigg\{ 1 &+ k_1 \left[ \sqrt{\left(\frac{x_C}{z_C}\right)^2 + \left(\frac{y_C}{z_C}\right)^2} \right]^2 + k_2 \left[ \sqrt{\left(\frac{x_C}{z_C}\right)^2 + \left(\frac{y_C}{z_C}\right)^2} \right]^4 \\ &+ k_5 \left[ \sqrt{\left(\frac{x_C}{z_C}\right)^2 + \left(\frac{y_C}{z_C}\right)^2} \right]^6 \Bigg\} + 2k_4 \frac{x_C}{z_C} \frac{y_C}{z_C} + k_3 \Bigg\{ \left[ \sqrt{\left(\frac{x_C}{z_C}\right)^2 + \left(\frac{y_C}{z_C}\right)^2} \right]^2 + 2\left(\frac{y_C}{z_C}\right)^2 \Bigg\} \Bigg\} + c_Y \end{aligned} \tag{8-55}$$

根据式(8－54)可以计算式(8－36)中 $f_u$ 对应的各偏导数分量如下：

$$\frac{\partial f_u}{\partial r} = \frac{\partial f_u}{\partial x_C}\frac{\partial x_C}{\partial r} + \frac{\partial f_u}{\partial y_C}\frac{\partial y_C}{\partial r} + \frac{\partial f_u}{\partial z_C}\frac{\partial z_C}{\partial r} \tag{8-56}$$

其中

$$\frac{\partial x_C}{\partial r} = \frac{\partial \boldsymbol{f}_{x_C}^{\boldsymbol{P}_L\to\boldsymbol{P}_C}}{\partial x_L}\frac{\partial \boldsymbol{f}_{x_L}^{\boldsymbol{P}_{L'}\to\boldsymbol{P}_L}}{\partial r} + \frac{\partial \boldsymbol{f}_{x_C}^{\boldsymbol{P}_L\to\boldsymbol{P}_C}}{\partial z_L}\frac{\partial \boldsymbol{f}_{z_L}^{\boldsymbol{P}_{L'}\to\boldsymbol{P}_L}}{\partial r}$$

$$\frac{\partial y_C}{\partial r} = \frac{\partial \boldsymbol{f}_{y_C}^{\boldsymbol{P}_L\to\boldsymbol{P}_C}}{\partial x_L}\frac{\partial \boldsymbol{f}_{x_L}^{\boldsymbol{P}_{L'}\to\boldsymbol{P}_L}}{\partial r} + \frac{\partial \boldsymbol{f}_{y_C}^{\boldsymbol{P}_L\to\boldsymbol{P}_C}}{\partial z_L}\frac{\partial \boldsymbol{f}_{z_L}^{\boldsymbol{P}_{L'}\to\boldsymbol{P}_L}}{\partial r}$$

$$\frac{\partial z_C}{\partial r} = \frac{\partial \boldsymbol{f}_{z_C}^{\boldsymbol{P}_L\to\boldsymbol{P}_C}}{\partial x_L}\frac{\partial \boldsymbol{f}_{x_L}^{\boldsymbol{P}_{L'}\to\boldsymbol{P}_L}}{\partial r} + \frac{\partial \boldsymbol{f}_{z_C}^{\boldsymbol{P}_L\to\boldsymbol{P}_C}}{\partial z_L}\frac{\partial \boldsymbol{f}_{z_L}^{\boldsymbol{P}_{L'}\to\boldsymbol{P}_L}}{\partial r}$$

$$\frac{\partial f_u}{\partial \theta} = \frac{\partial f_u}{\partial x_C}\frac{\partial x_C}{\partial \theta} + \frac{\partial f_u}{\partial y_C}\frac{\partial y_C}{\partial \theta} + \frac{\partial f_u}{\partial z_C}\frac{\partial z_C}{\partial \theta}$$

其中

$$\frac{\partial x_{\mathrm{C}}}{\partial \theta}=\frac{\partial \boldsymbol{f}_{x_{\mathrm{C}}}^{\boldsymbol{P}_{\mathrm{L}}\to\boldsymbol{P}_{\mathrm{C}}}}{\partial x_{\mathrm{L}}}\frac{\partial \boldsymbol{f}_{x_{\mathrm{L}}}^{\boldsymbol{P}_{\mathrm{L}'}\to\boldsymbol{P}_{\mathrm{L}}}}{\partial \theta}+\frac{\partial \boldsymbol{f}_{x_{\mathrm{C}}}^{\boldsymbol{P}_{\mathrm{L}}\to\boldsymbol{P}_{\mathrm{C}}}}{\partial z_{\mathrm{L}}}\frac{\partial \boldsymbol{f}_{z_{\mathrm{L}}}^{\boldsymbol{P}_{\mathrm{L}'}\to\boldsymbol{P}_{\mathrm{L}}}}{\partial \theta}$$

$$\frac{\partial y_{\mathrm{C}}}{\partial \theta}=\frac{\partial \boldsymbol{f}_{y_{\mathrm{C}}}^{\boldsymbol{P}_{\mathrm{L}}\to\boldsymbol{P}_{\mathrm{C}}}}{\partial x_{\mathrm{L}}}\frac{\partial \boldsymbol{f}_{x_{\mathrm{L}}}^{\boldsymbol{P}_{\mathrm{L}'}\to\boldsymbol{P}_{\mathrm{L}}}}{\partial \theta}+\frac{\partial \boldsymbol{f}_{y_{\mathrm{C}}}^{\boldsymbol{P}_{\mathrm{L}}\to\boldsymbol{P}_{\mathrm{C}}}}{\partial z_{\mathrm{L}}}\frac{\partial \boldsymbol{f}_{z_{\mathrm{L}}}^{\boldsymbol{P}_{\mathrm{L}'}\to\boldsymbol{P}_{\mathrm{L}}}}{\partial \theta}$$

$$\frac{\partial z_{\mathrm{C}}}{\partial \theta}=\frac{\partial \boldsymbol{f}_{z_{\mathrm{C}}}^{\boldsymbol{P}_{\mathrm{L}}\to\boldsymbol{P}_{\mathrm{C}}}}{\partial x_{\mathrm{L}}}\frac{\partial \boldsymbol{f}_{x_{\mathrm{L}}}^{\boldsymbol{P}_{\mathrm{L}'}\to\boldsymbol{P}_{\mathrm{L}}}}{\partial \theta}+\frac{\partial \boldsymbol{f}_{y_{\mathrm{C}}}^{\boldsymbol{P}_{\mathrm{L}}\to\boldsymbol{P}_{\mathrm{C}}}}{\partial z_{\mathrm{L}}}\frac{\partial \boldsymbol{f}_{z_{\mathrm{L}}}^{\boldsymbol{P}_{\mathrm{L}'}\to\boldsymbol{P}_{\mathrm{L}}}}{\partial \theta}$$

以及

$$\frac{\partial f_u}{\partial \Delta_{\mathrm{X}}}=\frac{\partial f_u}{\partial x_{\mathrm{C}}}\frac{\partial \boldsymbol{f}_{x_{\mathrm{C}}}^{\boldsymbol{P}_{\mathrm{L}}\to\boldsymbol{P}_{\mathrm{C}}}}{\partial \Delta_{\mathrm{X}}}+\frac{f_u}{\partial y_{\mathrm{C}}}\frac{\partial \boldsymbol{f}_{y_{\mathrm{C}}}^{\boldsymbol{P}_{\mathrm{L}}\to\boldsymbol{P}_{\mathrm{C}}}}{\partial \Delta_{\mathrm{X}}}+\frac{f_u}{\partial z_{\mathrm{C}}}\frac{\partial \boldsymbol{f}_{z_{\mathrm{C}}}^{\boldsymbol{P}_{\mathrm{L}}\to\boldsymbol{P}_{\mathrm{C}}}}{\partial \Delta_{\mathrm{X}}}$$

$$\frac{\partial f_u}{\partial \Delta_{\mathrm{Y}}}=\frac{\partial f_u}{\partial x_{\mathrm{C}}}\frac{\partial \boldsymbol{f}_{x_{\mathrm{C}}}^{\boldsymbol{P}_{\mathrm{L}}\to\boldsymbol{P}_{\mathrm{C}}}}{\partial \Delta_{\mathrm{Y}}}+\frac{f_u}{\partial y_{\mathrm{C}}}\frac{\partial \boldsymbol{f}_{y_{\mathrm{C}}}^{\boldsymbol{P}_{\mathrm{L}}\to\boldsymbol{P}_{\mathrm{C}}}}{\partial \Delta_{\mathrm{Y}}}+\frac{f_u}{\partial z_{\mathrm{C}}}\frac{\partial \boldsymbol{f}_{z_{\mathrm{C}}}^{\boldsymbol{P}_{\mathrm{L}}\to\boldsymbol{P}_{\mathrm{C}}}}{\partial \Delta_{\mathrm{Y}}}$$

$$\frac{\partial f_u}{\partial \Delta_{\mathrm{Z}}}=\frac{\partial f_u}{\partial x_{\mathrm{C}}}\frac{\partial \boldsymbol{f}_{x_{\mathrm{C}}}^{\boldsymbol{P}_{\mathrm{L}}\to\boldsymbol{P}_{\mathrm{C}}}}{\partial \Delta_{\mathrm{Z}}}+\frac{f_u}{\partial y_{\mathrm{C}}}\frac{\partial \boldsymbol{f}_{y_{\mathrm{C}}}^{\boldsymbol{P}_{\mathrm{L}}\to\boldsymbol{P}_{\mathrm{C}}}}{\partial \Delta_{\mathrm{Z}}}+\frac{f_u}{\partial z_{\mathrm{C}}}\frac{\partial \boldsymbol{f}_{z_{\mathrm{C}}}^{\boldsymbol{P}_{\mathrm{L}}\to\boldsymbol{P}_{\mathrm{C}}}}{\partial \Delta_{\mathrm{Z}}}$$

$$\frac{\partial f_u}{\partial \varphi_{\mathrm{X}}}=\frac{\partial f_u}{\partial x_{\mathrm{C}}}\frac{\partial \boldsymbol{f}_{x_{\mathrm{C}}}^{\boldsymbol{P}_{\mathrm{L}}\to\boldsymbol{P}_{\mathrm{C}}}}{\partial \varphi_{\mathrm{X}}}+\frac{f_u}{\partial y_{\mathrm{C}}}\frac{\partial \boldsymbol{f}_{y_{\mathrm{C}}}^{\boldsymbol{P}_{\mathrm{L}}\to\boldsymbol{P}_{\mathrm{C}}}}{\partial \varphi_{\mathrm{X}}}+\frac{f_u}{\partial z_{\mathrm{C}}}\frac{\partial \boldsymbol{f}_{z_{\mathrm{C}}}^{\boldsymbol{P}_{\mathrm{L}}\to\boldsymbol{P}_{\mathrm{C}}}}{\partial \varphi_{\mathrm{X}}}$$

$$\frac{\partial f_u}{\partial \varphi_{\mathrm{Y}}}=\frac{\partial f_u}{\partial x_{\mathrm{C}}}\frac{\partial \boldsymbol{f}_{x_{\mathrm{C}}}^{\boldsymbol{P}_{\mathrm{L}}\to\boldsymbol{P}_{\mathrm{C}}}}{\partial \varphi_{\mathrm{Y}}}+\frac{f_u}{\partial y_{\mathrm{C}}}\frac{\partial \boldsymbol{f}_{y_{\mathrm{C}}}^{\boldsymbol{P}_{\mathrm{L}}\to\boldsymbol{P}_{\mathrm{C}}}}{\partial \varphi_{\mathrm{Y}}}+\frac{f_u}{\partial z_{\mathrm{C}}}\frac{\partial \boldsymbol{f}_{z_{\mathrm{C}}}^{\boldsymbol{P}_{\mathrm{L}}\to\boldsymbol{P}_{\mathrm{C}}}}{\partial \varphi_{\mathrm{Y}}}$$

$$\frac{\partial f_u}{\partial \varphi_{\mathrm{Z}}}=\frac{\partial f_u}{\partial x_{\mathrm{C}}}\frac{\partial \boldsymbol{f}_{x_{\mathrm{C}}}^{\boldsymbol{P}_{\mathrm{L}}\to\boldsymbol{P}_{\mathrm{C}}}}{\partial \varphi_{\mathrm{Z}}}+\frac{f_u}{\partial y_{\mathrm{C}}}\frac{\partial \boldsymbol{f}_{y_{\mathrm{C}}}^{\boldsymbol{P}_{\mathrm{L}}\to\boldsymbol{P}_{\mathrm{C}}}}{\partial \varphi_{\mathrm{Z}}}+\frac{f_u}{\partial z_{\mathrm{C}}}\frac{\partial \boldsymbol{f}_{z_{\mathrm{C}}}^{\boldsymbol{P}_{\mathrm{L}}\to\boldsymbol{P}_{\mathrm{C}}}}{\partial \varphi_{\mathrm{Z}}}$$

$$\frac{\partial f_u}{\partial f_{\mathrm{X}}}=x_{\mathrm{ID}}=\frac{x_{\mathrm{C}}}{z_{\mathrm{C}}}\left\{1+k_1\left[\sqrt{\left(\frac{x_{\mathrm{C}}}{z_{\mathrm{C}}}\right)^2+\left(\frac{y_{\mathrm{C}}}{z_{\mathrm{C}}}\right)^2}\,\right]^2+k_2\left[\sqrt{\left(\frac{x_{\mathrm{C}}}{z_{\mathrm{C}}}\right)^2+\left(\frac{y_{\mathrm{C}}}{z_{\mathrm{C}}}\right)^2}\,\right]^4+\right.$$

$$\left.k_5\left[\sqrt{\left(\frac{x_{\mathrm{C}}}{z_{\mathrm{C}}}\right)^2+\left(\frac{y_{\mathrm{C}}}{z_{\mathrm{C}}}\right)^2}\,\right]^6+2k_3\frac{x_{\mathrm{C}}}{z_{\mathrm{C}}}\frac{y_{\mathrm{C}}}{z_{\mathrm{C}}}+k_4\left[\sqrt{\left(\frac{x_{\mathrm{C}}}{z_{\mathrm{C}}}\right)^2+\left(\frac{y_{\mathrm{C}}}{z_{\mathrm{C}}}\right)^2}\,\right]^2+2\left(\frac{x_{\mathrm{C}}}{z_{\mathrm{C}}}\right)^2\right\}$$

$$\frac{\partial f_u}{\partial f_{\mathrm{X}}}=0$$

$$\frac{\partial f_u}{\partial c_{\mathrm{X}}}=1$$

$$\frac{\partial f_u}{\partial c_{\mathrm{Y}}}=0$$

$$\frac{\partial f_u}{\partial k_1}=f_{\mathrm{X}}\frac{x_{\mathrm{C}}}{z_{\mathrm{C}}}\left[\sqrt{\left(\frac{x_{\mathrm{C}}}{z_{\mathrm{C}}}\right)^2+\left(\frac{y_{\mathrm{C}}}{z_{\mathrm{C}}}\right)^2}\,\right]^2$$

$$\frac{\partial f_u}{\partial k_2}=f_{\mathrm{X}}\frac{x_{\mathrm{C}}}{z_{\mathrm{C}}}\left[\sqrt{\left(\frac{x_{\mathrm{C}}}{z_{\mathrm{C}}}\right)^2+\left(\frac{y_{\mathrm{C}}}{z_{\mathrm{C}}}\right)^2}\,\right]^4$$

$$\frac{\partial f_u}{\partial k_3}=2f_{\mathrm{X}}\frac{x_{\mathrm{C}}}{z_{\mathrm{C}}}\frac{y_{\mathrm{C}}}{z_{\mathrm{C}}}$$

$$\frac{\partial f_u}{\partial k_4}=f_{\mathrm{X}}\left\{\left[\sqrt{\left(\frac{x_{\mathrm{C}}}{z_{\mathrm{C}}}\right)^2+\left(\frac{y_{\mathrm{C}}}{z_{\mathrm{C}}}\right)^2}\,\right]^2+2\left(\frac{x_{\mathrm{C}}}{z_{\mathrm{C}}}\right)^2\right\}$$

$$\frac{\partial f_u}{\partial k_5}=f_{\mathrm{X}}\frac{x_{\mathrm{C}}}{z_{\mathrm{C}}}\left[\sqrt{\left(\frac{x_{\mathrm{C}}}{z_{\mathrm{C}}}\right)^2+\left(\frac{y_{\mathrm{C}}}{z_{\mathrm{C}}}\right)^2}\,\right]^6$$

类似地，$f_v$ 对应的各偏导数分量也可求出，此处不再详细叙述。

2. 实验结果及分析

为了验证移动机器人未知环境下目标跟踪异构传感器一致性观测方法的有效性，下面针对运动物体扫描点图像投影及误差范围确定展开实验。实验在 Matlab 2013 平台下进行，并采用 Peynot 提供的数据集[8-9]完成验证。机器人运行在室外环境，在实验过程中，行人以运动方式保持在机器人的传感器感知范围内，实验采用右舷激光测距仪以及中部单目摄像机所采集的数据为观测值，机器人一共运行 1 min，采集 517 帧图像并同步进行 517 次环境扫描。

图 8－5 显示了第 191 帧和第 202 帧时激光扫描点图像平面投影及其在激光测距仪坐标系中对应的扫描点分布。

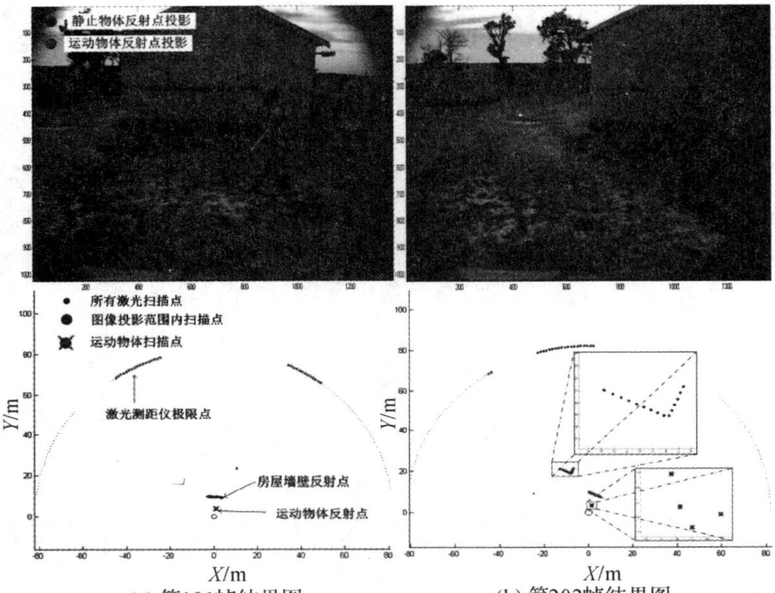


(a) 第191帧结果图　　(b) 第202帧结果图

图 8－5　扫描点分布及图像平面投影图

此时，摄像机与激光测距仪联合标定参数初值由文献[10]设计方法取得，具体值为

$$\boldsymbol{\Phi}_{3\times3}=\begin{bmatrix}0.9999 & -0.0092 & -0.0042\\ 0.0081 & 0.9756 & -0.2193\\ 0.0061 & 0.2192 & 0.9757\end{bmatrix}$$

$$\boldsymbol{\Delta}_{3\times1}=\begin{bmatrix}-0.1394 & -0.4959 & -0.0578\end{bmatrix}^{\mathrm{T}}$$

图 8－5(a)(b)中的上半子图为激光扫描点在图像范围内的投影点分布，其中，蓝色圆点为静止物体反射点投影，红色圆点为运动物体反射点投影；下半子图为激光测距仪观测值，其中，黑色小圆点为激光测距仪该时刻的所有扫描点，蓝色圆点为图像投影范围内的扫描点，蓝色带叉圆点为利用运动物体检测方法得到的运动物体扫描点。由于图片尺度较大，为了更加清晰地显示局部细节对图 8－5(b)下半子图局部进行了放大显示。从图 8－5(b)上半子图可见，利用运动物体检测方法得到的运动物体扫描点在图像中的投影与实际运动物体基本契合，但仍然存在一定误差，在后续实验中将验证本章设计的优化方法能够较好矫正该误差。另外，

由于机器人运行在室外空旷环境，故大量扫描点达到照射极限值(80 m)，也就是说，此时可用于提取环境特征的扫描点量较少，造成环境特征数量稀少，这将影响机器人定位准确性，而图像信息此时仍然丰富，这从一个侧面说明了多传感器融合在机器人 SLAMOT 过程中的意义。

图 8-6 显示了第 191 帧和第 202 帧时激光扫描点图像平面投影不确定范围分布及其在激光测距仪坐标系中的不确定范围分布。此时，激光测距仪观测误差 $\Sigma_{P_{L'}}$ 由厂商提供，标定位移和旋转参数误差 $\Sigma_\Delta$，$\Sigma_R$ 值由文献[11]设计方法确定，摄像机内参误差 $\Sigma_f$，$\Sigma_c$，$\Sigma_k$ 由文献[12]设计方法确定，具体值见表 8-1。

**表 8-1　实验误差参数值**

| 误差参数 | $\Sigma_{P_{L'}}$ | $\Sigma_\Delta$ | $\Sigma_R$ | $\Sigma_f$ | $\Sigma_c$ | $\Sigma_k$ |
|---|---|---|---|---|---|---|
| 误差值 | diag[3, 0.005 2] | diag[17.36, 27.05, 14.24] | diag[0.008 1, 0.009 3, 0.023 2] | diag[0.413 5, 0.406 9] | diag[0.446 2, 0.454 1] | diag[0.000 6, 0.001 2,0.000 1,0] |

图 8-6(a)(b)中的左上子图为激光扫描点在图像范围内投影点不确定范围分布，其中带圆点椭圆代表静止物体和运动物体的像平面投影不确定范围。左下子图为每个激光扫描点在图像范围内投影点 $u$，$v$ 分量误差值，其中方块为 $v$ 分量误差值，星号为 $u$ 分量误差值；图 8-6(a)(b)中的右上子图为在激光测距仪坐标系中扫描点的不确定范围分布(图 8-6(a)右上子图显示范围是图 8-6(a)左上子图中白色曲线方块内对应的扫描点分布，图 8-6(b)右上子图显示所有激光扫描点分布)，其中带点椭圆为静止物体反射点不确定范围，带叉椭圆为运动物体反射点不确定范围。同样，由于激光扫描观测范围较大，为了显示清晰，结果图在相关区域进行了放大。右下子图为每个扫描点在激光测距仪坐标系下 $X$，$Y$ 分量的误差值，其中圆圈代表 $X$ 分量误差值，十字代表 $X$ 分量误差值。首先，从图 8-6(a)(b)的左下子图可知，$u$，$v$ 分量误差值均呈现由大变小，再由小变大的趋势，说明越靠近图像边缘的投影点误差值越大，这主要由摄像机投影径向畸变 $\mathrm{d}k_1$，$\mathrm{d}k_2$ 造成的；第二，从图 8-6(a)(b)的右下子图可知，$X$ 分量误差呈现由小变大，再由大变小的趋势，而 $Y$ 分量呈现刚好相反，为由大变小，再由小变大的趋势，分析可知，$X$ 分量误差在像素序号靠近左右边界值时，激光测距仪角度观测误差 $\mathrm{d}\theta_L$ 起主要作用，而在像素序号靠近中间值时，激光测距仪距离观测误差 $\mathrm{d}r_L$ 起主要作用。相反地，$Y$ 分量误差在像素序号靠近左右边界值时，激光测距仪距离观测误差 $\mathrm{d}r_L$ 起主要作用，而在像素序号靠近中间值时，激光测距仪角度观测误差 $\mathrm{d}\theta_L$ 起主要作用。因此可知，本例中 $\mathrm{d}r_L{}^2=3$ mm 对扫描点空间不确定范围的作用效果较 $\mathrm{d}\theta_L{}^2=0.005\,2$ rad 更强。第三，图 8-6(b)左上子图中存在三个立体对象，从左到右分别为，远处的白房子 1，较近处的白房子 2 以及最近的行人。对比图 8-6(b)左下和右下子图可知，不同远近对象图像投影误差值变化剧烈程度明显低于激光测距仪坐标系中的误差变化剧烈程度，分析原因在于摄像机传感器在观测过程中丢失了深度信息，而激光测距仪则并未丢失目标深度信息，因此，相比于激光测距仪来说，摄像机图像投影误差范围值对目标距离值不敏感。另外，进一步分析图 8-6(b)左下子图可知，远处的房子 1，较近处的房子 2 和最近的行人对图像投影不确定范围的影响逐步增大，说明随着物体的逐步靠近，距离对投影误差的影响将逐渐增大。

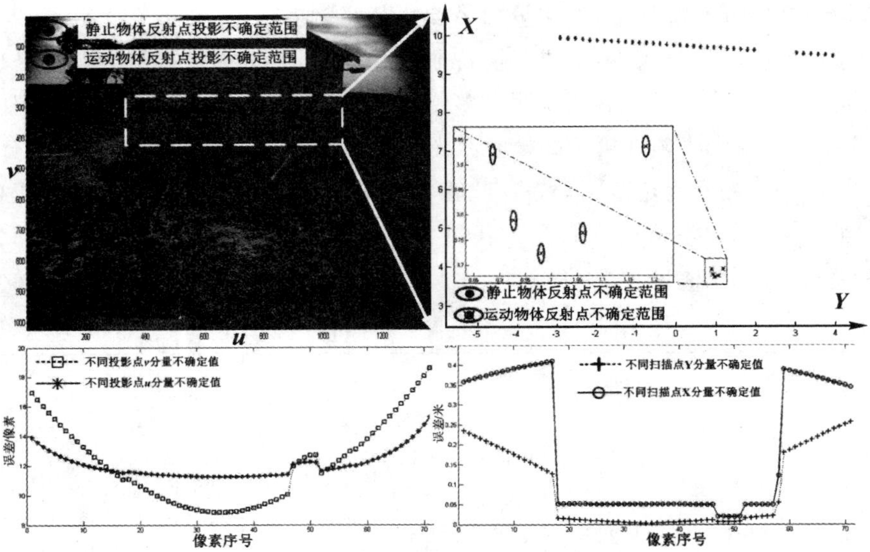


(a) 第191帧结果图

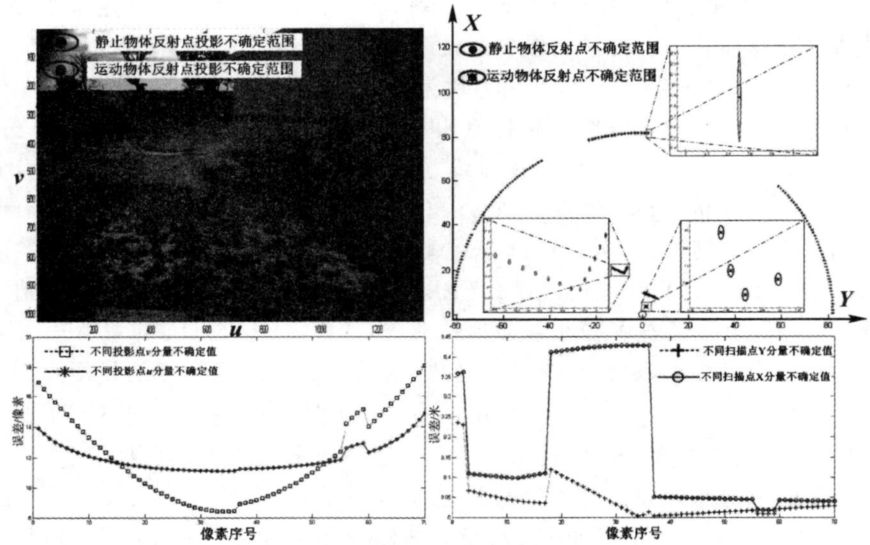


(b) 第202帧结果图

图 8-6　扫描点不确定范围及图像平面投影图

图 8-7 显示了激光测距仪观测误差对于扫描点图像投影不确定性范围的影响，其结果由实验过程中的 517 次扫描点图像投影统计得出。

图 8-7(a)(b)显示了扫描点图像投影 $u$，$v$ 分量不确定值随激光测距仪距离观测误差 $dr^2$ 和角度观测误差 $d\theta^2$ 的变化规律，左子图为 $u$ 分量不确定值变化规律，中间子图为 $v$ 分量不确定值变化规律，右子图为相同尺度下 $u$，$v$ 分量不确定值变化规律，图 8-7(a)图中横坐标取 $dr^2 \times i, i=1,\cdots,20, dr^2=3$ mm，图 8-7(b)中横坐标取 $d\theta^2 \times i, i=1,\cdots,20, d\theta^2=0.005\ 2$ rad，图 8-7(a)(b)纵坐标为对应的像素不确定值均值及方差。从图 8-7(a)可知，随着 $dr^2$ 的增加

$u$，$v$ 分量不确定精确值均呈现增加趋势，但实际的增长范围极为有限，$u$ 分量从 11.965 24 变化到 11.965 45，而 $v$ 分量从 11.915 57 变化到 11.918 68，也就是说从实际像素角度来看，不确定范围并未改变。相反，从图 8－7(b)可知，随着 $d\theta^2$ 的增加 $u$，$v$ 分量不确定值呈现较大增加趋势，$u$ 分量从 11.965 24 变化到 116.635 77，而 $v$ 分量从 11.915 57 变化到 12.411 17，可见，激光测距仪角度观测误差 $d\theta^2$ 对扫描点图像投影不确定范围影响较大，并且对 $u$ 分量影响尤为突出，而距离观测误差 $dr^2$ 对扫描点图像投影不确定范围影响可以忽略不计。分析原因在于，摄像机观测的投影过程使空间对象深度信息丢失，从而对激光测距仪距离观测误差变得极为不敏感，而摄像机投影过程并未丢失空间对象角度信息，因此，对激光测距仪角度观测误差较为敏感，另外，由式(8－51)可知，$u$ 分量更大程度上由对象角度信息决定，因此对 $u$ 分量影响最明显。

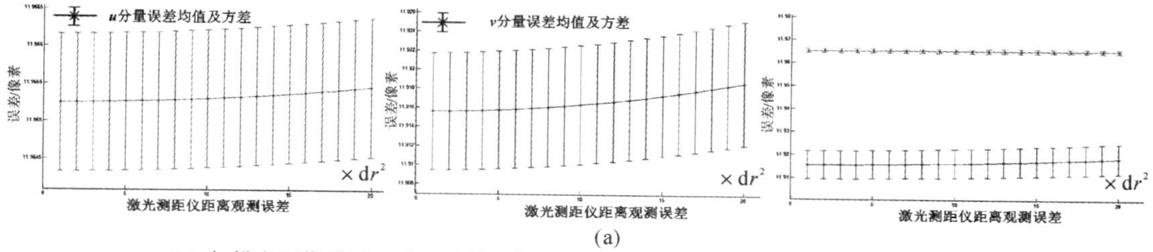


(a)

(a) 扫描点图像投影$u$,$v$分量误差均值及方差随激光测距仪距离观测误差变化曲线

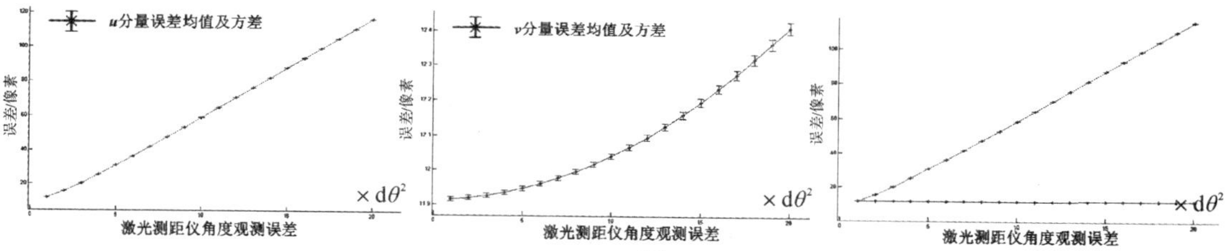


(b)

(b) 扫描点图像投影$u$,$v$分量误差均值及方差随激光测距仪角度观测误差变化曲线

图 8－7　扫描点图像投影分量误差随激光测距仪距离，角度观测误差变化曲线

## 8.2　环境特征和目标观测值状态融合方法研究

目前已经研究了基于不同传感器的目标和环境特征识别和提取方法，为了充分利用不同传感器观测优势，需要针对相同对象状态进行多信息源融合以提高观测值准确性。本节首先介绍利用协方差交集方法完成目标观测值融合；针对环境特征状态融合，分别提出基于卡尔曼滤波的一对一融合方法和基于概率数据关联的一对多融合方法。融合后的目标及环境特征观测值将作为后续联合滤波的观测输入。

### 8.2.1　目标观测值状态融合方法

由于激光扫描仪为主动式传感器(具备方向和深度信息)，而摄像机为被动式传感器(只提供方向信息)，因此，融合过程主要针对目标方向观测值进行。首先介绍协方差交集数据融合方法。

1. 协方差交集数据融合

假设存在 $n$ 个随机变量 $\boldsymbol{X}_1,\boldsymbol{X}_2,\cdots,\boldsymbol{X}_n$，其对应的方差为 $\boldsymbol{P}_1,\boldsymbol{P}_2,\cdots,\boldsymbol{P}_n$，希望将它们融合成为单一随机变量 $\boldsymbol{X}^{\text{fuse}}$，通常方法是将 $\boldsymbol{X}^{\text{fuse}}$ 表示成为各随机变量的线性组合。当各随机变量相互独立时，在最大似然意义下可得融合公式为

$$\boldsymbol{X}^{\text{fuse}} = \boldsymbol{X}_i + \boldsymbol{P}_i(\boldsymbol{P}_i + \boldsymbol{P}_j)^{-1}(\boldsymbol{X}_j - \boldsymbol{X}_i) \tag{8-57}$$

$$\boldsymbol{P}^{\text{fuse}} = \boldsymbol{P}_i - \boldsymbol{P}_i(\boldsymbol{P}_i + \boldsymbol{P}_j)^{-1}\boldsymbol{P}_j \tag{8-58}$$

当随机变量之间存在相关性时，并且假设已知随机变量 $\boldsymbol{X}_i$ 和随机变量 $\boldsymbol{X}_j$ 的协方差为 $\boldsymbol{P}_{ij}$ 以及 $\boldsymbol{P}_{ji}$，则在最大似然意义下可得融合公式为

$$\boldsymbol{X}^{\text{fuse}} = \boldsymbol{X}_i + (\boldsymbol{P}_i - \boldsymbol{P}_{ij})(\boldsymbol{P}_i + \boldsymbol{P}_j - \boldsymbol{P}_{ij} - \boldsymbol{P}_{ji})^{-1}(\boldsymbol{X}_j - \boldsymbol{X}_i) \tag{8-59}$$

$$\boldsymbol{P}^{\text{fuse}} = \boldsymbol{P}_i - (\boldsymbol{P}_i - \boldsymbol{P}_{ij})(\boldsymbol{P}_i + \boldsymbol{P}_j - \boldsymbol{P}_{ij} - \boldsymbol{P}_{ji})^{-1}(\boldsymbol{P}_i - \boldsymbol{P}_{ij}) \tag{8-60}$$

通常情况下 $\boldsymbol{P}_{ij}$ 较难得到，如果对于两个存在相关性的随机变量用式(8－57)和式(8－58)进行更新那么容易造成过估计现象，使得 $\boldsymbol{P}^{\text{fuse}}$ 更新程度过大进而影响估计准确性。图 8－8 显示了运用式(8－59)和式(8－60)得到的融合结果。

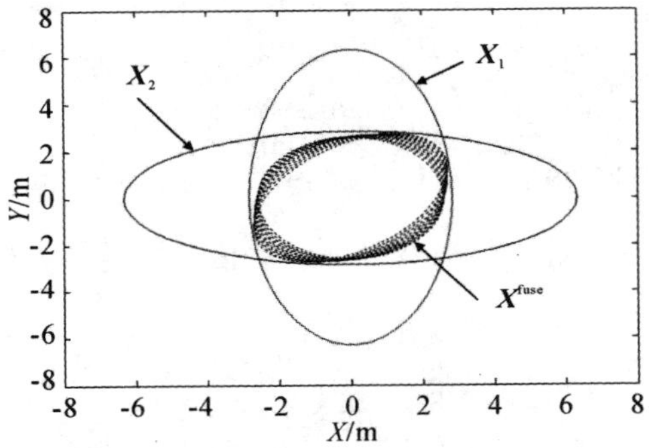


图 8－8　最大似然意义下随机变量数据融合结果图

该图显示了将 $\boldsymbol{X}_1=[0\quad 0]'$，$\boldsymbol{P}_1=\text{diag}(2,10)$ 和 $\boldsymbol{X}_2=[0\quad 0]'$，$\boldsymbol{P}_2=\text{diag}(10,2)$ 两个符合高斯分布随机变量融合的结果，其中实线椭圆代表 $\boldsymbol{X}_1\boldsymbol{X}_2$ 融合前不确定性范围。虚线椭圆代表 $\boldsymbol{X}_1$ 和 $\boldsymbol{X}_2$ 不同相关程度下融合得到 $\boldsymbol{X}^{\text{fuse}}$ 的不确定范围。可以看出 $\boldsymbol{X}^{\text{fuse}}$ 的不确定范围小于 $\boldsymbol{X}_1$ 和 $\boldsymbol{X}_2$ 各自的不确定范围。

当随机变量之间协方差未知时可以采用协方差交集(Covariance Intersection, CI)方法对随机变量进行融合[24]，运用 CI 对随机变量 $\boldsymbol{X}_i,\boldsymbol{X}_j$ 进行融合公式为

$$\boldsymbol{X}^{\text{fuse}} = \boldsymbol{P}^{\text{fuse}}(\omega\boldsymbol{P}_i^{-1}\boldsymbol{X}_i + (1-\omega)\boldsymbol{P}_j^{-1}\boldsymbol{X}_j) \tag{8-61}$$

$$\boldsymbol{P}^{\text{fuse}} = (\omega\boldsymbol{P}_i^{-1} + (1-\omega)\boldsymbol{P}_j^{-1})^{-1} \tag{8-62}$$

若 $\omega\in[0,1]$，则融合结果能够保持一致性，一般来说，$\omega$ 取使矩阵范数 $||\boldsymbol{P}^{\text{fuse}}||$ 最小的值。另外，可以证明当随机变量之间的协方差未知时该方法是最优的[24]。运用 CI 方法得到的融合结果如图 8－9 所示。

该图显示了对应不同 $\omega$ 值的融合结果，其中实线椭圆表示融合前 $\boldsymbol{X}_1$ 和 $\boldsymbol{X}_2$ 的不确定性分布，虚线椭圆表示对应不同 $\omega$ 值融合后的 $\boldsymbol{X}^{\text{fuse}}$ 不确定性分布。从图中可见，融合后随机变量 $\boldsymbol{X}^{\text{fuse}}$ 的不确定范围小于融合前 $\boldsymbol{X}_1$ 和 $\boldsymbol{X}_2$ 的不确定范围并且 $\boldsymbol{X}^{\text{fuse}}$ 的不确定范围总是包含 $\boldsymbol{X}_1$ 和 $\boldsymbol{X}_2$ 不确定范围的重合部分。

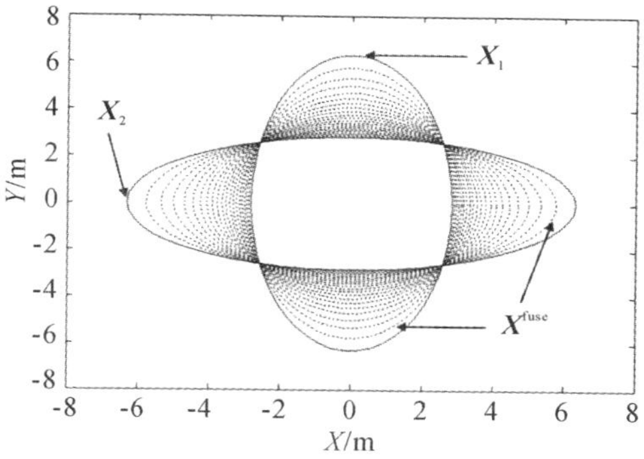


图 8－9　CI 方法随机变量融合结果图

2. 运动目标图像投影不确定范围确定

首先，通过 4.1.2 节介绍的方法系统能够区分激光扫描点中由动态和静态物体产生的反射点，之后由 8.1.4 节介绍的方法系统生成这些不同类型扫描点在图像平面上投影的不确定范围。

图 8－10 显示了运动物体扫描点群在图像平面上投影的不确定范围。

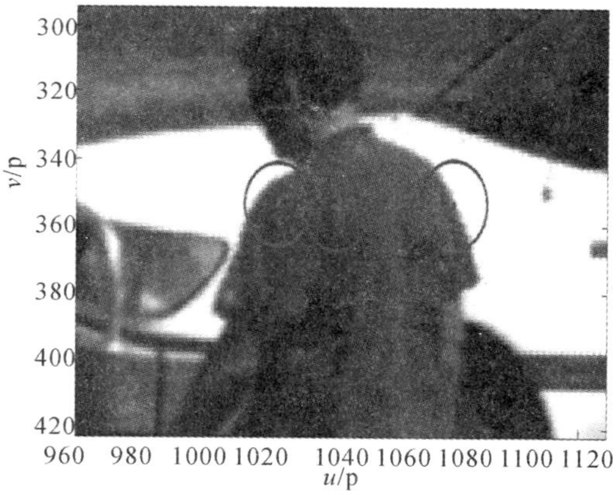


图 8－10　运动物体扫描点群图像平面投影

该图中圆点和其对应椭圆表示了运动物体扫描点在图像像素平面上的投影和其不确定性范围。

假设目标对应的扫描点群为 $\{\boldsymbol{P}_1, \boldsymbol{P}_2, \cdots, \boldsymbol{P}_{n-1}, \boldsymbol{P}_n\}$，$\boldsymbol{P}_i = [u \quad v]^{\mathrm{T}}$，其对应的误差阵为 $\{\sum_{P_1}, \sum_{P_2}, \cdots, \sum_{P_{n-1}}, \sum_{P_n}\}$，$\sum_{P_i} = \mathbf{diag}[\sum u_i \quad \sum v_i]$，则目标 t 在图像上的投影点 $\boldsymbol{P}^{\mathrm{t}} = [u^{\mathrm{t}} \quad v^{\mathrm{t}}]^{\mathrm{T}}$ 与其对应的不确定阵 $\sum_{\boldsymbol{P}^{\mathrm{t}}} = \mathbf{diag}[\sum u^{\mathrm{t}} \quad \sum v^{\mathrm{t}}]$ 为

$$\boldsymbol{P}^{\mathrm{t}} = [u^{\mathrm{t}} \ v^{\mathrm{t}}]^{\mathrm{T}} = \frac{\sum_{i=1}^{n} \boldsymbol{P}_i}{n} \tag{8-63}$$

$$\sum\nolimits_{P^{\mathrm{t}}} = \mathbf{diag}(\boldsymbol{P}_n - \boldsymbol{P}_1) + (\sum\nolimits_{P_n} + \sum\nolimits_{P_1}) \tag{8-64}$$

根据以上方法确定的目标图像投影点和不确定范围如图 8－11 所示。该图中方块和其对应的椭圆为目标图像投影点位置和不确定范围。

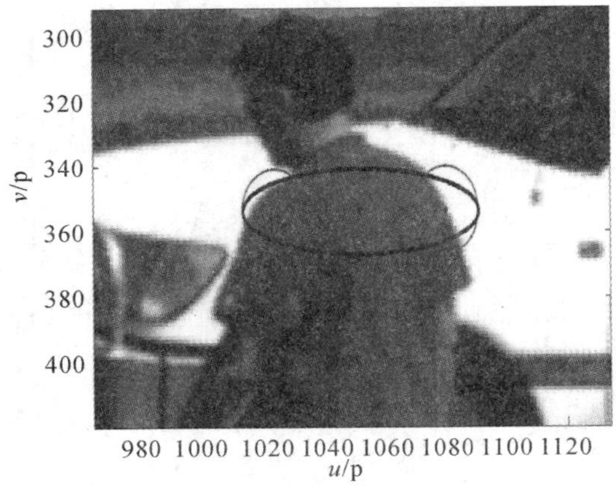


图 8-11　目标图像投影点和不确定范围

3. 基于协方差交集的目标方向值融合方法

利用多传感器进行目标观测值融合需要首先实现观测数据的一致性描述，即，使不同传感器观测值转换到相同坐标系之中，摄像机和激光扫描仪标定正是为了解决该问题。之后的融合方法需要针对不同传感器值描述的相同状态进行，对于摄像机和激光扫描仪而言，它们所描述的相同状态为目标的方向状态，因此，利用协方差交集方法对两种传感器提供的目标方向信息进行融合。也就是说，在图像像素坐标系中，只对 $u$ 分量值进行处理。

设融合系数为 $\omega\in[0,1]$，则 $u$ 分量融合过程如下：

$$\sum u^{\mathrm{t\_fuse}} = (\omega(\sum u^{\mathrm{t\_camshift}})^{-1} + (1-\omega)(\sum u^{\mathrm{t}})^{-1})^{-1} \tag{8-65}$$

$$u^{\mathrm{t\_fuse}} = \sum u^{\mathrm{t\_fuse}}(\omega(\sum u^{\mathrm{t\_camshift}})^{-1} u^{\mathrm{t\_camshift}} + (1-\omega)(\sum u^{\mathrm{t}})^{-1} u^{\mathrm{t}}) \tag{8-66}$$

其中，$u^{\mathrm{t\_fuse}}$，$\sum u^{\mathrm{t\_fuse}}$ 为融合后目标在图像像素坐标系中的方向 $u$ 分量值和误差范围，$u^{\mathrm{t\_camshift}}$，$\sum u^{\mathrm{t\_camshift}}$ 为利用 Camshift 跟踪方法得到的目标状态的 $u$ 分量值和误差范围，$u^{\mathrm{t}}$，$\sum u^{\mathrm{t}}$ 为利用式(8-63)和式(8-64)得到的目标状态的 $u$ 分量值和误差范围。图 8-12 显示了融合过程。

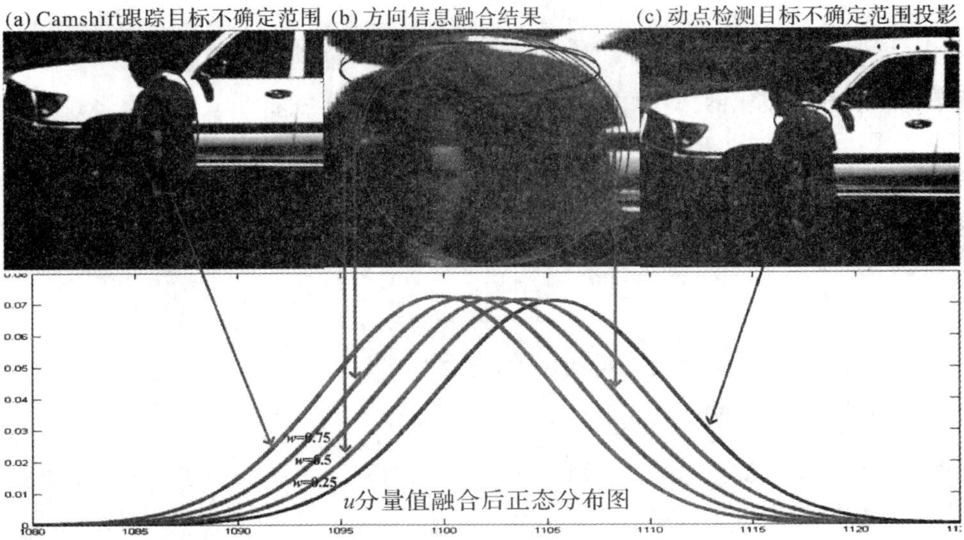


图 8-12　方向信息融合结果图

该图显示了 $\omega$=0.75,0.5,0.25 时,经过协方差交集进行方向分量 $u$ 值融合后的结果,其中,图 8－12(a)中红色椭圆为利用 Chamshift 方法得到的目标分布在图像中的不确定范围,图 8－12(c)中蓝色椭圆为利用式(8－63)和式(8－64)得到的目标状态不确定范围,图 8－12(b)中的洋红色椭圆分别为 $\omega$=0.75,0.5,0.25 时,对应的融合结果。从该图可见,随着 $\omega$ 的减少,融合值逐步靠近动点检测得到的结果,相反,随着 $\omega$ 的增大,融合值逐步靠近 Camshift 的结果,在实际应用中取 $\omega$=0.5 以充分利用两种方法得到的方向信息以减少目标状态方向分量的误差。另外,从图 8－12(b)中还可以看出,由于摄像机传感器在投影过程丢失了深度信息,因此融合方法只针对 $u$ 值展开,导致融合后的洋红色椭圆长轴($v$)值并未发生变化。

4. 实验结果与分析

尽管 Camshift 利用颜色特征为线索能够有效克服光照等因素对目标跟踪的影响,但是,一方面,由于原始目标颜色直方图在采集时存在噪声,另一方面,在跟踪时不同图像帧的颜色特征也受到噪声影响,因此,Camshift 方法在对目标区域和目标状态估计时存在误差,如图 8－13所示。

(a)目标原始颜色模板区域　(b)跟踪区域靠前　(c)跟踪区域过大

图 8－13　Camshift 跟踪误差图

图 8－13(a)为跟踪初始化过程中的目标颜色模板区域,该部分的绝大区域属于向光区域。由于图像颜色采集存在误差,在图 8－13(b)中,背光区域和向光区域的颜色信息存在差别,使得跟踪区域靠前,更靠近向光区域;在图 8－13(c)中,目标绝大部分处于背光区域,因此跟踪不确定范围逐步扩大,跟踪准确性降低。

利用信息融合得到的结果如图 8－14 所示。

其中,红色椭圆为利用 Camshift 得到的目标区域,蓝色椭圆为利用激光扫描动点检测得到的目标运动区域,利用 IC 数据融合方法得到的目标区域为洋红色椭圆区域,从图 8－14(a)(b)可见,原先靠前和扩大的目标区域均得到了较好的矫正,跟踪结果更加贴近目标的真实位置。

另外,CI 融合方法的效能还体现在对基于动点检测的目标状态估计误差的修正上,由于摄像机与激光扫描仪联合标定存在误差,因此,在将检测到的移动物体反射点投影到像素平面时也会随之带来误差,如图 8－15 所示。

(a)跟踪区域靠前及融合结果　　(b)跟踪区域过大及融合结果

图 8-14　数据融合跟踪效果图

图 8-15　移动物体反射点投影误差图

图中人身附近点群及其对应小椭圆为运动物体反射点在像素平面的投影分布，较大的椭圆为利用这些动点投影确定的目标区域，从图中可见点群并没有很好地和人体轮廓相契合，导致最终目标分布区域存在较大估计误差。

利用 CI 数据融合方法得到的结果如图 8-16 所示。图中红色椭圆为利用 CamShift 算法得到的目标区域，蓝色椭圆为利用动点检测投影得到的目标区域，洋红色椭圆为利用 CI 数据融合方法得到的目标区域，从图中可见，洋红色椭圆更加靠近人体，说明利用数据融合方法有效克服了单数据源的估计误差。

图 8-16　CI 数据融合结果图

### 8.2.2　环境特征观测值状态融合方法

1. 基于卡尔曼滤波的激光扫描点投影和图像直线特征的二源状态融合方法

利用 5.1 节方法提取激光扫描仪对环境的角点观测值，以及利用 5.3 节方法提取摄像机对环境中的垂直直线观测值后，再运用投影函数和误差传播公式确定激光扫描点在图像中的投影状态和误差分布，此时，不同传感器对于环境直线特征的观测值均转换至图像平面上，解决了异构环境观测问题，下面的处理均在图像平面坐标系下进行。假设此时激光扫描仪和摄像机对同一个环境直线特征的观测值为一对一关系（也就是说此时并不考虑数据关联问题），下面利用卡尔曼滤波方法对这两种传感器环境特征观测值进行数据融合。

利用卡尔曼滤波方法[13,22]对两种信息源进行融合，可以将一个信息源当作对象状态模型看待，将另一个信息源当作对象观测模型看待。这里以激光扫描仪信息为状态模型，以图像信息为观测模型，而此时直线特征的状态仅在图像坐标系的 X 轴方向进行，则系统状态模型为

$$\boldsymbol{X}_{k|k}^{\mathrm{L}} = f(\boldsymbol{X}_{k|k-1}^{\mathrm{L}}) = \boldsymbol{X}_{k|k-1}^{\mathrm{L}} \tag{8-67}$$

该式为激光扫描仪观测值对应的特征状态函数，因此，对应的协方差预测阵为

$$\boldsymbol{P}_{k}^{\mathrm{L}} = f(\boldsymbol{P}_{k|k-1}^{\mathrm{L}}) = \boldsymbol{P}_{k|k-1}^{\mathrm{L}} \tag{8-68}$$

而激光扫描仪的观测模型为

$$\boldsymbol{Z}_{k}^{\mathrm{L}} = h(\boldsymbol{X}_{k}^{\mathrm{L}}) = \boldsymbol{X}_{k}^{\mathrm{L}} \tag{8-69}$$

假设观测误差阵为 $\boldsymbol{S}_{k|k-1}$，根据卡尔曼滤波方法可知，更新后的特征状态和方差为

$$\boldsymbol{X}_{k} = \boldsymbol{X}_{k|k-1}^{\mathrm{L}} + \boldsymbol{K}_{k}\boldsymbol{v}_{k} \tag{8-70}$$

$$\boldsymbol{P}_{k} = \boldsymbol{P}_{k|k-1}^{\mathrm{L}} - \boldsymbol{K}_{k}\boldsymbol{S}_{k|k-1}(\boldsymbol{K}_{k})^{\mathrm{T}} \tag{8-71}$$

结合式(8-69)，将摄像机图像提取的特征状态当成系统实际观测值，则系统观测残差可表示为

$$\boldsymbol{v}_{k} = \boldsymbol{Z}_{k}^{\mathrm{L}} - \boldsymbol{Z}_{k}^{\mathrm{C}} \tag{8-72}$$

即

$$\boldsymbol{v}_{k} = \boldsymbol{X}_{k}^{\mathrm{L}} - \boldsymbol{X}_{k}^{\mathrm{C}} \tag{8-73}$$

其中，$\boldsymbol{X}_{k}^{\mathrm{C}}$ 为利用图像信息提取的环境直线特征的 $X$ 轴分量值。

而式(8-70)和式(8-15)中的卡尔曼增益为

$$\boldsymbol{K}_{k} = \boldsymbol{P}_{k|k-1}^{\mathrm{L}}(\boldsymbol{H}_{k})^{\mathrm{T}}(\boldsymbol{S}_{k|k-1})^{-1} \tag{8-74}$$

由式(8-69)可知，$\boldsymbol{H}_{k}$ 为 1，而系统观测协方差阵为

$$\boldsymbol{S}_{k|k-1} = \boldsymbol{H}_{k}\boldsymbol{P}_{k|k-1}^{\mathrm{L}}(\boldsymbol{H}_{k})^{\mathrm{T}} + \boldsymbol{R}^{\mathrm{C}} = \boldsymbol{P}_{k|k-1}^{\mathrm{L}} + \boldsymbol{R}^{\mathrm{C}} \tag{8-75}$$

其中，观测误差阵对应摄像机图像提取的特征误差阵，结合式(8-68)和式(8-75)可写为

$$\boldsymbol{S}_{k|k-1} = \boldsymbol{H}_{k}\boldsymbol{P}_{k|k-1}^{\mathrm{L}}(\boldsymbol{H}_{k})^{\mathrm{T}} + \boldsymbol{R}^{\mathrm{C}} = \boldsymbol{P}_{k}^{\mathrm{L}} + \boldsymbol{P}_{k}^{\mathrm{C}} \tag{8-76}$$

将式(8-73)、式(8-74)、式(8-76)带入式(8-70)、式(8-71)可得到基于卡尔曼滤波的融合公式为

$$\boldsymbol{X}_{k} = \boldsymbol{X}_{k}^{\mathrm{L}} + \boldsymbol{P}_{k}^{\mathrm{L}}(\boldsymbol{P}_{k}^{\mathrm{L}} + \boldsymbol{P}_{k}^{\mathrm{C}})^{-1}(\boldsymbol{X}_{k}^{\mathrm{C}} - \boldsymbol{X}_{k}^{\mathrm{L}}) \tag{8-77}$$

$$\boldsymbol{P}_{k} = \boldsymbol{P}_{k}^{\mathrm{L}} - \boldsymbol{P}_{k}^{\mathrm{L}}(\boldsymbol{P}_{k}^{\mathrm{L}} + \boldsymbol{P}_{k}^{\mathrm{C}})^{-1}\boldsymbol{P}_{k}^{\mathrm{C}} \tag{8-78}$$

基于卡尔曼滤波的融合结果如图 8-17 所示。图中左侧曲线为均值 2，方差 1 的正态分布概率密度，右侧曲线为均值 5，方差 2 的正态分布概率密度，中间曲线为利用卡尔曼滤波方法融合后均值 3，方差 1.333 的正态分布概率密度。

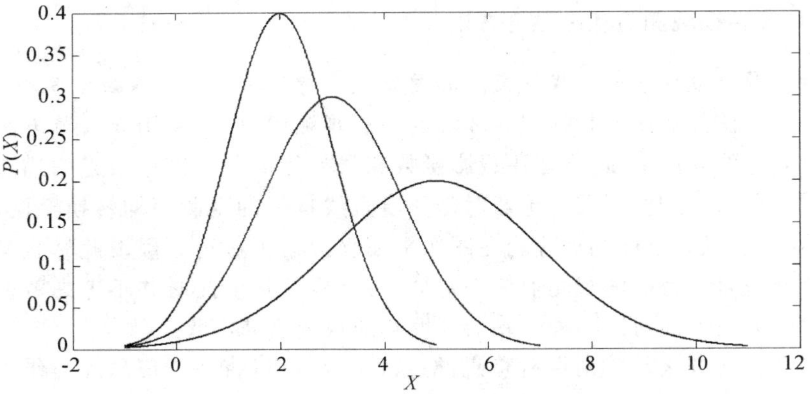


图 8-17　一维卡尔曼滤波数据融合

图 8-18 显示了利用卡尔曼滤波方法对垂线特征和角点特征在图像平面上完成融合的结果。图 8-18(a)中右侧椭圆为融合前激光角点扫描点在图像平面上的投影不确定范围，直线为图像平面垂直特征分布位置，左侧椭圆和直线为利用卡尔曼方法进行融合后的角点投影不确定范围和垂线位置。从图中可见，融合仅对 $x$ 分量产生作用，并且融合后的角点和直线特征分布更加靠近房屋边缘(参看图 8-18(b))。这一点对于角点分布作用更加明显，由于初始摄像机和激光扫描仪标定存在误差，使得角点投影未能很好地和图像平面中的物体边缘契合，融合结果较好地纠正了这个误差，使融合后的对象观测值更加靠近真值。图 8-18(c)为融合前后不同对象 $x$ 分量的正态分布变换情况。融合前后角点投影的 $x$ 分量方差并未发生太大变化(从融合前的 37.5 变为融合后的 36.3)，主要变化表现在均值上(从融合前的 563 变为融合后的 518)。而融合前后垂线的 $x$ 均值基本未发生变化(从融合前的 520 变为融合后的 518)，方差变化却较大(从融合前的 1.5 变为融合后的 36.3)。

2. 基于概率数据关联的激光扫描点投影和图像直线特征的二源状态融合方法

(1)基本处理方法。概率数据关联(Probability data association, PDA)方法由 Bar-Shalom 和 Tse 于 1975 年提出[14]，它适于用于杂波环境中的单目标跟踪问题，其基本思想是利用不同观测值的加权平均来实现目标状态的更新。传统的 PDA 方法利用同一目标的多观测值展开滤波，并假设系统观测模型相同，而对于多信息源数据融合来说，不同信息源的观测模型不同，借用于 PDA 的处理思想，下面介绍运用 PDA 实现异构多源信息融合的方法。

假设以下符号表示特定含义：

$\boldsymbol{x}_k$ 表示在 $k$ 时刻目标状态估计值；

$\boldsymbol{p}_k$ 表示在 $k$ 时刻目标状态误差阵；

$\boldsymbol{XO}^k=\{\boldsymbol{XO}_1,\boldsymbol{XO}_2,\cdots,\boldsymbol{XO}_k\}$ 表示截至 $k$ 时刻多源信号对目标状态的所有描述值集合。

$\boldsymbol{XO}_k=\{\boldsymbol{xo}_{k,1},\boldsymbol{xo}_{k,2},\cdots,\boldsymbol{xo}_{k,m_k}\}$ 表示在 $k$ 时刻多源信号对目标状态的描述值集合，其中 $\boldsymbol{xo}_{k,i}$ 为第 $k$ 时刻第 $i$ 个信息源对目标的估计值，$m_k$ 为第 $k$ 时刻落入检验门限范围内的目标状态估计个数，即信息源个数；

$\boldsymbol{PO}_k=\{\boldsymbol{po}_{k,1},\boldsymbol{po}_{k,2},\cdots,\boldsymbol{po}_{k,m_k}\}$ 为 $k$ 时刻对目标状态多源估计状态方差阵；

$\boldsymbol{xf}_k$ 表示在 $k$ 时刻经过 PDA 融合处理后目标状态估计值；

$\boldsymbol{pf}_k$ 表示在 $k$ 时刻经过 PDA 融合处理后目标状态误差阵；

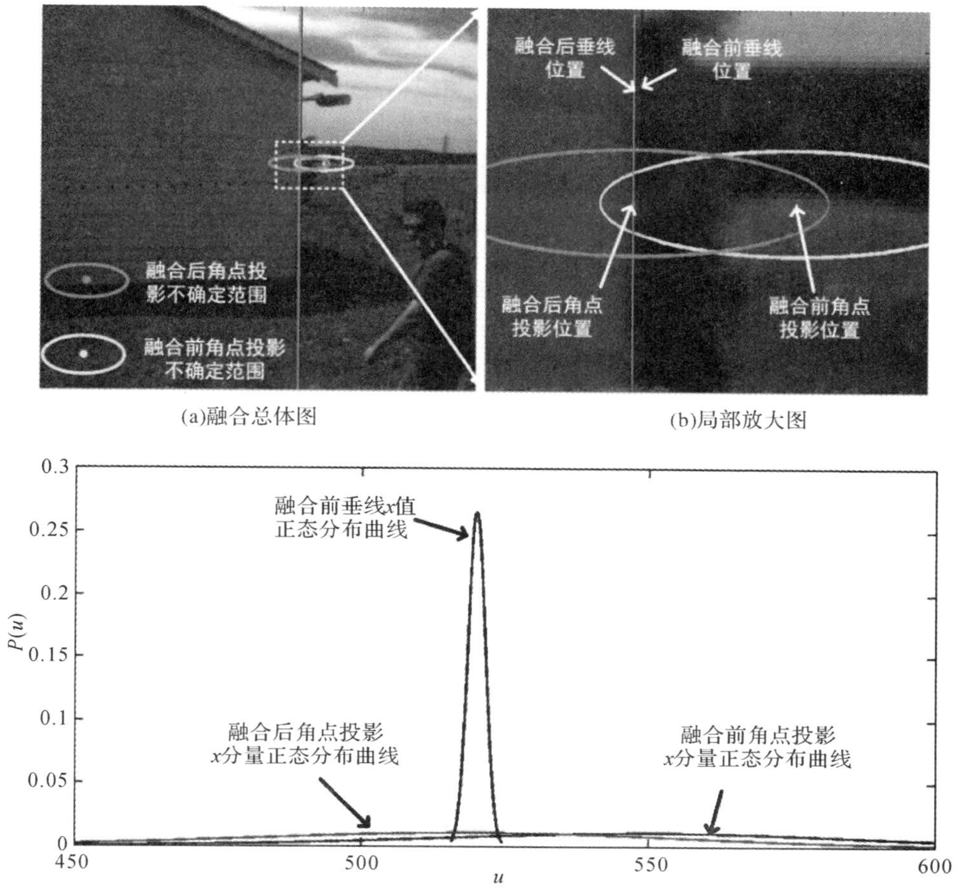


(a)融合总体图　(b)局部放大图

(c) 正态分布图

图 8－18　基于卡尔曼滤波的垂线特征和角点特征图像平面融合结果图

基于 PDA 的多源信息融合就是利用 $\boldsymbol{XO}_k$ 和 $\boldsymbol{PO}_k$ 对 $\boldsymbol{x}_k$ 和 $\boldsymbol{p}_k$ 进行加权修正以计算 $\boldsymbol{xf}_k$ 和 $\boldsymbol{pf}_k$，具体处理过程如下：

1）$k$ 时刻，针对第 $i$ 个信息源 $\boldsymbol{xo}_{k,i}$ 计算量测误差为

$$\boldsymbol{v}_{k,i}=\boldsymbol{xo}_{k,i}-\boldsymbol{x}_k,\quad i=1,2,\cdots,m_k \tag{8-79}$$

2）$k$ 时刻，计算第 $i$ 个信息源对应的系统观测误差阵为

$$\boldsymbol{S}_{k,i}=\boldsymbol{H}_k\boldsymbol{p}_k(\boldsymbol{H}_k)^{\mathrm{T}}+\boldsymbol{po}_{k,i},\quad i=1,2,\cdots,m_k \tag{8-80}$$

此时系统的观测阵 $\boldsymbol{H}_k$ 为单位阵，因此式(8－80)可写成

$$\boldsymbol{S}_{k,i}=\boldsymbol{p}_k+\boldsymbol{po}_{k,i},\quad i=1,2,\cdots,m_k \tag{8-81}$$

3）$k$ 时刻，计算第 $i$ 个信息源对应的残差：

$$\boldsymbol{e}_{k,i}=\exp\left(-\frac{1}{2}\boldsymbol{v}_{k,i}{}^{\mathrm{T}}\boldsymbol{S}_{k,i}^{-1}\boldsymbol{v}_{k,i}\right),\quad i=1,2,\cdots,m_k \tag{8-82}$$

其中，$\boldsymbol{v}_{k,i}$ 由式(8－79)计算。

4）$k$ 时刻，假设对象状态无信号源正确描述事件 $\theta_k^0$ 发生的概率为 $\beta_k^0$，第 $i$ 个信息源为目标的真实描述事件 $\theta_k^i$ 的发生概率为 $\beta_k^i$。利用 Bayes 公式有

$$\beta_k^i = P(\theta_k^i \mid \boldsymbol{XO}^k) = P(\theta_k^i \mid \boldsymbol{XO}_k, m_k, \boldsymbol{XO}^{k-1})$$
$$= \frac{1}{C} P(\boldsymbol{XO}_k \mid \theta_k^i, m_k, \boldsymbol{XO}^{k-1}) P(m_k \mid \theta_k^i, \boldsymbol{XO}^{k-1}) P(\theta_k^i \mid \boldsymbol{XO}^{k-1}),\ i = 0,1,\cdots,m_k \tag{8-83}$$

其中，

$$C = \sum_{i=0}^{m_k} P(\boldsymbol{XO}_k \mid \theta_k^i, m_k, \boldsymbol{XO}^{k-1}) P(m_k \mid \theta_k^i, \boldsymbol{XO}^{k-1}) P(\theta_k^i \mid \boldsymbol{XO}^{k-1})$$

首先，假设信号源不正确的发生概率满足均匀分布，当 $i=0$ 时，说明所有通过检测门的信号源均不是目标的正确描述，此时有

$$P(\boldsymbol{XO}_k \mid \theta_k^0, m_k, \boldsymbol{XO}^{k-1}) = \prod_{i=1}^{m_k} P(\boldsymbol{xo}_{k,i} \mid \theta_k^0, m_k, \boldsymbol{XO}^{k-1}) = \prod_{i=1}^{m_k} V_{k,i}^{-1} \tag{8-84}$$

其中，$V_{k,i}$ 为第 $i$ 个信息源对应的检验门体积（由于不同信号源不确定范围不同，造成了检验门体积 $V_{k,i}$ 也不同）。

对应地，对于 $i=1,\cdots,m_k$ 的不同情况，有

$$P(\boldsymbol{XO}_k \mid \theta_k^{i=1,\cdots,m_k}, m_k, \boldsymbol{XO}^{k-1}) = P(\boldsymbol{xo}_{k,i} \mid \theta_k^i, m_k, \boldsymbol{XO}^{k-1}) \prod_{j=1, j\neq i}^{m_k} P(\boldsymbol{xo}_{k,i} \mid \theta_k^i, m_k, \boldsymbol{XO}^{k-1})$$
$$= f_k(\boldsymbol{xo}_{k,i})\Big(\prod_{j=1, j\neq i}^{m_k} V_{k,i}^{-1}\Big) \tag{8-85}$$

其中，$f_k(\boldsymbol{xo}_{k,i}) = PG^{-1}(2\pi)^{-n_o/2}\left|S_{k,i}\right|^{-1/2} e_{k,i}$（$n_o$ 为信号源维数，$PG$ 表示信号源在检测门限内的概率）。

其次，从历史观测来看，没有信号源时对象的正确描述发生概率 $P(\theta_k^0 \mid \boldsymbol{XO}^{k-1})$ 可表示为

$$P(\theta_k^0 \mid \boldsymbol{XO}^{k-1}) = (1 - PG) + PG(1 - PD) \tag{8-86}$$

其中，$PD$ 表示信号源在检测门限内但其为伪值的概率。

对应地，对于 $i=1,\cdots,m_k$ 的不同情况，有

$$P(\theta_k^{i=1,\cdots,m_k} \mid \boldsymbol{XO}^{k-1}) = \frac{1 - P(\theta_k^{i=0} \mid \boldsymbol{XO}^{k-1})}{m_k} = \frac{PG \cdot PD}{m_k} \tag{8-87}$$

另外，可以认为 $P(m_k \mid \theta_k^{i=0,1,\cdots,m_k}, \boldsymbol{XO}^{k-1}) = \mathrm{A}$ 为恒值。

综合以上分析，结合式(8-84)～式(8-87)，可以计算式(8-83)如下：

$$\beta_k^0 = \frac{b_k}{b_k + \sum_{j=1}^{m_k} \boldsymbol{f}_{k,j}} \tag{8-88}$$

其中，$b_k$ 为

$$b_k = \frac{m_k}{PD}((1 - PG) + PG(1 - \mathrm{PD}))(2\pi)^{n_o/2}$$
$$= (2\pi)^{n_o/2} \frac{m_k}{PD}(1 - PG \cdot PD) \tag{8-89}$$

而

$$\beta_k^j = \frac{\boldsymbol{f}_{k,j}}{b_k + \sum_{j=1}^{m_k} \boldsymbol{f}_{k,j}},\ j = 1,2,\cdots,m_k \tag{8-90}$$

其中，$\boldsymbol{f}_{k,j}$ 为

$$\boldsymbol{f}_{k,j} = |\boldsymbol{S}_{k,j}|^{-1/2}\boldsymbol{e}_{k,j}\boldsymbol{V}_{k,j} \tag{8-91}$$

由于 $V_{k,j} = c_{n_o}\gamma^{n_o/2}|\boldsymbol{S}_{k,j}|^{1/2}$，因此有 $\boldsymbol{f}_{k,j} = \boldsymbol{e}_{k,j}c_{n_o}\gamma^{n_o/2}$，而当 $n_o = 1$ 时，$c_{n_0} = \dfrac{2^{n_0+1}((n_0+1)/2!\ \pi^{(n_0+1)/2}}{(n_0+1)!} = 2\pi$，$\gamma^{n_o/2}=1$，有 $\boldsymbol{f}_{k,j} = 2\pi\boldsymbol{e}_{k,j}$。

5)$k$ 时刻，第 $i$ 个信息源对应的卡尔曼增益阵 $\boldsymbol{K}_{k,i}$ 为

$$\boldsymbol{K}_{k,i} = \boldsymbol{p}_k\cdot(\boldsymbol{H}_k)^{\mathrm{T}}\cdot(\boldsymbol{S}_{k,i})^{-1} = \boldsymbol{p}_k\cdot(\boldsymbol{S}_{k,i})^{-1},\ i=1,2,\cdots,m_k \tag{8-92}$$

6)计算此时目标状态融合值 $\boldsymbol{xf}_k$ 为

$$\boldsymbol{xf}_k = \boldsymbol{x}_k + \sum_{i=1}^{m_k}(\beta_k^i\boldsymbol{K}_{k,i}z_{k,i}) \tag{8-93}$$

7)计算此时目标状态方差阵融合值 $\boldsymbol{pf}_k$ 为

$$\boldsymbol{pf}_k = \beta_k^0\boldsymbol{p}_k + (1-\beta_k^0)\boldsymbol{p}_k^c + \bar{\boldsymbol{p}}_k \tag{8-94}$$

其中，$\boldsymbol{p}_k^c$，$\bar{\boldsymbol{p}}_k$ 为

$$\boldsymbol{p}_k^c = \boldsymbol{p} - \sum_{i=1}^{m_k}\beta_k^i\boldsymbol{K}_{k,i}\boldsymbol{S}_{k,i}(\boldsymbol{K}_{k,i})^{\mathrm{T}} \tag{8-95}$$

$$\bar{\boldsymbol{p}}_k = \left(\sum_{i=1}^{m_k}\beta_k^i(\boldsymbol{K}_{k,i}z_{k,i})(\boldsymbol{K}_{k,i}z_{k,i})^{\mathrm{T}}\right) - \left(\sum_{i=1}^{m_k}\beta_k^i\boldsymbol{K}_{k,i}z_{k,i}\right)\left(\sum_{i=1}^{m_k}\beta_k^i\boldsymbol{K}_{k,i}\boldsymbol{z}_{k,i}\right)^{\mathrm{T}} \tag{8-96}$$

(2)实验结果及分析。下面通过实验分别验证信号源方差和距离对 PDA 融合结果的影响。

1)验证信号源方差大小对融合结果的作用。假设 $x=25$，$px=30^2$；$xo_1=0$，$xo_2=10$，$po_1=po_2=\{5^2,10^2,15^2,\cdots,60^2\}$。该过程假设原始对象状态和方差保持不变，两个信息源的状态保持不变，而方差从开始 $5^2$ 以 5 为步进值逐渐增加到$60^2$。其他参数分别为 $PG=0.9$，$PD=0.9$，图 8-19 显示了相应的融合结果。

其中蓝色曲线为信息源 1 和 2 对应状态的正态曲线，洋红曲线为原对象状态的正态曲线，红色曲线为 PDA 融合后对象状态的正态曲线。从该图可知，随着 $po_1$，$po_2$ 值逐步增大，$xo_1$，$xo_2$ 对融合的作用逐步减弱，表现在 $xf$ 逐步向 $x$ 靠近，而 $pf$ 和 $px$ 的值也逐步接近。

为了进一步说明多信号源方差对融合结果的作用，下面将信号源分别取如下 120 个值：$po_1=po_2=\{5^2,10^2,15^2,\cdots,600^2\}$，其他条件保持不变，并记录每次对象融合状态和方差与原状态和方差之间的差异值(即 $|xf-x|$ 和 $|px-pf|$)。差异值的变化曲线如图 8-20 所示。

其中带圆圈曲线为状态差异曲线，带星号曲线为方差差异曲线，从该图可知，当信号源方差从 $5^2$ 逐步增大到$600^2$ 时，和 $|px-pf|$ 逐步趋近于 0，说明随着信号源方差的增大，其不确定度逐步增大，因此信号源对原对象状态和方差的作用程度逐步减小。以上实验证明在 PDA 融合算法中信号源状态方差大小与其对融合结果的贡献程度成反比关系。

2)验证信号源距离对融合结果的作用。假设原对象状态 $x$ 依次取 10，20，30，…，120，共 12 个不同值，其方差 $px=10^2$ 保持不变。信号源 1，2 状态分别为 $xo_1=0$，$xo_2=10$，它们的方差分别为 $po_1=po_2=10^2$ 并且分布参数保持不变。融合结果如图 8-21 所示。

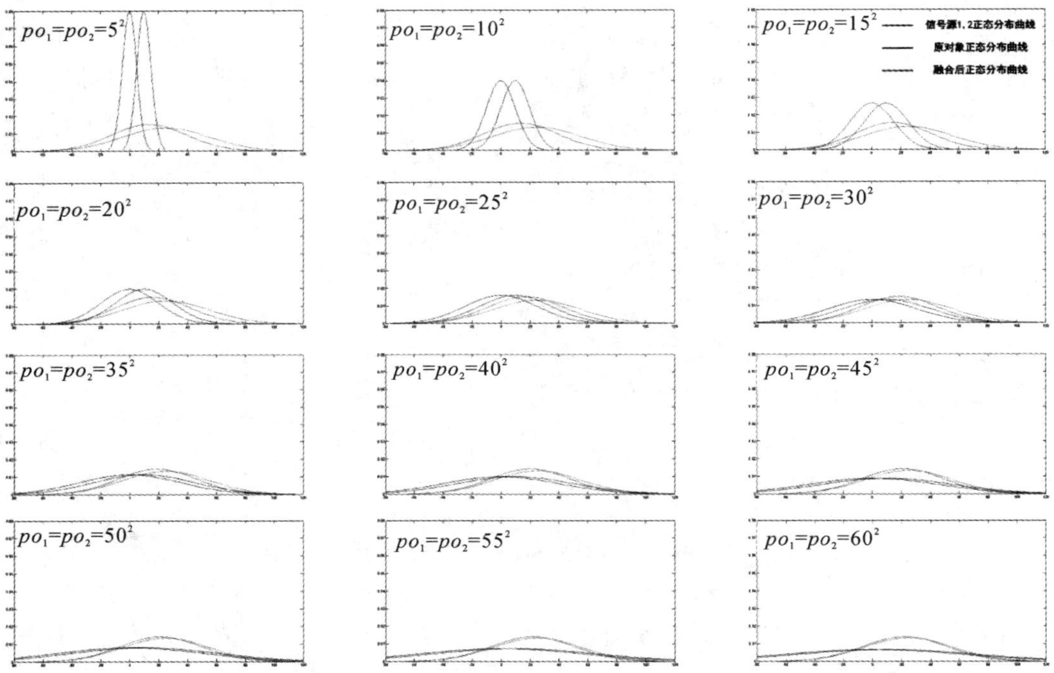


图 8 - 19　信号源方差不同值的融合前后对象状态概率分布曲线图

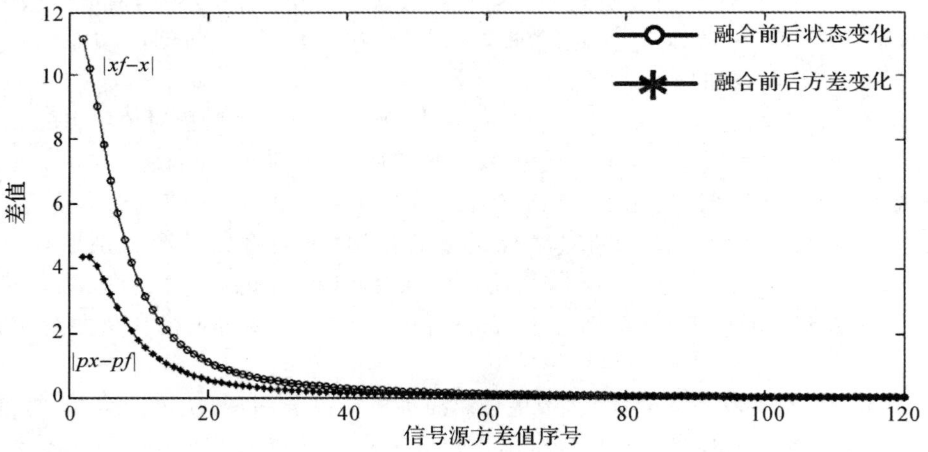


图 8 - 20　信号源方差变化对融合结果影响曲线

其中蓝色曲线为信号源 1,2 对象状态 $xo_1$,$xo_2$ 概率分布曲线,洋红色曲线为原对象状态 $x$ 概率分布曲线,红色曲线为融合后对象状态 $xf$ 概率分布曲线。从图中可见,随着 $xo_1$,$xo_2$ 逐步远离 $x$,融合结果 $xf$ 首先受 $xo_1$,$xo_2$ 影响被拉离 $x$,之后由于 $xo_1$,$xo_2$ 逐步远离 $x$,它们对融合的作用逐步减小,使得 $xf$ 又重新靠近 $x$。

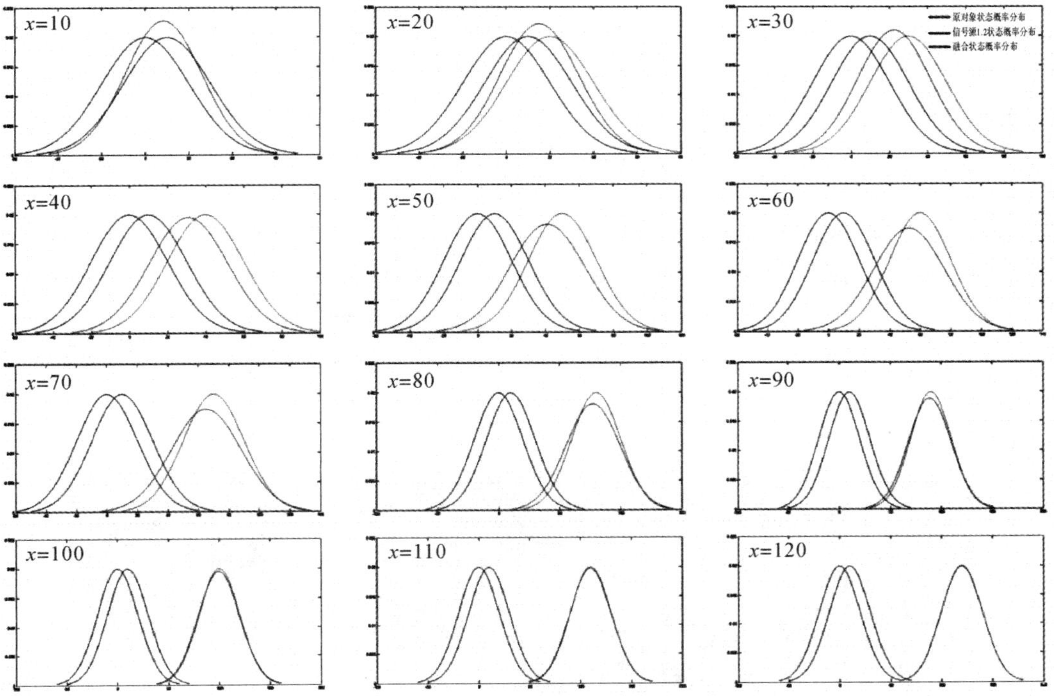


图 8-21　信号源距离不同值的融合前后对象状态概率分布曲线图

为了进一步分析信号源与原信号距离对融合结果的作用,下面分析原对象方差 $px$ 小于、等于、大于信号源对象方差 $po_1$,$po_2$ 三种情况时,信号源与原信号距离对融合结果的影响。三种不同情况下 $px$,$po_1$,$po_2$ 的取值分别为 $px(10^2)<po_1,po_2(20^2)$,$px(20^2)=po_1,po_2(20^2)$,$px(30^2)>po_1,po_2(20^2)$。而信号源 1,2 状态在融合过程中为 $xo_1=0$,$xo_2=10$ 保持不变,原对象状态 $x$ 依次取 10,15,20,…,200,共 39 个不同值,绘制三种不同情况下,不同 $x$ 值对应不同 $xf-x$ 和 $px-pf$ 变化曲线情况如图 8-22 所示。

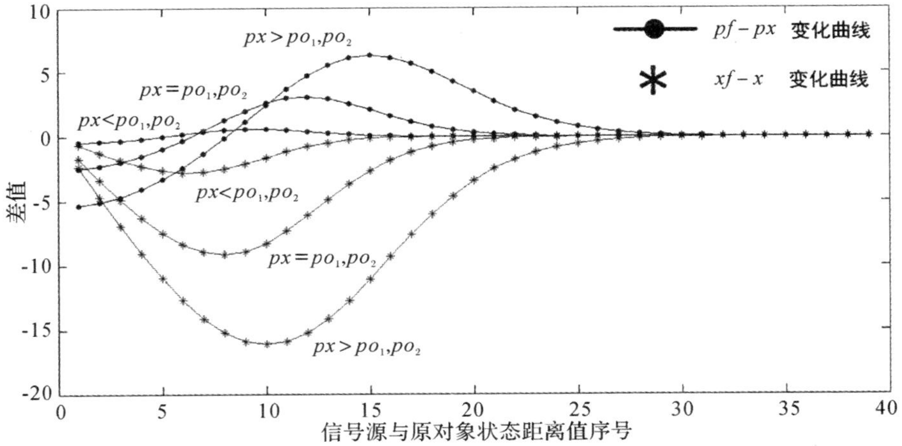


图 8-22　信号源距离不同值对应不同 $xf-x$ 和 $px-pf$ 变化曲线

图中带星号曲线表示不同信号源距离对应的 $xf-x$ 值变化曲线，带圆点曲线表示不同信号源距离对应的 $pf-px$ 值变化曲线。从该图可见，在信号源 $xo_1$，$xo_2$ 逐步远离原对象状态 $x$ 的过程中，融合结果 $xf$ 和 $pf$ 首先远离原对象状态参数 $x$ 和 $p$，当 $xo_1$，$xo_2$ 距离 $x$ 足够远时，信号源 $xo_1$，$xo_2$ 对融合的作用逐步减弱，因此 $xf$ 和 $pf$ 又开始逐步靠近原对象状态参数 $x$ 和 $p$，直至相等为止。并且进一步分析三种情况下，$xf-x$ 和 $pf-px$ 达到极值时的信号距离可知，原对象状态方差 $px$ 越大，$xf-x$ 和 $pf-px$ 达到极值的信号距离越大，这说明 $px$ 越大，信号源对融合的作用距离越长，作用效果越明显，这一点可以这样理解：$px$ 越大说明原对象状态不确定性越大，因此它在融合过程中相比于多信号源的作用越小。

3)基于 PDA 信息融合方法的实际实验结果。通常来说激光角点特征对应于图像垂线特征，但由于处于室外复杂环境，因此在利用直线特征提取方法提取垂线时可能会得到若干条直线，此时需要利用 PDA 方法进行一对多的融合工作。图 8－23 为双垂线特征和单角点特征的融合结果。其中符号含义同图 8－18。

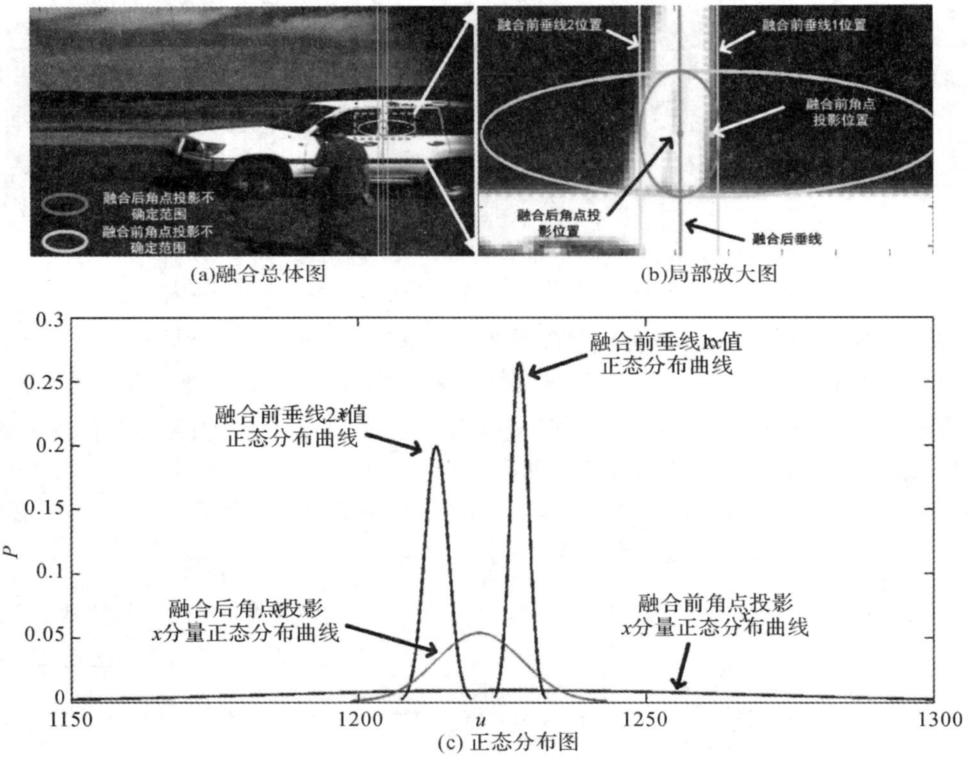


(a)融合总体图　(b)局部放大图

(c) 正态分布图

图 8－23　基于 PDA 的多垂线特征和单角点特征图像平面融合图

从图 8－23(b)可见，利用 PDA 得到的融合后角点位置和不确定分布位于所有信息源中心部位，由于融合前角点均值更接近于垂线 1(融合前角点 $x$ 分量均值为 1 227，垂线 1 均值为 1 228，垂线 2 均值为 1 213)，因此融合后角点 $x$ 分量均值更靠近垂线 1(融合前角点 $x$ 分量均值为 1 222)。从图 8－23(c)可见，融合后角点 $x$ 分量不确定度明显减小(融合前角点 $x$ 分量方差为 43，融合后角点 $x$ 分量方差为 7)，说明通过 PDA 融合角点误差范围得到了有效控制。

## 8.3　多传感器联合标定在线参数优化方法研究

基于信息融合的移动机器人导航首先需要解决异构传感器时间、空间一致性观测问题，时间一致性指的是不同传感器观测数据在时间序列上的同步，空间一致性指的是不同传感器在空间维度及尺度上的对准。针对单平台多传感器时间一致性问题已经出现了较为成熟的研究成果[15]，本节主要针对空间一致性问题展开研究。异构传感器空间一致性观测需要解决不同传感器坐标系之间转化参数估计问题，即多传感器联合标定。解决该问题的基本思路是基于特定空间标定物上特征间的几何约束关系，利用摄像机与激光测距仪观测值产生优化函数并进行参数优化，进而得到坐标系间的旋转和平移参数。这些对象特征包括角点[16]和直线特征[17]或人为设置的激光反射条带[18]，而选用的空间标定物通常为人工制作的立体标定物(标定方块)[19]或平面标定物(标定板)[20]。这些方法存在的主要问题是，人工成分过多，原始优化数据有限，从而增大了初始估计误差。首先，无论是空间标定物还是标定物上的特征均为人工设计制造，标定物和特征本身的构造准确性直接影响标定结果；第二，标定过程非在线完成，标定物的空间摆放位置需要人工放置，费时费力，并且位姿分布有限，造成优化数据信息覆盖不全面，影响标定准确性。文献[21]设计了一种在线自标定方法，但其主要标定对象为同构的多摄像机系统而并非异构的摄像机-激光测距仪系统。尽管传感器标定的重点在于参数估计的准确性，并且标定物的人为设置在所难免，但在系统运行过程中传感器的初始位姿会随时间发生变化，从而引入标定误差，因此研究机器人在线运行过程中的标定参数优化方法具有实际意义。

针对以上问题，本节设计了基于数据融合的摄像机与激光测距仪联合标定优化方法，不需要人工设置标定物，移动机器人在运行过程中，利用多传感器信息源实现对目标状态融合并利用融合结果在线优化初始标定参数。

### 8.3.1　问题描述与处理流程

由于观测误差和数据量不充沛等原因，利用原始方法[22]得到的摄像机与激光扫描仪联合标定参数存在估计误差。其表现如图 8-24 所示。

图 8-24　摄像机与激光扫描仪联合标定参数误差作用效果图

图中人体附近点群为利用动点检测得到的运动物体扫描点经过转换投影后在像素平面上的分布，从图中可见，扫描点并没有很好地和运动物体（人体）的轮廓相契合，这正是由转换投影参数估计误差造成的。

针对多传感器联合标定初始误差问题，本节提出基于运动和静止环境对象观测一致性约束的多传感器初始参数标定误差优化方法。该方法利用不同传感器对环境物体融合前后的观测残差构造优化函数，在移动机器人运行过程中对初始参数标定误差进行在线优化。该方法人工干预程度较少，标定物为机器人运动环境中的运动和静止物体，标定优化在线运行，能够改进多传感器标定初始误差和参数漂移问题。另外，为了提高运动物体识别准确性，对运动目标进行了人工颜色标记，同时采用环境垂直作为静止物体特征并通过限制识别区域和多线段特征融合方法以实现静止标定参考物的可靠获取。

假设激光扫描仪坐标系下的某扫描点状态为 $\boldsymbol{P}_{\mathrm{L}}=[X_{\mathrm{L}} \quad Y_{\mathrm{L}} \quad Z_{\mathrm{L}}]^{\mathrm{T}}$，该点在摄像机坐标系下的状态为 $\boldsymbol{P}_{\mathrm{C}}=[X_{\mathrm{C}} \quad Y_{\mathrm{C}} \quad Z_{\mathrm{C}}]^{\mathrm{T}}$，则存在如下变换关系：

$$\boldsymbol{P}_{\mathrm{C}} = \boldsymbol{\Phi}(\boldsymbol{P}_{\mathrm{L}} - \boldsymbol{\Delta}) \tag{8-97}$$

其中，$\boldsymbol{\Phi}$ 为摄像机坐标系相对于扫描仪坐标系的标准正交旋转矩阵；$\boldsymbol{\Delta}$ 为摄像机坐标系相对于扫描仪坐标系的位移向量。

摄像机与激光扫描仪参数标定的目的就是确定 $\boldsymbol{\Phi}$ 和 $\boldsymbol{\Delta}$，使得多传感器的观测值之间建立起空间一致性关系。已有方法通过求解标定物特征几何约束算式，能够实现对 $\boldsymbol{\Phi}$ 和 $\boldsymbol{\Delta}$ 参数的初步估计，但是标定物本身结构误差和位姿覆盖不全问题使得 $\boldsymbol{\Phi}$ 和 $\boldsymbol{\Delta}$ 存在初始估计误差。系统将利用移动机器人运行过程中的动态和静态环境对象状态图像投影方向分量误差构造优化函数，以优化参数 $\boldsymbol{\Phi}$ 和 $\boldsymbol{\Delta}$ 中相关分量的估计误差。系统总体处理流程如图 8－25 所示。

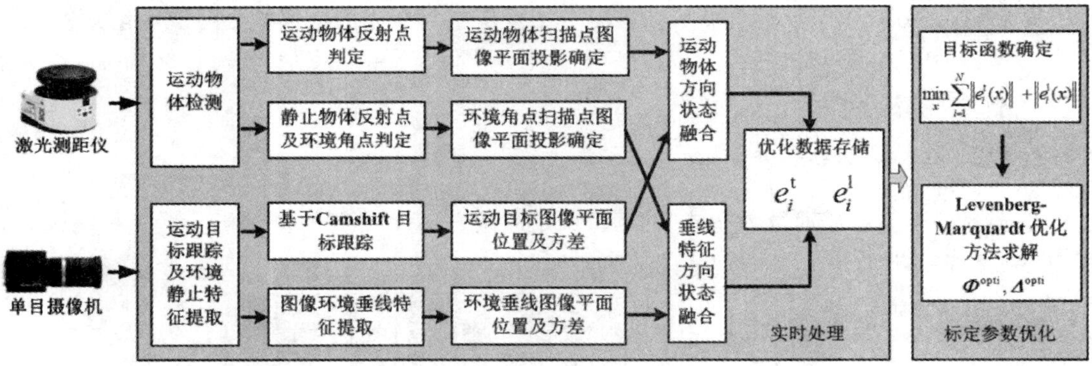


图 8－25　系统处理流程图

系统处理过程主要分为实时处理和标定参数优化处理两部分。

实时处理部分：在时刻 $i$，针对激光传感器信息，首先，利用运动物体检测方法区分运动和静止物体扫描点（参见第 4 章），并确定静止物体扫描点中的环境角点特征点（参见 5.1 节）。之后，根据初始标定参数 $\boldsymbol{\Phi}$，$\boldsymbol{\Delta}$ 和误差传播公式计算运动目标和角点特征图像平面投影状态和误差范围（参见 8.1.4 节）。之后，针对摄像机传感器信息，首先，利用 Camshift 跟踪算法在图像平面上进行目标状态和误差范围估计（参见 4.2 节），并在角点特征图像平面投影不确定范围内提取图像平面上的垂线特征（参见 5.3 节）。此后，在图像平面内利用融合方法对运动物体和环境垂线特征方向状态分量进行融合，得到融合后方向分量和方差（运动物体方向状态分

量和方差为 $u_i^{\text{t-fuse}}$，$du_i^{\text{t-fuse}}$，环境垂线特征方向状态分量和方差为 $u_i^{\text{l-fuse}}$，$du^{\text{l-fuse}})_i$（参见 8.2 节），并计算融合前后运动和静止物体观测值间的马氏距离 $e_i^{\text{t}}$ 和 $e_i^{\text{l}}$，其中，

$$e_i^{\text{t}} = (du_i^{\text{t-fuse}} + du_i^{\text{t-s}})^{-1}(u_i^{\text{t-fuse}} - u_i^{\text{t-s}}), e_i^{\text{l}} = (du_i^{\text{l-fuse}} + du_i^{\text{l-s}})^{-1}(u_i^{\text{l-fuse}} - u_i^{\text{l-s}}),$$

而 $u_i^{\text{t-s}}$，$du_i^{\text{t-s}}$ 为基于激光传感器的运动物体图像平面投影方向状态分量和方差，$u_i^{\text{l-s}}$，$du_i^{\text{l-s}}$ 为基于激光传感器的静止角点特征图像平面投影方向状态分量和方差）。$e_i^{\text{t}}$ 和 $e_i^{\text{l}}$ 将为标定参数批优化处理部分提供 $i$ 时刻误差值 $e_i = |e_i^{\text{t}}| + |e_i^{\text{l}}|$。

标定参数优化处理部分：利用一段时间内获得的所有优化数据组成目标函数，通过非线性优化方法 Levenberg - Marquardt[23]，求解优化值 $\boldsymbol{\Phi}^{\text{opti}}$，$\boldsymbol{\Delta}^{\text{opti}}$。

### 8.3.2　摄像机与激光测距仪传感器联合标定优化

标定参数优化思想为，利用不同时刻图像平面内融合前以及融合后的运动物体和环境垂线方向分量差值构造误差累积数据，并通过非线性优化方法求解初始标定参数的优化值。假设共跟踪了 $N$ 帧图像，系统优化目标函数为

$$\min_{\boldsymbol{x}} f(\boldsymbol{x}) = \sum_{i=1}^{N} \| e_i(\boldsymbol{x}) \| \tag{8-98}$$

参数优化目标函数源于运动物体和静止物体在像素平面中的方向分量误差，因此，具体优化对象为摄像机与激光扫描仪联合标定参量 $\boldsymbol{\Phi}$，$\boldsymbol{\Delta}$ 中同投影点方向分量生成相关的自变量。为了计算方便，重写式(8 - 97)如下：

$$\boldsymbol{P}_{\text{C}} = f^{\boldsymbol{P}_{\text{L}} \to \boldsymbol{P}_{\text{C}}}(\boldsymbol{P}_{\text{L}}, \boldsymbol{\Delta}, \boldsymbol{\Phi}) = \boldsymbol{\Phi}(\boldsymbol{P}_{\text{L}} - \boldsymbol{\Delta}) = \boldsymbol{\Phi}\boldsymbol{P}_{\text{L}} - \boldsymbol{\Phi}\boldsymbol{\Delta} \tag{8-99}$$

设 $\boldsymbol{\Delta}' = -\boldsymbol{\Phi}\boldsymbol{\Delta}$，则式(8 - 99)为

$$\boldsymbol{P}_{\text{C}} = \boldsymbol{\Phi}\boldsymbol{P}_{\text{L}} + \boldsymbol{\Delta}' \tag{8-100}$$

根据摄像机小孔成像模型[9]可知，与图像投影状态方向分量 $u$ 相关的 $\boldsymbol{\Phi}$，$\boldsymbol{\Delta}'$ 分量为 $\Phi_{11}$，$\Phi_{13}$，$\Delta'_1$，在构造误差函数时，将对这些分量进行优化，其余分量不变。

那么，$i$ 时刻的马氏距离误差 $e_i$ 为

$$e_i = |e_i^{\text{t}}| + |e_i^{\text{l}}| \tag{8-101}$$

其中，$|e_i^{\text{t}}|$ 为运动物体融合前后方向误差绝对值；$|e_i^{\text{l}}|$ 为静止特征融合前后方向误差绝对值，其值为

$$|e_i^{\text{t}}| = (du_i^{\text{t-fuse}} + du_i^{\text{t-s}})^{-1} |u_i^{\text{t-fuse}} - u_i^{\text{t-s}}| \tag{8-102}$$

$$|e_i^{\text{l}}| = (du_i^{\text{l-fuse}} + du_i^{\text{l-s}})^{-1} |u_i^{\text{l-fuse}} - u_i^{\text{l-s}}| \tag{8-103}$$

其中，$u_i^{\text{t-fuse}}$ 为利用式(8 - 66)得到的目标方向分量值融合值；$u_i^{\text{t-s}}$ 为利用式(8 - 63)得到的运动物体图像像素状态中的方向分量值；$du_i^{\text{t-fuse}}$ 和 $du_i^{\text{t-s}}$ 为它们对应的方差值。同样，$u_i^{\text{l-fuse}}$ 为利用式(8 - 77)或式(8 - 93)得到的环境垂线特征方向分量融合值，$u_i^{\text{l-s}}$ 为角点在图像平面投影状态的方向分量，$du_i^{\text{l-fuse}}$ 和 $du_i^{\text{l-s}}$ 为它们对应的方差值。

结合摄像机小孔成像模型及式(8 - 100)可知系统的最终目标函数为

$$\begin{aligned}
\min_{\Phi_{11},\Phi_{13},\Delta'_1} f(\Phi_{11},\Phi_{13},\Delta'_1) &= \min_{\Phi_{11},\Phi_{13},\Delta'_1} \sum_{i=1}^{N} e_i(\Phi_{11},\Phi_{13},\Delta'_1) \\
&= \sum_{i=1}^{N} |e_i^{\text{t}}(\Phi_{11},\Phi_{13},\Delta'_1)| + |e_i^{\text{l}}(\Phi_{11},\Phi_{13},\Delta'_1)| \\
&= \min_{\Phi_{11},\Phi_{13},\Delta'_1} \sum_{i=1}^{N} [(du_i^{\text{t-fuse}} + du_i^{\text{t-s}}) - 1 |u_i^{\text{t-fuse}} - u_i^{\text{t-s}}(\Phi_{11},\Phi_{13},\Delta'_1)|
\end{aligned}$$

$$+ (du_i^{\text{l-fuse}} + du_i^{\text{l-s}}) - 1 \left| u_i^{\text{l-fuse}} - u_i^{\text{l-s}}(\Phi_{11}, \Phi_{13}, \Delta'_1) \right| ] \quad (8-104)$$

利用 Levenberg - Marquardt 方法求解式(8-104)，得到优化值 $\Phi_{11}^{\text{opti}}$，$\Phi_{13}^{\text{opti}}$，$\boldsymbol{\Delta}'^{\text{opti}}_1$，则最终优化标定参数为

$$\boldsymbol{\Phi}^{\text{opti}} = \begin{bmatrix} \Phi_{11}^{\text{opti}} & \Phi_{12} & \Phi_{13}^{\text{opti}} \\ \Phi_{21} & \Phi_{22} & \Phi_{23} \\ \Phi_{31} & \Phi_{32} & \Phi_{33} \end{bmatrix}, \quad \boldsymbol{\Delta}'^{\text{opti}} = \begin{bmatrix} \Delta'^{\text{opti}}_1 \\ \Delta'_2 \\ \Delta'_3 \end{bmatrix} \quad (8-105)$$

### 8.3.3 摄像机与激光测距传感器联合标定优化实验结果

下面给出摄像机与激光测距仪联合标定优化结果，初始旋转与位移参量初始值分别为

$$\boldsymbol{\Phi} = \begin{bmatrix} 0.9999 & -0.0092 & -0.0042 \\ 0.0081 & 0.9756 & -0.2193 \\ 0.0061 & 0.2192 & 0.9757 \end{bmatrix}, \quad \boldsymbol{\Delta}' = \begin{bmatrix} 0.1343 \\ 0.4976 \\ 0.0532 \end{bmatrix}$$

跟踪一共进行了 520 帧，只采集反射点个数大于 2 的运动物体观测残差作为优化数据，共利用了 258 组 $u_i^{\text{t-fuse}}$，$u_i^{\text{t-s}}$ 和 463 组 $u_i^{\text{l-fuse}}$，$u_i^{\text{l-s}}$ 进行优化，优化数据总数为 721 组。

设 Levenberg-Marquardt 的精度门限为 $10^{-4}$，对应优化迭代次数为 23 次，得到的旋转与位移参量优化值为

$$\boldsymbol{\Phi}^{\text{opti}} = \begin{bmatrix} 0.98958 & -0.0092 & -0.0012 \\ 0.0081 & 0.9756 & -0.2193 \\ 0.0061 & 0.2192 & 0.9757 \end{bmatrix}, \quad \boldsymbol{\Delta}'^{\text{opti}} = \begin{bmatrix} 0.0663 \\ 0.4976 \\ 0.0532 \end{bmatrix}$$

利用优化前后标定参数分别对激光扫描点进行图像投影得到的第 20，179，231，468 帧结果对比如图 8-26 所示。

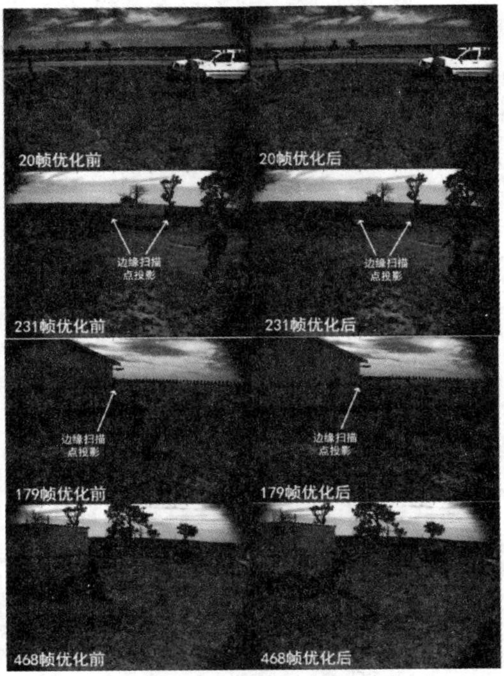


图 8-26 摄像机与激光测距仪联合标定优化结果对比图

图中红色圆点为运动物体扫描点在图像平面上的投影，蓝色圆点为静止物体扫描点在图像上的投影，从图中可见，利用优化标定参数得到的红色圆点更贴近人体，而蓝色边缘扫描点和背景物体边缘也更加契合。说明此时观测一致性较好，多传感器坐标转换参数更精确。

优化前后运动物体和角点图像平面投影观测残差 $|e_i^t|$，$|e_i^l|$ 的变化曲线如图 8 - 27 所示。

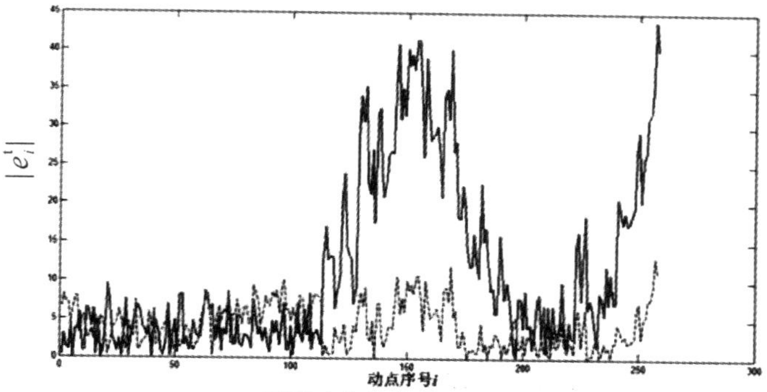


(a) 不同动点优化前后残差曲线

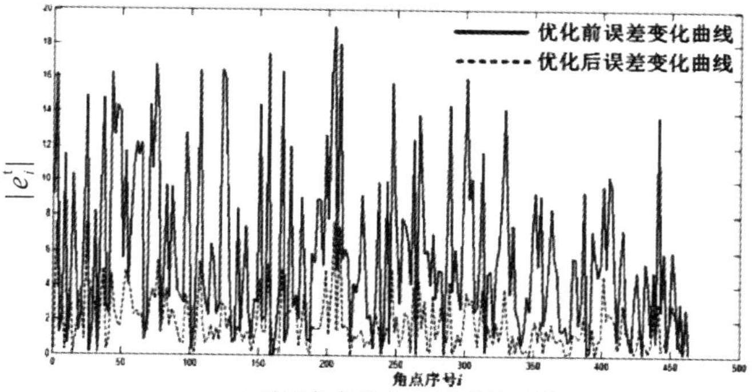


(a) 不同角点优化前后残差曲线

图 8 - 27　优化前后运动点和角点观测残差 $|e_i^t|$，$|e_i^l|$ 的变化曲线

图中实线和虚线分别为优化前后运动点和角点观测残差 $|e_i^t|$，$|e_i^l|$ 的变化曲线，由图可知，无论是运动物体还是静止角点特征，优化后的误差曲线明显低于优化前的误差曲线，说明经过优化后的标定参数产生的运动物体和静止特征投影方向分量更接近实际对象状态。

下面利用蒙特卡罗法分析方法性能，对优化参数 $\Phi_{11}^{\mathrm{opti}}$，$\Phi_{13}^{\mathrm{opti}}$，$\Delta'^{\mathrm{opti}}_{1}$ 分别人为添加方差为 0.01，0.005，0.1 的高斯白噪声，产生 1 000 次实验标定初始参数值，并利用设计方法完成 1 000次参数优化，优化前后参数值分布如图 8 - 28 所示。

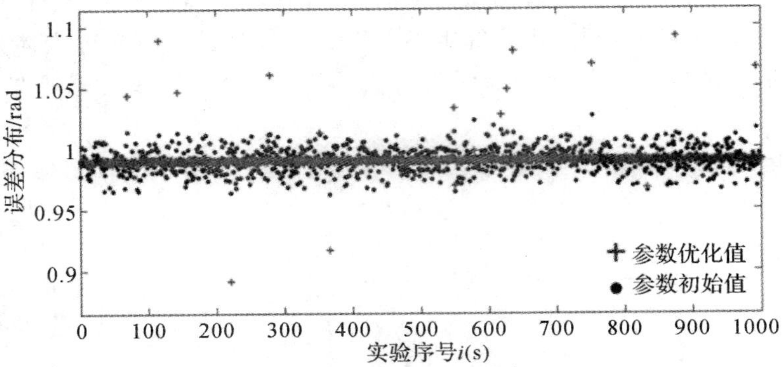


(a) $\Phi_{11}$优化前后分布

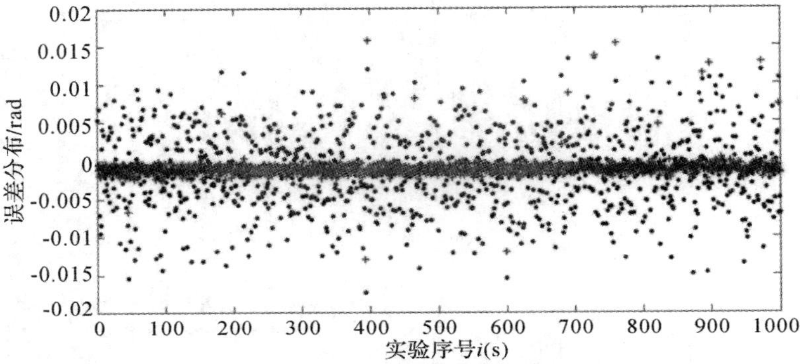


(b) $\Phi_{13}$优化前后分布

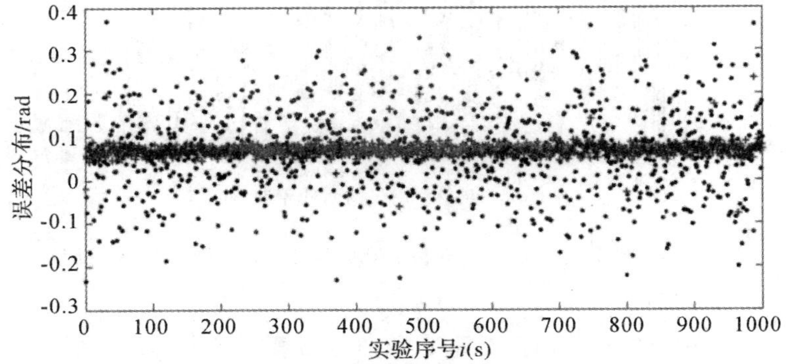


(c) $\Delta'_{1}$优化前后分布

图 8-28　1 000 次蒙特卡罗实验优化前后参数分布

图中圆点为优化前参数值，十字为优化后参数值。从图中可见，由于引入了人为参数噪声使初始参数分布较为分散，经过优化后，不同实验得到的参数均集中在初始优化值附近。另外，一些参数优化结果存在较大误差，分析原因在于，当初始参数误差过大时，在进行环境垂线特征检验时引入了较多错误检验值，利用这些错误垂线特征进行融合会引入更多误差，从而影响优化结果。可见，特征提取的准确性是设计方法的关键。

# 8.4 基于多传感器信息融合的 EKF_SLAMOT 流程及实验分析

基于多传感器信息融合的 EKF_SLAM 的主体流程为上述四部分，但在之前需要加入信息融合环节以得到更加准确的目标和环境特征观测值。具体处理过程如图 8－29 所示。

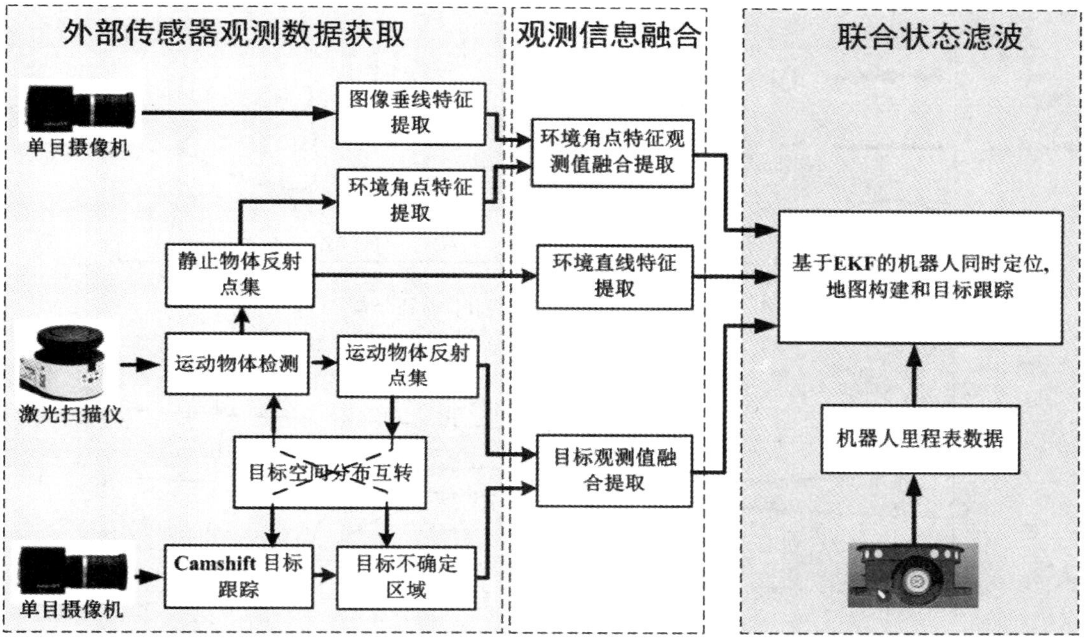


图 8－29　基于多传感器信息融合的 EKF_SLAM 的主体流程

如图 8－29 所示，流程主要分为 3 个部分：外部传感器观测数据获取（DG）部分、观测信息融合部分（IF）以及基于 EKF 的联合状态滤波部分（EKF_SLAMOT）。DG 实现不同传感器环境和目标观测值获取，主要获取 5 种观测值，即摄像机目标观测值、摄像机环境垂线观测值、激光目标观测值、激光环境平行直线观测值、激光环境角点观测值。其中在进行目标观测值获取时利用 4.3 节介绍的方法完成验证工作。IF 实现不同传感器对象观测值融合，利用 8.2.2 节介绍的内容将激光环境角点观测值和摄像机环境垂线观测值进行融合，得到环境角点特征观测值，而激光环境平行直线观测值不进行融合，直接进入 EKF_SLAMOT 作为直线观测值（由于两传感器对该特征无关联性）。EKF_SLAMOT 利用第 7 章内容实现机器人、目标、环境特征的联合状态滤波。

图 8－30 所示为实体机器人、目标轨迹估计以及环境特征分布。图中点连线代表机器人和目标在每一时刻的位置估计，直线代表环境特征分布，椭圆代表环境角点分布。从该图可见，最终系统包含 8 条环境直线特征和 7 个角点特征，环境角点位置和直线交点位置重合度较高，说明环境特征状态估计一致性较好。

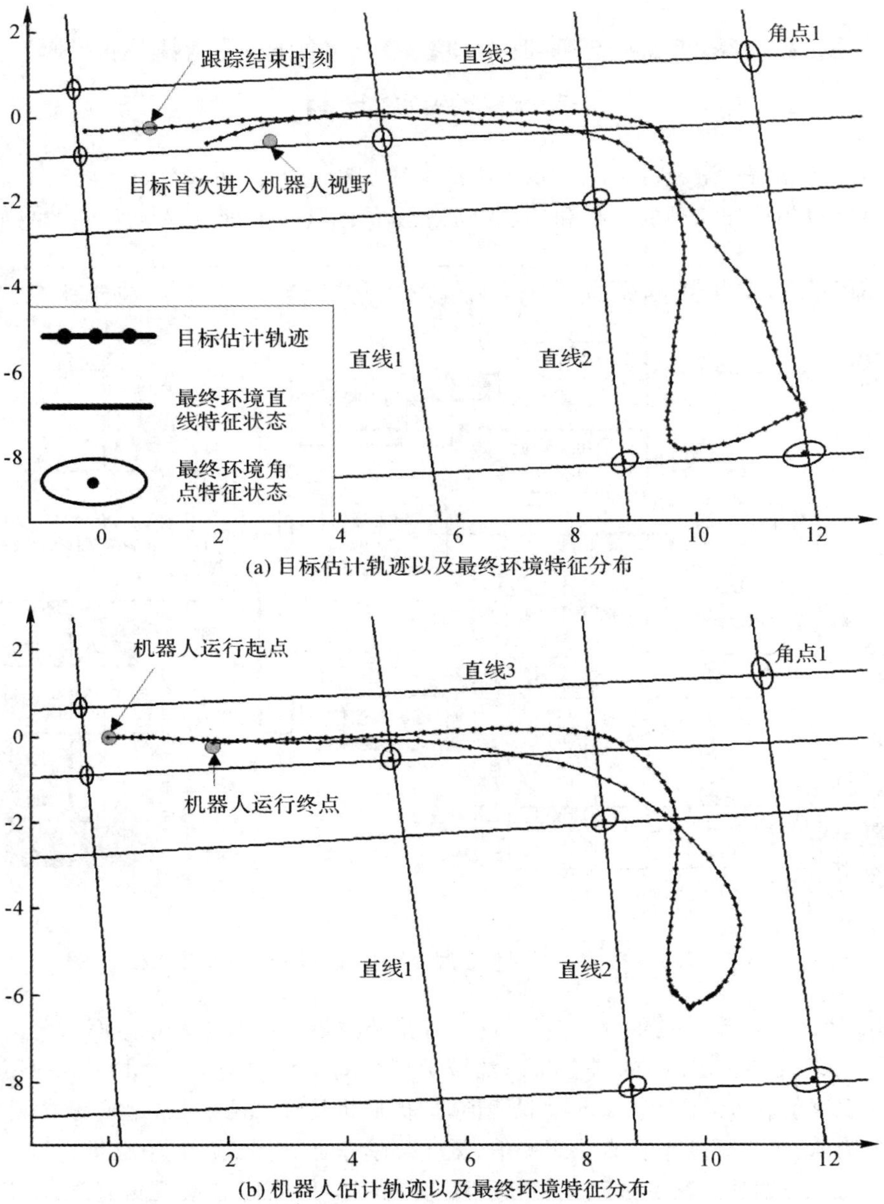

(a) 目标估计轨迹以及最终环境特征分布


(b) 机器人估计轨迹以及最终环境特征分布

图 8-30　机器人和目标的估计轨迹以及最终环境特征分布

## 参考文献


[1] Kassir A. Automation of sensor calibration for unmanned ground vehicles[D]. B. E. Honours Thesis, 2009.

[2] Fischler M A, Bolles R C. Random sample consensus, a paradigm for modelting with applications to image analysis and automated cartography[J]. Communications of the ACM, 1981,24(6):381-395.

[3] Golub G, Van Loan C. Matrix Computation[M]. John Hopkins studies in the mathematical sciences. Johns Hopkins University Press, Baltimore, Maryland, third edition, 1996.

[4] Coleman T F, Li Y. An interior trust region approach for nonlinear minimization subject to bounds[J]. SIAM Journal on Optimization, 1996, 32(6): 418－445.

[5] Levenberg K. A method for the solution of certain problems in Least-Squares [J]. Quarterly Applied Math, 1944, 2:164－168.

[6] Dennis J E. Nonlinear Least-Squares, State of the Art in Numerical Analysis[M]. D. Jacobs, Academic Press, 1977.

[7] Siegwart R, Nourbakhsh I R. Introduction to autonomous mobile robots [M]. Cambridge, Massachusetts London, England: MIT Press, 1998.

[8] Quenouille M. Approximate tests of correlation in time-series[J]. Journal of the Royal Statistical Society. Series B (Methodological), 1949, 11(1):68－84.

[9] Peynot T, Scheding S, Terho S. The marulan data sets: multi-sensor perception in natural environment with challenging conditions[J]. International Journal of Robotics Research, 2010, 29(13): 1602－1607.

[10] Arras, K O. Feature-Based robot navigation in known and unknown environments[D]. Lausanne: EPFL, 2003.

[11] Zhang Q, Pless R. Extrinsic calibration of a camera and laser range finder[C]// Proceedings of the IEEE International Conference on Intelligent Robots and Systems (IROS). Louis, MO, USA: IEEE, 2004: 2301－2306.

[12] Hartley R, Zisserman A. Multiple view geometry in computer vision[M]. UK: Cambridge University Press, 2003.

[13] Kalman, R E, A new approach to linear filtering and prediction problem[J]. Journal of Basic Engineering, 1960, 82(1):35－45.

[14] Bar-Shalom T E. Tracking in a cluttered environment with probabilistic data association[J]. Automatica, 1975, 11(9):451－460

[15] 韩崇昭，朱洪艳，段战胜. 多源信息融合[M]. 北京：清华大学出版社，2006.

[16] Li L L, Zhao W C. Analysis and improvement of characteristic points extraction algorithms in camera calibration[J]. Acta Optica Sinica, 2014, 34(5): 0515002.

[17] Zhang Q, Pless R. Extrinsic calibration of a camera and laser range finder[C]// Proceedings of the IEEE International Conference on Intelligent Robots and Systems (IROS). Louis, MO, USA: IEEE, 2004: 2301－2306.

[18] Cobzas D, Zhang H, Jagersand M. A comparative analysis of geometric and image-based volumetric and intensity data registration algorithms[C]// IEEE International Conference on Robotics and Automation (ICRA). Edmonton, Alta, Canada: IEEE, 2002:2506－2511.

[19] Chen Z, Zhuo L. Extrinsic calibration of a camera and a laser range finder using point to line constraint[J]. Procedia Engineering, 2012, 29(3): 4348－4352.

[20] Yunsu B, Dong Geol C. Extrinsic calibration of a camera and a 2D laser without overlap [J]. Robotics and Autonomous System, 2016, 78(18): 17 - 28.

[21] Heng L, Lee G H, Pollefeys M. Self-calibration and visual SLAM with a multi-camera system on a micro aerial vehicle[J]. Autonomous Robots, 2015, 39(3): 259 - 277.

[22] Zhang Q, Pless R. Extrinsic calibration of a camera and laser range finder[C]// Proceedings of the IEEE International Conference on Intelligent Robots and Systems (IROS). Louis, MO, USA: IEEE, 2004: 2301 - 2306.

[23] Marquardt D. An algorithm for least-squares estimation of nonlinear parameters[J]. SIAM J. Appl. Math. 1963, 11(5): 431 - 441.

[24] Julier S, Uhlmann J. General decentralized data fusion with covariance intersection (CI)[C]//Hall D, Llians J. Handbook of multisensor data fusion. USA: CRC Press, 2001: 12 - 25.

# 第9章 未知环境下多机器人协作目标跟踪算法研究

多机器人协作能使系统获得更高的性能[1-3]，其优势主要表现在以下几方面。

(1)提高机器人的任务执行能力。有些任务(例如：协作搬运[4])依靠单个机器人是无法完成的，需要机器人团队间的相互配合。

(2)减少机器人系统的成本和提高机器人系统的鲁棒性能。设计一台集各种功能于一身的机器人其成本往往要比设计多台完成各种简单子功能的机器人成本更高。另外，集各种能力于一身的机器人其在执行任务过程中的鲁棒性也低于机器人团队。

(3)提高机器人的任务执行准确性和效率。机器人协作完成任务可以充分发挥机器人团队的分布式特性，进而提高任务执行准确性和效率(例如：协作定位[5]、协作收集任务[6])。

本章研究未知环境下多机器人协作目标追踪问题。首先针对多机器人协作围捕控制问题设计基于极限环的分布式控制算法，该算法是人工势场法和极限环法的结合，其特点在于机器人团队在围捕目标的不同阶段采用不同的围捕控制策略，即，在目标追随阶段采用人工势场法对机器人团队进行队形控制，使其能够以特定形状向目标逼近，在目标合围阶段利用极限环法完成机器人团队对目标的环绕式动态包围，这更有利于避免目标的逃逸。仿真实验验证该控制算法的有效性。在此基础上，研究未知环境下多机器人协作目标跟踪问题，设计基于协方差交集的分布式多机器人协作 SLAMOT 算法，协方差交集数据融合方法的采用在提高相关对象状态估计准确性的同时避免了对象状态间的互相关性估计问题，减少了系统的数据传输和计算量，使算法具备了分布式的特点。仿真实验通过对比非融合算法结果证明了融合算法在系统状态估计准确性上的优势。

## 9.1 基于极限环的多机器人协作围捕控制算法

生物界存在各式各样的协作围捕形式，无论是同物种之间的协作[7]，还是不同物种之间的协作[8-9]，这些现象是大自然演化竞争的结果，同时也证明了多智能体协作的优势。

在多机器人协作控制领域也有类似研究课题，其被称为协作围捕问题。该问题是检测多机器人协作系统有效性的重要手段，最早的研究源自文献[10]，智能体被分成掠食者和猎物两类，掠食者的目的是追赶上猎物并将其包围，猎物则要尽量避免被其抓住。总体来说，主要存在四类方法解决协作围捕问题：基于模型的方法、基于行为的方法[11-13]、基于概率的方法[14]以及混杂的方法[15-17]。基于模型的方法要求准确建立围捕过程数学模型，并根据该模型设计控制律，其优点是围捕效率高，能够达到全局最优，但准确建立数学模型往往较困难。基于行为的方法也称作反应式控制方法(Reactive Control)，其主要是设计一系列机器人基本行为，如巡游、追捕、避障，并设计合适的行为调度控制器来根据具体情况合理调度各种行为以最终产生所需的机器人团队整体行为。该方法避免了建构数学模型的复杂性并可以实现分布式控制，但是，因为没有准确的围捕模型，使得系统无法达到对机器人的最优控制。基于概率的方法充分考虑到围捕过程中猎物运动不确定性以及环境不确定性，从而能够有效缩短围捕时间，提高围捕效率。混杂的方法是将多种单一方法相结合，充分利用各方法长处，弥补单一方法缺点，该方向是当今研究热点。文献[15,17]以人工势场法为基础，设计了反馈控制率以完成机器人团队在靠近猎物过程中的队形控制，但该方法机器人之间的相互作用关系是不变的，因此队形的形状是无法控制的。文献[16]将围捕过程分为几个阶段，在不同阶段机器人所受作用力权值不同，使机器人能够在追捕过程中保持队形，并完成从追捕到合围的平滑过渡，但该方法没有考虑避障问题。同时，机器人之间作用力以及系数是不变的，因此，队形控制缺乏灵活性。目前大多数围捕方法，在机器人团队包围猎物之后，机器人将静止不动，这就增加了猎物逃脱的可能性，如果在包围猎物后，机器人团队能够绕猎物旋转，同时相互之间保持均匀间距，那么将减少猎物逃脱机会。

本节将极限环概念应用到多机器人围捕中，实现机器人在避免相互碰撞前提下绕猎物旋转的围捕方式。为了提高多机器人队形控制灵活性，设计了可变作用力系数和作用力距离，其值将根据具体传感器数据而改变，因此，该控制算法具有混杂方法的特点，它既能提高围捕效率又能适应环境变化，并且对于机器人的控制是分布形式的，单个机器人只根据传感器数据控制自身运动，从而提高了系统鲁棒性。

### 9.1.1 多机器人协作围捕问题描述

假设 $n$ 个自主机器人，在平面环境中完成对另一个机器人的协作围捕任务，并将围捕机器人记为 $R_1, R_2, \cdots, R_n$，将目标记为 T。此处假设围捕机器人数量为 3 个或 4 个，即 $n=3$ 或 $n=4$，另外，假设每个机器人能够感知目标与自身的相对位置以及邻域机器人与自身的相对位置。协作围捕主要完成以下几项任务：

(1)队形保持。围捕机器人从各自出发点开始协作围捕，在奔向目标过程中，为了体现协作概念，多机器人需保持特定队形前进(如，三角形、菱形)，保持队形的优点在于最终靠近目标后多机器人能够较为对称地分散在目标周围，从而提高围捕效率。

(2)围绕目标环绕运动。在多机器人追赶上目标后，机器人团队不仅要均匀分布在目标周围，还要等间距环绕目标运动，这种围捕方式能够发挥多机器人协作优势，防止目标逃逸。

(3)围捕过程中避障。避障是多机器人系统首要解决的问题，机器人既要避免相互之间的碰撞又要解决对环境中障碍物的躲避。另外，在避障过程中需保持一定队形作用力关系以使在躲避障碍物后机器人团队能够较快恢复原队形。

### 9.1.2 多机器人协作围捕控制算法

多机器人协作围捕控制算法是分布式的，每个机器人通过感知其他机器人、障碍物以及目标相对于自身的位置来控制运动速度，并凭借机器人之间的相互作用最终达到机器人团队的整体协调行为。

1.队形保持控制律

队形控制目的是使多机器人保持特定相互位置关系，因此，该控制律输入为邻域机器人相对于自身的位置。以下用有向箭头来表示这种作用关系，如图 9 - 1 所示。

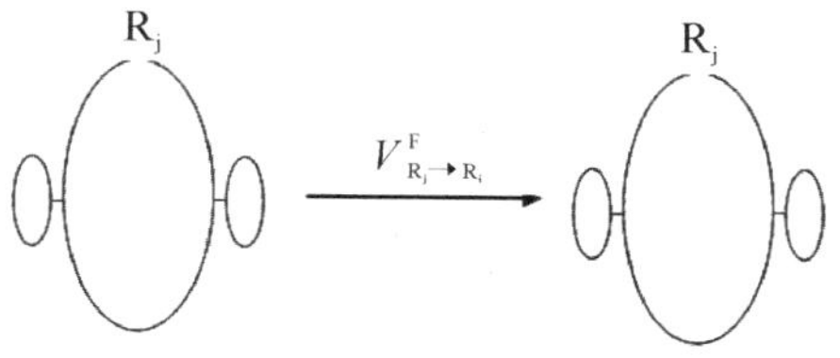


图 9 - 1　机器人作用关系示意图

其中，箭头起始端为作用机器人，末端为被作用机器人。在 $R_i$ 局部坐标系下，设该作用对 $R_i$ 所产生的控制速度为

$$V^{F}_{R_j \to R_i} = k_{R_j \to R_i} \left\{ \begin{bmatrix} x_j^i \\ y_j^i \end{bmatrix} - d_{\text{formation } j \to i} \frac{\begin{bmatrix} x_j^i \\ y_j^i \end{bmatrix}}{\left\| \begin{bmatrix} x_j^i \\ y_j^i \end{bmatrix} \right\|} \right\} \tag{9-1}$$

其中，$[x_j^i \quad y_j^i]'$ 为 $R_j$ 在 $R_i$ 局部坐标系下的坐标；$k_{R_j \to R_i}$ 为 $R_j$ 对 $R_i$ 作用分量系数其值为正；$d_{\text{formation } j \to i}$ 为 $R_j$ 对 $R_i$ 作用平衡距离。为了使多机器人保持一定队形，以上作用需要在特定几个机器人之间产生，如图 9 - 2 所示。

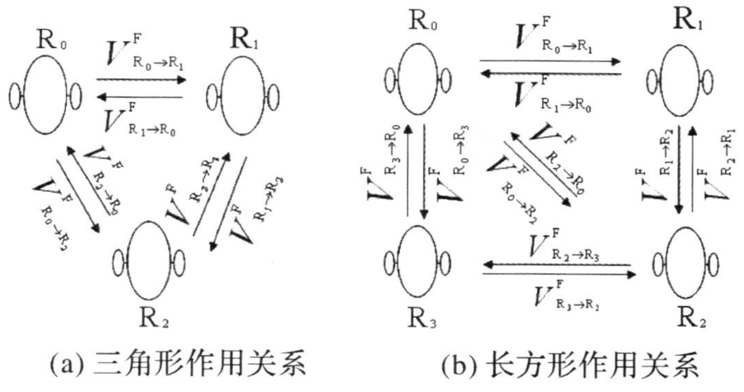


图 9 - 2　保持队形时机器人之间作用关系图

图 9 - 2 (a)显示了 3 机器人形成三角形的相互作用关系，以 $R_0$ 为例，其分别受 $R_1$ 和 $R_2$ 的作用，可以通过调整 $d_{\text{formation } j \to i}$ 值大小决定三角形具体形状，图 9 - 2 (b) 显示了 4 机器人形成长方形的相互作用关系，由此可得机器人 $R_i$ 保持队形控制为

$$V_i^{F} = [\dot{x}_i^F \quad \dot{y}_i^F]' = \sum_{j \in \Delta} V^{F}_{R_j \to R_i} \tag{9-2}$$

其中，$V_i^{F}$ 为 $R_i$ 的队形控制速度；$\Delta$ 为作用于 $R_i$ 的邻域机器人集合，例如，对于图 9 - 2 (a) 中的 $R_0$，$\Delta = \{R_1, R_2\}$，对于图 9 - 2 (b)中的 $R_0$，$\Delta = \{R_1, R_2, R_3\}$。

作用关系用单向作用力表示，使机器人间能够进行灵活的作用关系组网，当某个机器人出现故障时，系统只需将相应的作用力分量从队形控制率函数中去掉，并寻找新的作用机器人，将其作用分量添加入队形控制率函数，因此提高了系统鲁棒性。

2. 围捕目标控制律

传统围捕任务，多机器人将目标包围就算围捕成功，在机器人形成包围圈之后，其运动将终止，而在现实应用中，目标可能借助围捕机器人之间的空隙逃走。鉴于此，如果在最终合围过程中，围捕机器人能够动态均匀地绕猎物运动，那么目标逃跑机会将减小。因此，以下将极限环概念用于多机器人围捕任务。

极限环已经成功应用于机器人避障和姿态控制[21,143]，首先介绍基于极限环的围捕控制律，在目标机器人坐标系下，设计非线性系统如下：

$$\dot{\bar{x}} = \lambda(\bar{y} + \omega\bar{x}(r^2 - \bar{x}^2 - \bar{y}^2)) \tag{9-3}$$

$$\dot{\bar{y}} = \lambda(-\bar{x} + \omega\bar{y}(r^2 - \bar{x}^2 - \bar{y}^2)) \tag{9-4}$$

其中，$\lambda,\omega,r$ 均为正参数，则该非线性系统存在形式为 $\bar{x}^2 + \bar{y}^2 = r^2$ 的圆形极限环，该结论证明参见文献[22]。

利用该结论，在围捕机器人坐标系下设计控制律如下：

$$V_i^{\mathrm{L}} = [\dot{x}_i^{\mathrm{L}} \quad \dot{y}_i^{\mathrm{L}}]' = \begin{bmatrix} \lambda(-y_{\mathrm{T}}^i - \omega x_{\mathrm{T}}^i(r^2 - (x_{\mathrm{T}}^i)^2 - (y_{\mathrm{T}}^i)^2)) \\ \lambda(x_{\mathrm{T}}^i - \omega y_{\mathrm{T}}^i(r^2 - (x_{\mathrm{T}}^i)^2 - (y_{\mathrm{T}}^i)^2)) \end{bmatrix} \tag{9-5}$$

其中，$\lambda$ 和 $\omega$ 为调节参数且均为正，通过调节其值可控制极限环收敛速度；$r$ 为极限环半径；$[x_T^i \quad y_T^i]'$为目标在 $R_i$ 局部坐标系中的坐标。图 9-3 显示了目标坐标为(10,10)，20×20 范围内在极限环作用下各点的速度控制方向。

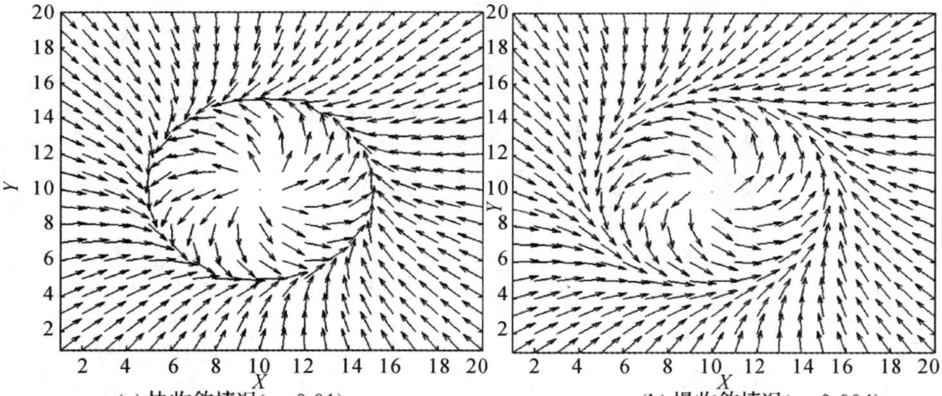


图 9-3　极限环对空间各点的作用力方向图

图 9-3(a)所示为 $\omega$=0.01 时快收敛情况，图 9-3(b)所示为 $\omega$=0.04 时慢收敛情况，可以看出空间中各点最终将趋向以(10,10)为圆心，半径为 2.5 的圆环并绕该圆环转动。

3. 无障碍条件下机器人完整控制律

以下设计环境中没有静态障碍物条件下机器人的完整控制律。机器人围捕目标过程分为两个阶段，即，奔向目标阶段和合围阶段，每阶段有各自的控制重点。例如，在奔向目标阶段多机器人应该以保持队形为重点，因此，队形保持控制律在该阶段起到主要作用，而在合围阶段，围捕目标控制律应起到主要作用，因此，结合式(9-2)和式(9-5)设计完整控制律如下：

$$V_i^{\mathrm{C}} = k_{\mathrm{F}} V_i^{\mathrm{F}} + k_{\mathrm{L}} V_i^{\mathrm{L}} \tag{9-6}$$

其中，$V_i^{\mathrm{C}}$ 为 $R_i$ 所受作用合力；$k_{\mathrm{F}}$ 为保持队形控制律系数；$k_{\mathrm{L}}$ 为围捕猎物控制律系数，两系数之间的关系为

$$k_{\mathrm{F}} = k_{\mathrm{near}} + \frac{k_{\mathrm{far}} - k_{\mathrm{near}}}{1 + \exp(\mu(D - D_{i\mathrm{T}}))} \tag{9-7}$$

$$k_{\mathrm{L}} = 1 - k_{\mathrm{F}},\quad 0 \leqslant k_{\mathrm{F}} \leqslant 1,\quad 0 \leqslant k_{\mathrm{L}} \leqslant 1 \tag{9-8}$$

其中，$\mu$ 为正系数项；$D$ 为距离门限；$D_{i\mathrm{T}}$ 为 $\mathrm{R}_i$ 和目标间距离；$0 \leqslant k_{\mathrm{near}} \leqslant 0.5$，$0.5 \leqslant k_{\mathrm{far}} \leqslant 1$ 为不同围捕阶段对应的协调参数，$k_{\mathrm{near}}$ 取值越小在包围阶段机器人相互的作用越小，$k_{\mathrm{far}}$ 取值越大在接近阶段机器人之间的相互作用越大。由式(9-7)和式(9-8)可见 $k_{\mathrm{F}}$ 和 $k_{\mathrm{L}}$ 值是随 $D_{i\mathrm{T}}$ 大小而变化的，$D_{i\mathrm{T}}$ 较大时 $k_{\mathrm{F}}$ 大于 $k_{\mathrm{L}}$，从而该阶段以保持队形为主，相反，当 $D_{i\mathrm{T}}$ 较小时，$k_{\mathrm{L}}$ 大于 $k_{\mathrm{F}}$，从而该阶段以合围目标为主。

4. 有障碍条件下机器人完整控制律

接下来，讨论围捕环境中存在障碍物条件下机器人所受的完整控制律。机器人将根据离自身最近的障碍物距离来判断何时采用该控制律，如图 9-4 所示。

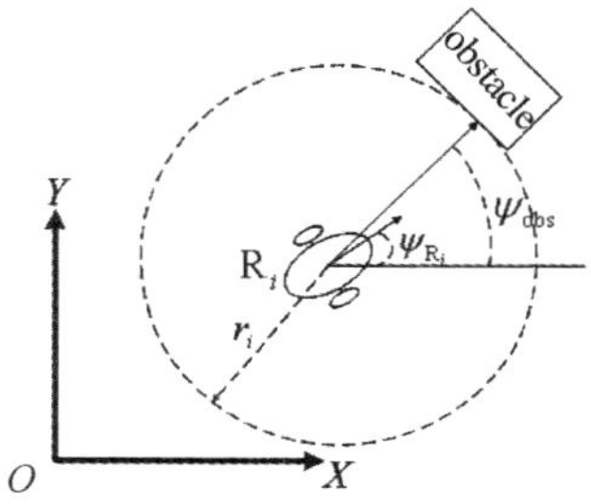


图 9-4　机器人避障示意图

设 $\psi_{\mathrm{obs}}$ 为从 $\mathrm{R}_i$ 到障碍表面向量相对于全局坐标系的夹角，$\psi_{\mathrm{R}_i}$ 为 $\mathrm{R}_i$ 相对于全局坐标系的朝向角，$r_i$ 为 $\mathrm{R}_i$ 到障碍物的安全距离，则机器人避障角度控制律为

$$\dot{\psi}_{\mathrm{R}_i} = \frac{\lambda_i(\psi_{\mathrm{obs}} - \psi_{\mathrm{R}_i})}{\exp\left(\dfrac{(\psi_{\mathrm{obs}} - \psi_{\mathrm{R}_i})^2}{2\delta_i^2}\right)} \tag{9-9}$$

可以证明(利用 Lyapunov 稳定定理)在式(9-9)控制下 $\psi_{\mathrm{R}_i}$ 在 $\psi_{obs}$ 处不稳定，即在该角度控制率下 $\psi_{\mathrm{R}_i}$ 无法接近于 $\psi_{\mathrm{obs}}$。

机器人运用角度控制的好处是能够避免吸引作用和排斥作用相抵消而出现的死锁现象。由于系统是由速度控制的，因此需将角度控制量转换成相应的速度控制量 $V_i^{\mathrm{O}}$，处理过程如下：

(1)计算当前距离 $\mathrm{R}_i$ 最近的障碍物坐标 $\boldsymbol{O}_i = [x_{\mathrm{o}}(k)\quad y_{\mathrm{o}}(k)]'$；

(2)计算从 $\mathrm{R}_i$ 到 $\boldsymbol{O}_i$ 的向量在全局坐标系中的角度 $\psi_{\mathrm{obs}}(k)$；

(3)计算 $\mathrm{R}_i$ 的角度 $\psi_{\mathrm{R}_i}(k)$；

(4)由式(9-9)计算 $\psi_{\mathrm{R}_i}(k)$ 的角度控制量 $\Delta\psi_{\mathrm{R}_i}(k)$；

(5)计算控制结果：$\psi_{\mathrm{R}_i}(k+1) = \psi_{\mathrm{R}_i}(k) + \Delta t \Delta\psi_{\mathrm{R}_i}(k)$；

(6)由 $\psi_{\mathrm{R}_i}(k+1)$ 计算出 $\mathrm{R}_i$ 的速度单位向量 $\boldsymbol{V}_i^{\mathrm{O}}$；

(7)由式(9-10)计算 $\mathrm{R}_i$ 所受到的合力速度并计算在该速度作用下 $\mathrm{R}_i$ 的新位置；

(8)返回第(6)步。

为了既保证顺利躲避障碍物又保证使多机器人在奔向目标时维持一定队形关系，结合式(9-2)和式(9-5)设计控制律如下：

$$V_i^{CO} = k_F V_i^F + k_L V_i^L + k_O V_i^O \tag{9-10}$$

其中，避障作用系数为

$$k_O = k_{onear} + \frac{k_{ofar} - k_{onear}}{1 + \exp(\mu(D - D_{io}))} \tag{9-11}$$

$1 > k_{onear} > 0.9$ 为 $R_i$ 靠近障碍物时避障作用系数上限，$0 < k_{ofar} < 0.2$ 为 $R_i$ 距离障碍物较远时避障作用系数下限。$D_{io}$ 为 $R_i$ 和最近障碍物间距离，$D$ 为距离门限，$\mu$ 为正系数。保持队形和围捕目标作用系数为 $k_F = k_L = (1 - k_O)/2$。

5. 四机器人从保持队形阶段到包围阶段过渡

合围阶段要求多机器人环绕目标旋转同时相互保持一定距离。对于 3 机器人如图 9-2(a)所示，由于其环链作用形式，从保持队形阶段到包围阶段，机器人之间的作用关系无须变化，而对于 4 机器人如图 9-2(a)所示，机器人之间的作用会影响转换顺利进行，因此对于 4 机器人来说，过渡阶段存在相互关系的变换，其变换如图 9-5 所示。

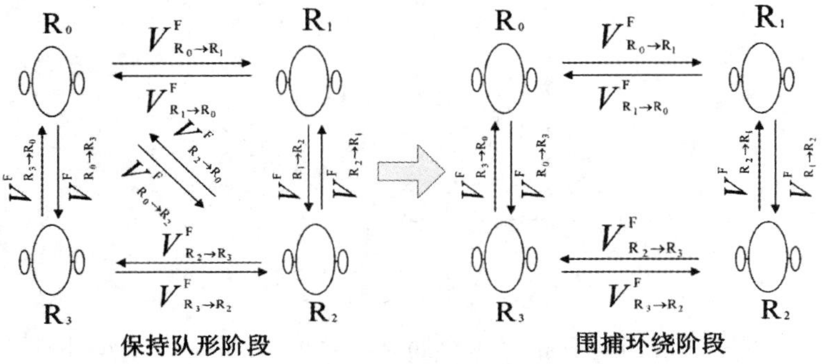


图 9-5　合围阶段 4 机器人作用关系变换示意图

具体来说，主要存在两方面的变换。

一方面，机器人之间作用关系将发生改变，例如，对于 $R_0$ 来说，$R_0$ 和 $R_2$ 之间的相互作用力将消失，因此，系统将来自 $R_2$ 的作用力系数设为

$$k_{R_2 \to R_0} = \frac{k}{1 + \exp(\mu(D - D_{0L}))} \tag{9-12}$$

其中，$k$ 为正系数项；$D_{0L}$ 为 $R_0$ 和目标机器人间的距离；$D$ 同式(9-7)中意义。该式可保证在 $R_0$ 靠近目标机器人过程中，$R_2$ 逐步失去对 $R_0$ 的作用力。类似地，$R_0$ 对 $R_2$ 的作用力系数也将进行同样处理。

另一方面，在作用力关系改变后，各机器人间平衡距离也将变均匀。例如：对于 $R_0$ 来说，来自 $R_1$ 和 $R_3$ 的平衡距离分别设为

$$d_{formation\ 1 \to 0} = d_{near} + \frac{d_{far1 \to 0} - d_{near}}{1 + \exp(\mu(D - D_{0L}))} \tag{9-13}$$

$$d_{formation\ 3 \to 0} = d_{near} + \frac{d_{far3 \to 0} - d_{near}}{1 + \exp(\mu(D - D_{0L}))} \tag{9-14}$$

$$d_{near} = 2r\sin(\pi/4) \tag{9-15}$$

其中，$d_{far\ 1 \to 0}$ 为保持队形时 $R_1$ 对 $R_0$ 的作用平衡距离；$d_{far\ 3 \to 0}$ 为保持队形时 $R_3$ 对 $R_0$ 的作用平衡距离；$D_{0L}$，$D$ 与式(9-7)中意义相同；$r$ 为极限环半径。式(9-13)与式(9-14)能够保证当

$R_1$ 接近目标时，$R_1$ 和 $R_3$ 对其作用平衡距离变均匀。同样的处理方法也用到 $R_1$，$R_2$，$R_3$ 上。

### 9.1.3　多机器人协作围捕控制算法实验结果

为了验证设计算法的有效性，本节将从追捕阶段队形保持、围捕阶段包围圈形成以及围捕过程中的避障三方面加以验证。仿真实验在 Metlab 7.5 环境下完成，分别进行了 3 机器人团队和 4 机器人团队的实验，实验中目标以固定速度向固定方向运动，并在某一区域停止。

图 9－6 显示了在追捕猎物过程中多机器人之间的队形保持效果，其中圆环分别代表不同机器人各时刻位置状态，星号代表目标各时刻位置状态，从图 9－6(a)可见，3 机器人团队 $R_0$，$R_1$，$R_2$ 以及目标的起始坐标分别为(5,15)，(10,42)，(27,16)，(100,100)，在追捕目标过程中 3 机器人始终保持倒三角形，从图 9－6(b)可见，4 机器人团队 $R_0$，$R_1$，$R_2$，$R_3$ 以及目标的起始坐标分别为(2,6)，(5,52)，(31,5)，(4,27)，(100,100)，在追捕目标的过程中，经过前期的一段相互作用之后最终形成了菱形并继续向目标前进。

图 9－7 显示了合围阶段多机器人环绕目标旋转的效果，由图 9－7(a)可见，3 机器人 $R_0$，$R_1$，$R_2$ 以及目标的起始坐标分别为(2,9)，(5,42)，(23,9)，(20,20)，目标终止位置为(100，100)。机器人团队在目标追赶过程中分别保持三角形，在接近目标时，机器人团队完成了平滑的队形转换，最终 3 个机器人围绕目标均匀地旋转并且保持恒定间距。图 9－7 (b)给出了 4 机器人团队合围情况，机器人团队在目标追赶过程中保持菱形，在接近目标后，环绕目标运动。以上结果证明了控制算法对于机器人环绕运动控制的有效性和不同运动阶段平滑过渡的能力。

图 9－8 验证了多机器人围捕过程中避障能力。从图 9－8 (a)中可见，在 3 机器人团队围捕路线上存在一道垂直于 $X$ 轴的障碍墙，该障碍墙上有两个分别长 10 和 15 的缺口，可以看出 3 机器人在顺利穿过该障碍物之后恢复了三角形队形并最终围绕目标均匀运动。图 9－8 (b)给出了 4 机器人团队避障情况，该围捕环境同样存在一道垂直于水平面的障碍墙，墙上分别存在两处长 10 和 17 的缺口，可以看出 4 机器人在顺利穿过两个缺口后立刻恢复了队形，最终围绕目标均匀运动。

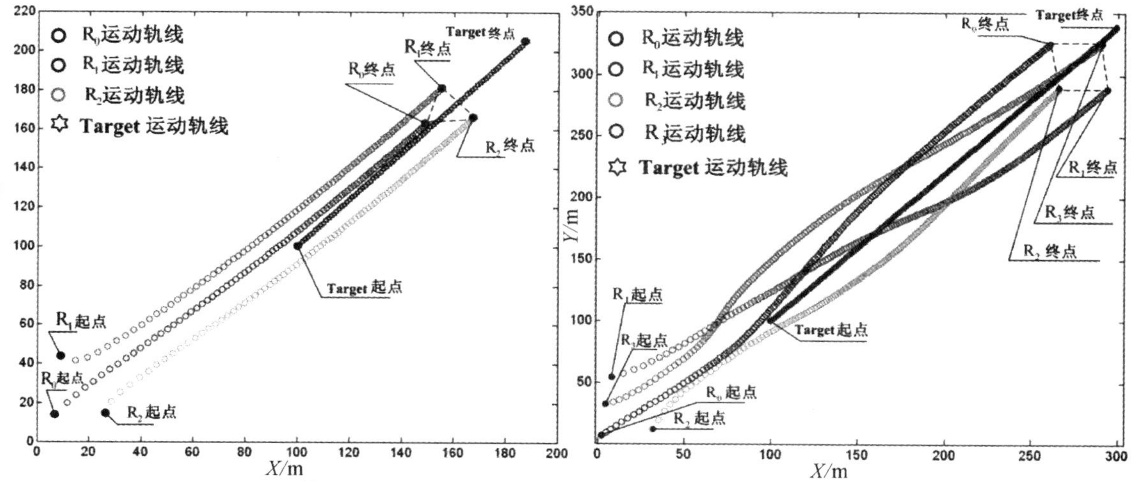


(a) 3机器人保持队形轨迹　　(b) 4机器人保持队形轨迹

图 9－6　多机器人追捕阶段队形控制仿真结果图

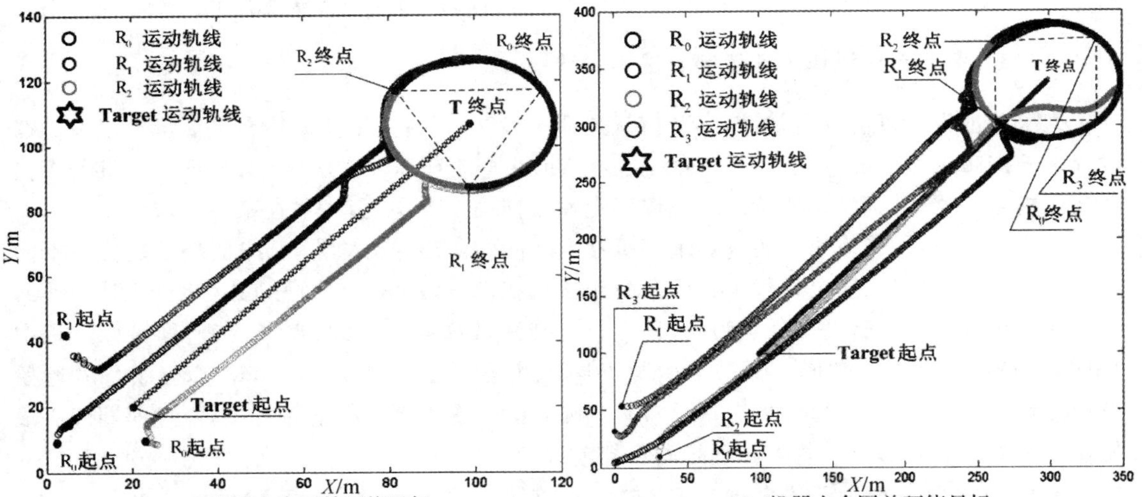

(a) 3机器人合围并环绕目标　　(b) 4机器人合围并环绕目标

图 9－7　多机器人合围并环绕目标仿真结果图

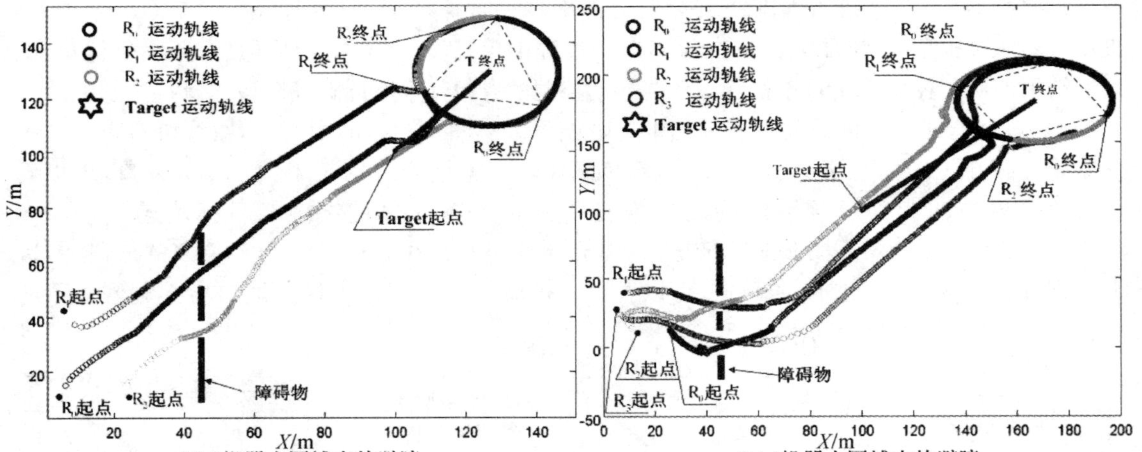

(a) 3机器人围捕中的避障　　(b) 4机器人围捕中的避障

图 9－8　多机器人围捕过程中避障仿真结果图

## 9.2　基于协方差交集的分布式多机器人协作 SLAMOT 算法

本节介绍基于协方差交集的分布式多机器人协作同时定位、地图构建与目标跟踪算法。协方差交集理论的应用使算法具备了分布式特点，系统不需要集中式信息处理单元，每台机器人通过通信进行信息交换并在本地完成信息融合。首先介绍协方差交集数据融合方法。

### 9.2.1　多机器人协作同时定位，地图构建与目标跟踪问题描述

假设存在 $m$ 个固定环境特征$\{\mathrm{lm}_1,\mathrm{lm}_2,\cdots,\mathrm{lm}_m\}$，其中第 $i$ 个标志柱的位置状态记为$\boldsymbol{X}^{\mathrm{lm}_i}$。$n$ 台机器人组成的机器人团队为$\{\mathrm{R}_1,\mathrm{R}_2,\cdots,\mathrm{R}_n\}$，其中第 $i$ 个机器人在 $k$ 时刻的位姿状态为

$\boldsymbol{X}_k^{\mathrm{R}_i}$。环境中存在需要追踪的目标 T，其在 $k$ 时刻的 CAM 状态记为 $\boldsymbol{X}_k^{\mathrm{T}}$。

假设 $\mathrm{R}_i$ 在 $k$ 时刻获得 $n_k^{\mathrm{R}_i}$ 个环境观测值，将该观测值集合记为 $z_k^{\mathrm{R}_i}$，$z_k^{\mathrm{R}_i}$ 包含 4 种可能的观测对象，即，$z_k^{\mathrm{R}_i}=z_k^{\mathrm{R}_i,\mathrm{lm}}\cup z_k^{\mathrm{R}_i,\mathrm{T}}\cup z_k^{\mathrm{R}_i,\mathrm{R}_j}\cup z_k^{\mathrm{R}_i,\mathrm{false}}$。

(1)对于环境特征的观测值集合：

$$z_k^{\mathrm{R}_i,\mathrm{lm}}=\{\boldsymbol{z}_k^{\mathrm{lm}_1},\ \boldsymbol{z}_k^{\mathrm{lm}_2},\cdots,\boldsymbol{z}_k^{\mathrm{lm}_{m_k^{\mathrm{R}_i}}}\}\tag{9-16}$$

其中，$m_k^{\mathrm{R}_i}$ 为 $k$ 时刻机器人 $\mathrm{R}_i$ 观测到的环境特征个数；$\boldsymbol{z}_k^{\mathrm{lm}_i}=[d_k^{\mathrm{lm}_i}\quad\gamma_k^{\mathrm{lm}_i}]'$为环境特征相对于机器人的距离和角度观测值。

(2)对于目标的观测值：

$$z_k^{\mathrm{R}_i,\mathrm{T}}=[d_k^{\mathrm{T}}\quad\gamma_k^{\mathrm{T}}]'\tag{9-17}$$

(3)对于同伴机器人 $R_j$ 的观测值：

$$\boldsymbol{z}_k^{\mathrm{R}_i,\mathrm{R}_j}=[d_k^{\mathrm{R}_i,\mathrm{R}_j}\quad\gamma_k^{\mathrm{R}_i,\mathrm{R}_j}]'\tag{9-18}$$

(4)伪观测值集合：

$$z_k^{\mathrm{R}_i,\mathrm{false}}=\{z_k^{\mathrm{R}_i,\mathrm{false}_1},z_k^{\mathrm{R}_i,\mathrm{false}_2},\cdots,z_k^{\mathrm{R}_i,\mathrm{false}_{l_k^{\mathrm{R}_i}}}\}\tag{9-19}$$

其中，$l_k^{\mathrm{R}_i}\geqslant 0$ 为 $k$ 时刻机器人 $\mathrm{R}_i$ 获得的伪观测值数量，并且有 $n_k^{\mathrm{R}_i}=m_k^{\mathrm{R}_i}+l_k^{\mathrm{R}_i}+2$，假设 $\boldsymbol{z}_k^{\mathrm{R}_i,\mathrm{lm}}$ 能够区别于 $\boldsymbol{z}_k^{\mathrm{R}_i,\mathrm{T}}$，$\boldsymbol{z}_k^{\mathrm{R}_1,\mathrm{R}_2}$，$\boldsymbol{z}_k^{\mathrm{R}_i,\mathrm{false}}$，并且 $\boldsymbol{z}_k^{\mathrm{R}_i,\mathrm{lm}}$ 不存在伪观测值(在实际应用中可以采用特定的环境特征和性能较好的环境特征识别算法[148]来达到该要求)。系统观测对象如图 9-9 所示。

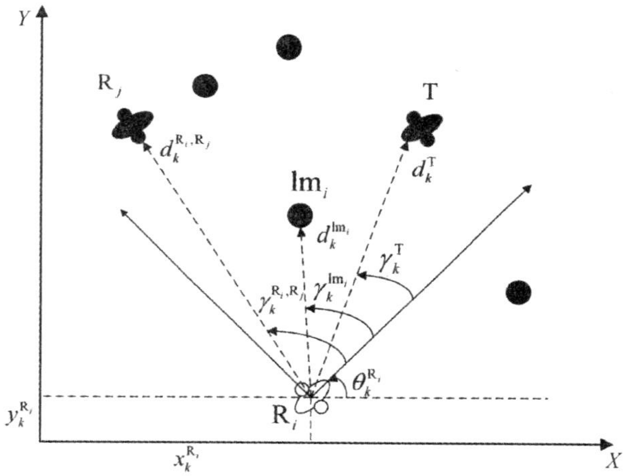


图 9-9　系统观测对象示意图

该图是以 $\mathrm{R}_i$ 为主体的系统观测过程示意图，其中同伴机器人 $\mathrm{R}_j$，目标为 T，圆点代表环境特征 $\mathrm{lm}_i$，箭头虚线代表此时 $\mathrm{R}_i$ 的 3 种观测值。

设 $k$ 时刻 $\mathrm{R}_i$ 的系统状态向量为 $\boldsymbol{R}_i\boldsymbol{X}_k=[(\boldsymbol{X}_k^{\mathrm{R}_i})'(\boldsymbol{X}_k^{\mathrm{R}_i,\mathrm{T}})'(\mathrm{lm}_k)']'$，其中 $\mathrm{lm}_k=[(\boldsymbol{X}_k^{\mathrm{lm}_1})'\cdots(\boldsymbol{X}_k^{\mathrm{lm}_n})']'$为 $\mathrm{R}_i$ 目前发现的环境特征状态估计分量。$X_k^{\mathrm{R}_i}=[(X_k^{\mathrm{R}_i xy})'\quad X_k^{\mathrm{R}_i\theta}]'$为对自身状态估计分量，其中 $\boldsymbol{X}_k^{\mathrm{R}_i xy}=[x_k^{\mathrm{R}_i}\ y_k^{\mathrm{R}_i}]'$代表位置状态估计分量，$\boldsymbol{X}_k^{\mathrm{R}_i\theta}=\theta_k^{\mathrm{R}_i}$ 代表角度估计分量，此处将位置状态和角度状态分开表示的原因在于：由于观测值只能提供位置信息，因此融合过程只针对状态位置分量进行。$\boldsymbol{X}_k^{\mathrm{R}_i,\mathrm{T}}$ 为 $\boldsymbol{R}_i$ 对目标状态估计分量。$\boldsymbol{R}_i\boldsymbol{X}_k$ 对应的协方差阵为 $\boldsymbol{R}_i\boldsymbol{P}_k$。

另外，设 $\mathrm{R}_i$ 对 $\mathrm{R}_j$ 的估计为 $\boldsymbol{X}_k^{\mathrm{R}_i,\mathrm{R}_j}=[(\boldsymbol{X}_k^{\mathrm{R}_i,\mathrm{R}_j xy})'\quad X_k^{\mathrm{R}_i,\mathrm{R}_j\theta}]'$，其中 $\boldsymbol{X}_k^{\mathrm{R}_i,\mathrm{R}_j xy}$ 为 $\mathrm{R}_i$ 对 $\mathrm{R}_j$ 位置

状态估计，$X_k^{R_i,R_j\theta}$ 为 $R_i$ 对 $R_j$ 角度状态估计。$\boldsymbol{X}_k^{R_i,R_j}$ 对应的协方差阵为 $\boldsymbol{P}_k^{R_i,R_j}$。

未知环境下多机器人协作目标跟踪过程为，首先单个机器人 $R_i$ 在未知环境中进行同时定位、地图构建与目标跟踪，若 $R_i$ 和 $R_j$ 建立通信并且 $R_i$ 得到对 $R_j$ 的观测值时，$R_i$ 将通过计算得到其对 $R_j$ 状态的估计 $X_k^{R_i,R_j}$，并将该估计值连同对目标的估计 $\boldsymbol{X}_k^{R_i,T}$ 一同传输给 $R_j$，$R_j$ 在得到 $R_i$ 发送来的信息后运用数据融合方法对本地信息进行更新，以提高本地信息估计的准确性。若 $R_i$ 和 $R_j$ 建立通信但 $R_i$ 没有观测到 $R_j$，$R_i$ 只把对目标的估计 $\boldsymbol{X}_k^{R_i,T}$ 传输给 $R_j$，那么 $R_j$ 将只对本地目标状态估计进行融合。

不同于文献[19]方法，本节设计算法是分布式的，因此能满足鲁棒性和时效性要求。需要说明的是以下只考虑两个机器人的情况，对于更多机器人的情况可以结合利用文献[20]的数据通信方法来解决。另外，算法只对目标和机器人状态进行融合，并没有将环境特征进行融合，其原因有二：首先，环境特征融合会带来通信和计算负担，从而影响系统实时性，其次，从第 6 和第 7 章的研究可知，SLAMOT 估计准确性的关键在于对机器人状态的正确估计，因此笔者相信一旦机器人状态估计准确性提高，那么将会连带提高环境特征的估计准确性，后续实验证明了该观点的正确性。

### 9.2.2 基于 CI 的多机器人协作 SLAMOT 算法

未知环境下多机器人协作定位与目标跟踪系统总体流程如图 9－10 所示。

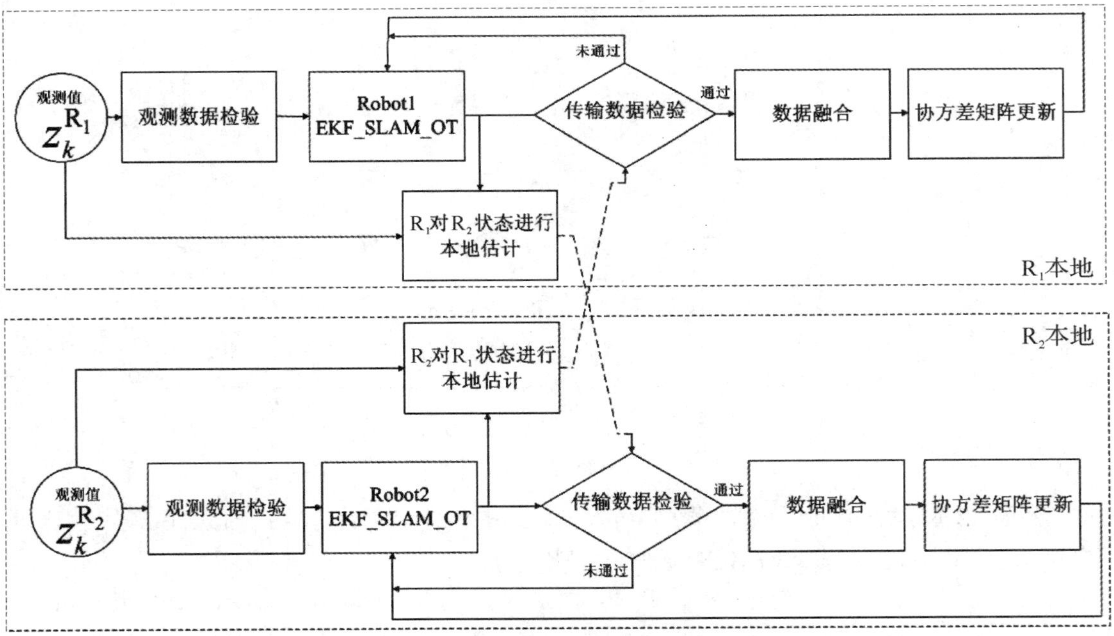


图 9－10　系统总体流程图

图中带箭头实线代表数据流方向，带箭头虚线代表 $R_1$，$R_2$ 间的数据通信。下面以 $R_1$ 为例说明处理过程，假设环境特征观测值集合（$z_k^{R_1,lm}$）与机器人和目标观测值（$z_k^{R_1,R_2}$，$z_k^{R_1,T}$）可以相互区分（也就是说，系统能够直接判断哪些观测值属于环境特征，而对于机器人和目标的观测值系统不能直接区分），并且伪观测值集合 $z_k^{R_1,false}$ 源自对机器人和目标的观测。当 $R_1$ 得到

观测数据 $z_k^{R_1}$ 时首先通过观测数据检验环节来检验并得到目标观测值 $z_k^{R_1,T}$，之后系统进入 EKF_SLAMOT 环节，$R_1$ 运用基于 EKF 的机器人同时定位、地图构建和目标跟踪算法对自身和目标的状态进行估计。若观测值 $z_k^{R_1}$ 除了目标观测值 $\boldsymbol{z}_k^{R_1,T}$ 和环境观测值 $z_k^{R_i,lm}$ 外还存在其他观测值，那么系统认为这些观测值均为 $\boldsymbol{z}_k^{R_1,R_2}$（即，对同伴机器人 $R_2$ 的观测值），$R_1$ 将利用 $\boldsymbol{z}_k^{R_1,R_2}$ 对 $R_2$ 的状态进行估计，并把估计结果 $\boldsymbol{X}_k^{R_1,R_2}$（由于此时 $\boldsymbol{z}_k^{R_1,R_2}$ 可能是伪观测值，因此可能获得多个 $\boldsymbol{X}_k^{R_1,R_2}$ 值）连同目标状态估计 $\boldsymbol{X}_k^{R_1,T}$ 一同通信给 $R_2$，$R_2$ 接收到该信息后在传输数据检验环节对 $\boldsymbol{X}_k^{R_1,T}$ 和多个 $\boldsymbol{X}_k^{R_1,R_2}$ 进行检验，在相关信息通过检验后，$R_2$ 进入数据融合阶段对 $\boldsymbol{X}_k^{R_1,R_2}$ 和 $\boldsymbol{X}_k^{R_2}$（$\boldsymbol{X}_k^{R_2}$ 为 $R_2$ 对自身状态估计）以及 $\boldsymbol{X}_k^{R_1,T}$ 和 $\boldsymbol{X}_k^{R_2,T}$（$\boldsymbol{X}_k^{R_2,T}$ 为 $R_2$ 对目标状态估计）进行基于 CI 的数据融合。最后 $R_2$ 还需对自身系统协方差矩阵 $\boldsymbol{R_2P_k}$ 进行更新以完成此次循环。下面对每一环节给予详细介绍。

（1）基于 EKF 的机器人同时定位、地图构建与目标跟踪。

该过程参见 7.1 节内容。

（2）观测数据检验。

该过程参见 7.1.2 节内容。

（3）机器人间状态估计。

当机器人观测到同伴时可以利用观测值对同伴的状态进行估计。假设已知 $k$ 时刻 $R_1$ 对 $R_2$ 的观测值为 $\boldsymbol{z}_k^{R_1,R_2}=[d_k^{R_1,R_2}\quad \gamma_k^{R_1,R_2}]'$，以及 $R_1$ 的状态 $\boldsymbol{X}_k^{R_1}=[x_k^{R_1}\quad y_k^{R_1}\quad \theta_k^{R_1}]'$和协方差阵 $\boldsymbol{P}_k^{R_1}$，$R_1$ 的观测误差阵为 $\boldsymbol{R}^o$，可得 $R_1$ 对于 $R_2$ 的位置估计 $\boldsymbol{X}_k^{R_1,R_2xy}=[x_k^{R_1,R_2}\quad y_k^{R_1,R_2}]'$为

$$\begin{aligned}\boldsymbol{X}_k^{R_1,R_2xy} &= [x_k^{R_1,R_2}\quad y_k^{R_1,R_2}]' = \boldsymbol{inversion}(z_k^{R_1,R_2},X_k^{R_1}) \\ &= \begin{bmatrix}\cos(\theta_k^{R_1}) & -\sin(\theta_k^{R_1}) \\ \sin(\theta_k^{R_1}) & \cos(\theta_k^{R_1})\end{bmatrix}\begin{bmatrix}d_k^{R_1,R_2}\cos(\gamma_k^{R_1,R_2}) \\ d_k^{R_1,R_2}\sin(\gamma_k^{R_1,R_2})\end{bmatrix}+\begin{bmatrix}x_k^{R_1} \\ y_k^{R_1}\end{bmatrix}\end{aligned} \tag{9-20}$$

由于观测模型的限制，$R_1$ 对 $R_2$ 的状态估计只反映位置信息，因此状态变量上角标记为 $R_2xy$。对应的状态协方差阵为

$$\boldsymbol{P}_k^{R_1,R_2xy} = \boldsymbol{F}^{R_1}\boldsymbol{P}_k^{R_1}(\boldsymbol{F}^{R_1})' + \boldsymbol{F}^Z\boldsymbol{R}^o(\boldsymbol{F}^Z)' \tag{9-21}$$

其中 $\boldsymbol{F}^{R_1}$，$\boldsymbol{F}^Z$ 分别为式(9-20)对 $\boldsymbol{X}_k^{R_1}$ 和 $\boldsymbol{z}_k^{R_1,R_2}$ 的雅可比阵，即

$$\boldsymbol{F}^{R_1} = \frac{\partial \boldsymbol{inversion}}{\partial X_k^{R_1}} = \begin{bmatrix}1 & 0 & -d_k^{R_1,R_2}\sin(\gamma_k^{R_1,R_2}+\theta_k^{R_1}) \\ 0 & 1 & d_k^{R_1,R_2}\cos(\gamma_k^{R_1,R_2}+\theta_k^{R_1})\end{bmatrix} \tag{9-22}$$

$$\boldsymbol{F}^Z = \frac{\partial \boldsymbol{inversion}}{\partial \boldsymbol{z}_k^{R_1,R_2}} = \begin{bmatrix}\cos(\gamma_k^{R_1,R_2}+\theta_k^{R_1}) & -d_k^{R_1,R_2}\sin(\gamma_k^{R_1,R_2}+\theta_k^{R_1}) \\ \sin(\gamma_k^{R_1,R_2}+\theta_k^{R_1}) & d_k^{R_1,R_2}\sin(\gamma_k^{R_1,R_2}+\theta_k^{R_1})\end{bmatrix} \tag{9-23}$$

机器人对同伴位置状态估计过程如图 9-11 所示。

该图显示了针对不同观测误差 $R_1$ 对 $R_2$ 位置状态估计值变化情况，其中 $R_1$ 的状态为 $[10\quad 10\quad 0.523]'$，状态误差阵为 diag$(0.5^2,0.9^2,0.034\ 9^2)$，其对应的误差范围用椭圆表示。此时 $R_1$ 对 $R_2$ 的观测值为 $\boldsymbol{z}^{R_1,R_2}=[10\quad 0.785]'$，设 $R_1$ 观测误差协方差阵为 $R^o=\text{diag}(\Delta h^2,\Delta\gamma^2)$，则图 9-11(a)中椭圆代表 $\Delta\gamma=1$ 时，$\Delta h$ 以 0.1 为间隔从 0 到 1 取值时对 $R_2$ 协方差阵不同的估计结果，从该图可见，所有的椭圆相对于 $R_1$ 角度上的不确定程度相同，表现为所有椭圆具有相同的长轴，而在深度上的不确定性随着 $\Delta h$ 的增加而不断增大，表现在所有椭圆具有不同长度的短轴。图 9-11(b)椭圆代表 $\Delta h=0.03$ 时，$\Delta\gamma$ 以 0.5 为间隔从 0 到 5 取值时对 $R_2$ 协方差阵不同的估计结果，从该图可见，所有的椭圆相对于 $R_1$ 深度上的不确定程度相同，

表现为所有椭圆具有相同的短轴，而在角度上的不确定性随着 $\Delta\gamma$ 的增加而不断增大，表现在所有椭圆具有不同长度的长轴。

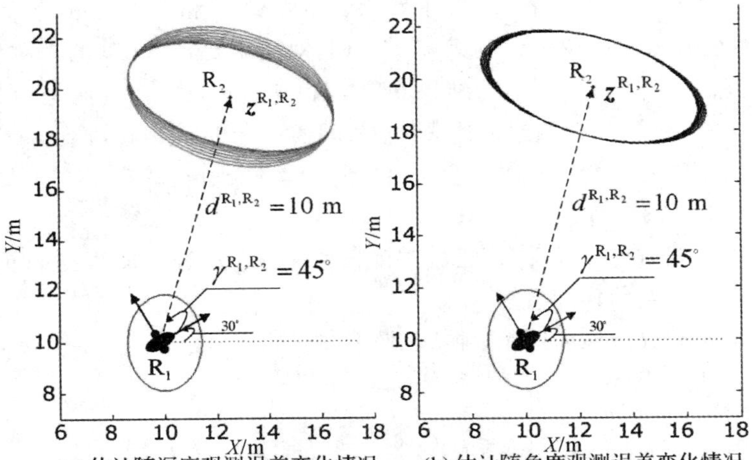


(a) 估计随深度观测误差变化情况　(b) 估计随角度观测误差变化情况

图 9-11　机器人对同伴位置状态估计结果图

通过机器人之间的相互观测可以得到以其中一个机器人为主体对其他机器人状态的估计，但由于采用的是深度角度观测值，所以只能反映其他机器人的位置信息，而它们的角度信息无法得到。另外，通过上一节介绍的观测值检验方法，机器人 $R_1$ 在 $k$ 时刻能够判断所有观测值 $z_k^{R_1}$ 中哪个观测值属于目标（即，判断出 $\boldsymbol{z}_k^{R_1,T}$），但因为 $R_1$ 不知道 $R_2$ 的任何信息，所以对于除了 $\boldsymbol{z}_k^{R_1,T}$ 和 $\boldsymbol{z}_k^{R_i,lm}$ 外的剩余观测值（包括 $\boldsymbol{z}_k^{R_1,R_2}$ 和若干伪观测值 $\boldsymbol{z}_k^{R_1,false_i}$，$i=1,2,\cdots,l_k^{R_1}$）$R_1$ 不能判断出哪个是对 $R_2$ 的观测值 $z_k^{R_1,R_2}$，因此 $R_1$ 将对所有剩余观测值采用式（9-20）和式（9-21）得到一系列位置状态估计值，记为（$\boldsymbol{X}_{k,i}^{R_1,R_2xy}$，$\boldsymbol{P}_{k,i}^{R_1,R_2xy}$），$i=1,2,\cdots,(l_k^{R_1}+1)$，这些估计值将全部发送给队友机器人 $R_2$，$R_2$ 在接收到这些估计值后通过传输数据检验环节得出 $\boldsymbol{z}_k^{R_1,R_2}$。运用以上方法的优点在于当机器人团队成员个数大于 2 时，该方法能保持分布式特点，因为每个机器人只需发送所有的估计信息，而信息的检验由其他机器人完成。另外，一般来说，在 $k$ 时刻产生的伪观测数量并不多，因此该过程的计算量和数据传输量能够保证系统实时性要求。

（4）传输数据检验。传输数据检验环节目的是在接收到的所有信息中判断并得到哪些可以应用于本地信息融合。此处仍然采用 $\chi^2$ 检验方法。下面以 $R_2$ 为对象进行介绍，假设此时 $R_2$ 得到由 $R_1$ 发送而来的待融合信息包括对目标状态的估计（$\boldsymbol{X}_k^{R_1,T}$，$\boldsymbol{P}_k^{R_1,T}$）以及可能存在对自身位置估计（$\boldsymbol{X}_{k,i}^{R_1,R_2xy}$，$\boldsymbol{P}_{k,i}^{R_1,R_2xy}$），$i=1,2,\cdots,(l_k^{R_1}+1)$。检验分两部分进行。

1）对目标状态信息（$\boldsymbol{X}_k^{R_1,T}$，$\boldsymbol{P}_k^{R_1,T}$）的检验。假设此时 $R_2$ 对目标状态估计为（$\boldsymbol{X}_k^{R_2,T}$，$\boldsymbol{P}_k^{R_2,T}$），首先运用 CI 数据融合方法式（8-62）得到融合后可能的目标协方差阵 $\boldsymbol{P}_k^{F,T}$，则检验公式如下：

$$(\boldsymbol{v}_k)'(\boldsymbol{P}_k^{F,T})^{-1}\boldsymbol{v}_k \leqslant \gamma$$

$$\boldsymbol{v}_k = \boldsymbol{X}_k^{R_2,T} - \boldsymbol{X}_k^{R_1,T} \tag{9-24}$$

其中，$\boldsymbol{v}_k$ 为此时 $R_2$ 对目标状态估计和 $R_1$ 对目标状态估计的残差，$\gamma$ 由 $\chi^2$ 表取值得到。若通过检验则认为 $R_1$ 对目标状态估计可信，能够进行本地融合。

2）对可能的自身状态信息（$\boldsymbol{X}_{k,i}^{R_1,R_2xy}$，$\boldsymbol{P}_{k,i}^{R_1,R_2xy}$），$i=1,2,\cdots,(l_k^{R_1}+1)$ 的检验。假设此时 $R_2$ 对于自身位置估计为（$\boldsymbol{X}_k^{R_2xy}$，$\boldsymbol{P}_k^{R_2xy}$），对于从 $R_1$ 传输来的若干个对于 $R_2$ 位置估计（$\boldsymbol{X}_{k,i}^{R_1,R_2xy}$，

$\boldsymbol{P}_{k,i}^{R_{1_i},R_2xy}$)，$i=1,2,\cdots,(l_k^{R_1}+1)$分别运用 CI 数据融合方法式(8－62)得到融合后 $l_k^{R_1}+1$ 个可能的 $R_2$ 协方差阵 $\boldsymbol{P}_k^{F_1,R_2xy}$，$\boldsymbol{P}_k^{F_2,R_2xy}$，$\cdots$，$\boldsymbol{P}_k^{F_{l_k^{R_1}+1},R_2xy}$，检验公式如下：

$$(\boldsymbol{v}_k^i)'(\boldsymbol{P}^{F_i,R_2xy-1}\boldsymbol{v}_k^i \leqslant \gamma$$
$$\boldsymbol{v}_k^i = \boldsymbol{X}_k^{R_2xy} - \boldsymbol{X}_{k,i}^{R_{1_i},R_2xy} \tag{9-25}$$

其中，$\boldsymbol{v}_k^i$ 为此时 $R_2$ 对自身位置估计与 $R_1$ 对 $R_2$ 位置估计的残差，$\gamma$ 由 $\chi^2$ 表取值得到。对于多个通过检验的值，取最小值对应的状态作为待融合的信息，通过检验的位置状态和协方差阵记为 $\boldsymbol{X}_k^{R_1,R_2xy}$，$\boldsymbol{P}_k^{R_1,R_2xy}$。若没有状态信息通过检验则认为传输得到的信息均不可靠，此时不能用于对 $R_2$ 状态估计的融合。

(5)数据融合过程。$R_1$ 传输来的信息通过检验之后，$R_2$ 采用 CI 数据融合方法对本地信息进行融合，具体存在对两个对象的融合，即，对自身状态估计的融合和对目标状态的融合，分别介绍如下。

1)对目标状态信息的融合。首先利用式(8－61)、式(8－62)得到融合后的目标状态估计，为

$$\boldsymbol{P}_k^{R_2,T^F} = (\omega_k^{R_2,T}(\boldsymbol{P}_k^{R_2,T})^{-1} + (1-\omega_k^{R_2,T})(\boldsymbol{P}_k^{R_1,T})^{-1})^{-1} \tag{9-26}$$

$$\boldsymbol{X}_k^{R_2,T^F} = \boldsymbol{P}_k^{R_2,T^F}(\omega_k^{R_2,T}(\boldsymbol{P}_k^{R_2,T})^{-1}\boldsymbol{X}_k^{R_2,T} + (1-\omega_k^{R_2,T})(\boldsymbol{P}_k^{R_1,T})^{-1}\boldsymbol{X}_k^{R_1,T}) \tag{9-27}$$

其中，变量上标 $T^F$ 代表该变量是对目标的融合结果；$\omega_k^{R_2,T}$ 取使 $||\boldsymbol{P}_k^{R_2,T^F}||_2$ 最小的 $\omega$ 值。图 9－12 显示了对目标状态融合结果，其中带星号椭圆代表 $R_1$ 对目标位置状态估计，带十字椭圆代表 $R_2$ 对目标位置状态估计，带圆点虚线椭圆代表融合后的目标位置状态分布，星号代表目标真实位置，此时 $\boldsymbol{X}_k^{R_1,T}=[0\quad 0]'$，$\boldsymbol{P}_k^{R_1,T}=\begin{bmatrix}2.2^2 & 1.6^2\\ 2.3^2 & 1.9^2\end{bmatrix}$，$\boldsymbol{X}_k^{R_2,T}=[2\quad 2]'$，$\boldsymbol{P}_k^{R_2,T}=\begin{bmatrix}3.7^2 & 0.3^2\\ 0.2^2 & 1.5^2\end{bmatrix}$，从该图可知，融合后的结果更接近于真值。另外，图中只显示了目标位置的分布情况，实际应用中将对目标 6 个状态分量进行融合。

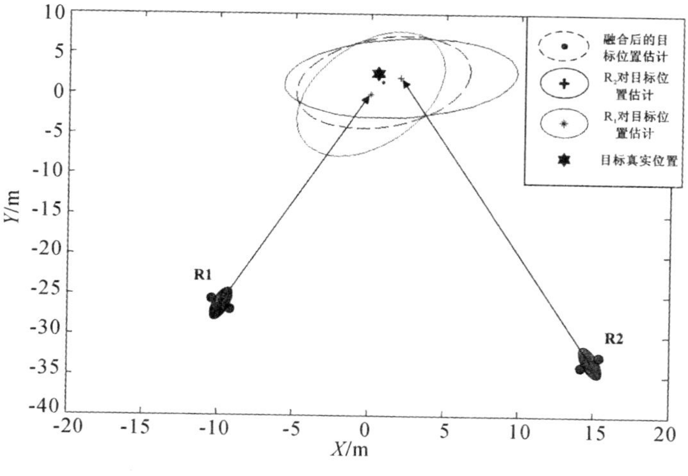


图 9－12　目标状态信息融合结果图

2)对自身状态信息的融合。$R_2$ 对于自身位置状态的融合信息来自两方面，一方面是 $R_2$ 对自身的估计，另一方面是 $R_1$ 通过观测得到的对 $R_2$ 位置状态的估计，利用式(8－61)、(8－62)对于 $R_2$ 位置状态信息的融合结果为

$$\boldsymbol{P}_k^{R_2^F xy} = (\omega_k^{R_2}(\boldsymbol{P}_k^{R_2 xy})^{-1} + (1-\omega_k^{R_2})(\boldsymbol{P}_k^{R_1,R_2 xy})^{-1})^{-1} \tag{9-28}$$

$$\boldsymbol{X}_k^{R_2^F xy} = \boldsymbol{P}_k^{R_2^F xy}(\omega_k^{R_2}(\boldsymbol{P}_k^{R_2 xy})^{-1}\boldsymbol{X}_k^{R_2 xy} + (1-\omega_k^{R_2})(\boldsymbol{P}_k^{R_1,R_2 xy})^{-1}\boldsymbol{X}_k^{R_1,R_2 xy}) \tag{9-29}$$

其中，变量上标 $R_2^{Fxy}$ 代表该变量是对 $R_2$ 位置状态的融合结果。$\omega_k^{R_2}$ 取使 $||\boldsymbol{P}_k^{R_2^F xy}||_2$ 最小的 $\omega$ 值。

图 9－13 显示了 $R_2$ 对自身位置状态的融合结果。其中较大椭圆代表 $R_1$ 对 $R_2$ 位置状态估计，较小椭圆代表 $R_2$ 对自身位置状态的估计，虚线椭圆代表应用 CI 方法 $R_2$ 得到的融合后自身位置状态估计，此时 $R_1$ 对 $R_2$ 位置估计为 $\boldsymbol{X}_k^{R_1,R_2 xy}=[0\ \ 0]'$，$\boldsymbol{P}_k^{R_1,R_2 xy}=\begin{bmatrix}3.4^2 & 2^2\\ 2.8^2 & 2.4^2\end{bmatrix}$，$R_2$ 对自身的位置估计为 $\boldsymbol{X}_k^{R_2 xy}=[3\ \ -2.1]'$，$\boldsymbol{P}_k^{R_2 xy}=\begin{bmatrix}1^2 & 0\\ 0 & 4.2^2\end{bmatrix}$，从图中可见，融合后的 $R_2$ 状态估计更接近于真值，并且不确定范围更小。

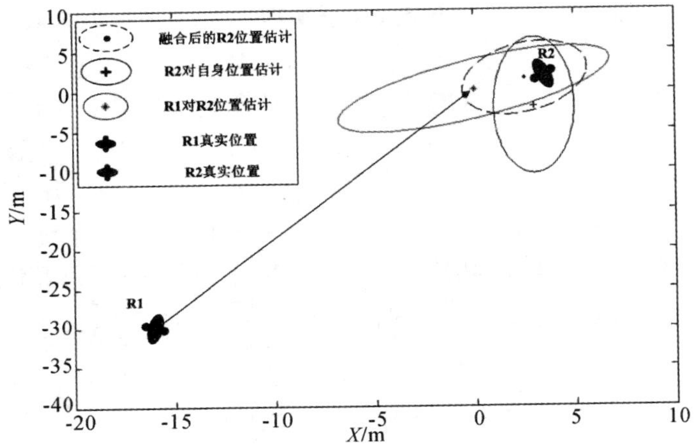


图 9－13　机器人自身状态信息融合结果图

在完成了以上两步后，$R_2$ 的系统状态向量更新情况如下：

$$\underbrace{\boldsymbol{R}_2\boldsymbol{X}_k=\begin{bmatrix}\boldsymbol{X}_k^{R_2 xy}\\ \boldsymbol{X}_k^{R_2\theta}\\ \boldsymbol{X}_k^{R_2,T}\\ \boldsymbol{lm}_k\end{bmatrix}}_{\text{融合前}}
\begin{cases}
\underline{\underline{\text{如果目标信息通过检验}}}\ \begin{bmatrix}\boldsymbol{X}_k^{R_2 xy}\\ \boldsymbol{X}_k^{R_2\theta}\\ \boldsymbol{X}_k^{R_2,T^F}\\ \boldsymbol{lm}_k\end{bmatrix} & (9-30a)\\
\underline{\underline{\text{如果机器人信息通过检验}}}\ \begin{bmatrix}\boldsymbol{X}_k^{R_2^F xy}\\ \boldsymbol{X}_k^{R_2\theta}\\ \boldsymbol{X}_k^{R_2,T}\\ \boldsymbol{lm}_k\end{bmatrix} & (9-30b)\\
\underline{\underline{\text{如果所有信息通过检验}}}\ \underbrace{\begin{bmatrix}\boldsymbol{X}_k^{R_2^F xy}\\ \boldsymbol{X}_k^{R_2\theta}\\ \boldsymbol{X}_k^{R_2,T^F}\\ \boldsymbol{lm}_k\end{bmatrix}}_{\text{融合后}} & (9-30c)
\end{cases}$$

(9－30)

类似的，$R_2$ 系统状态协方差阵对角子阵更新情况如下：

$$
\underbrace{\boldsymbol{R}_2\boldsymbol{P}_k\begin{bmatrix}\boldsymbol{P}_k^{R_2xy} & \cdots & \cdots & \cdots \\ \cdots & \boldsymbol{P}_k^{R_2\theta} & \cdots & \cdots \\ \cdots & \cdots & \boldsymbol{P}_k^{R_2,T^F} & \cdots \\ \cdots & \cdots & \cdots & \boldsymbol{P}_k^{lm}\end{bmatrix}}_{\text{融合前}}
\begin{cases}
\xlongequal{\text{如果目标信息通过检验}}\begin{bmatrix}\boldsymbol{P}_k^{R_2xy} & \cdots & \cdots & \cdots \\ \cdots & \boldsymbol{P}_k^{R_2\theta} & \cdots & \cdots \\ \cdots & \cdots & \boldsymbol{P}_k^{R_2,T^F} & \cdots \\ \cdots & \cdots & \cdots & \boldsymbol{P}_k^{lm}\end{bmatrix} & (9-31.\mathrm{a}) \\
\xlongequal{\text{如果机器人信息通过检验}}\begin{bmatrix}\boldsymbol{P}_k^{R_2^Fxy} & \cdots & \cdots & \cdots \\ \cdots & \boldsymbol{P}_k^{R_2\theta} & \cdots & \cdots \\ \cdots & \cdots & \boldsymbol{P}_k^{R_2,T} & \cdots \\ \cdots & \cdots & \cdots & \boldsymbol{P}_k^{lm}\end{bmatrix} & (9-31.\mathrm{b}) \\
\underbrace{\xlongequal{\text{如果所有信息通过检验}}\begin{bmatrix}\boldsymbol{P}_k^{R_2^Fxy} & \cdots & \cdots & \cdots \\ \cdots & \boldsymbol{P}_k^{R_2\theta} & \cdots & \cdots \\ \cdots & \cdots & \boldsymbol{P}_k^{R_2,T^F} & \cdots \\ \cdots & \cdots & \cdots & \boldsymbol{P}_k^{lm}\end{bmatrix}}_{\text{融合后}} & (9-31.\mathrm{c})
\end{cases}
\tag{9-31}
$$

从式(9－30)、式(9－31)可见，待融合的对象信息只要通过数据检验环节，那么就将和本地信息进行融合并生成新的融合后本地信息。

由于 SLAMOT 问题的特殊性，系统状态向量由机器人自身状态、目标状态以及环境特征状态组成，相应系统协方差阵的对角子阵是对这三个对象自相关程度的描述，以上描述的数据融合过程是机器人对象、目标对象自相关程度的融合。如式(9－31)所示，系统协方差阵只是针对对角子阵进行更新，但是如果融合过程现在结束，也就是说并不考虑单个对象信息融合对其与其他对象互相关程度的影响，那么整个系统协方差阵将被这种融合污染，最简单的例子是融合后的系统协方差阵可能成为非正定阵，因此必须考虑单一对象信息融合后与其他对象互相关程度的变化，下面介绍具体处理方法。

(6)互相关矩阵更新。首先，写出 $R_2$ 的系统协方差阵以及各部分代表的意义。

$$
\begin{array}{r c}
 & \begin{array}{cccc}R_2\text{ 的 }x,y\text{ 分量} & R_2\text{ 的 }\theta\text{ 分量} & \text{T 的状态} & \text{特征 lm 状态}\end{array} \\
\boldsymbol{R}_2\boldsymbol{P}_k = \begin{array}{r}R_2\text{ 的 }x,y\text{ 分量} \\ R_2\text{ 的 }\theta\text{ 分量} \\ \text{T 的状态} \\ \text{特征 lm 状态}\end{array} &
\begin{bmatrix}
\boldsymbol{C}(\boldsymbol{X}_k^{R_2xy},\boldsymbol{X}_k^{R_2xy}) & \boldsymbol{C}(\boldsymbol{X}_k^{R_2xy},\boldsymbol{X}_k^{R_2\theta}) & \boldsymbol{C}(\boldsymbol{X}_k^{R_2xy},\boldsymbol{X}_k^{R_2,T}) & \boldsymbol{C}(\boldsymbol{X}_k^{R_2xy},\boldsymbol{lm}_k) \\
\boldsymbol{C}(\boldsymbol{X}_k^{R_2\theta},\boldsymbol{X}_k^{R_2xy}) & \boldsymbol{C}(\boldsymbol{X}_k^{R_2\theta},\boldsymbol{X}_k^{R_2\theta}) & \boldsymbol{C}(\boldsymbol{X}_k^{R_2\theta},\boldsymbol{X}_k^{R_2,T}) & \boldsymbol{C}(\boldsymbol{X}_k^{R_2\theta},\boldsymbol{lm}_k) \\
\boldsymbol{C}(\boldsymbol{X}_k^{R_2,T},\boldsymbol{X}_k^{R_2xy}) & \boldsymbol{C}(\boldsymbol{X}_k^{R_2,T},\boldsymbol{X}_k^{R_2\theta}) & \boldsymbol{C}(\boldsymbol{X}_k^{R_2,T},\boldsymbol{X}_k^{R_2,T}) & \boldsymbol{C}(\boldsymbol{X}_k^{R_2,T},\boldsymbol{lm}_k) \\
\boldsymbol{C}(\boldsymbol{lm}_k,\boldsymbol{X}_k^{R_2xy}) & \boldsymbol{C}(\boldsymbol{lm}_k,\boldsymbol{X}_k^{R_2\theta}) & \boldsymbol{C}(\boldsymbol{lm}_k,\boldsymbol{X}_k^{R_2,T}) & \boldsymbol{C}(\boldsymbol{lm}_k,\boldsymbol{lm}_k)
\end{bmatrix}
\end{array}
\tag{9-32}
$$

其中，$\boldsymbol{C}(\boldsymbol{A},\boldsymbol{B})$ 代表状态向量 $\boldsymbol{A}$ 和 $\boldsymbol{B}$ 的互相关矩阵。

以下根据 3 种不同情况进行互相关阵的融合更新，分别为单独目标对象信息融合、单独机器人对象信息融合以及目标、机器人对象信息同时融合。

1)单独目标对象信息融合条件下互相关阵的更新。若待融合信息只有目标对象信息通过数据检验时，$R_2$ 利用式(9－30a)、式(9－31a)对目标 T 状态向量和自相关阵进行更新，并利用以下介绍方法完成 T 与机器人 $R_2$ 以及 T 与环境特征 lm 互相关阵的更新。

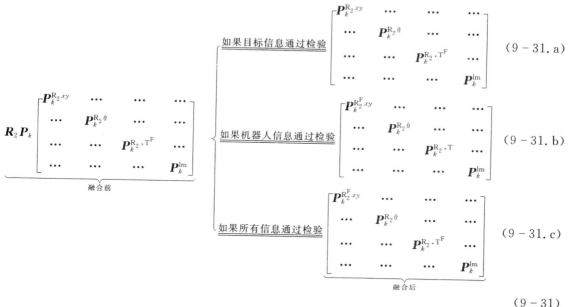

首先看融合后的目标状态与机器人 $R_2$ 位置状态互相关阵的更新，由式(9－27)和协方差性质得

$$\begin{aligned}\boldsymbol{C}(\boldsymbol{X}_k^{R_2,T},\boldsymbol{X}_k^{R_2xy}) &= \boldsymbol{C}(\boldsymbol{X}_k^{R_2xy},\boldsymbol{X}_k^{R_2,T}))' \\ &= \boldsymbol{C}(\boldsymbol{P}_k^{R_2,T^F}(\omega_k^{R_2,T}(\boldsymbol{P}_k^{R_2,T})^{-1}\boldsymbol{X}_k^{R_2,T}+(1-\omega_k^{R_2,T})(\boldsymbol{P}_k^{R_1,T})^{-1}\boldsymbol{X}_k^{R_1,T}),\boldsymbol{X}_k^{R_2xy}) \\ &= \omega_k^{R_2,T}\boldsymbol{P}_k^{R_2,T^F}(\boldsymbol{P}_k^{R_2,T})^{-1}\boldsymbol{C}(\boldsymbol{X}_k^{R_2,T},\boldsymbol{X}_k^{R_2xy})+(1-\omega_k^{R_2,T})\boldsymbol{P}_k^{R_2,T^F}(\boldsymbol{P}_k^{R_2,T})^{-1}\boldsymbol{C}(\boldsymbol{X}_k^{R_1,T},\boldsymbol{X}_k^{R_2xy})\end{aligned} \tag{9-33}$$

其中 $\boldsymbol{C}(\boldsymbol{X}_k^{R_1,T},\boldsymbol{X}_k^{R_2xy})$ 为 0，则式(9－33)变为

$$\boldsymbol{C}(\boldsymbol{X}_k^{R_2,T},\boldsymbol{X}_k^{R_2xy}) = (\boldsymbol{C}(\boldsymbol{X}_k^{R_2xy},\boldsymbol{X}_k^{R_2,T}))' = \omega_k^{R_2,T}\boldsymbol{P}_k^{R_2,T^F}(\boldsymbol{P}_k^{R_2,T})^{-1}\boldsymbol{C}(\boldsymbol{X}_k^{R_2,T},\boldsymbol{X}_k^{R_2xy}) \tag{9-34}$$

类似的，融合后的目标状态与机器人 $R_2$ 角度状态以及环境特征 lm 互相关阵的更新为

$$\boldsymbol{C}(\boldsymbol{X}_k^{R_2,T},\boldsymbol{X}_k^{R_2\theta}) = (\boldsymbol{C}(\boldsymbol{X}_k^{R_2\theta},\boldsymbol{X}_k^{R_2,T}))' = \omega_k^{R_2,T}\boldsymbol{P}_k^{R_2,T^F}(\boldsymbol{P}_k^{R_2,T})^{-1}\boldsymbol{C}(\boldsymbol{X}_k^{R_2,T},\boldsymbol{X}_k^{R_2\theta}) \tag{9-35}$$

$$\boldsymbol{C}(\boldsymbol{X}_k^{R_2,T},\boldsymbol{lm}_k) = (\boldsymbol{C}(\boldsymbol{lm}_k,\boldsymbol{X}_k^{R_2,T}))' = \omega_k^{R_2,T}\boldsymbol{P}_k^{R_2,T^F}(\boldsymbol{P}_k^{R_2,T})^{-1}\boldsymbol{C}(\boldsymbol{X}_k^{R_2,T},\boldsymbol{lm}_k) \tag{9-36}$$

2)单独机器人对象信息融合条件下互相关阵的更新。若只有待融合的机器人 $R_2$ 状态信息通过了数据检验，那么 $R_2$ 将利用式(9－30b)、式(9－31b)对自身位置状态和自相关阵进行更新。由式(9－29)和协方差阵性质可知融合后 $R_2$ 位置状态向量与角度状态的互相关阵，$R_2$ 位置状态向量与目标状态向量互相关阵以及 $R_2$ 位置状态向量与环境特征状态向量互相关阵更新分别为

$$\boldsymbol{C}(\boldsymbol{X}_k^{R_2xy},\boldsymbol{X}_k^{R_2\theta}) = (\boldsymbol{C}(\boldsymbol{X}_k^{R_2\theta},\boldsymbol{X}_k^{R_2xy}))' = \omega_k^{R_2}\boldsymbol{P}_k^{R_2^Fxy}(\boldsymbol{P}_k^{R_2xy})^{-1}\boldsymbol{C}(\boldsymbol{X}_k^{R_2xy},\boldsymbol{X}_k^{R_2\theta}) \tag{9-37}$$

$$\boldsymbol{C}(\boldsymbol{X}_k^{R_2xy},\boldsymbol{X}_k^{R_2,T}) = (\boldsymbol{C}(\boldsymbol{X}_k^{R_2,T},\boldsymbol{X}_k^{R_2xy}))' = \omega_k^{R_2}\boldsymbol{P}_k^{R_2^Fxy}(\boldsymbol{P}_k^{R_2xy})^{-1}\boldsymbol{C}(\boldsymbol{X}_k^{R_2xy},\boldsymbol{X}_k^{R_2,T}) \tag{9-38}$$

$$\boldsymbol{C}(\boldsymbol{X}_k^{R_2xy},\boldsymbol{lm}_k) = (\boldsymbol{C}(\boldsymbol{lm}_k,\boldsymbol{X}_k^{R_2xy}))' = \omega_k^{R_2}\boldsymbol{P}_k^{R_2^Fxy}(\boldsymbol{P}_k^{R_2xy})^{-1}\boldsymbol{C}(\boldsymbol{X}_k^{R_2xy},\boldsymbol{lm}_k) \tag{9-39}$$

3)目标、机器人对象信息同时融合条件下互相关阵的更新。若待融合的机器人 $R_2$ 和目标对象信息均通过了数据检验，那么 $R_2$ 将利用式(9－30c)、式(9－31c)对自身位置状态和其协方差阵，以及目标状态和其协方差阵进行更新。此时目标状态与机器人 $R_2$ 角度状态以及环境特征 lm 互相关阵同式(9－35)和式(9－36)。$R_2$ 位置状态与角度状态以及环境特征 lm 互相关阵同式(9－37)和式(9－39)。由式(9－27)和式(9－29)以及协方差阵性质可知此时 $R_2$ 位置状态向量与目标状态向量协方差阵为

$$\begin{aligned}\boldsymbol{C}(\boldsymbol{X}_k^{R_2xy},\boldsymbol{X}_k^{R_2,T}) &= \boldsymbol{C}(\boldsymbol{X}_k^{R_2xy},\boldsymbol{X}_k^{R_2,T}))' \\ &= \boldsymbol{C}(P_k^{R_2^Fxy}(\omega_k^{R_2}(\boldsymbol{P}_k^{R_2,T})^{-1}\boldsymbol{X}_k^{R_2xy}+(1-\omega_k^{R_2})(\boldsymbol{P}_k^{R_2,T})^{-1}\boldsymbol{X}_k^{R_1,R_2xy}), \\ &\quad \boldsymbol{P}_k^{R_2,T^F}(\omega_k^{R_2,T}(\boldsymbol{P}_k^{R_2,T})^{-1}\boldsymbol{X}_k^{R_2,T}+(1-\omega_k^{R_2,T})(\boldsymbol{P}_k^{R_2,T})^{-1}\boldsymbol{X}_k^{R_1,T})) \\ &= \omega_k^{R_2}\omega_k^{R_2,T}\boldsymbol{P}_k^{R_2^Fxy}(\boldsymbol{P}_k^{R_2,T})^{-1}\boldsymbol{C}(\boldsymbol{X}_k^{R_2xy},\boldsymbol{X}_k^{R_2,T})(\boldsymbol{P}_k^{R_2,T})^{-1}\boldsymbol{P}_k^{R_2,T^F}+ \\ &\quad (1-\omega_k^{R_2})(1-\omega_k^{R_2,T})\boldsymbol{P}_k^{R_2^Fxy}(\boldsymbol{P}_k^{R_2,T})^{-1}\boldsymbol{C}(\boldsymbol{X}_k^{R_1,R_2xy},\boldsymbol{X}_k^{R_1,T})(\boldsymbol{P}_k^{R_2,T})^{-1}\boldsymbol{P}_k^{R_2,T^F}\end{aligned} \tag{9-40}$$

由于估计主体不同，因此在式(9－40)的推导中互相关阵 $\boldsymbol{C}(\boldsymbol{X}_k^{R_2xy},\boldsymbol{X}_k^{R_1,R_2xy})$，$\boldsymbol{C}(\boldsymbol{X}_k^{R_1,T},\boldsymbol{X}_k^{R_2,T})$ 均为 0。

### 9.2.3　基于 CI 的多机器人协作 SLAMOT 算法实验结果

研究通过仿真实验验证协作数据融合算法的有效性并分析其性点，实验在 Matlab 7.5 平台下进行。机器人团队包含两台机器人，运动方式符合非完整性约束轮式机器人模型，并采用 9.1 节设计的控制算法对机器人团队进行控制。目标遵循定加速度模型(CAM)。在长

1 000 m，宽 1 000 m 的环境中均匀分布着 1 600 个环境特征。仿真各参数见表 9 - 1。

表 9 - 1　仿真相关参数表

| 观测误差阵 | $\text{diag}(0.1^2 \text{ m}, 0.017\ 45^2 \text{ rad})$ |
|---|---|
| 控制误差阵 | $\text{diag}(0.3^2 \text{ m}, 0.052\ 3^2 \text{ rad})$ |
| 观测距离范围 | $0 \sim 100$ m |
| 观测角度范围 | $-\pi \sim \pi$ |
| 机器人间平衡距离 | 45 m |
| 目标不确定参数 | $q^{\text{CAM}} = 1.5$ |
| 时间间隔 | 0.1 s |

仿真共进行 200 次迭代，伪观测值发生次数符合泊松分布，分布参数为 $V\lambda = 3$，伪观测值符合均匀分布。则实验中不同时刻 $R_1$ 观测值分布如图 9 - 14 所示。

(a) 不同时刻深度值变化　　　　　　(b) 不同时刻角度值变化

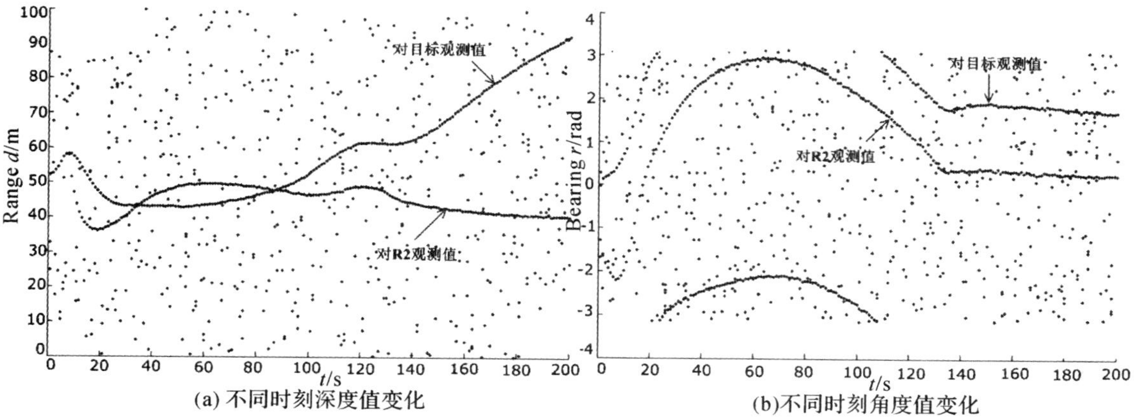

图 9 - 14　仿真过程中不同时刻 $R_1$ 观测值分布图

图 9 - 14(a) 显示了 1～200 迭代过程中机器人 $R_1$ 的深度观测值随时间变化情况，图 9 - 14(b) 显示了 1～200 迭代过程中机器人 $R_1$ 的角度观测值随时间变化情况。其中点代表对应时刻相应观测值的大小，可以判断较连续点组成的数据为实际观测值，而分散点则代表伪观测值。$R_2$ 的观测值分布类似于 $R_1$ 这里不再呈现。从该图可见，$R_1$ 的深度和角度观测值均存在严重的伪值。从以下实验结果可知本节设计的数据检验环节能够成功地将伪观测值排除。

多机器人协作 SLAMOT 总体结果如图 9 - 15 所示。

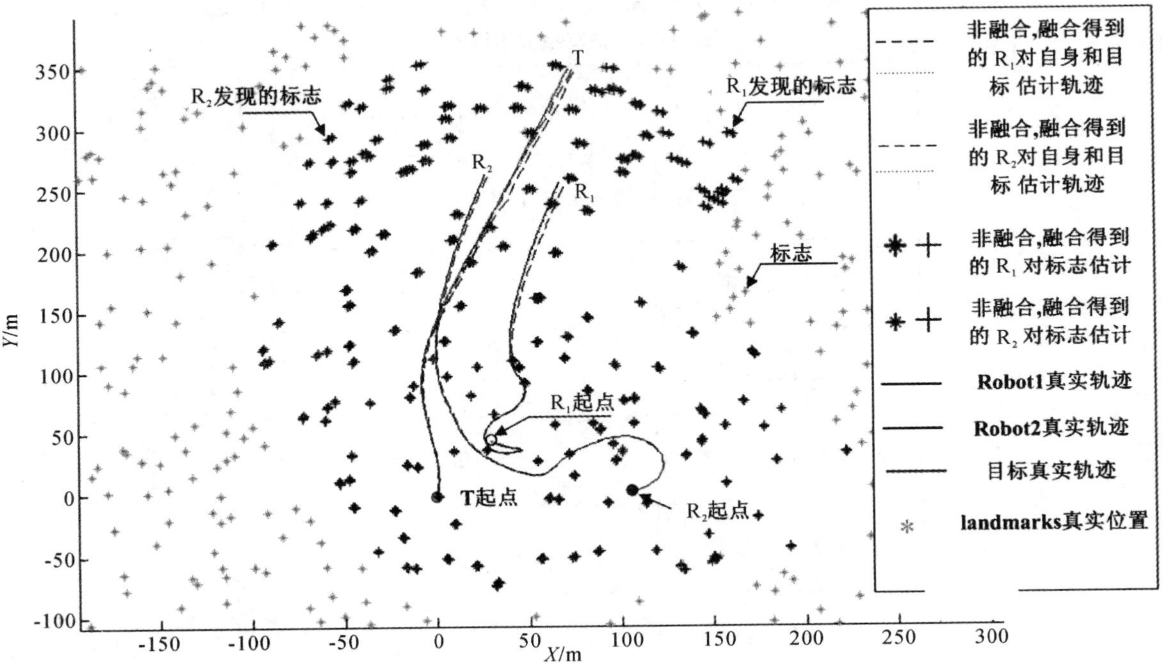


图 9-15 仿真结果总体图

该图中绿色星号代表环境特征的真实分布,黑色星号和黑色十字分别代表 $R_1$ 采用非融合和融合估计方法得到的环境特征位置估计。蓝色星号和蓝色十字分别代表 $R_2$ 采用非融合和融合估计方法得到的环境特征位置估计。红色实线代表目标的真实轨迹。目标真实轨迹附近的黑色、蓝色长虚线代表采用非融合方法得到的 $R_1$,$R_2$ 对目标轨迹估计。目标真实轨迹附近的黑色、蓝色短虚线代表采用融合方法得到的 $R_1$,$R_2$ 对目标轨迹估计。黑色实线代表机器人 $R_1$ 的真实运动轨迹,$R_1$ 的真实运动轨迹附近的黑色长、短虚线代表采用非融合、融合方法得到的对机器人 $R_1$ 的轨迹估计。蓝色实线代表机器人 $R_2$ 的真实运动轨迹,$R_2$ 的真实运动轨迹附近的蓝色长、短虚线代表采用非融合、融合方法得到的对机器人 $R_2$ 的轨迹估计。

为了清晰起见,图 9-16 为图 9-15 的局部放大图。

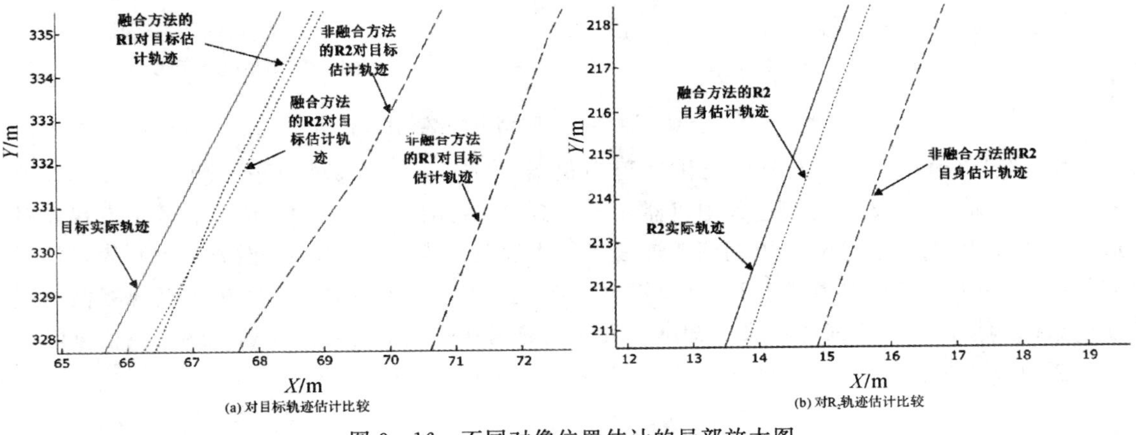


图 9-16 不同对像位置估计的局部放大图

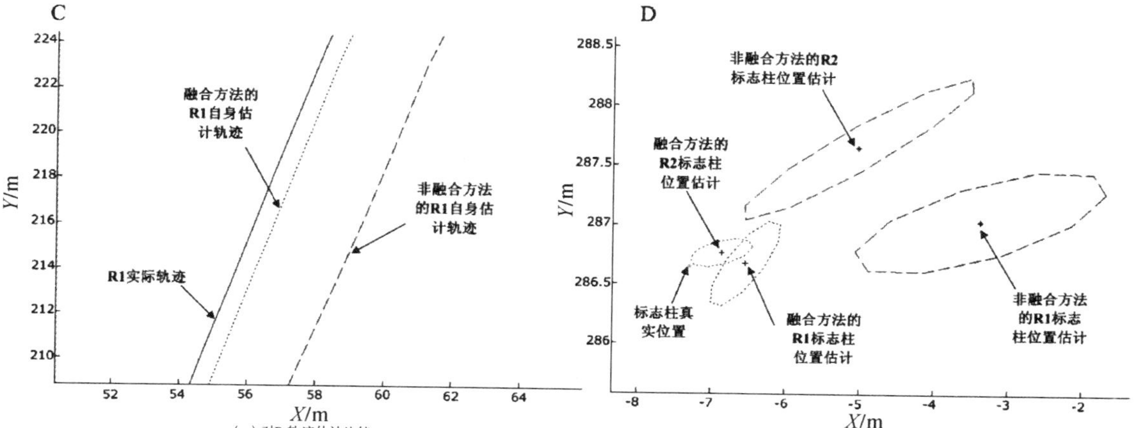


(c) 对$R_1$轨迹估计比较　　(d) 对标志性估计比较

续图 9－16　不同对像位置估计的局部放大图

从该图可见，对于目标，机器人 $R_1$，$R_2$ 以及标志柱的位置估计来说，采用融合方法得到的结果均要好于不采用融合方法的结果，即，融合结果更接近真值并且不确定范围更小。

下面针对具体对象进行分析，首先看对目标对象的定位精度情况。本书设计方法是分布式的并不包括集中估计过程，也就是说，机器人 $R_1$ 和 $R_2$ 将分别产生对目标的估计，图 9－17 显示了采用非融合、融合方法机器人 $R_1$ 对目标跟踪情况。

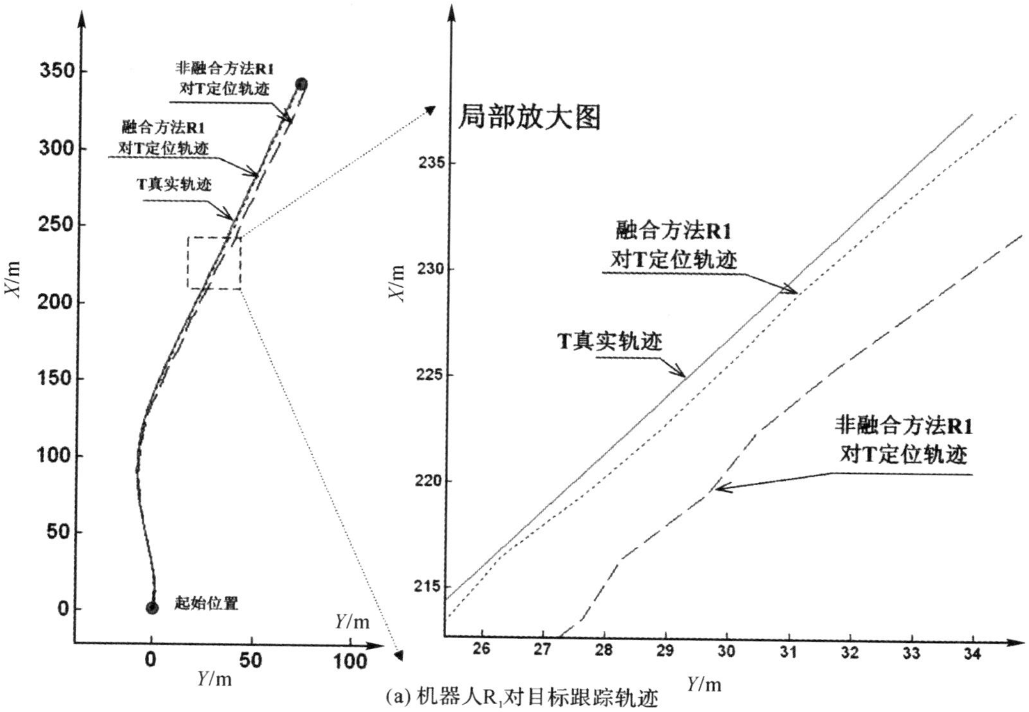


(a) 机器人$R_1$对目标跟踪轨迹

图 9－17　机器人 $R_1$ 对目标跟踪情况

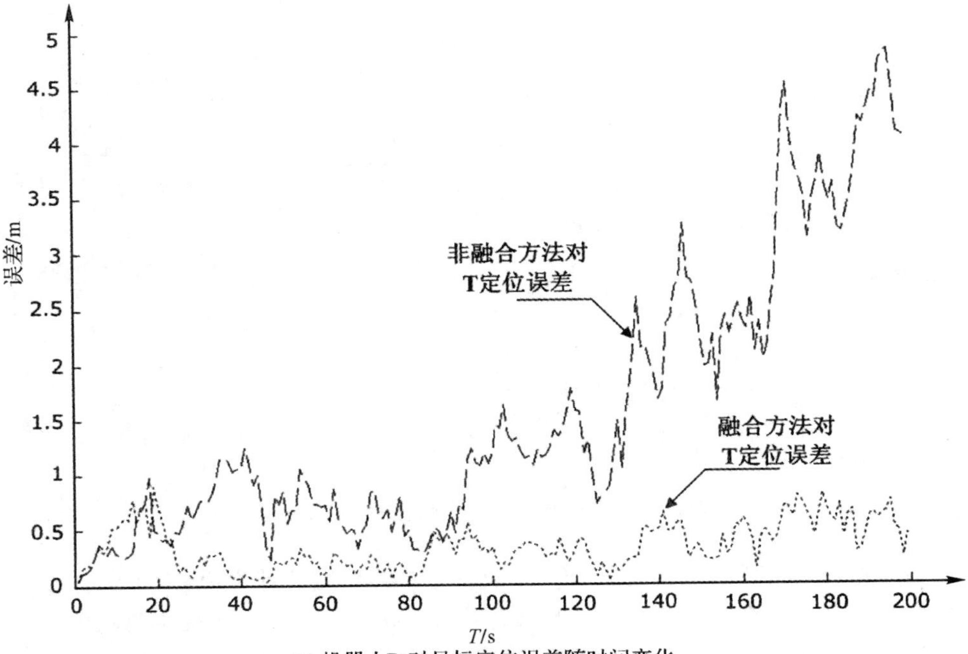


(b) 机器人$R_2$对目标定位误差随时间变化

图 9－17　机器人 $R_1$ 对目标跟踪情况(续)

图 9－17(a)中，虚心圆点代表目标的起始位置，长、短虚线分别代表 $R_1$ 采用非融合、融合方法得到的对目标的估计轨迹。图 9－17(b)为对应的 1～200 时刻 $R_1$ 采用非融合、融合方法得到的目标位置估计误差。从图中可以清晰发现，采用融合方法的估计误差要明显小于没有采用融合方法的估计误差。

同样，图 9－18 显示了采用非融合、融合方法机器人 $R_2$ 对目标跟踪情况。

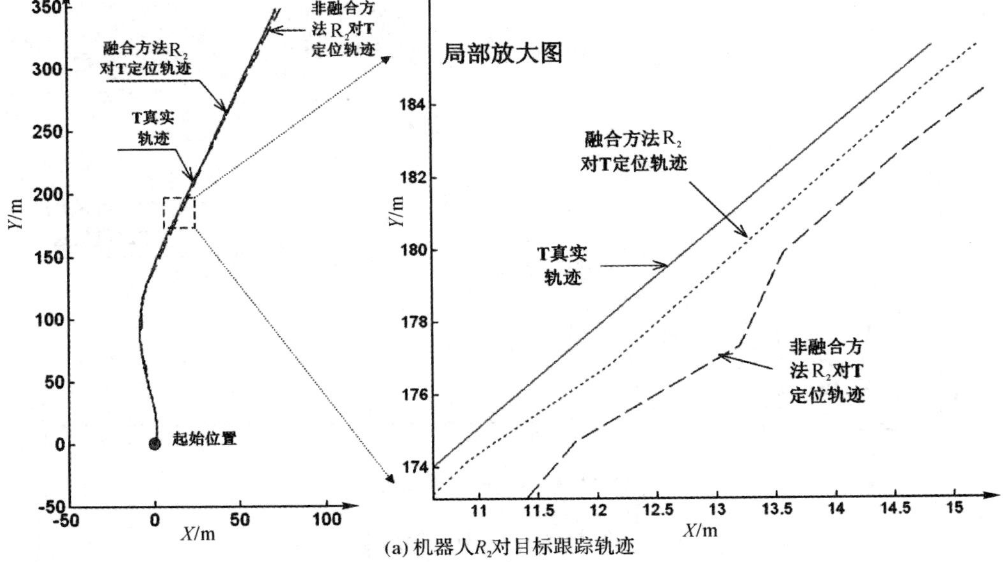


(a) 机器人$R_2$对目标跟踪轨迹

图 9－18　机器人 $R_2$ 对目标跟踪情况

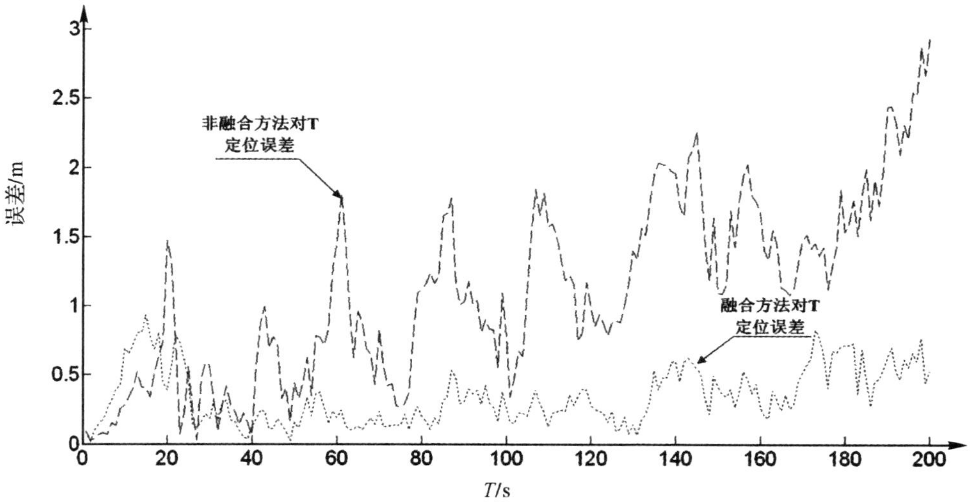


(b) 机器人$R_2$对目标定位误差随时间变化

图 9－18　机器人 $R_2$ 对目标跟踪情况(续)

从该图可见，对于 $R_2$ 来说，采用融合方法对目标的定位精度同样好于未采用融合方法对目标的定位精度。

接下来分析机器人对自身状态估计情况。此处同样通过比较采用融合和非融合方法得到的估计结果来证明设计算法的有效性。首先分析机器人 $R_1$ 状态估计情况，图 9－19 显示了采用非融合、融合方法机器人 $R_1$ 对自身状态估计情况。

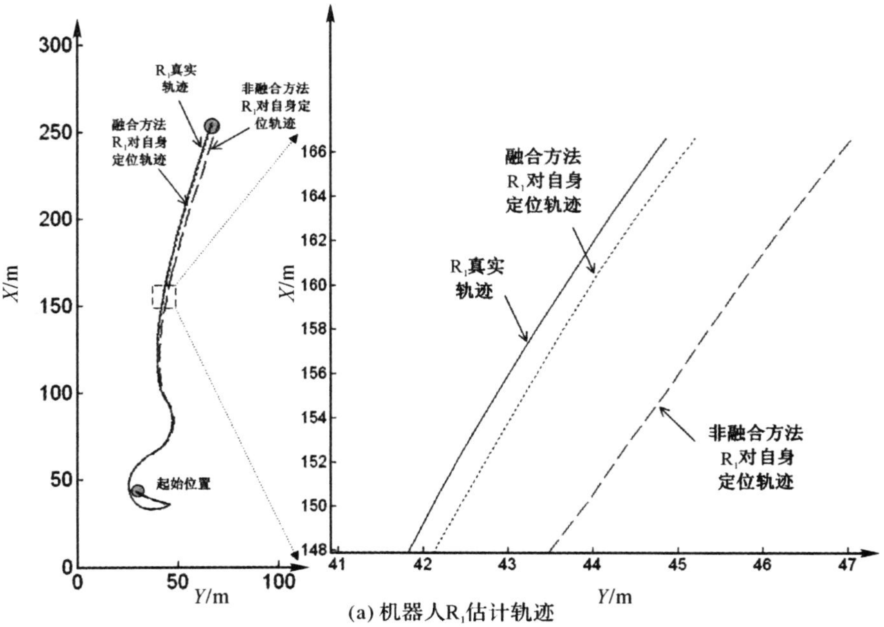


(a) 机器人$R_1$估计轨迹

图 9－19　机器人 $R_1$ 定位情况

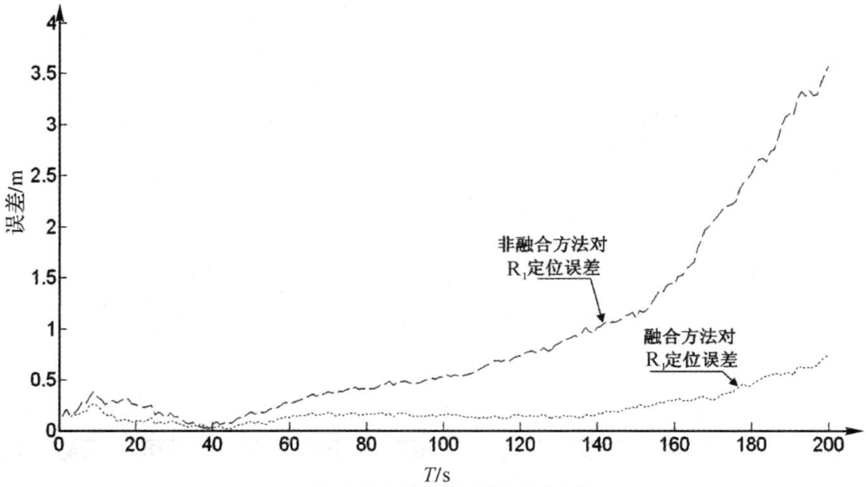


(b) 机器人$R_1$定位误差随时间变化

图 9－19　机器人 $R_1$ 定位情况(续)

图 9－19 (a)显示了机器人 $R_1$ 的估计轨迹，其中实线代表 $R_1$ 的真实运行轨迹，长、短虚线分别代表采用非融合和融合方法得到的 $R_1$ 估计轨迹。图 9－19 (b)显示了 $R_1$ 对自身位置估计误差随时间变化情况，其中长、短虚线分别表示采用非融合和融合方法得到的 $R_1$ 位置估计误差随时间变化情况。需要说明的是，由于目标总是向背离起始位置的方向运动并且由于目标运动模型采用定加速度模型，因此机器人在追踪目标的过程中总是向一个方向一直运动并且速度逐渐增大(从图 9－19 (a)可见，机器人 $R_1$ 的轨迹基本上一直向上)，那么就使得运动初期得到的准确环境特征位置估计不能有效用于运动后期的机器人定位，因此从图 9－19 (b)可见，没有采用融合方法得到的机器人状态估计误差在运动后期明显增大，而采用了融合方法得到的位置估计误差在运动后期增大并不明显，由此可见融合方法对于机器人定位精度具有明显促进作用。

类似的，图 9－20 显示了该过程中采用非融合、融合方法机器人 $R_2$ 对自身定位情况。同样，从该图可见，无论从其定位误差大小上还是从运动后期定位误差增长幅度上来看，采用融合方法的结果均优于没有采用融合方法的结果。

最后分析融合方法对环境特征定位精度的促进。此处只分析机器人 $R_1$ 对环境特征的估计情况，机器人 $R_2$ 有类似结果。为了清晰起见，只给出 $R_1$ 系统向量中的前 3 个环境特征的定位精度状况，如图 9－21 所示。该图显示了 $R_1$ 首先发现的 3 个环境特征($lm_1$，$lm_2$，$lm_3$)采用非融合和融合方法得到的位置估计误差随时间变化情况。其中长虚线和短虚线分别代表机器人 $R_1$ 采用非融合和融合方法得到的 3 个环境特征位置估计误差随时间变化情况，可以清晰看出，采用融合方法后环境特征位置估计精确度明显提高。

综合以上实验结果可知，采用本书设计的信息融合算法后系统对于机器人、目标以及环境特征的定位精度均有较大程度提高，另外，融合方法还能缓解机器人不利运动轨迹对定位精度的影响。

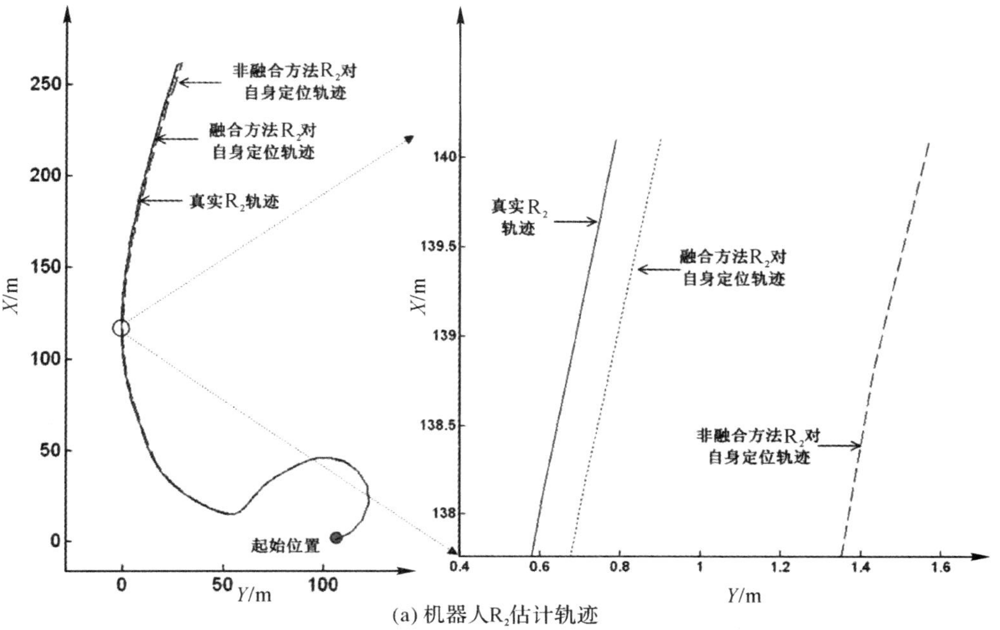


(a) 机器人$R_2$估计轨迹

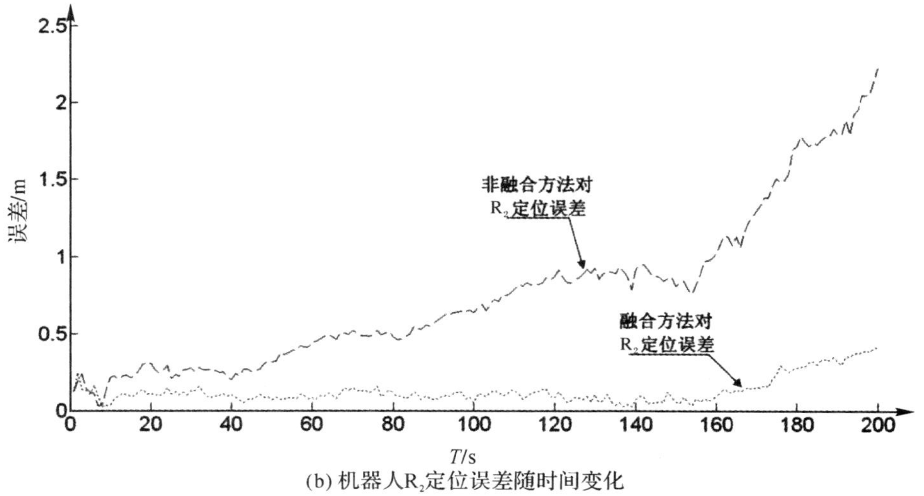


(b) 机器人$R_2$定位误差随时间变化

图 9-20　机器人 $R_2$ 定位情况

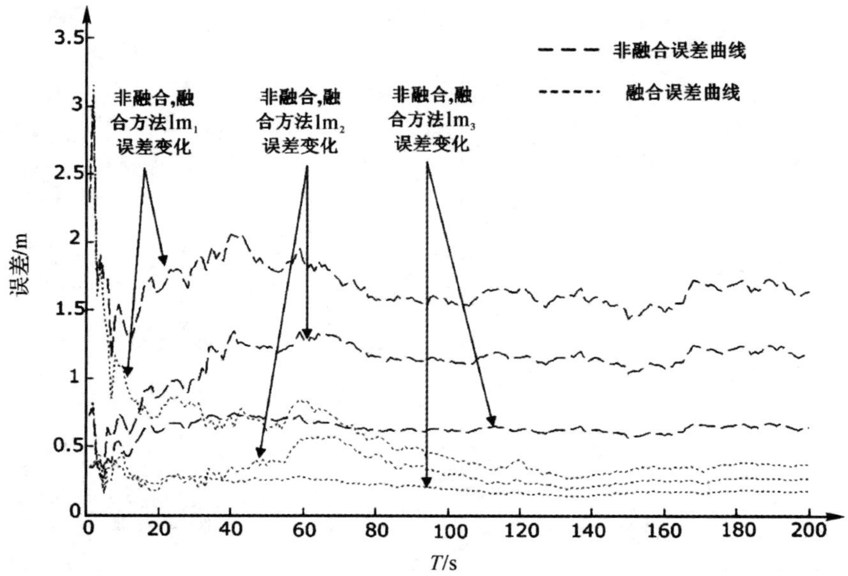


图 9-21　机器人 $R_1$ 对环境特征位置估计误差变化图

## 参考文献


[1] Parker L E. Distributed algorithms for multi - robot observation of multiple moving targets[J]. Autonomous Robots, 2002, 12(3):231 - 255.

[2] Cao Y U, Fukunaga A, Kahng A. Cooperative mobile robotics: Antecedents and directions [J]. Autonomous Robots, 1997, 4(1):1 - 23.

[3] Arkin R C, Bekey G A. Robot colonies [M]. Holand: Kluwer Academic Publishers, 1997.

[4] Gerkey B P, Mataric M J. Sold!: auction methods for multi - robot coordination[J]. IEEE Transactions on Robotics and Automation, Special Issue on Advances in Multi - Robot Systems, 2002, 18(5):758 - 786.

[5] Howard A. Multi - robot simultaneous localization and mapping using particle filters [J]. International Journal of Robotics Research, 2006, 25(12):1242 - 1256.

[6] Parker L E. ALLIANCE: an architecture for fault tolerant multi - robot cooperation[J]. IEEE Transactions on Robotics and Automation, 1998, 14 (2):220 - 240.

[7] Bshary R, Hohner A. Interspecific communicative and coordinated hunting between groupers and giant moray eels in the red sea[J]. PLoS Biology, 2006. 4(12): 2393 - 2398.

[8] Boesch C, Boesch H. Hunting behavior of wild chimpanzees in the tai national park[J]. American Journal of Physical Anthropology, 1989, 78:547 - 573.

[9] Packer C, Ruttan L. The evolution of cooperative hunting [J]. The American Naturalist,1988, 132:159 - 198.

[10] Benda R D M, Jagannathan V. On optimal cooperation of knowledge sources[R].

Bellevue, Washington, USA: Boeing AI Center, Boeing Computer Services, 1985.
[11] Weitzenfeld A, Vallesa A, Flores H. A biologically inspired wolf pack multiple robot hunting model[C]//Proceedings of the IEEE Latin American Robotics Symposium. Piscataway, NJ, USA: IEEE, 2006:120 - 127.
[12] Gulec N, Unel M. A novel algorithm for the coordination of multiple mobile robots[J]. Lecture notes in computer science, 2005:422 - 431.
[13] Cao Z, Tan M, Li L, et al. Cooperative hunting by distributed mobile robots based on local interaction[J]. IEEE Transactions on Robotics, 2006, 22(2):402 - 406.
[14] Hespanha J, Kim H, Sastry S. Multiple - agent probabilistic pursuit - evasion games [C]//Proceedings of the 38th IEEE Conference on Decision and Control. Piscataway, NJ, USA: IEEE, 1999:2432 - 2437.
[15] Yamaguchi H. A cooperative hunting behavior by mobile robot troops [J]. International Journal of Robotics Research, 1999, 18(9):931 - 940.
[16] Gulec N, Unel M. A novel algorithm for the coordination of multiple mobile robots[J]. Lecture notes in computer science, 2005:422 - 431.
[17] Yamaguchi H. A cooperative hunting behavior by multiple nonholonomic mobile robots [C]//Proceedings of the IEEE International Conference on Systems, Man, and Cybernetics. Piscataway, NJ, USA: IEEE, 1998:3347 - 3352.
[18] Yamaguchi H. A cooperative hunting behavior by multiple non - holonomic mobile robots[C]//Proceedings of the IEEE International Conference on Systems, Man and Cybernetics (SMC). Piscataway, NJ, USA: IEEE, 1998:3347 - 3352.
[19] Fenwick J W, Newman P M, Leonard J J. Cooperative concurrent mapping and localization[C]//Proceedings of the IEEE International Conference on Robotics and Automation (ICRA). Piscataway, NJ, USA: IEEE, 2002:1810 - 1817.
[20] Pereira G A S, Kumar R V, Campos M F M. Localization and tracking in robot networks[C]//. Proceedings of International Conference on Advanced Robotics, TaiPei, Taiwon: IEEE, 2003: 465 - 470.
[21] Chen L J, Arambel P O, Mehra R K. Fusion under unknown correlation - covariance intersection as a special case[C]//Proceedings of the Fifth International Conference on Information Fusion. Piscataway, NJ, USA: IEEE, 2002:905 - 912.
[22] 张丹丹. 多仿生机器鱼协作控制方法研究[D]. 北京：北京大学，2007.

# 第10章 未知环境下移动机器人目标跟踪研究展望

自主导航是移动机器人服务于人类的前提，而定位又是自主导航的前提，一般意义上的机器人定位是指在已知环境地图基础上利用各类传感器信息对机器人空间状态进行估计的过程。但是，在实际应用中机器人工作环境存在未知性和动态性特点，这就要求机器人具备未知环境下的定位能力，由此衍生出了 SLAM 问题。SLAM 研究的是机器人对于自身和环境的认知问题，而在很多实际任务中需要机器人对于自身状态、环境状态和对象状态进行同时估计(例如：未知环境下机器人围捕任务、战场环境下无人机目标标定任务和入侵物体检测任务等)，此类课题称作 SLAMOT 问题，该类课题研究机器人未知环境下对于自身以及具有机动运动能力目标的状态认知方法，笔者认为该类课题的解决是实现移动机器人与人类协作，参与和人类相关活动的关键，对提高机器人对人类的服务水平具有重要意义。本书正是对该主题展开研究并取得了一些阶段性成果，总结如下。

## 10.1 相关工作成果

通过对自主移动机器人未知环境下移动目标跟踪问题的研究，本书介绍的主要内容包括：

(1)设计了一种基于栅格地图的运动物体侦测方法，该方法能有效滤除运动物体扫描点对机器人位姿估计的影响并获得运动物体的观测值。基于同一性检验的运动物体扫描点获取是在扫描点预测不确定空间中进行的，因此提高了动态物体侦测能力。由此得到的静止物体扫描点将被用于机器人位姿矫正，矫正算法采用近邻点迭代(ICP)和柱状图匹配(HC)相结合的方式进行，既提高了 ICP 的机器人位姿估计精度，又减少了 HC 的搜索空间。而动态物体扫描点则提供了后续滤波算法所需的目标观测值。仿真和实体机器人实验验证了所提运动物体侦测方法的准确性、有效性和实用性。

(2)利用基于拓扑节点局部地图的全局优化方法，解决了机器人运动路径存在回路时的地图构建一致性问题。根据拓扑节点局部地图所提供的机器人位姿关系，构造以马氏距离为标准的目标函数并采用最优化方法得到矫正后的各时刻机器人位姿序列值。实体机器人实验证明了该方法能够有效提高扫描点分布的一致性程度。

(3)提出了基于 Rao - Blackwellised 粒子滤波的 SLAMOT 算法。该算法利用改进的粒子滤波器完成对机器人、目标和环境特征状态的同时估计，每个粒子包含 $K+1$ 个 EKF 状态估计器，其中 $K$ 个 EKF 用于完成环境特征状态估计，1 个 EKF 用于完成目标状态估计，粒子权值由目标和环境特征观测相似度共同产生。仿真和实体机器人实验验证了该算法的准确性。为了解决未知环境下机器人多目标跟踪问题，利用联合概率数据关联滤波对单目标粒子滤波算法进行了改进，改进算法中每个粒子包含 $K+M$ 个 EKF，其中 $K$ 个 EKF 用于完成环境特征状态估计，$M$ 个联合概率数据关联 EKF 用于多目标跟踪。仿真实验验证了该多目标跟踪算法的有效性和准确性。

(4)提出了基于概率数据关联、交互多模滤波的全关联扩展式卡尔曼滤波算法。系统状态由机器人、目标和环境特征状态共同组成并采用全关联扩展式卡尔曼滤波框架进行系统状态预测和更新。在迭代过程中，机器人状态、目标状态和环境特征状态间会逐步建立起关联性，从而提高了各对象状态估计的准确性。针对目标运动模态的未知性问题和目标伪观测值处理问题，分别利用交互多模滤波和概率数据关联方法对全关联扩展式卡尔曼滤波 SLAMOT 算法进行改进，改进算法在交互多模滤波框架下进行，概率数据关联部分用于处理伪观测值对不同模态对应系统状态估计的影响。仿真和实体机器人实验验证了该算法的有效性、准确性和实用性。

(5)提出了基于环境动态、静态对象观测一致性的多传感器在线标定优化方法，该方法通过对环境动态和静态物体的观测值误差构造目标函数，能够实现多传感器转换参数的在线优化。在此基础上，设计了基于扩展卡尔曼滤波的多传感器 SLAMOT 方法，并利用实体机器人实验验证了该方法的有效性。

(6)为了发挥多机器人协作的优势，设计了一种基于极限环的多机器人协作围捕控制算法。该算法将机器人围捕过程分为目标追踪和目标合围两个阶段，目标追踪阶段采用人工势场法完成机器人团队的队形控制并采用非稳定角度控制率进行避障，目标合围阶段采用极限环法完成机器人团队对目标的动态环绕包围，可变控制系数的采用保证各机器人不同运动阶段的平滑过度。仿真实验验证了该算法的有效性。

(7)提出了基于协方差交集的未知环境下多机器人协作目标跟踪信息融合算法。机器人成员通过观测和误差传播推导完成对队友状态的估计并将相关估计信息通过无线网络传递给队友，队友利用 CI 数据融合方法对接收到的信息进行检验和融合，融合过程包括机器人、目标和环境特征对象自相关阵和互相关阵的更新。CI 方法的采用避免了不同对象协方差估计问题，使系统具有了分布式特点并且有效减少了系统数据通信和计算量。仿真实验通过比较非融合算法结果验证了所提融合算法在系统状态估计准确性上的优势。

## 10.2　未来研究方向

移动机器人技术是高度交叉性的一门学科，随着相关学科的不断发展和创新必然推动移动机器人研究朝着更高的水平发展。结合本书的研究内容，笔者认为以下问题有待进一步研究：

(1)目前研究对象主要是室内移动机器人，机器人运行空间的尺度和复杂程度还比较低，下一步准备对不局限于陆地机器人的室外机器人进行研究，即，对未知环境下空中机器人(例如：无人机)的动态目标跟踪进行研究，笔者认为该方向具有重要军事意义(例如：复杂战场环境的目标标定、无人空中预警机)。

(2)基于全关联扩展式卡尔曼滤波的解决算法存在计算量巨大的问题，当环境特征个数较多时，必将耗费过多的计算和存储资源，进而影响系统的实时处理能力，因此有效提高算法的运算效率是下一步需要研究的问题。

(3)目前研究主要采用激光传感器和视觉传感器，下一步可以研究利用捷便传感器(单目摄像头、磁力计等)的 SLAMOT 方法。

(4)如何解决机器人观测误差是 SLAMOT 应用于自然环境的关键，具体来说就是如何可靠获取环境特征和目标观测值问题以及如何有效减少环境不确定性对系统状态估计的影响，这些均是需要进一步研究的问题。